Pfestorf

KACHELÖFEN UND KAMINE

handwerksgerecht gebaut

StR. Ing. Karl Heinz Pfestorf

Kachelöfen und Kamine

handwerksgerecht gebaut

Wärmebedarf – Kaminbau
Kachelofen-Warmluftheizung
Kachelgrundöfen
Schornstein – Verbrennung
Wärme – Strömung

5., stark bearbeitete Auflage
mit 265 Abbildungen und 59 Tabellen
sowie einem Farbteil

Verlag Bauwesen · Berlin

Die Deutsche Bibliothek – CIP-Einheitsaufnahme

Pfestorf, Karl Heinz:
Kachelöfen und Kamine handwerksgerecht gebaut : Wärmebedarf - Kaminbau, Kachelofen-Warmluftheizung, Kachelgrundöfen, Schornstein - Verbrennung, Wärme - Strömung ; mit 59 Tabellen / Karl Heinz Pfestorf. - 5., stark bearb. Aufl. -
Berlin : Verl. Bauwesen, 2000
ISBN 3-345-00740-1

ISBN 3-345-00740-1

5., bearbeitete Auflage

Verlag Bauwesen
Am Friedrichshain 22, 10400 Berlin
Printed in Germany
Gesamtherstellung: Druckhaus „Thomas Müntzer" Bad Langensalza
Lektorin: Dipl.-Ing. *Barbara Roesler*
Herstellung: *Rainer Spitzweg*
Einbandgestaltung: *Christine Bernitz*

Wir danken der Firma H. und A. Frühauf, Weida, für die Überlassung des Titelbildes.
Verlag und Autor

Vorwort zur 5. Auflage

Der Anteil des Eigenheimbaus am Wohnungsbau insgesamt hat in den letzten Jahren sichtlich zugenommen. Damit ist ein wachsendes Interesse an der individuellen Raumheizung, ob als Einzelofen, Grundkachelofen oder Kaminofen, als Mehrraum-Warmluftheizung oder aufwendiger Kamin, verbunden. Der Wunsch nach einer modern gestalteten, aber auch bedienungsfreundlichen Feuerstätte, gleichgültig, ob mit Festbrennstoffen (Holz, Kohle) oder den Energieträgern Gas und Heizöl betrieben, zwingt die Branche zur Weiterentwicklung ihrer Geräte und Anlagen. Unabhängig von der Feuerstättenart und dem Energieträgereinsatz, egal, ob sie als Haupt- oder Nebenheizung für Wärme und Behaglichkeit zu sorgen hat, immer muss sie entsprechend den weiterentwickelten Grundsätzen und technischen Regeln berechnet, konstruiert und gebaut werden.
Dieses Buch beschäftigt sich mit dem zeitgemäßen Ausführungsprozess und will in berufstheoretischer und -praktischer Hinsicht Anleitung zum Bau einer funktionssicheren, leistungsstarken, aber auch gut gestalteten keramischen Raumheizungsanlage geben. Wichtigster Ausgangspunkt bei der Entwicklung und Konstruktion ist: Form und Funktion bilden die Einheit! Alles was an äußerlichen Gestaltungselementen an einer Feuerstätte angewendet wird, sollte keine Spielerei sein und auch nicht in Pomp ausarten.
Der Inhalt des Buches befasst sich sowohl mit handwerklich am Ort gebauten Feuerstättenarten als auch mit ortsbeweglichen, leicht aufstellbaren und unkompliziert anzuschließenden Öfen. Grundlage sind geltende technische Regeln für den Ofen- und Luftheizungsbau, DIN-Vorschriften, die Feuerungsverordnung, das Bundesimmissionsschutz-Gesetz, aber auch der Gewässerschutz.
Jeder Abschnitt bietet eine Übersicht zu der Konstruktionsvielfalt der einzelnen Feuerstätten, enthält die fachlich begründeten Berechnungsgrundlagen und schließlich auch Anleitungen und Empfehlungen für die Errichtung der verschiedenen Öfen und Kamine auf dem heutigen, sehr hohen Anforderungsniveau.
Für diese Auflage wurde der Abschnitt „Grundkachelöfen" völlig neu gestaltet und in seiner Aussage zur Holzverbrennung erweitert. Da Verbrennungsluft, Feuerstätte und Hausschornstein eine funktionelle Einheit bilden, wurde auf eine ausführliche Überarbeitung des Abschnitts „Hausschornstein" Wert gelegt – unter Einbeziehung von DIN 18160 und DIN 4705. Inhaltlich wird das Buch durch die Abschnitte Brennstoffe, Verbrennung, Wärme und Strömung abgerundet. Wenn diese Themen auch mehr zur Berufstheorie gehören, zählen sie doch zum unverzichtbaren Fachwissen eines jeden Praktikers.

Interessant – gerade für Bauherren – ist sicher der Farbteil des Buches mit attraktiven Beispielen und modernen Lösungen für traditionelle Feuerstätten.
An dieser Stelle möchte ich Dank sagen für die großzügige Unterstützung mit Bildmaterial und produktbezogenen Informationen durch zahlreiche Firmen und Institutionen, die das Buch so aktuell machen und in vielgestaltiger Art bereichern.

Karl Heinz Pfestorf

Inhaltsverzeichnis

1. Wärmebedarf

Der Wärmebedarf von Gebäuden ist von grundlegender Bedeutung für die Größenbestimmung einer Heizungsanlage.
Die Wärmebedarfsberechnung nach **DIN 4701 Teil 1 und Teil 2** gilt für Räume, die durchgehend und voll bzw. teilweise eingeschränkt beheizt werden. Als teilweise eingeschränkt beheizt gilt, wenn in Nachbarräumen des zu beheizenden Raums niedrigere Temperaturen auftreten.
Der **Norm-Wärmebedarf** $\dot{Q}_N$ ist eine Gebäudeeigenschaft. Als Norm-Wärmebedarf eines Raums wird die Wärmeleistung bezeichnet, die dem Raum unter Norm-Witterungsbedingungen zuzuführen ist, damit sich die geforderten thermischen Norm-Innenraumbedingungen einstellen.
Der Norm-Wärmebedarf setzt sich zusammen aus dem Norm-Transmissionswärmebedarf $\dot{Q}_T$ (Wärmeverlust durch die Baumaterialien aller Umfassungsflächen) und dem Norm-Lüftungswärmebedarf $\dot{Q}_L$ (Wärmeverlust durch Be- und Entlüftung des Raums durch Fugen und Öffnungen). Die Grundformel lautet

$$\dot{Q}_N = \dot{Q}_T + \dot{Q}_L \quad \text{in W}$$

Die Nennwärmeleistung einer Feuerstätte zur Vollerwärmung eines Raums muss dem errechneten Wärmebedarf entsprechen. Er wird aus den Plänen eines Gebäudes einschließlich der Baubeschreibung, in der alle erforderlichen maßlichen, stofflichen und thermischen Angaben enthalten sein müssen, ermittelt. Liegen keine zeichnerischen Unterlagen über das Gebäude bzw. den Raum vor, sind diese zumindest skizzenhaft anzufertigen. Alle baulichen Angaben, die nicht in die Skizze eingetragen werden können, aber zur Bestimmung des Wärmebedarfs nötig sind, müssen gesondert aufgezeichnet werden.

1.1. Erforderliche Unterlagen zur Bestimmung des Wärmebedarfs nach DIN 4701

Zur Bestimmung des Norm-Wärmebedarfs sind erforderlich:

- Lageplan
  Aus diesem müssen die Nordrichtung sowie die Möglichkeiten des Windzutritts erkennbar sein. Zusätzlich haben Angaben über die Höhe der Nachbargebäude und über andere Einflüsse auf die Hauskenngröße vorzuliegen.
- Grundrisse und Ansichten
  In diese müssen die Baumaße einschließlich der Fenster- und Türmaße (größte Rohbaumaße) eingetragen sein.
- Schnitte
  Aus diesen müssen die lichten Raumhöhen, die Geschosshöhen von Fußbodenoberfläche zu Fußbodenoberfläche und die Höhen der Fensterbrüstungen, Fenster und Türen ersichtlich sein.
- Baubeschreibung
  Für alle Bauteile sind Angaben über ihre Wärmedurchgangs- bzw. Wärmeleitwiderstände (ersatzweise über deren Aufbau, Baustoffe und Schichtendicke) sowie über die Wärmeleitwiderstände beeinflussenden Eigenschaften nach DIN 4108 Teil 4 erforderlich.
  Zur Beschreibung der Fenster gehören Angaben über die Art der Verglasung, das Material der Fensterrahmen und die Länge sowie die Durchlasskoeffizienten der Fensterfugen bzw. Güteklassen der Fenster nach DIN 18055. Für nicht zu öffnende Fensterteile und Fertigbauteile müssen Angaben über deren Fugenlängen und Dichtheit vorhanden sein.
  Bei Türen müssen Angaben über das Material des Türblatts und den Verglasungsanteil sowie solche zur Luftdurchlässigkeit vorliegen. Bei Außentüren sind dieses die gleichen Angaben wie bei Fenstern. Bei Innentüren genügt die Angabe evtl. vorhandener Schwellen oder sonstiger Dichtungsvorrichtungen.
  Für vom Heizungsplaner zu benennende Räume ist zur Ermittlung der außenflächenbezogenen Speichermasse die Dichte aller Bauteile anzugeben.
- Nutzung der Räume
  Für jeden Raum muss die beabsichtigte Nutzung angegeben werden, soweit diese nicht bereits aus den Grundrisszeichnungen ersichtlich ist.

1.2. Vorleistungen für die Berechnung eines Wärmedurchgangskoeffizienten (*k*-Zahl)

Bevor mit der eigentlichen Berechnung des Wärmebedarfs auf Formblatt begonnen werden kann, sind Vorleistungen zu erbringen.

Bauvorhaben	DIN 4701 Norm-Wärme-durchgangskoeffizient		Seite

k der Außenflächen [W m^{-2} K^{-1}]	0,0 bis 1,5	1,6 bis 2,5	2,6 bis 3,1	3,2 bis 3,5
Δk_A [Wm^{-2} K^{-1}]	0,0	0,1	0,2	0,3

$k_N = k + \Delta k_A + \Delta k_S$

Bauteil		d	ϱ	$d \cdot \varrho$	λ	$R = \frac{d}{\lambda}$	$k = \frac{1}{R}$	Δk_A	$\frac{k + \Delta k_A}{k_N}$
Aufbau	Baustoff	[m]	[kg m^{-3}]	[kg m^{-2}]	[W m^{-1} K^{-1}]	[m^2 K W^{-1}]	[W m^{-2} K^{-1}]	$\left[\frac{W}{m^2 K}\right]$	[W m^{-2} K^{-1}]

Bild 1.1. Kopf des Formblatts zur Berechnung von k-Zahlen

Im derzeit geltenden Berechnungsverfahren müssen die **Wärmedurchgangskoeffizienten für jedes Bauteil** berechnet werden. Deshalb sind für alle Bauteile spezifische Angaben über deren Aufbau, Schichtendicke, Wärmeleitwert sowie über die die Wärmeleitwiderstände beeinflussenden Eigenschaften erforderlich. Hierzu ist DIN 4108 Teil 4 heranzuziehen. Zur Übersichtlichkeit der Berechnung der k-Zahlen besteht ein Formblatt (Bild 1.1.), dessen Anwendung dringend empfohlen wird. Es dient auch zum Nachschlagen für später anzufertigende Wärmebedarfsberechnungen, um gängige Baukonstruktionen nicht immer von neuem ermitteln zu müssen.

Als einfaches **Beispiel** der Berechnung einer k-Zahl soll eine 115 mm dicke, beiderseits verputzte Vollziegel-Innenwand dienen.

Die ins Formblatt einzutragenden Werte der gekennzeichneten Spalten 1; 2 und 3 im Kopf des Formblatts sind folgendermaßen zu ermitteln

Spalte 1

- Materialdicke d (siehe Darstellung des Bauteils unter Aufbau und Baustoff)
- 15 mm Innenputz – umgerechnet in $m = 0{,}015$
- 115 mm Vollziegel – umgerechnet in $m = 0{,}115$
- 15 mm Innenputz – umgerechnet in $m = 0{,}015$

Die umgerechneten Materialdicken können jetzt in Spalte 1 eingetragen werden.

Die Kennwerte für die Rohdichte ϱ (Spalte 2) und den Wärmeleitrechenwert λ (Spalte 3) müssen DIN 4108 Teil 4 entnommen werden und betragen für die Dichte

- Innenputz (Kalkmörtel) $\varrho = 1800$ kg/m^3
- Vollziegel $\varrho = 1600$ kg/m^3

und für die Wärmeleitfähigkeit

- Innenputz (Kalkmörtel) $\lambda = 0{,}87$ W/(m · K)
- Vollziegel $\lambda = 0{,}68$ W/(m · K)

Mit den zusammengestellten Werten ist zunächst der Wärmedurchgangswiderstand R zu errechnen, dessen Grundformel lautet

$$R_k = R_i + \sum \frac{d}{\lambda} + R_a \qquad m^2 \cdot K/W$$

Die zu berechnende Innenwand setzt sich aus drei Schichten zusammen, so dass die Formel entsprechend zu erweitern ist

$$R_k = R_i + \frac{d_1}{\lambda_1} + \frac{d_2}{\lambda_2} + \frac{d_3}{\lambda_3} + R_a$$

Für den Index 1 und 3 sind die Werte des Innenputzes und für den Index 2 die Werte des Vollziegels einzusetzen.

$$R_k = R_i + \frac{0{,}015}{0{,}87} + \frac{0{,}115}{0{,}68} + \frac{0{,}015}{0{,}87} + R_a$$

Einzelbeispiel / Bauvorhaben	DIN 4701 Norm-Wärme-durchgangskoeffizient		Seite

k der Außenflächen [W m^{-2} K^{-1}]	0,0 bis 1,5	1,6 bis 2,5	2,6 bis 3,1	3,2 bis 3,5
Δk_A [W m^{-2} K^{-1}]	0,0	0,1	0,2	0,3

$k_N = k + \Delta k_A + \Delta k_S$

Bauteil: Aufbau	Baustoff	d ① [m]	ϱ ② [kg m^{-3}]	$d \cdot \varrho$ [kg m^{-2}]	λ ③ [W m^{-1} K^{-1}]	$R = \frac{d}{\lambda}$ [m^2 K W^{-1}]	$k = \frac{1}{R}$ [W m^{-1} K^{-1}]	Δk_A $\left[\frac{W}{m^2 K}\right]$	$\frac{k + \Delta k_A}{k_N}$ [W m^{-2} K^{-1}]
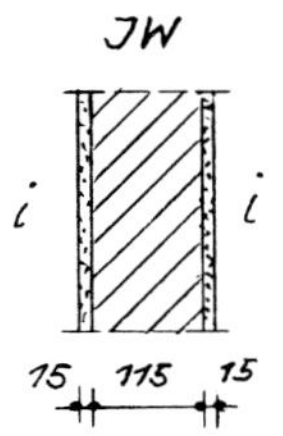	*Innenputz*	*0,015*	*1800*	*27*	*0,87*	*0,017*			
	Vollziegel	*0,115*	*1600*	*184*	*0,68*	*0,169*	$k = \frac{1}{0{,}463}$		
	Innenputz	*0,015*	*1800*	*27*	*0,87*	*0,017*			
					Ri	*0,130*			
					Ri	*0,130*			
					R	*0,463*	*k = 2,16*		

Bild 1.2. Berechnungsbeispiel der k-Zahl einer dreischichtigen Innenwand

R_i und R_a sind die Wärmeübergangswiderstände und gelten bei Außenbauteilen. Bei Innenbauteilen (Innenwand) ist statt R_a (a = außen) R_i zu setzen. Dann steht in der Formel am Anfang und am Ende jeweils R_i.
Die Wärmeübergangswiderstände R_i und R_a sind aufzufinden in DIN 4701 Teil 2, Tabelle 16.
R_i beträgt für die Innenseite einer Wandfläche 0,130 m^2 · K/W. Jetzt kann die Formel vervollständigt werden

$$R_k = 0{,}130 + \frac{0{,}015}{0{,}87} + \frac{0{,}115}{0{,}68} + \frac{0{,}015}{0{,}87} + 0{,}130$$

Im Formblatt kann jetzt die Berechnung bis zur Spalte des Wärmedurchgangswiderstands R vorgenommen werden (Bild 1.2.). Nun ist der Wärmedurchgangswiderstand R noch zur k-Zahl umzurechnen. Man erhält sie aus

$$k = \frac{1}{R} \qquad k = \frac{1}{0{,}463} = \underline{\underline{2{,}16}}\ \mathrm{W/(m^2 \cdot K)}$$

Nach diesem Beispiel müssen für alle Bauteile und Baukonstruktionen die k-Zahlen errechnet werden.

1.3. Formblatt zur Berechnung des Wärmebedarfs

Zur Vereinfachung und Erhöhung der Übersichtlichkeit der durchaus nicht komplizierten, aber vielfältigen Berechnung erfolgt diese auf dem Formblatt (Bild 1.3.).
Bei Einsatz der EDV sind die Ausdrucke analog zu gestalten, wobei der Rechengang schrittweise nachvollziehbar sein muss. Bei den Abmessungen der Bauteile sind als Länge und Breite die lichten Rohbaumaße, als Höhen der Wände die Geschosshöhen und als Abmessungen der Fenster und Türen die Maueröffnungsmaße einzusetzen.
Für die Berechnung sind Temperaturen und Wärmeströme ohne Stellen nach dem Komma; Flächen, Fugendurchlasskoeffizienten und Durchlässigkeiten mit einer Stelle nach dem Komma; Längen und Wärmedurchgangskoeffizienten mit zwei Stellen nach dem Komma einzusetzen.
Die Zwischenergebnisse werden bei Handrechnungen gerundet, bei Einsatz von Rechnern je nach Möglichkeit der Software gerundet oder abgeschnitten angegeben. Die Rechnung wird jedoch mit der vollen Ge-

Berechnung des Norm-Wärmebedarfs nach DIN 4701

Projekt / Auftrag / Kommission:	Datum:	Seite:
Bauvorhaben:		
Raumnummer:	Raumbezeichnung:	

Norminnentemperatur:	ϑ_i = °C	Hauskenngröße:	H = 1)
Normaußentemperatur:	ϑ_a = °C	Anzahl der Innentüren:	''T =
Raumvolumen:	V_R = m^3	Höhe über Erdboden:	h = m
Gesamt-Raumumschließungsfläche:	Agas = m^2	Höhenkorrekturfaktor (angeströmt):	ε_{SA} =
Temperatur der nachströmendenUmgebungsluft:	ϑ_u = °C	Höhenkorrekturfaktor (nicht angeströmt):	ε_{SN} =
Abluftüberschuss:	Δ_V = m^3/s	Höhenkorrekturfaktor (angeströmt):	ε_{SA} =

1	2	3	4	5	6	7	8	9	10	11	12	13		14	15	16	17
							$Q_T = k_N A' \Delta\vartheta$					Luftdurchlässigkeit					
Kurzbezeichnung	Himmelsrichtung	Anzahl	Breite	Höhe bzw. Länge	Fläche	Fläche abziehen ? (-)	in Rechnung gestellte Fläche	Norm-Wärmedurchgangskoeffizient	Temperaturdifferenz	Transmission-Wärmebedarf des Bauteils	zusätzlicher Wärmebedarf bei teilweise eingeschränkter Beheizung	Anzahl waagerechter Fugen n_W	Anzahl senkrechter Fugen n_S	Fugenlänge l	Fugendurchlasskoeffizient a	Durchlässigkeit des Bauteils $a \cdot l$	an oder nicht angeströmt (A/N)
		n	a	b	A	–	A'	k_N	$\Delta\vartheta$	Q_T	Q_{te}	–	–	m	$\frac{m^3}{m \cdot h \cdot Pa^{2/3}}$	$\frac{m^3}{h \cdot Pa^{2/3}}$	–

angeströmte Durchlässigkeit:	$\Sigma(a \cdot l)_A$ = 2)	Norm-Lüftungswärmebedarf:	Q_L = W
nicht angeströmte Durchlässigkeit:	$\Sigma(a \cdot l)_N$ = 2)	Norm-Transmissions-Wärmebedarf:	Q_T = W
Raumkennzahl:	r =		D = $\frac{W}{m^2 \cdot K}$
Lüftungswärmebedarf durch freie Lüftung:	Q_{LFL} = W	anteiliger Lüftungswärmebedarf:	Q_L/Q_T =
Lüftungswärmebedarf durch RLT-Anlagen:	Q_{RLT} = W	Norm-Wärmebedarf:	Q_N =
Mindest-Lüftungswärmebedarf:	Q_{Lmin} = W		

1) $\frac{W \cdot h \cdot Ph^{2/3}}{m^3 \cdot K}$ 2) $\frac{m^3}{h \cdot Ph^{2/3}}$

Bild 1.3. Formblatt zur Wärmebedarfsberechnung

nauigkeit des Rechenmittels fortgeführt. Dadurch harmonieren Zwischenrechenergebnisse unter Umständen nicht genau miteinander.

Nun stellt sich die Frage, ob es wirklich noch sinnvoll ist für Raumheizungsanlagen im kleinen Wohnbereich, in der Art von Einfamilien- und Siedlungshäusern aber auch in Etagenwohnungen größerer Wohneinheiten, die durch Kleinfeuerungsanlagen beheizt werden, die Berechnung des Wärmebedarfs nach DIN 4701 weiterhin vorzunehmen. Planern und Handwerkern ist seit langem bekannt, dass für den eben genannten Bereich ohne große Berechnungsvorgaben Raumheizungsanlagen gebaut werden, die in Funktion und Leistung ihren Anforderungen gerecht werden.

1.4. Ermittlung des Wärmebedarfs nach DIN 18893 (Punktsystem)

Statt der Berechnung des Wärmebedarfs nach DIN 4701 kann für Kleinfeuerungsanlagen bis zur Nennwärmeleistung von 15 kW die DIN 18893 – Raumheizungsvermögen von Einzelfeuerstätten, Näherungsverfahren zur Ermittlung der Feuerstättengröße – Anwendung finden. Diese Norm gilt aber nur für das Raumheizvermögen von Einzelfeuerstätten fester, flüssiger und gasförmiger Brennstoffe, die nach DIN-Normen gebaut und geprüft sind, jedoch nicht für Sammelheizungen.

Da die vom Kachelofen- und Luftheizungsbauer-Handwerk erstellten Feuerstätten einzeln am Verwendungsort handwerklich gebaute Feuerstätten sind (nicht DIN-geprüft), erhebt sich die Frage, ob DIN 18893 dann zu ihrer Größenbestimmung Anwendung finden darf? Ihr Anwendungsbereich wird begrenzt für Räume bis 150 m³ Rauminhalt. Darüber hinaus wird eine Wärmebedarfsberechnung nach DIN 4701 Teil 1 und Teil 2 empfohlen, für Räume über 200 m³ Rauminhalt ist dies ohnehin erforderlich.

Für die Wahl einer Einzelfeuerstätte zur ausschließlichen Beheizung während Übergangsjahreszeiten kann diese Norm wegen der Vorgabe einer Außentemperatur von $\vartheta_a = -15\ °C$ nicht angewendet werden.

In DIN 18893 werden die Heizbedingungen, die in einem Raum bzw. einem Gebäude bestehen, unterteilt in

- günstig
- weniger günstig
- ungünstig

und sind abhängig von einem **Punktsystem** bei dem Klima, Raumlage, Bauweise, Raumnutzung und Gebäudekenndaten Berücksichtigung finden. Mit dem Ergebnis der Bewertung kann mit Hilfe von Kennlinien, jeweils getrennt nach der Entstehungszeit der Bebauung vor oder nach 1977, die Nennwärmeleistung der Raumheizungsanlage bzw. der Einzelfeuerstätte in kW bestimmt werden. Damit bietet DIN 18893 durchaus ein Verfahren an, welches gegenüber DIN 4701 im Aufwand geringer und für praktische Verhältnisse ausreichend genau ist.

1.5. Vereinfachtes Heizlastverfahren

Der rechnerische Aufwand lässt sich noch weiter minimieren, wenn der Wärmebedarf bzw. die Heizlast mit spezifischen Transmissionswärmeverlustströmen, bezogen auf die Außenflächen und dem spezifischen Lüftungswärmeverluststrom, bezogen auf die Fußbodenflächen, schnell und einfach ermittelt werden können.

Durch veränderte Bauweisen und insbesondere verbesserte Wärmedämmung der Gebäude hat der Transmissionswärmeverlust mit den Jahren ständig abgenommen. Das kommt in einer Tabelle zum Ausdruck, in der mittlere k-Werte nach der (WSVO) und spezifische Transmissionswärmeströme $\dot{q}_T$ bestimmter Zeitabschnitte dargestellt sind (Tabelle 1.1.). Für den Lüftungswärmeverluststrom $\dot{q}_L$ wird ein gerundeter spezifischer Wert von 18 W/m² Fußbodenfläche angenommen.

In einer Gegenüberstellung zwischen traditioneller Wärmebedarfsberechnung nach DIN 4701 und der hier alternativ empfohlenen vereinfachten Heizlastberechnung soll ein Nachweis erbracht werden, dass das vereinfachte Berechnungsverfahren durchaus Werte liefert, mit denen in der Praxis ausreichend leistungsstarke Raumheizungsanlagen gebaut werden.

Der in Bild 1.4. dargestellte Wohnraum einer Bauweise vor 1977 einschließlich notwendiger baulicher Angaben wurde nach dem Berechnungsverfahren DIN 4701 berechnet. Dabei ergaben sich folgende Werte

– Transmissionswärmeverlust $\dot{Q}_T = 2181$ W
– Lüftungswärmeverlust $\dot{Q}_L = 380$ W
Norm-Wärmebedarf $\dot{Q}_N = 2561$ W

Um den Wärmebedarf nach dem vereinfachten Heizlastverfahren zu ermitteln gilt die Formel

$$\dot{Q} = \dot{q}_{T\,AW+AF} \cdot (AW + AF) + \dot{q}_L \cdot Fb \quad \text{in W}$$

darin bedeuten

$\dot{q}_{T\,AW+AF}$ = spez. Transmissionswärmeverluststrom für Außenwandanteil und Außenfenster in W/m² (Tabelle 1.1.)

$\dot{q}_L$ = spez. Lüftungswärmeverluststrom nach Festwert

Tabelle 1.1. Mittlere k-Werte nach WSVO und spezifische Transmissionswärmeströme $\dot{q}_T$ (Fensterflächenanteil 25% bei WSVO 1995)

Bezeichnung	Gebäude vor 1977	Gebäude nach WSVO 1977	Gebäude nach WSVO 1982	**Gebäude nach WSVO 1995**
k_{mittel} in W/(m² · K)	2,00 [1])	1,60	1,35	0,90
$\dot{q}_{T\,AW+AF}$ in W/m²	83 [1])	65	54	35

[1]) geschätzt

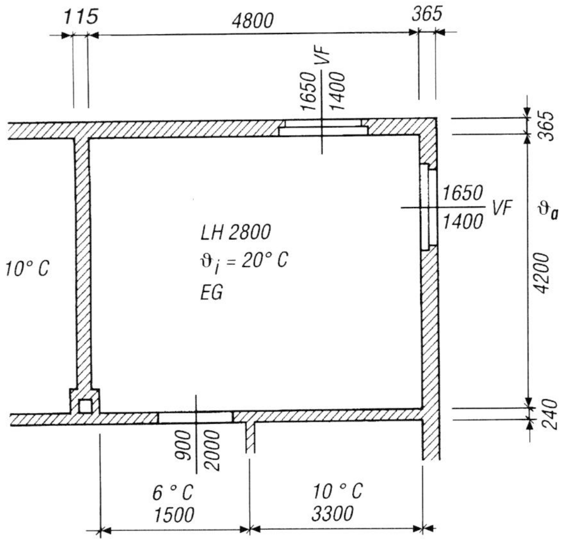

Bild 1.4. Raumskizze

Bauliche Angaben:

Bauweise vor 1977
AW und IW Vollziegel, beiderseits verputzt

Beide Wohnungstrenndecken,	10 mm Spannteppich
massiv –	45 mm Zementestrich
Deckendicke 300 mm	30 mm Mineralfaser
	150 mm Normalbeton
	15 mm Deckenputz

Temperaturen darunter 6 °C
darüber 10 °C
Windschwache Gegend
freie Lage
Grundrisstyp I (Einzelhaus)
Bauwerkshöhe 9 m

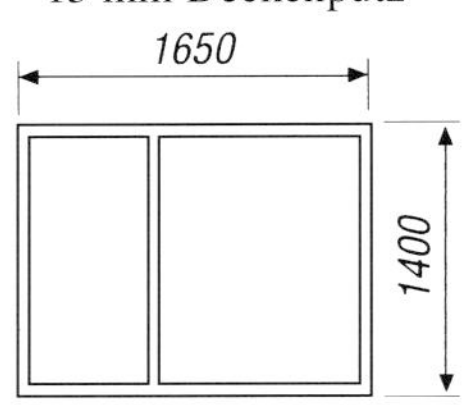

VF Holz, Klarglas, zu öffnen, Beanspruchungsgruppe A
IT Holz, ohne Verglasung, mit Schwelle
Entlüftung natürlich

$AW + AF$ = Außenwandanteil und Außenfensteranteil in m^2
Fb = Fußbodenfläche in m^2

Werden in die Formel die Wand- und Fußbodenflächen aus dem Berechnungsbeispiel nach DIN 4701 eingesetzt und die spezifischen Werte der Transmissions- und Lüftungswärmeverlustströme zugeordnet, für

$AW + AF = 27{,}9\ m^2$
$Fb = 20{,}2\ m^2$
$\dot{q}_{T\,AW+AF} = 83\ W/m^2$
$\dot{q}_L = 18\ W/m^2$

ergibt sich

$$\dot{Q} = 83\ W/m^2 \cdot 27{,}9\ m^2 + 18\ W/m^2 \cdot 20{,}2\ m^2$$

$$\dot{Q} = 2316\ W + 364\ W = \underline{\underline{2680\ W}}$$

Die **Gegenüberstellung der Werte beider Berechnungsverfahren** lässt erkennen, dass die Abweichungen nur gering und unbedeutend sind

	$\dot{Q}_T$	$\dot{Q}_L$	$\dot{Q}_N$
DIN 4701	2181 W	380 W	2561 W
vereinf. Heizlast	2316 W	364 W	2680 W
	Differenz		119 W

Die geringe Differenz bestätigt die ausreichende Genauigkeit des vereinfachten Heizlast-Berechnungsverfahrens.
Als Rechenaufwand bei diesem Verfahren sind die Flächen der Außenwand (-wände) einschließlich der Fenster, die Fläche des Fußbodens und die entsprechenden spezifischen Werte $\dot{q}_T$ und $\dot{q}_L$ in die Formel einzusetzen und miteinander zu verrechnen. Damit steht schnell das Ergebnis, die Heizlast (Wärmebedarf) fest.

2. Konstruktion und Bau von Kaminen

2.1. Einführung

Auch im Zeitalter der modernen Heiz- und Feuerungstechnik hat der Kamin seine Freunde, die seine individuelle Form schätzen und den wohligen Schein des Kaminfeuers lieben. Ein gut funktionierender Kamin schafft Behaglichkeit und Entspannung, sowohl bei sommerlicher Kühle als auch an langen Winterabenden.

Wer den Kaminbau vor 50 Jahren mit dem heutigen Stand vergleicht, wird erkennen, dass sich hier enorme Veränderungen vollzogen haben. Die Heiz- und Feuerungstechnik gibt die Möglichkeit, den Kamin mit geschlossenem Feuerraum in der Art eines Kamineinsatzes bzw. einer Kaminkassette als vollwertige Heizquelle zu nutzen (Bild 2.1.).

Bild 2.1. Kamin mit Seyffarth Keramik „patinagrün“ Kamineinsatz Wodtke „Lewandino“ hochschiebbar (Titelbild)

Der heutige Kamin ist keine schöpferische Zwecklosigkeit der Repräsentation mehr, sondern trägt neben der Raumpoesie auch zur Behaglichkeit und zum Wohlbefinden bei.

2.2. Kamin und Raumgestaltung

Die Wirkung des Kamins wird bestimmt durch seine Lage innerhalb der Wohnung bzw. des Hauses und auch durch seine Gestaltung. In Bezug auf die örtliche Lage und die Beziehung zum ganzen Grundriss lassen sich bei den einzelnen Bauweisen verschiedene grundsätzliche Möglichkeiten unterscheiden. Wir müssen zunächst davon ausgehen, dass der Kamin in offener Bauweise keine lebensnotwendige Einrichtung ist und auch nur gelegentlich betrieben wird. Wer sich aber trotzdem für ihn entscheidet, der sollte ihn nicht zum bloßen Dekorationsstück herabwürdigen.

Bei Kaminen aller Bauweisen ist nicht in erster Linie seine Form, sondern seine richtige Lage innerhalb des Raumgefüges der Wohnung oder des ganzen Hauses entscheidend. Gleich ob der Kamin an der Wand, in der Ecke oder frei im Raum, jedenfalls in Verbindung zum Schornstein steht, er soll immer einen Zentralpunkt des intimen Wohnens bilden. Absolute Regeln für die richtige Planung und Platzierung sind kaum aufzustellen, da die Lage vom individuellen Raumprogramm abhängt. Sitzgruppen und Kamin sollten nicht durch so genannte „Verkehrsflächen“ getrennt werden. Es muss versucht werden, eine Atmosphäre der Ruhe um das Feuer zu schaffen. Auch wenn der Kamin nicht betrieben wird, soll ein angenehmes Sitzen im Wohnraum möglich sein (Bild 2.2.). Diesem Prinzip ist nicht immer leicht zu entsprechen. Je kleiner das Haus und die einzelnen Räume sind, desto schwieriger wird die Platzierung des Kamins. Man sollte daher in Räume unter 20 m^2 Grundfläche keinen Kamin einbauen.

Die Wohnung spielt bei der Herausbildung ästhetischer Maßstäbe eine große und wichtige Rolle. Ein Kamin sollte als fester Bestandteil einer Wohnung den Erkenntnissen auf dem Gebiet der Wohnkultur entsprechen. Er kann diese Aufgabe jedoch nur dann erfüllen, wenn er in funktioneller und gestalterischer Hinsicht alle diesbezüglichen Forderungen erfüllt. Keinesfalls soll er als keramisches Denkmal vorherrschen und ringsum alles erdrücken sondern sich harmonisch

Bild 2.2. Günstig plazierter Kamin im Raum
Kachelmaterial Jasba GmbH, Ransbach-Baumbach

einordnen, nicht nur in Form und Größe, auch in der Farbe. Das Wort „harmonia" hat seinen Ursprung im Griechischen und bedeutet so viel wie Anpassung, Verbindung, Verknüpfung von verschiedenartigen Dingen zu einer gesonderten Ganzheit.
Der Kamin, wie jede andere Feuerstättenart, steht in unmittelbarer Beziehung zur Wohnung und ihrer Einrichtung. Dazu gehören die Dekorationsart der Wände, Holzart und Stil der Möbel, Struktur und Farbe des Teppichs bzw. des Fußbodenbelags usw. Häufig findet der Ofenbauer Einzelheiten der Wohnraumgestaltung bereits vor, wenn an ihn der Auftrag ergeht, einen Kamin zu bauen. Deshalb muss man von ihm erwarten können, dass er in der Lage ist, zu den vorhandenen Einrichtungsgegenständen einen Kamin zu schaffen, der sich einfügt, der mit dem Wohnensemble harmoniert und zu einer gediegenen Raumatmosphäre beiträgt.
Aber nicht nur das Einfügen des Kamins in ein bestehendes Ensemble soll gelingen, auch für das Zusammenwirken verschiedener Materialien an der Feuerstätte selbst gibt es gestalterische Grundsätze, die es zu beachten gilt. Leider werden sie nicht selten außer Acht gelassen. Da werden Kacheln, Klinker, Natursteine, Putzflächen, Eisen und Chrom aneinander und übereinander gereiht, ohne dass man sich bewusst ist, dass hier nicht nur der Kamin in seiner Wirkung zerrissen wird, sondern auch den einzelnen Materialien ihre Eigenart verloren geht. Jedes Material hat seine besondere und nur ihm eigene Aussagekraft. Die Keramikfläche wirkt sauber und ruhig, wenn sie allein steht, die Putzfläche großzügig zurückhaltend, die Klinker- und Natursteinfläche roh und rustikal und Chrom edel glänzend. Die unterschiedlichen Materialien müssen nicht nur am Kamin selbst, sondern auch zur Umgebung passen. Diese Erkenntnisse sollten nicht nur beim Fachmann, vielmehr auch beim Bauherrn bestehen.
Für die Planung, die Auswahl der Materialien, sowie Form und Bau des Kamins sind nicht nur gestalterische Grundsätze zu beachten, sondern bestehende Regeln einzuhalten. Jedenfalls empfiehlt es sich, mit einem Kaminfachmann, einem Fachberater, die äußeren Bedingungen (nach DIN 18895 Teil 1 – Feuerstätten für feste Brennstoffe mit offenem Feuerraum –, die in Teil 2 auch Aussagen enthält für den Einbau von Kamineinsätzen oder in Teil 3 für Kaminkassetten) vor Ort zu klären und vor Baubeginn den zuständigen Bezirks-Schornsteinfegermeister zu informieren.

2.3. Funktion des Kamins

Voraussetzung für eine einwandfreie Funktion eines Kamins ist die Kenntnis physikalischer Gesetzmäßigkeiten. Verstößt man gegen sie, sind Störungen die Folge.
Kamine mit offenem Feuerraum, zugelassen als Heizquelle mit gelegentlicher Nutzung, ist auf Grund des offenen Feuers und der großen Kaminöffnung (Strahlungsfläche) eine extrem hohe Luftzufuhr erforderlich, wodurch im Raum ein entsprechend großer **Luftwechsel** eintritt. DIN 18895 Teil 1 fordert hierzu:
„Für ausreichende Verbrennungsluftversorgung darf der offene Kamin nur in Räumen aufgestellt werden, die mindestens eine Tür ins Freie oder ein Fenster haben, das geöffnet werden kann, oder mit anderen derartigen Räumen unmittelbar oder mittelbar in einem **Verbrennungsluftverbund** stehen. Zum unmittelbaren Verbrennungsluftverbund zählen nur Räume derselben Wohnung oder Nutzungseinheit, wenn sie jeweils eine Tür ins Freie oder ein Fenster haben und durch eine mindestens 150 cm^2 große freie Öffnung verbunden sind. Offene Kamine dürfen in vorgenannten Räumen nur errichtet werden, wenn ihnen mindestens 360 m^3 Verbrennungsluft je Stunde und m^2 Feuerraumöffnung zuströmen können."
Befinden sich noch andere Feuerstätten im Aufstellungsraum oder in Räumen, die mit dem Aufstellungsraum in Verbindung stehen, so müssen dem offenen Kamin mindestens 540 m^3 Verbrennungsluft je Stunde und m^2 Feuerraumöffnung und den anderen Feuerstätten außerdem mindestens 1,6 m^3 Verbrennungsluft je Stunde und je kW Gesamtnennwärmeleistung bei einem rechnerischen Druckunterschied von 0,04 mbar gegenüber dem Freien zuströmen können.
Außer Betracht bleiben Feuerstätten, die
- raumluftunabhängig sind,
- keiner Abgasanlage bedürfen oder
- sich in Räumen befinden, von denen die Betriebssicherheit des offenen Kamins nicht gefährdet werden kann.

Anmerkung: Hier wurden folgende gerundete Umrechnungen benannt:
1 mbar = 10,0 mmWS = 100 Pa (Pascal)
0,01 mbar = 0,1 mmWS = 1 Pa
0,04 mbar = 0,4 mmWS = 4 Pa

Kamine mit offenem wie auch mit geschlossenem Feuerraum arbeiten mit einer Flachfeuerung, wobei die Regelung der Luftzufuhr bei beiden Voraussetzung ist.
Eine funktionstechnische Verbesserung im Kaminbau sind **Kamineinsätze und Kaminkassetten**, die einer geschlossenen Feuerstätte gleichkommen. Hier liegen andere Verhältnisse im Luftbedarf vor.
Der Luftwechsel im Raum ist auch abhängig von der Möglichkeit des Zustroms von Luft durch die Undichtheiten der Fenster und Türen. Schließen diese gut, kann **Luftmangel** eintreten. Der Kamin verursacht dann Rauchbelästigungen im Raum. Nur durch Öffnen der Fenster ist die Funktion wieder herzustellen. Wer empfindet es jedoch als angenehm, einem derartigen Temperaturgefälle und Luftzug ausgesetzt zu sein? Wir erwarten vielmehr eine gleichmäßige, wohl tuende Wärme, wie sie andere Feuerstätten und Wärmegeräte bieten.
Zur Vermeidung von Luftzug und zu großem Luftwechsel kann die Luftzufuhr aus dem Freien durch einen Luftkanal oder einem belüfteten Kaltraum (Nebenraum, Keller oder Dachraum) erfolgen (siehe Abschnitt 2.10.6.).
Neben einer ausreichenden Luftzufuhr für eine einwandfreie Verbrennung ist der **Schornstein** eine wichtige Voraussetzung für die Funktion des Kamins. Schornsteinquerschnitt und Größe der Kaminöffnung müssen aufeinander abgestimmt sein. Außer dem Querschnitt spielt auch die wirksame Schornsteinhöhe eine bedeutende Rolle, deren untere Grenze mit 4,0 m angegeben wird, wobei auch mit etwas geringeren Höhen eine Funktion erreicht werden kann. Dazu ist jedoch ein rechnerischer Nachweis nach DIN 4705 Teil 1 erforderlich wie auch die Zustimmung des Bezirks-Schornsteinfegermeisters.
Siehe auch VDI-Richtlinie 3781 Blatt 4 – Ausbreitung luftfremder Stoffe in die Atmosphäre „Bestimmung der Schornsteinhöhe für kleinere Feuerungsanlagen".

2.4. Kaminarten und Bauweise

Kamine können mit offenem oder geschlossenem Feuerraum in Art einer Flachbrandfeuerung gebaut werden, wobei unter Flachbrand eine Feuerung mit begrenzter Brennstoffaufnahmemöglichkeit zu verstehen ist.
Vor dem Bau eines offenen Kamins oder eines Warmluft-Kamins mit Kamineinsatz bzw. dem Einbau einer Kaminkassette in einen bestehenden offenen Kamin ist bezüglich der Eignung des Schornsteins als auch der Verbrennungsluftzufuhr der zuständige Bezirks-Schornsteinfegermeister zu befragen.

Anmerkung für den Kaminbauer
- Für Kamine ist das Ausfüllen eines Kennziffernblattes nur erforderlich, wenn es sich um eine Rekonstruktion handelt.
  (Die Schornsteinfeger sind hierzu gelegentlich unterschiedlicher Meinung).
- Der zuständige Bezirks-Schornsteinfegermeister ist von der Baumaßnahme grundsätzlich vor Baubeginn zu verständigen.
- Bei der Abnahme durch den zuständigen Bezirks-Schornsteinfegermeister muss der Kamin überprüfbar sein.

◀ Bild 2.3. Stilvoller Marmorkamin mit einseitiger Feuerraumöffnung
Ausführung: Kachelofen- und Kaminstudio H. J. Schnelle, Crimmitschau

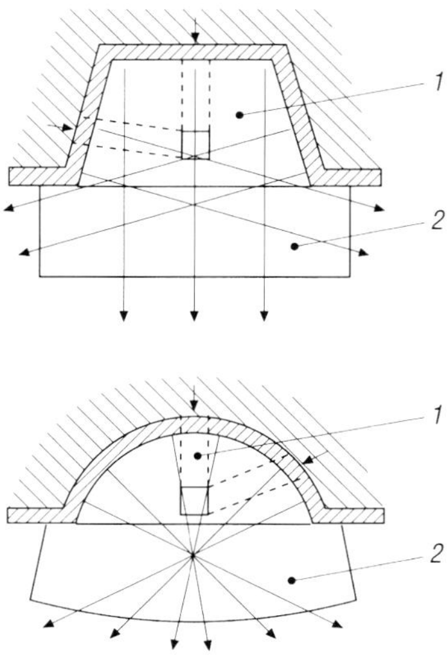

Bild 2.4. Lösungsvarianten – einseitige Kaminöffnung
1 Feuerboden; *2* Sicherheitsfläche

Bild 2.5. Rustikale Gestaltung eines zweiseitig offenen Kamins – Openfire Rösler-Kamin GmbH, Dreieich-Offenthal

- Die Rohbauabnahme bezieht sich nur auf den Schornstein.
- Die Gebrauchsabnahme/Schlussabnahme bezieht sich auf Feuerstätte und Schornstein.
- Die Feuerstättenschau erfolgt etwa alle 5 Jahre.
- Bei metallischen Schornsteinen muss ein Potentialausgleich (Erdung; zweckmäßigerweise über die metallische Frischwasserleitung) vorgenommen werden.
- Kamineinbauten in Etagenwohnungen sind problematisch, weil die Nennwärmeleistung der Kamineinsätze und Kassetten mit 7 bis 11 kW oft zu hoch ist.
- Kamine mit offenem Feuerraum dürfen nur in Räumen und an Stellen gebaut werden, bei denen nach Lage, baulichen Umständen und Nutzungsart Gefahren ausgeschlossen sind. In den Aufstellungsräumen muss der Zustrom ausreichender Verbrennungsluft bestehen.

Nicht aufgestellt werden dürfen Kamine mit offenem Feuerraum in

- Treppenhäusern (außer in Wohngebäuden mit nicht mehr als 2 Wohnungen)
- allgemein zugänglichen Fluren
- Räume, in denen leicht entzündliche oder explosionsfähige Stoffe bzw. Gemische in solcher Menge verarbeitet, gelagert oder hergestellt werden, dass durch deren Entzündung Gefahren bestehen.

2.4.1. Kamine mit offenem Feuerraum

Die gültige Norm für handwerklich errichtete Kamine mit offenem Feuerraum ist **DIN 18895 Teil 1.** Sie gilt für die sicherheitstechnischen Anforderungen an offene Kamine, die am Ort gebaut und mit dem Gebäude fest verbunden sind, sowie für deren Aufstellungsräume, Verbindungsstücke und deren Schornstein.

► **Gleich eingangs sei der Hinweis gegeben, dass Kamine mit offenem Feuerraum während des Betriebs nicht unbeaufsichtigt bleiben dürfen!**

Für den Bau von Kaminen, deren äußere Verkleidung überwiegend aus Ofenkacheln oder Kachelsteinen besteht sind die **„Richtlinien für den Bau von Kachelkaminen"** (Fachregeln des Kachelofen- und Luftheizungsbauer-Handwerks), herausgegeben vom Zentralverband Sanitär – Heizung – Klima, St. Augustin, zu beachten.
Fachliches Hintergrundwissen enthält der Kommentar zu DIN 18895 Teile 1 bis 3 (herausgegeben vom Deutschen Institut für Normung e. V. und verlegt vom Beuth Verlag GmbH als „Beuth-Kommentare".

Jeder Kamin mit offenem Feuerraum benötigt einen eigenen Schornstein. Mehrfachbelegung, auch durch andere Feuerstätten, ist nicht zulässig.
Bei einer Neuplanung eines Gebäudes sollte ein **separater Schornsteinquerschnitt** für den eventuellen späteren Bau und Anschluss eines Kamins vorgesehen werden. Nachrüstungen sind oft problembehaftet und kostenaufwendig.
Vor dem Feuerraum des Kamins, dessen untere Ebene als Feuerboden bezeichnet wird, muss aus brandschutztechnischen Gründen eine **Sicherheitsfläche** aus nichtbrennbaren Materialien angeordnet werden. Die Höhe des Feuerbodens kann angeordnet sein

- gleich der Höhe der Sicherheitsfläche vor dem Kamin
- zur Anordnung eines Aschefalls unter dem Feuerboden 300 bis 500 mm höher als die Sicherheitsfläche
- zur Anordnung von Aschefall und Holzbevorratung 400 bis 600 mm über OFF (Oberfläche Fußboden – siehe Abschnitt 2.5.2.).

Ob traditionell am Ort gebaut oder vorgefertigt und montiert unterscheidet man folgende Bau-Arten:

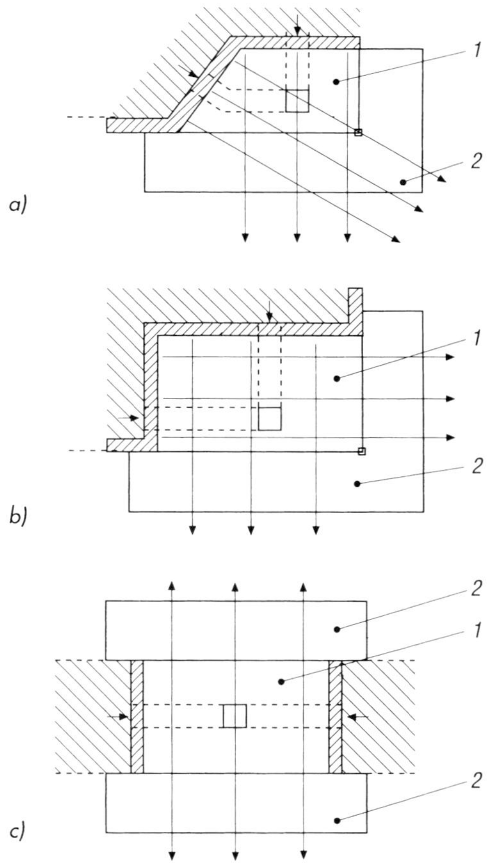

Bild 2.6. Lösungsvarianten – zweiseitige Kaminöffnung
1 Feuerboden; *2* Sicherheitsfläche
a) und *b)* Ecklösungen; *c)* Raumteilerfunktion

Bild 2.7. Kaminfeuerung dreiseitig halboffen, Seitenteile Glaskeramik
Openfire Rösler-Kamin GmbH, Dreieich-Offenthal

Kamin mit einseitiger Feuerraumöffnung
(Strahlungsfläche)
Gleich zu Beginn sei darauf hingewiesen, dass bei Kaminen mit offenem Feuerraum der Abgasmassenstrom von der Größe der Feuerraumöffnung abhängig ist. Die Verbrennungsluftmenge wird nach der Größe der Feuerraumöffnung berechnet.
Heizleistung und Funktion, insbesondere der Verbrennungsablauf sind wirkungsvoll, weil der dreiseitig umbaute, ausschamottierte Feuerraum thermisch günstige Wirkungen bringt. Hinzu kommt die katalytische Wirkung des metalloxidhaltigen Schamottematerials (Bilder 2.3. und 2.4.).

Kamin mit zweiseitiger Feuerraumöffnung
(auch eineinhalbseitig geöffnet)
Diese Bauart bietet viele gestalterische Möglichkeiten. Die offenen Seiten können als Ecklösung angeordnet, aber auch gegenüberliegend gewählt werden. Dann allerdings sind sie gegen Luftzug empfindlich. Mit gegenüberliegenden Strahlungsflächen eignen sich diese Kamine als Raumteiler, bzw. können in einem Raumteiler untergebracht sein, wenn in Nähe ein freier Schornstein zur Verfügung steht (Bilder 2.5. und 2.6.).

Kamin mit dreiseitiger Feuerraumöffnung
Je größer die Gesamtstrahlungsfläche wird, desto mehr werden die Rauchgase durch Luft verdünnt und somit in ihrer Temperatur und im Auftrieb gemindert. Hier ist ein Schornstein mit hohem Unterdruck nötig. Bei einer geringen wirksamen Schornsteinhöhe sollte diese Lösung nicht gewählt werden, da Funktionsstörungen zu erwarten sind.
Statt völlig offener Seiten können auch kleine Seitenteile die Gesamtöffnung mindern und Schutz gegen Luftzug und möglichen Rauchgasaustritt bieten (Bilder 2.7. und 2.8.).
Die traditionelle Bauweise wird ergänzt durch Baukastensysteme auch mit einseitig, zweiseitig oder dreiseitig offener Feuerung, die kaum einen Gestaltungswunsch offen lassen.
Das Sortiment eines Kamins besteht dann überwiegend aus folgenden Bauteilen:

- Stahlfertigsockel als Montagesatz bestehend aus Feuerraum-Trägerplatte mit Ascheraummantel, Trägerfüßen, Schraubstangen und Muttern
- Feuerraumboden und Feuerraumwände als Fertigelement aus hochgebrannter Spezialschamotte 50 bis 60 mm dick, zuzüglich Schamottemörtel

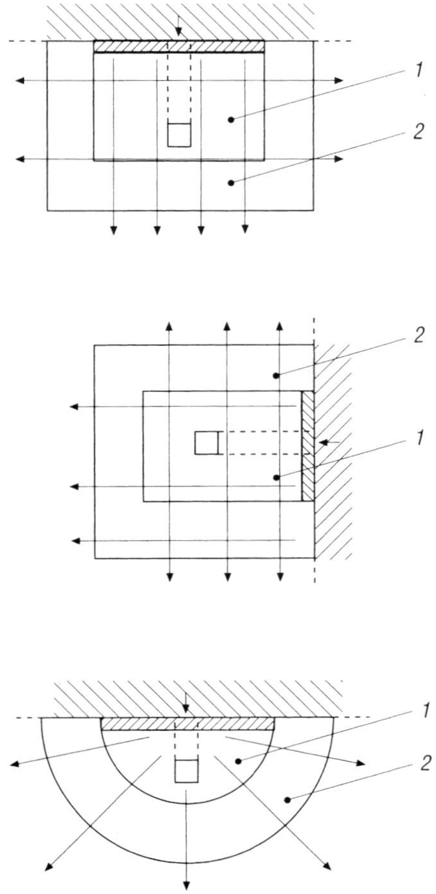

Bild 2.8. Varianten – dreiseitige Kaminöffnung
1 Feuerboden; *2* Sicherheitsfläche

- versenkbarer Aschetopf mit Gusskippdeckel für bequeme und saubere Entaschung
- großvolumiger Stahlblech-Rauchsammler für günstigen Strömungsverlauf, einschließlich Absperrklappe mit Stellhebel und Arretierung
- Stahlblechrauchrohr (3 mm dick) als Sonderbauteil ergänzt das Sortiment in variantenreicher Ausführung zum fachgerechten Schornsteinanschluss (Bilder 2.9. und 2.10.).

Montiert wird nach einer Bauanleitung die fachgerechte Hinweise zur DIN-gerechten Wärmedämmung und zum Einbau bzw. Anschluss eines Verbrennungsluftkanals enthält. Der Anbau eines Guss-Stehrosts zur Vermeidung herausrollender Holzscheite wird dringend empfohlen.

Die äußere Verkleidung der Kamin-Baueinheit kann nach Wunsch des Bauherrn ausgeführt werden.

Die Wärmeabgabe von Kaminen mit offenem Feuerraum gleich welcher Bauart erfolgt überwiegend durch Flammenstrahlung aus der Feuerraumöffnung (Strahlungsfläche), gegebenenfalls durch temperierte Flächen der keramischen Kaminverkleidung in milder Strahlung mit geringem Konvektionsanteil.

Die Angabe einer Nennwärmeleistung in kW ist nicht möglich, da Feuerraumkonstruktion, die Größe der Strahlungsfläche, Brennstoffart und -menge als auch das Abbrandverhalten, vorwiegend in Abhängigkeit vom Schornstein, zu unterschiedlichen Einfluss nehmen.
Bei Kaminen mit offenem Feuerraum dürfen innerhalb des Kaminmantels keine Heizflächen zur konvektiven Raumlufterwärmung angeordnet werden. Auch ist der Einbau von Rauchgaszügen und Rauchgasumlenkungen nicht zulässig, da sie den Strömungswiderstand erhöhen würden.

Kamine mit offenem Feuerraum erhalten die Bezeichnung **„B"** und bedürfen keiner Typprüfung und Registrierung.

Bild 2.9. Offener Kamin, Baukasteneinheit Typ 75/55 mit einseitiger Feuerraumöffnung – Openfire Rösler-Kamin GmbH, Dreieich-Offenthal

Bild 2.10. Offener Kamin, Baukasteneinheit Typ 2/75 mit zweiseitiger nach links geöffneter Strahlungsfläche – Openfire Rösler-Kamin GmbH, Dreieich-Offenthal

2.4.2. Offener Kamin mit Kassette

Eine Kaminkassette ist ein Bauteil eines offenen Kamins bestehend aus Feuerraum, gegebenenfalls Heizgasumlenkung bzw. Heizgaszügen, Feuerraumtür und ggf. Abgasstutzen. Zwischen Feuerraum und Aschefallraum und dem Kassettenmantel befinden sich Konvektionsluftleitungen. Eine Kaminkassette ist eine anschlussfertige Feuerstätte, die vor Ort nicht mehr komplettiert werden muss. Bei Kaminkassetten mit offener Decke und konvektionsluftführenden Rohren entfällt der Abgassammler. Seitlich und an der Rückwand der Kaminkassette angeordnete Konvektionslufttleitungen führen so viel Wärme ab, dass die Dämmstoffdicken geringer sein können. Der Kassettenmantel umschließt Feuerraum und Aschefallraum – mit Ausnahme der Frontseite der Kassette – und beinhaltet Konvektionsluftleitungen zur Warmluftzirkulation. Auf der Ummantelung wird die Dämmschicht befestigt.
Kaminkassetten können in einen **neu** zu bauenden Kamin eingebaut werden, dienen aber auch der **Nachrüstung** bestehender Kamine mit offenem Feuerraum. Damit vergrößern sich Nutzen und Wärmewirkung, indem sich der Wirkungsgrad etwa auf das 5-fache erhöht. Wärmeleistung bis zu 8 kW wird möglich.

Besondere Hinweise zur Aufstellung bzw. zum **Einbau der Kaminkassette in bestehende offene Feuerräume**:

- Beachtung einer dichten Verbindung des Abgasstutzens der Kassette zum Verbindungsstück des offenen Kamins, um Brandgefahren bzw. Verpuffungen auszuschließen
- Dichter Verschluss (Einbau) der Kassette in die Feuerraumöffnung des offenen Kamins
- Schaffen von Reinigungsmöglichkeiten
- Einhaltung und Anordnung geforderter Dämmstoffschichtdicken
- Beim Einbau von Kassetten in offene Kamine darf niemals der Ausbau, z. B. schräger Seitenwände des Feuerraums des offenen Kamins verändert werden, etwa um Freibeweglichkeit schaffen zu wollen. Durch die damit verbundene Minderung der Schamotteausmauerung erhöht sich der Wärmedurchgang und es besteht Brandgefahr – Vorsicht!

In Kaminkassetten ist eine wesentlich bessere Ausnutzung des Brennmaterials möglich, wodurch sich der Holzverbrauch spürbar verringert. Durch die dichtschließende **Feuerraumtür**, ausgestattet mit einer hochhitzebeständigen Keramikglasscheibe, erhöht sich die Betriebssicherheit. Eine Beaufsichtigung des Kamins im Betriebszustand mit geschlossener Feuerraumtür ist nicht mehr nötig. Die Fronttüren gibt es ein- und doppelflügelig als auch als Eckseitentür zum Öffnen.

Mit einem **Luftschieber** ist der Verbrennungsablauf regelbar, wobei mit einer Brennstoffeinsparung auch ein geringerer Ascheanfall besteht. Durch den geschlossenen Feuerraum mit regelbarer Verbrennungsluftzufuhr wird die Schornsteinfunktion positiv beeinflusst, wodurch Störungen minimiert werden.

Der **Verbrennungsablauf** kann mit Hilfe vorgewärmter Verbrennungsluft begünstigt werden, die an verschiedenen zuvor bestimmten Stellen dem Brenngut zugeführt wird. Der Wärmeinhalt der vorgewärmten Verbrennungsluft und das wärmespeichernde Schamottematerial als Innenauskleidung des Feuerraums erhöhen die Zündtemperatur und ermöglichen ein optimales Ausbrennen des brennbaren Gas-Luftgemischs mit verstärkter Wärmewirkung.

Die Wärmeabgabe erfolgt über die Frontscheibe infolge Wärmestrahlung. Konvektive Wärmeströmung erhöht die **Wärmeleistung** der Kassette, indem durch im unteren Teil der Vorderfront angeordnete Luftschlitze Raumluft angesaugt wird, die sich im Umluftkanal und in zusätzlich angeordneten Wärmetauscherröhren erwärmt und dem Raum durch den Luftaustritt oberhalb der Frontscheibe zuströmt (Bild 2.11.). Mit dem möglichen Einbau eines Ventilators kann die Warmluftleistung vergrößert werden.

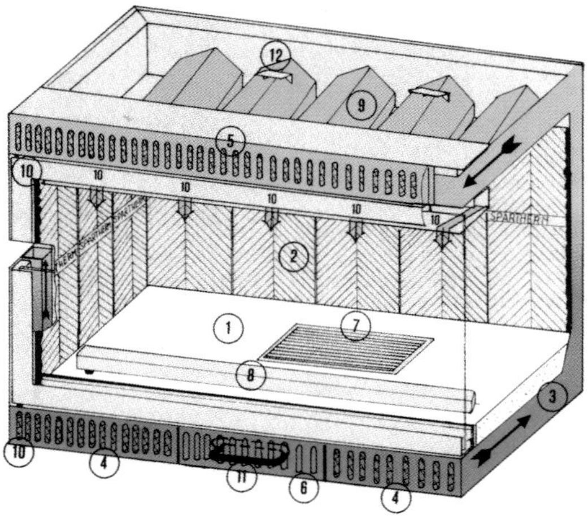

Bild 2.11. Funktionsprinzip einer Spartherm-Kassette
1 Feuerraumboden, schamottiert; *2* Guss-Rückwand; *3* Umluftschacht; *4* Kaltlufteintritt; *5* Warmluftaustritt; *6* Aschelade; *7* Gussrost; *8* Holzfangkamm; *9* Wärmetauscherröhren; *10* Sekundärluft zur Scheibenspülung; *11* Primärluftregler, integriert; *12* Aufnahme für Prallplatte

DIN 18895 Teil 3 enthält die sicherheitstechnischen Forderungen typgeprüfter und registrierter Kaminkassetten, die die Bezeichnung **„C"** tragen.

2.4.3. Warmluft-Kamin mit Kamineinsatz

Warmluftkamine sind vergleichbar mit dem Funktionsprinzip von Kachelofen-Warmluftheizungen. In beiden Heizungssystemen werden Heizeinsätze als fertige Baueinheit eingebaut. In Gussausführung mit ausschamottiertem Feuerraum bieten sie Gewähr für hohe Wärmeleistung.

Ein **Kamineinsatz** ist ein Bauteil eines offenen Kamins, bestehend aus Feuerraum, Heizgaszügen bzw. Heizgasumlenkungen und Abgasstutzen. Während unter Heizgaszügen Schächte oder Kanäle verstanden werden, in denen Heiz- bzw. Rauchgase strömen (nach DIN 18880), ist mit einer Heizgasumlenkung die Änderung der Strömungsrichtung gemeint.
Kamineinsätze können aus mehreren Teilen bestehen, die am Einbauort zusammengesetzt werden. Zum Kamineinsatz gehören – da sie mit geschlossenem Feuerraum betrieben werden – die Bauteile zum Verschluss der Türen und Vorkehrungen zur Verbrennungsluftzufuhr.

Warmluftkamine mit Kamineinsatz sind für einen Dauerbetrieb nur dann geeignet, wenn eine ausreichende Wärmespeicherung mitwirkt, um nicht öfter Brennmaterial nachlegen zu müssen.
Zwischen Heizeinsatz und Konvektionsmantel oder individuell gebauter Warmluftkammer wird Luft aufgeheizt und durch Luftaustritte den Räumen zugeführt. Für die **Schachttiefe** um den Kamineinsatz gibt es eine Faustformel: Pro kW Nennwärmeleistung 1,2 cm Schachttiefe (Beispiel bei 7 kW → 8,4 cm). Ansonsten sind Herstellerangaben bindend!

Der **äußere Mantel** des Warmluftkamins kann aus unterschiedlichen natürlichen oder künstlichen Baumaterialien oder Bauelementen gefertigt werden.
Während es Aufgabe eines Warmluftkamins ist, in überwiegendem Maße dem Raum konvektive Warmluft zuzuführen, kann durch wärmespeichernde keramische Materialien mit entsprechendem Wärmedurch-

Bild 2.12. Kamineinsatz LEDA, Serie TOPAS mit Nachheizfläche
LEDA-Werk GmbH & Co. KG Boekhoff & Co, Leer

Bild 2.13. Kamineinsatz HK7 – Ökomatik mit aufgesetztem Nachheizkasten im eingebauten Zustand
Olsberg – Hermann Everken GmbH, Olsberg

gang die Wärmeleistung durch milde Wärmestrahlung ergänzt werden, wenn sich der Strahlungseffekt der Kamineinsatzscheibe bei zu Ende gehendem Abbrand allmählich verringert und auch die Warmluftleistung nachlässt.
Hinter einem Kamineinsatz kann eine gusseiserne **Nachheizfläche** (Heizradiator) nachgeschaltet werden (Bild 2.12.), die auch in Form eines Nachheizkastens auf dem Heizeinsatz montierbar ist (Bild 2.13.). Auch das Nachschalten einer keramisch ausgekleideten Nachheizfläche ist möglich.
Alle Arten der Nachheizflächen sind Bestandteil der DIN-Prüfung und müssen grundsätzlich mit einer Anheizklappe ausgerüstet sein. Damit ist angesprochen, dass Kamineinsätze, wie auch Kassetten, prüfpflichtig und zu registrieren sind und die Bezeichnung **„A“** zugewiesen bekommen haben.
Der Einbau eines DIN-geprüften Kamineinsatzes in Warmluftkamine darf nur nach den Angaben seines Herstellers erfolgen und nur so betrieben werden.

Der Anschluss von Warmluftkaminen darf an mehrfach belegte Schornsteine (bis zu 3 Stück) erfolgen.
Ein Kamineinsatz kann **mit offenen Türen** betrieben werden (Bild 2.14.). Dann ist er aber wie der Kamin mit offenem Feuerraum überwachungspflichtig. Allerdings sinkt bei offener Tür die Abgastemperatur je nach Konstruktionsart und die Leistung merklich und liegt dann zwischen 120° bis bestenfalls 200 °C. Der Abgasmassenstrom erhöht sich fast auf das 5-fache (zwischen 50 und 60 g/s und auch darüber), wobei der Mindestförderdruck abnimmt. **Mit geschlossenen Türen** sind Wirkungsgrade bis etwa 75 % möglich.

Mit Angabe des **Wirkungsgrads** einer Feuerstätte wird ihre Wirtschaftlichkeit zum Ausdruck gebracht.
Der Wirkungsgrad drückt das Verhältnis von Wärmeleistung zu Wärmebelastung aus, wobei die Wärmebelastung die dem Kamin stündlich zugeführte Wärmemenge, bezogen auf den Heizwert H_u des Brennstoffs ist.

Bild 2.14. Kachelkamin aus Kachelsteinen – Kamineinsatz HK01
Wodtke GmbH, Tübingen

Normwirkungsgrade bestehen für Kamine jedoch nicht. Durch entsprechende Brennstoffauswahl und optimale Feuerführung kann auf die Höhe des Wirkungsgrads Einfluss genommen werden. Jedenfalls liegen die Wirkungsgrade bei Kaminen mit geschlossenem Feuerraum höher als bei offenem Feuerraum. Herstellerangaben z. B. im Prospektmaterial werden aber nicht gemacht.

Zur Verbrennung, die mittels eines Rosts aber auch rostlos in der Art einer **Muldenfeuerung** betrieben werden kann, wird Primärluft, zur Wärmeleistung, und zur Nachverbrennung noch unverbrannter brennbarer Gase Sekundärluft zur Verbesserung der Güte der Verbrennung zugeführt.
Die Anordnung und Bedienung des Lufteintritts ist bei den einzelnen Fabrikaten und Typen unterschiedlich, in der Wirkung jedoch ähnlich (Bild 2.15.).
Jedenfalls sollen **Einstellvorrichtungen** gut markiert sein und eine ausreichend gestufte Einstellung der Verbrennungsluftmengen ermöglichen.
Ein effizientes **Nachverbrennungssystem** bietet Gewähr für emissionsarmes und wirtschaftliches Heizen. Der feuerungstechnische Wirkungsgrad erhöht sich deutlich, der Brennstoffbedarf wird geringer und eine gesetzlich geforderte CO_2-Minimierung kann erreicht werden.

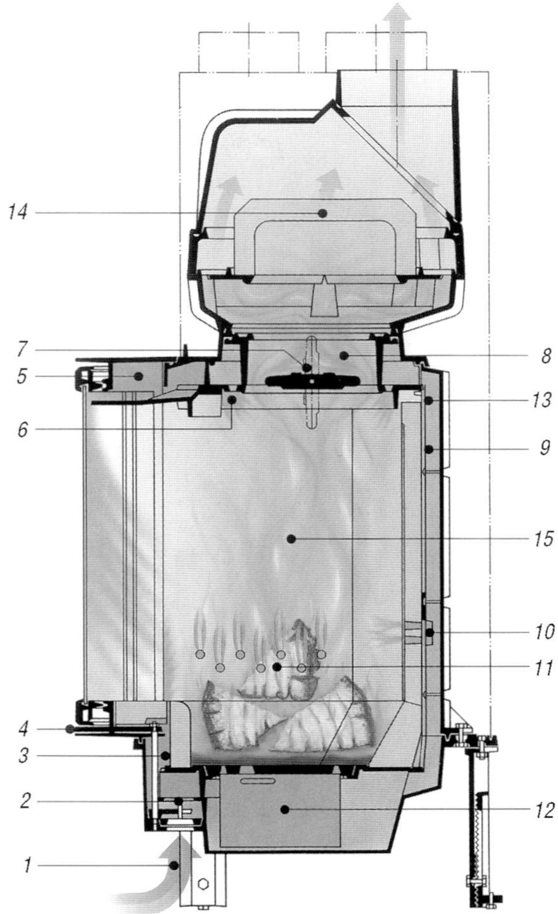

Bild 2.15. Verbrennungsprinzip beim Kamineinsatz Serie TOPAS
LEDA-Werk GmbH & Co. KG. Boekhoff & Co, Leer
1 Verbrennungsluft; *2* Parallel-Luftventil; *3* Primär-Vorderluft; *4* Einhand-Stellhebel; *5* Primär-Oberluft; *6* Sekundärluft-Lochdüsen; *7* Anheizklappe; *8* Nachverbrennungs-Ringdüse; *9* Nachverbrennungsluft; *10* Primär-Hinterluft; *11* Primär-Seitenluft; *12* Primär-Unterluft; *13* Vorheizkanal; *14* Pralltopf

Mit dem **Einbau eines Ventilators** ist die Erhöhung der Luftleistung möglich. Auch können damit zwei oder mehr Räume, je nach Wärmebedarf, beheizt werden. Im Bild 2.16. ist als Beispiel der Energa-Warmluftkamin dargestellt.
Kamineinsätze werden im Handel von den einzelnen Herstellern mit **Nennwärmeleistungen** zwischen 7 und 11 kW angeboten. Durch Nachschalten einer

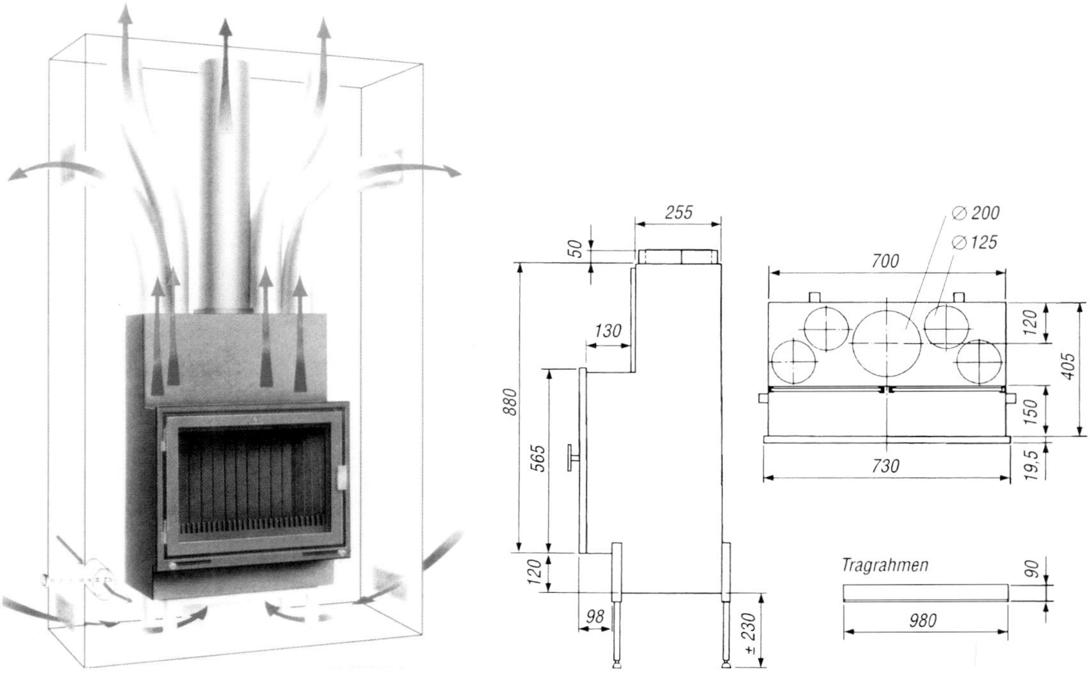

Bild 2.16. ENERGA-Warmluftkamin „Bella Vista" von BARBAS, Siegen

Nachheizfläche erhöht sich die Gesamtwärmeleistung des Warmluftkamins, wobei Angaben gemacht werden von 7 auf 8,5 kW bzw. von 8 auf 9,5 kW.
Kamineinsätze/-Kassetten, die nur mit geschlossener Tür betrieben werden können, nicht dem gelegentlichen Betrieb unterliegen und vor allem auch an mehrfach belegten Schornsteinen angeschlossen werden können, tragen die Bezeichnung „A1/C1".

2.5. Bau- und brandschutztechnische Forderungen an Kamine

Kamine mit offenem Feuerraum sind Feuerstätten mit offenem Feuer zum Aufstellungsraum (Innenkamin) oder zum Freien (Außenkamin) und benötigen einen eigenen Schornstein. Sie sind standsicher zu errichten, d. h. dass die Konstruktion der Gebäudedecke die Gewähr für eine dauerhafte **Tragfähigkeit** bieten muss. Sämtliche Baustoffe und Bauteile des Funktionsbereichs als auch der Verkleidung müssen der Klasse A1 nach DIN 4102 Teil 1 entsprechen und widerstandsfähig sein gegen thermische, chemische und mechanische Beanspruchungen.
DIN 4102 Teil 1 „Brandverhalten von Baustoffen und Bauteilen – Begriffe, Anforderungen und Prüfung" sagt aus: Die Norm gilt für die Klassifizierung des Brandverhaltens von Baustoffen

- im Anlieferungszustand auf der Baustelle
- im Zustand ihrer bestimmungsgemäßen Anwendung im Bauwerk.

Zur Baustoffklasse A gehören **nichtbrennbare** Baustoffe der Klassen A1 und A2.
Der Klasse B werden zugeordnet **brennbare** Baustoffe, der Klasse B1 – schwerentflammbar
B2 – normal entflammbar
B3 – leicht entflammbar.
Alle nach der Norm geprüften Baustoffe müssen ihrem Brandverhalten nach gekennzeichnet sein z. B. DIN 4102 – A1. Die Kennzeichnung ist auf den Baustoffen, oder, wenn dies nicht möglich ist, auf oder an der Verpackung deutlich lesbar und dauerhaft anzubringen.
Offene Kamine dürfen nicht in Räumen oder Wohnungen errichtet werden, die durch Lüftungsanlagen oder Ventilator-Luftheizungen entlüftet werden, es sei denn, die gefahrlose Funktion des Kamins ist sichergestellt. Auch ist zu bedenken, dass bei dichtschließenden Fenstern überhaupt bei dichter Bauweise eines Baues der Luftbedarf für eine störungsfreie abbrandtechnische Funktion des Kamins bedacht wird. Um dies sicher zu stellen, ist der Einbau eines für die Kaminfeuerung passenden Verbrennungsluftkanals erforderlich,

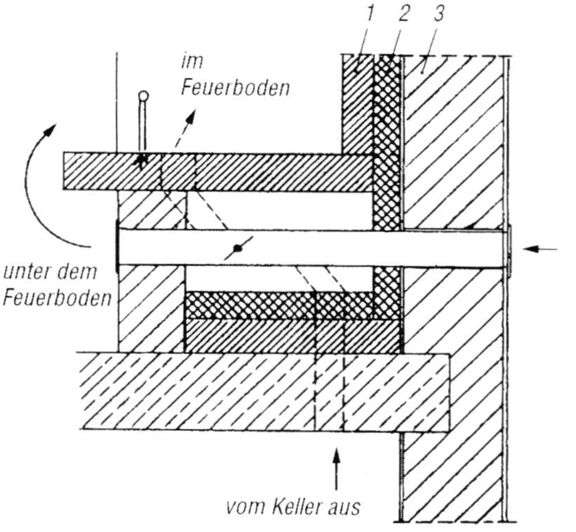

Bild 2.17. Längsschnitt – Anordnung einer Verbrennungsluftleitung unter dem Feuerraumboden
1 Schamotte; *2* Dämmung; *3* Mauerwerk beiderseits verputzt

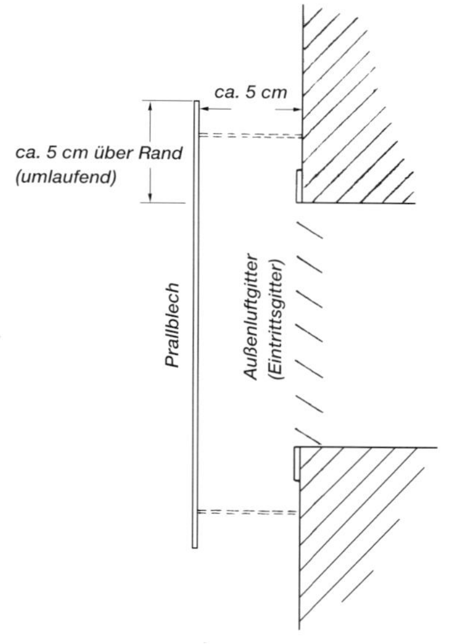

Bild 2.18. Prallplatte als Schutz gegen Winddruck

der entweder unmittelbar zur Außenwand geführt wird oder z. B. durch die Decke in einen darunter liegenden belüfteten Keller verläuft (Bild 2.17.).

2.5.1. Verbrennungsluftleitungen

Bei geschossverbindenden Luftkanälen sind die Vorschriften der jeweils gültigen Feuerschutzverordnung (FeuVO) einzuhalten. Nach den Vorschriften der Landesbauordnungen, die dem § 37, Absatz 2, der **Musterbauordnung** entsprechen, sind Verbrennungsluftleitungen in Gebäuden mit mehr als zwei Vollgeschossen und Verbrennungsluftleitungen, die Brandwände überbrücken, so herzustellen, dass Feuer und Rauch nicht in andere Geschosse oder Brandabschnitte übertragen werden können.

Bei Verbrennungsluftleitungen wird eine **Absperrvorrichtung** gefordert. Diese ist so anzuordnen, dass sie vom Aufstellungsraum des Kamins betätigt werden kann, aber möglichst nahe der Einströmöffnung liegt, um durch Kaltlufteintritt einen Abkühlungseffekt im Raum auszuschließen, insbesondere wenn der Kamin nicht betrieben wird. Auch ist empfehlenswert, vor der Kaltlufteintrittsöffnung eine Art „Prallplatte“ (Bild 2.18.) anzubringen, die einen störenden verstärkten Luftstrom in der Verbrennungsluftleitung ausschließt, wenn die Eintrittsöffnung im Bereich stark anfallenden Winddrucks liegt.

Die Stellung – auf/zu – der Absperrvorrichtung muss am Bedienungsgriff erkennbar sein. Ihre vollständige Offenstellung muss solange gewährleistet sein, solange die Absperrvorrichtung im Verbindungsstück, am Rauchsammler oder im Schornstein nicht vollständig geschlossen ist. Das ist durch eine mechanische Sicherung (Gestänge) oder durch eine mit Endschaltern abgesicherte motorisch betriebene Einrichtung möglich.

Bei Holz befeuerten offenen Kaminen dürfen die Absperrvorrichtungen die Prüf- und Reinigungsarbeiten im Verbindungsstück sowie im Schornstein nicht behindern und sich nicht selbständig schließen können.

Wird keine Verbrennungsluftleitung eingebaut, ist jedenfalls im Verbindungsstück, Rauchsammler oder Schornstein eine Absperrvorrichtung erforderlich, um den Kamin außerhalb der Betriebszeiten zu verschließen.

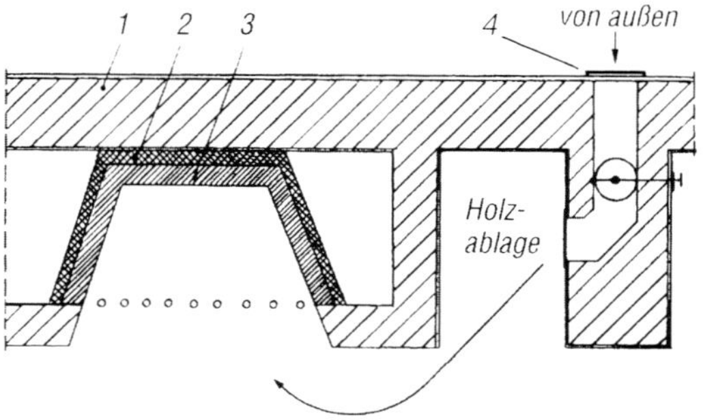

Bild 2.19. Querschnitt – Einbau einer Verbrennungsluftleitung neben der Feuerraumöffnung
1 Mauerwerk; *2* Dämmung; *3* Ausmauerung des Feuerraums; *4* Gitter

Zugerscheinungen im Aufenthaltsbereich des Aufstellungsraums dürfen durch die Anordnung einer Verbrennungsluftleitung nicht entstehen. Die Mündung soll derart in Nähe der Feuerraumöffnung angeordnet sein, dass der Verbrennungsluftvolumenstrom möglichst vollständig in die Feuerraumöffnung eintritt (Bild 2.19.). Auch ist es möglich, die Verbrennungsluftleitung in die Verkleidung des Kamins unter dem Feuerboden einströmen zu lassen, um danach dem Feuerraum – konstruktionsbedingt durch eine Luftschleuse – zuzuströmen.

Wird Verbrennungsluft aus einem Kellerraum zugeführt, darf dieser kein Heizraum sein und auch nicht zur Heizöllagerung (Ölvorratsbehälter) dienen. Ebenso ist die Verbrennungsluftzufuhr aus Garagen unzulässig.
Beim runden Querschnitt einer Verbrennungsluftleitung beträgt der Mindestdurchmesser 100 mm. Das gleiche Maß gilt für die Seitenlängen eines viereckigen Querschnitts.
An der Außenwand des Gebäudes wird der Einbau eines offenen Luftgitters (ohne Lamellen) gefordert, das sich gut in die Fassade einfügt und einen Insektenschutz hat.
Für den Einbau der Verbrennungsluftleitungen gelten die brandschutztechnischen Fordrungen der jeweiligen Landesbauordnung.

2.5.2. Brandschutztechnische Forderungen

Vor der Kaminöffnung wird aus brandschutztechnischen Gründen eine Sicherheitsfläche aus nicht-

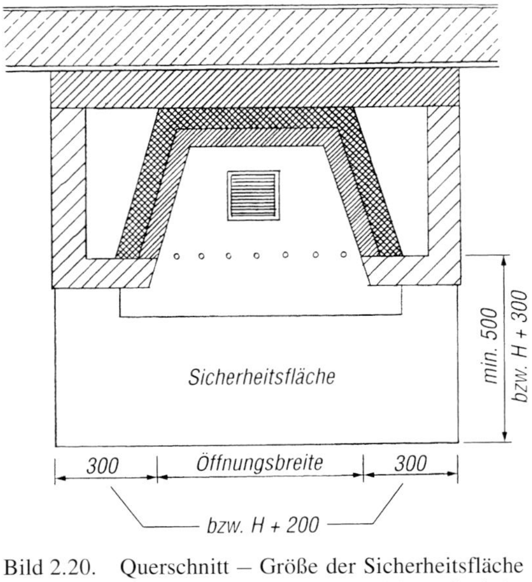

Bild 2.20. Querschnitt – Größe der Sicherheitsfläche vor der Kaminöffnung (Strahlungsfläche)

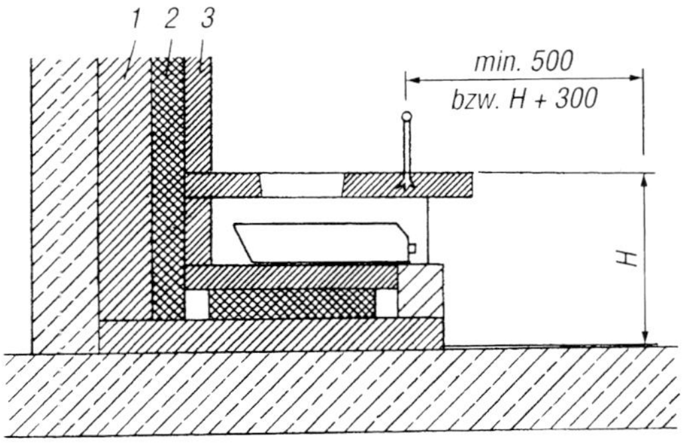

Bild 2.21. Längsschnitt – Größe der Sicherheitsfläche bei höher gelegenem Feuerraumboden (*H* + 300)
1 Vormauerung; *2* Dämmung;
3 Feuerraumrückwand

brennbaren, trittfesten Baumaterialien gefordert. Die Mindestgröße beträgt

- nach vorn 500 mm
- nach beiden Seiten:
  Kaminöffnungsbreite + je 300 mm

bei gleicher Ebene des Feuerraumbodens mit der Sicherheitsfläche, bzw. Einbau eines mindestens 100 mm hohen Stehrosts. Andernfalls gilt das Maß nach vorn Höhenabstand (*H*)

- zwischen Fußboden und Feuerraumboden
  H + 300 mm
- seitlich *H* + 200 mm (Bilder 2.20. und 2.21.).

2.5.2.1. Grundfläche

Unter offenen Kaminen dürfen im Deckenbereich keine elektrischen Leitungen vorhanden sein.
Die Deckenkonstruktion ist im gesamten Bereich des Kamins (Funktionsteil einschließlich Verkleidung) zur **Lastverteilung** mit einer mindestens 60 mm dicken, bewehrten Betonplatte abzudecken. Darauf ist im Funktionsbereich eine formbeständige Dämmschicht aus Mineralwolleplatten (silikatischen Dämmstoffen, Stein- oder Schlackenwolle bzw. Keramikfasern) der Klasse A1 nach DIN 4102 Teil 1 anzuordnen:

- Anwendungsgrenztemperatur 700 °C
  (nach DIN 52271)
- Nennrohdichte ≥ 80 kg/m^3
- Dämmstoffkennziffer nach AGI, Q 132.

Dämmstoffe mit gleichen oder besseren Eigenschaften sind zugelassen, wenn die Anforderungen an Rohdichte und Anwendungsgrenztemperatur eingehalten werden. Das trifft zu auf COLISIT-Feuerfest-Wärmedämmplatten mit Zulassungsnummer Nr. Z-43.14-015 bzw. ASFIL Isolations- und Filtermaterial oder andere geprüfte Wärmedämmstoffe, wie ISOLIT 750 und PROMASIL 950 K.

Besteht der Feuerraum- bzw. Ascheraumboden aus Schamotte oder Ziegeln, genügt eine Dämmschichtdicke von 60 mm. Bei Verwendung von Gusseisen werden 100 mm gefordert. Sockelstützen zwischen den Mineralwolleplatten unter dem Feuerraumboden bilden Wärmebrücken, sind aber zulässig, wenn sie selbst aus mineralischen Baustoffen bestehen, ihre Rohdichte nicht größer als 1200 kg/m^3 ist und gleichmäßig verteilt höchstens 1/4 der Fläche des Feuerraumbodens beträgt. Es können folgende Baustoffe verwendet werden:

- Gas- oder Schaumbetonsteine nach DIN 4165
- Schlackenwandbauplatten nach DIN 18162
- Naturbims-Wandbauplatten (Bimsdielen) nach DIN 18162
- Hüttenbims- und Blähton-Wandbauplatten nach DIN 18162
- Kalksand-Hochblocksteine nach DIN 106
- Kalksand-Lochsteine nach DIN 106 (max. Rohdichte 1200 kg/m^3)
- Vollziegel oder Vormauerziegel nach DIN 105 (max. Rohdichte 1200 kg/m^3).

Bei nichtunterkellerten massiven Fußböden aus nichtbrennbaren Baustoffen werden unter der gesamten Kaminfläche keine Mineralwolleplatten benötigt.

2.5.2.2. Seitenwände

An die keramischen Außenwandflächen des Asche- und Feuerraums sowie des Rauchsammlers innerhalb der Verkleidung ist eine mindestens 30 mm dicke, formbeständige Dämmschicht aus Mineralwolleplatten der Klasse A1 nach DIN 4102 Teil 1 mit einer Rohdichte von max. 170 kg/m^3 standsicher anzubringen. Die Dicke von 30 mm erhöht sich auf 60 mm, wenn die Wände des Asche- und Feuerraums, des Rauchsammlers oder der Verkleidung aus Metall bestehen. Hohlräume im Bereich der Dämmung dürfen nicht bestehen.
Gebäudewandteile, an die der Kamin angebaut wird, dürfen keine elektrischen Leitungen haben.
Die freien Oberflächen der Verkleidung eines Kamins als auch die Oberflächen von Nischen zur Brennstofflagerung dürfen eine maximale Oberflächentemperatur von 85 °C erreichen. Bei vertikalen Oberflächen, z. B. der Verkleidung, oder solchen mit starker Neigung, auf die keine Gegenstände abgelegt werden können, erhöht sich die max. Temperatur auf 120 °C.

An den Kamin angrenzende Wandteile aus Stahlbeton oder brennbaren Baustoffen sind mit einer Vormauerung aus mindestens 100 mm dicken mineralischen Baustoffen zu versehen, die in ihrer Höhe die Oberkante des Verbindungsstücks um mindestens 200 mm überragen muss. An die Vormauerung ist zusätzlich eine mindestens 60 mm dicke formbeständige Dämmschicht der Klasse A1 nach DIN 4102 Teil 1 anzublenden, die bis mindestens Oberkante Rauchsammler reicht (Bild 2.22.).
Auch sind Wände auf der dem Kamin abgewandten Seite, die mit brennbaren Baustoffen verkleidet sind, gegen Wärmebelastung durch den Kamin entsprechend zu schützen.
Bestehen die Feuerraumwände oder der Rauchsammler aus metallischen Materialien, muss die Dicke der Dämmschicht statt 60 mm auf 100 mm vergrößert werden.
An Schornsteinwangen sowie an Wänden aus nichtbrennbaren Baustoffen (z. B. Ziegelmauerwerk) ist keine Vormauerung erforderlich. Als Wärmeschutz

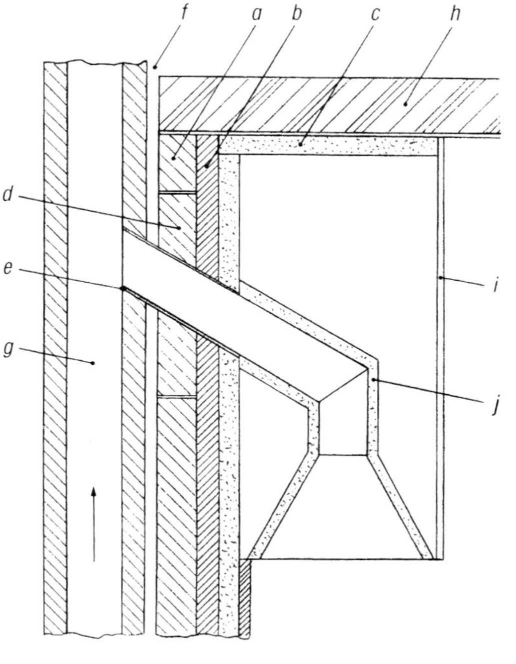

Bild 2.22. Längsschnitt – angebauter offener Kamin mit Decke und rückseitiger oder seitlicher Anbauwand aus brennbaren Baustoffen
a Wand aus brennbaren Baustoffen oder Bauteilen oder tragende Wand aus Stahlbeton; *b* Vormauerung aus mineralischen Baustoffen; 100 mm dick; *c* Wärmedämmung, Mineralfaserplatte A1 nach DIN 4102 Teil 1, 100 mm dick; *d* Ersatz der brennbaren Baustoffe durch nichtbrennbare formbeständige Baustoffe; *e* Rauchrohrhülse; *f* Hohlraum, mindestens 50 mm; *g* Schornstein; *h* Deckenkonstruktion aus brennbaren Baustoffen oder Bauteilen; *i* Kaminverkleidung; *j* Dämmung mindestens 30 mm dick

wird jedoch eine mindestens 30 mm dicke, bei weniger als 115 mm Wanddicke eine mindestens 60 mm dicke formbeständige Dämmschicht aus Mineralwollplatten der Klasse A1 nach DIN 4102 Teil 1 gefordert.
Die Dämmschichtdicken vergrößern sich von 30 auf 60 mm bzw. von 60 auf 100 mm, wenn Feuerraumwände oder Rauchsammler aus Metall bestehen.

Asbest hat die Einstufung „krebsverdächtig" erhalten, mit allen im Gebäude nachfolgenden Sanierungsarbeiten ggf. Umbauarbeiten und ist für Neuverwendung nicht erlaubt. Asbest an sich als Stoff, hat diesen Gefährlichkeitsgrad nicht, sondern seine Faser bzw. sein Staub, und es wird in absehbarer Zeit auch andere Faserstoffe treffen. So ist die Einstufung auf Dämmstoffarten aus Glas- und Steinwolle, sowie letztlich die Keramikfaser, nachgezogen worden, die als ein Karzinogen der Kategorie 2 eingestuft wurde. Inzwischen sind alle Stoffe wenn auch mit unterschiedlichem Gefährlichkeitsgrad, in ihrer Einstufung beim Menschen als „nachweislich Krebs erregend" ausgewiesen und in der Liste der maximalen Arbeitsplatzkonzentration (MAK) enthalten. Deshalb sind in allen Bereichen, in denen diese Dämm-Materialien Anwendung finden, entsprechende Schutzmaßnahmen (Atemschutzmasken) unumgänglich. In nächster Zeit ist auch damit zu rechnen, dass für weitere Stoffe spezifische Auflagen erlassen werden.
In Deutschland sind neben der Gefahrenschutzverordnung die Empfehlungen und Technische Regeln für Gefahrstoffe (TRGS) zu beachten:

- TRGS 521, insbes. Ziff. 4 „Faserstäube"
- TRGS 900, Luftgrenzwerte
- EG Sicherheitsdatenblätter der Hersteller

sowie Hinweise über Schutzmaßnahmen der DKFG (Deutsche Keramik-Faser-Gesellschaft e. V. Düsseldorf)

Keramikfaserabfall kann feucht in undurchlässigen festen und gekennzeichneten Müllsäcken einer Deponie anvertraut werden.

2.5.2.3. Einbau von Feuerraumtüren

Während der nachträgliche Einbau einer geschlossenen Kassette nach DIN 18895 in bestehende Kamine erlaubt ist, trifft das auf Feuerraumtüren *nicht* zu.
Durch den nachträglichen Einbau würde die **Sicherheit** eines bestehenden offenen Kamins sehr **in Frage gestellt**, weil der Betrieb mit geschlossenem Feuerraum wesentlich höhere Feuerraumtemperaturen und eine stark erhöhte Abgastemperatur zur Folge hat. Es besteht die Möglichkeit, dass die Dämmschicht zwischen Feuerraum und Gebäudewänden nicht ausreichend bemessen ist, um Brandgefahr auszuschließen.
Feuerraumtüren müssen betriebssicher sein. Ihre Bedienungsgriffe müssen sich leicht betätigen lassen und so ausgeführt sein, dass ihre Oberflächentemperaturen maximal bei

- Metall 35 K
- Keramik 45 K
- Kunststoff 60 K

über der Raumtemperatur liegen. Werden durch den Hersteller Einrichtungen, z. B. „kalte Hand", mitgeliefert, die eine gefahrlose Bedienung ermöglichen, dürfen die angegebenen Temperaturen überschritten werden.

2.5.2.4. Verbindungsstück

Metallische Verbindungsstücke müssen aus mindestens 2 mm dickem Stahlblech nach DIN 1623, Messingblech nach DIN 1751 oder Kupferblech nach DIN 1752 bestehen. Auch ist der Einbau von Rauchrohren aus mineralischen Baustoffen möglich.
Werden Verbindungsstücke durch Wände aus brennbaren Baustoffen geführt, gelten die in den jeweiligen Landesbauordnungen geforderten Abstände. Das Gleiche gilt für die Abstände zu Decken mit brennbaren Baustoffen.
Verbindungsstücke innerhalb der Verkleidung eines offenen Kamins sind mit mindestens 30 mm dicken formbeständigen Mineralwollplatten der Klasse A1 nach DIN 4102 Teil 1 zu ummanteln, deren Dicke 60 mm betragen muss, wenn die Verkleidung aus Metall besteht.

2.5.2.5. Strahlungsschutz

Zum Schutz gegen Strahlungswärme der Feuerraumöffnung (Strahlungsfläche) muss für Bauteile aus brennbaren Baustoffen oder brennbaren Bestandteilen sowie Einbaumöbeln, Polstermöbeln und Raumtextilien ein Abstand nach vorn, nach oben sowie nach den Seiten von mindestens 800 mm eingehalten werden. Wird dazwischen ein auf beiden Seiten belüfteter Strahlungsschutz angeordnet bzw. aufgestellt (Strahlungsschirm), genügt ein Abstand von 400 mm. Für die Abstände gilt jeweils die kürzeste Strecke von jedem Punkt der Feuerraumöffnung (Bild 2.23.).
Zur Außenfläche der Verkleidung des offenen Kamins müssen Bauteile aus brennbaren Stoffen oder brennbaren Bestandteilen sowie Einbaumöbeln etc. einen Mindestabstand von 50 mm haben. Der Zwischenraum muss belüftet sein, um Wärmestau zu vermeiden. Ein Abstand ist dann nicht erforderlich, wenn die Bauteile nur an kleine Flächen der Verkleidung anstoßen, wie z. B. Fußböden oder stumpf anstoßende Wandverkleidungen.
Werden vor der Verkleidung des offenen Kamins breite streifenförmige Bauteile aus brennbaren Baustoffen, wie Zierbalken, angeordnet, müssen sie einen belüfteten Abstand von 10 mm haben und dürfen nicht Bestandteil des Gebäudes sein.

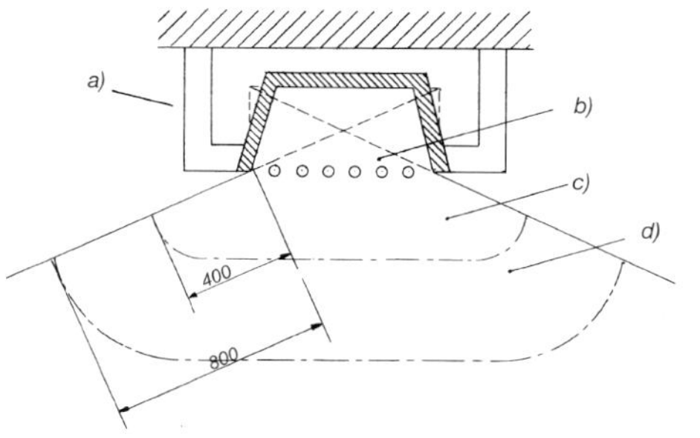

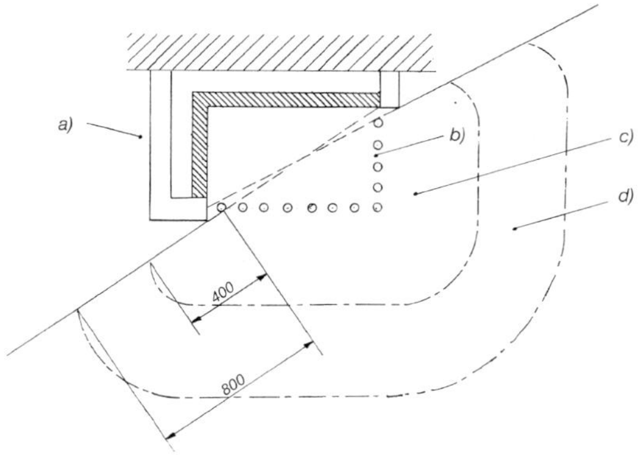

Bild 2.23. Sicherheitsabstände in mm bei Kaminen mit offenem Feuerraum zu ihrer Umgebung
a) Sicherheitsabstand von 50 mm zwischen freier Verkleidung des Kamins und brennbaren Gebäudeteilen, brennbaren Baustoffen, Einrichtungsgegenständen und Einbaumöbeln.
b) Bei Kaminen mit offenem Feuerraum müssen hölzerne Zierbalken zur Kaminverkleidung 10 mm Abstand haben, wobei der sich bildende Hohlraum belüftet sein muss, um direkte Wärmeübertragung auszuschließen.
c) Bei Aufstellung eines Strahlungsschutzes zwischen Feuerraumöffnung und brennbaren Bauteilen, brennbaren Stoffen und Einbaumöbeln wird ein Sicherheitsabstand von 400 mm gefordert, wobei der Zwischenraum belüftet sein muss, um Wärmestau auszuschließen.
d) Ohne Strahlungsschutz wird nach c) ein Sicherheitsabstand von 800 mm gefordert.

2.6. Einbau von Kamineinsätzen und Kaminkassetten

Bau- und brandschutztechnische Forderungen an offene Kamine treffen im Wesentlichen auch auf Kamine mit Kamineinsätzen und -kassetten zu. Nachfolgende Besonderheiten sind jedoch zu beachten:
Kamineinsätze und Kaminkassetten mit selbstschließenden Türen wirken verbrennungstechnisch derart, dass der Wirkungsgrad von bisher 60% auf 70% angehoben werden kann. Damit wird eine Gleichsetzung mit Kaminöfen geschaffen.
Von der Nennwärmeleistung her werden sie bei 11 kW begrenzt. Erfüllen also Kamineinsätze und -kassetten die drei Bedingungen

- selbstschließende Feuerraumtüren,
- Mindestwirkungsgrad 70% und
- Nennwärmeleistung höchstens 11 kW

erhalten sie nachfolgende Kennzeichnung:

- Kamineinsätze DIN 18895 – A1
- Kaminkassetten DIN 18895 – C1.

Bei selbstschließenden Feuerraumtüren ist eine **Mehrfachbelegung des Schornsteins** bis zu drei Feuerstätten insgesamt erlaubt, weil bei nicht betriebenen Kaminen nach A1 und C1 keine störende Falschluft in den Schornstein einströmen kann.
Der **Verbrennungsluftvolumenstrom** wird bei Kamineinsätzen A1 und Kaminkassetten C1 nur für den geschlossenen Betrieb berechnet und soll 1,6 m^3/kW Nennwärmeleistung betragen.
Der Stutzen für das **Verbindungsstück** befindet sich in der Decke des Kamineinsatzes und hat einen Außendurchmesser von 200 mm, bei der Mini-Baureihe 180 mm.
Der Abgasstutzen dient zur Aufnahme des Verbindungsstücks und stellt mit diesem die Verbindung zwischen Feuerstätte und Schornstein sicher. Abgasstutzen müssen eine überschiebbare Länge von mindestens 40 mm haben und aus mindestens 2 mm dickem Stahlblech nach DIN 1623 Teil 1 bestehen bzw. aus Grauguss nach DIN 1691. Solche aus austenitischen, nicht rostenden Stählen brauchen nur eine Dicke von 1 mm.
Der **Schornsteinanschluss** soll möglichst mit einem 45°-Bogen erfolgen, kann aber auch horizontal vorgenommen werden (siehe DIN 18895 Teil 1, Seite 13 – Bilder B7 und B8). Dann darf das Anschlussstück jedoch bis Innenkante Schornsteinquerschnitt nicht länger als 420 mm betragen, unter Verwendung einer Hülse (Wandfutter).
Beim Kamineinsatz darf im Abgasweg eine **Absperrvorrichtung** eingebaut sein, sie dient zum Verschließen des Abgasweges bei Nichtbenutzung. Sie darf Prüf- und Reinigungsarbeiten nicht behindern und sich nicht selbst schließen können. Die Stellung der Absperrvorrichtung muss durch die Stellung des Bedienungsgriffs erkennbar sein.
Statt einer Absperrvorrichtung kann bei Kamineinsätzen eine **Drosselvorrichtung** im Abgasstutzen oder Verbindungsstück angeordnet werden und muss leicht bedienbar sein.

Mit einer Drosselscheibe lassen sich hohe Förderdrükke verringern und die Wärmeleistung dem Bedarf entsprechend angleichen. Die Drosselscheibe muss in zusammenhängender Fläche eine Öffnung von mindestens 3% seiner Querschnittsfläche haben bzw. mindestens 20 cm² groß sein. Auch hier muss die Stellung der Drosselscheibe am Bedienungsgriff erkennbar sein.

Beim nachträglichen Einbau von Kaminkassetten muss diese dem Maß des offenen Feuerraums genau angepasst sein. Manipulationen an den Feuerraumwänden zur Einpassung der Kassette sind nicht statthaft, weil dadurch der Brandschutz nicht mehr gewährleistet ist.

Bei Kaminen mit konvektiver Lufterwärmung ist die **Wärmedämmung** außerhalb des Konvektionsmantels anzubringen. Der Konvektionsmantel muss aus abriebfestem und temperaturbeständigem Material bestehen. Sofern die Dämmplatten nicht von Wänden, Verkleidungen oder angrenzenden Platten gehalten werden, sind sie im Abstand von etwa 300 mm zu befestigen.

Luftgitter sind im Kaminmantel (Verkleidung) so anzuordnen, dass die Oberkante des Luftaustritts 500 mm Abstand zur Decke hat und der seitliche Abstand zu brennbaren Bauteilen mindestens 300 mm beträgt.

2.7. Bogenformen des Rauchsimses

Zunächst sei zum Verhältnis Breite zu Höhe der Kaminöffnung etwas gesagt. Beide Maße sind voneinander abhängig. Sowohl überhöhte Kaminöffnungen als auch zu flach gewählte Querschnitte der Öffnung können bis zur Disharmonie geraten. Die Idealform liegt im „Goldenen Schnitt" (Bild 2.24.). Das muss nun nicht heißen, dass er über alle Formen bestimmt. Auch wirkt beim Kamin nicht allein die Öffnungsform, sondern auch Art und Form der Verkleidung. Alles muss aufeinander abgestimmt sein. Extreme Überbetonungen stören den Gesamteindruck.

Die Kaminöffnung kann außer dem üblichen waagerechten Rauchsims auch durch eine Bogenform angeschlossen werden. Der konstruktive und bauliche Aufwand wird aber dadurch größer. Nachfolgend werden einige Bogenformen und -konstruktionen gezeigt, die sich beim Kamin anwenden lassen und ihm eine besondere Note geben.

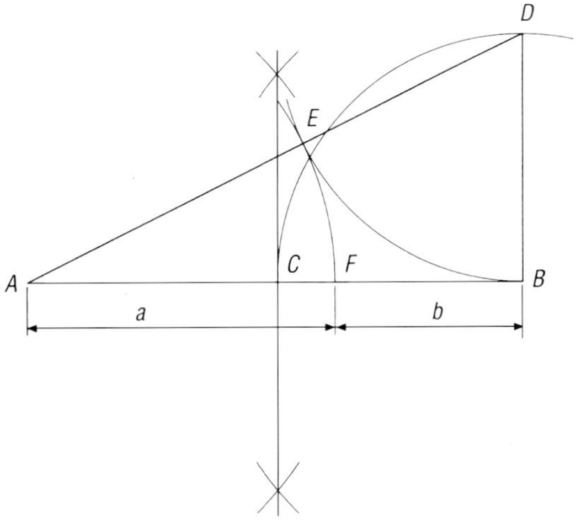

Bild 2.24. Konstruktion „Goldener Schnitt" (Tangentensatz)

2.7.1. Goldener Schnitt

Zur Erläuterung: Halbiere Strecke *AB* und bezeichne den Schnittpunkt mit *C*. Errichte über *B* eine Senkrechte und schlage um *B* einen Bogen mit *BC*. Es ergibt sich Punkt *D*. Verbinde *AD*. Schlage um *D* einen Bogen mit *DB*. Der Schnittpunkt auf *AD* ist *E*. Schlage nun mit *AE* einen Bogen nach *AB* und schon ist Punkt *F* gefunden. *a* ist die Breite und *b* die Höhe des Rechtecks.

Rechnerisch: $x = 0{,}62 \cdot l$

bzw. $\frac{x}{l} = 0{,}62$

2.7.2. Scheitrechter Bogen

Der scheitrechte Bogen bildet einen waagerechten Rauchsims, in der Art einer Rollschicht, bei der eine eiserne Unterkonstruktion nötig ist, um die Tragfähigkeit auch bei thermischer Belastung zu sichern.

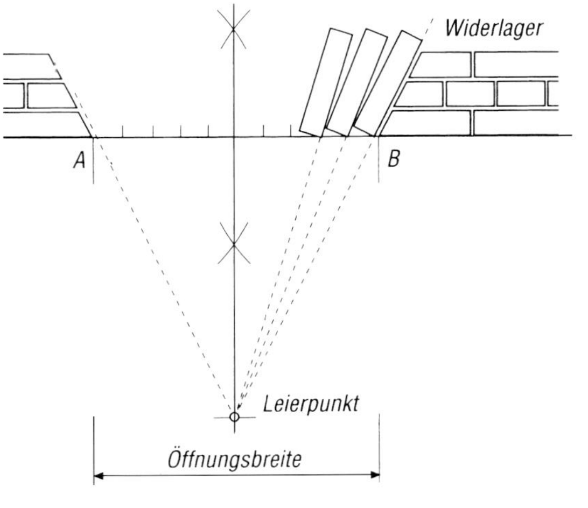

Bild 2.25. Scheitrechter Bogen

Die Steine können aber auch mit beiderseitigem Widerlager und schräg verlaufender Fuge angeordnet werden (Bild 2.25.). Der Abstand des Leierpunkts zur Ebene des Rauchsimses ergibt die Schräglage der Steine.

2.7.3. Stichbogen

Bei dieser Bogenform gilt als Orientierung für die Stichhöhe, dass sie 1/5 bis 1/6 der Öffnungsbreite betragen soll (Bild 2.26.). Der Leierpunkt, der auch hier die Schräglage der Fugen bestimmt, liegt auf der Mittelsenkrechten im Schnittpunkt des Kreisbogens der Öffnungsbreite.
Vorsicht! Je größer die Stichhöhe, desto breiter laufen die konischen Fugen aus und ergeben dann kein schönes Bild, es sei denn, dass ein Verputz angebracht wird.

2.7.4. Rundbogen

Diese Bogenform ist konstruktiv einfach und bildet einen Halbkreis über der Öffnungsbreite. Sie ist jedoch weniger geeignet, da die Gesamthöhe der Kaminöffnung überzogen wirkt.

2.7.5. Korbbogen, Tudorbogen

Diese beiden Bogenformen wirken sehr dekorativ. Sie erfordern aber einen Mehraufwand in der Konstruktion sowie im baulichen Ablauf, geben dem Kamin jedoch eine besondere Note (Bilder 2.27. und 2.28.).

2.7.6. Gotischer Bogen

Nicht in jeden Raum und auch nicht zu jeder Einrichtung paßt die Form des gotischen Bogens. Seine An-

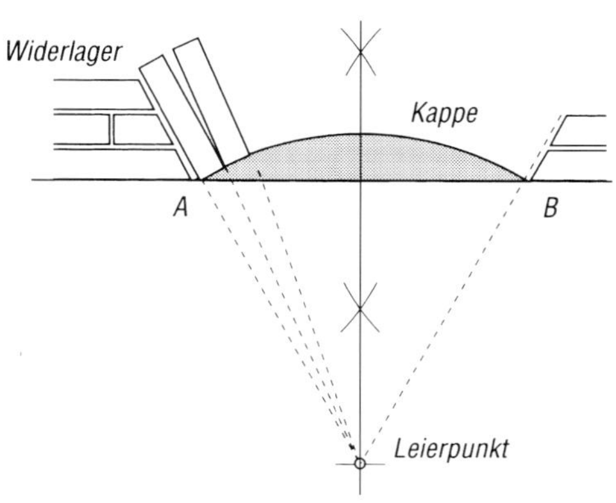

Bild 2.26. Stichbogen

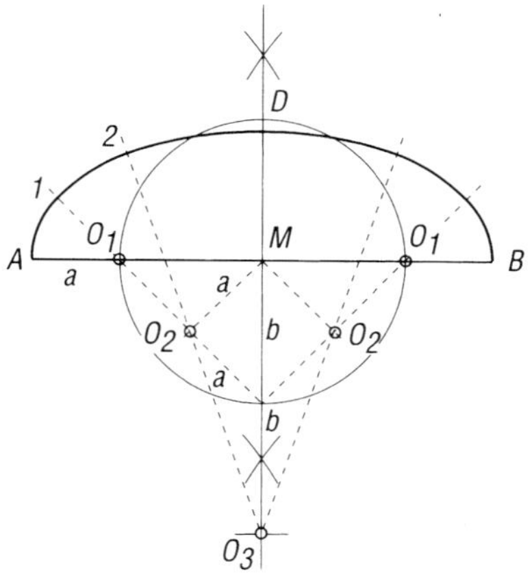

Bild 2.27. Korbbogen – Konstruktion

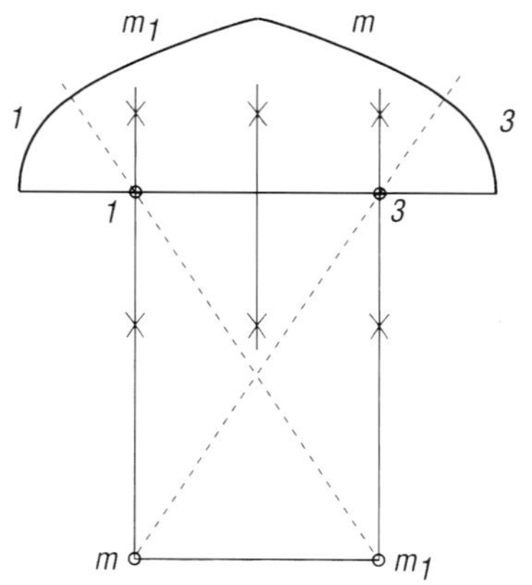

Bild 2.28. Tudorbogen – Konstruktion

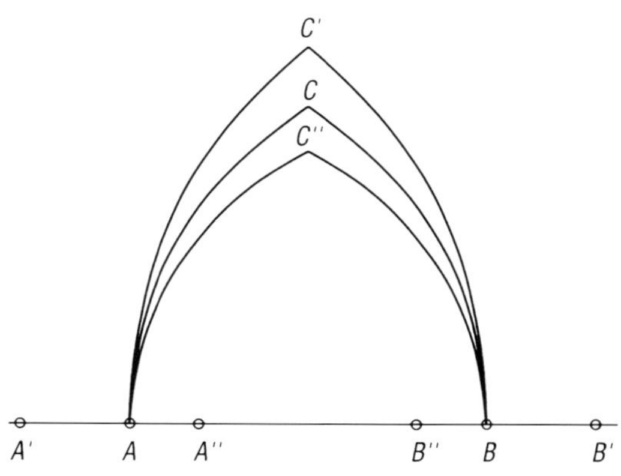

Bild 2.29. Gotischer Bogen – Konstruktion
C normaler, C′ überhöhter, C″ gedrückter Spitzbogen

wendung erfordert einen hohen, säulenartigen Kaminbau, der nach oben verjüngt verlaufen kann.
Die Bogenform kann durch Verlagerung der Einsatzpunkte des Zirkels außerhalb der Öffnungsbreite „überhöht" werden, oder sie lässt sich durch das Hineinlegen der Einsatzpunkte „Drücken" (Bild 2.29.).

2.8. Hinweise zum Schornstein

Der Schornstein für den Anschluss von Kaminen aller Art muss den Anfordrungen der DIN 18160 Teil 1 entsprechen und nach DIN 4705 Teil 1 und 2 bemessen sein.
Als Empfehlung gilt, dass Kamine mit offenem Feuerraum einen **Schornstein-Mindestquerschnitt** von 400 cm^2 (20 × 20 cm) und Kamine mit geschlossenem Feuerraum von 196 cm^2 (14 × 14 cm) haben sollen.
Während Kamine mit offenem Feuerraum zum Aufstellungsraum oder im Freien einen eigenen Schornstein benötigen, können Kamine mit Kamineinsatz oder -kassette an mehrfach belegte Schornsteine – bis zu drei Feuerstätten – angeschlossen werden.

Förderdruck
Der Begriff Förderdruck ersetzt den bisher gebräuchlichen Begriff „Zugbedarf".
Als notwendigen Förderdruck bezeichnet man den Druckunterschied zwischen dem statischen Druck der Luft im Aufstellungsraum des Kamins (der Feuerstätte) und dem statischen Druck des Abgases in der Abgasanlage.
Der **Gesamtwiderstand** in der Feuerungsanlage setzt sich aus mehreren Einzelwiderständen, wie Richtungsänderungen, Querschnittsänderungen und Reibungsverlusten zusammen und wird pauschal durch Annahme einer Sicherheitszahl $S_E = 1{,}5$ berücksichtigt, mit der ungewollte Unregelmäßigkeiten bei Betrieb und Ausführung des Schornsteins abgedeckt werden sollen. Ungewollte Unregelmäßigkeiten können sein

– Unplanmäßige Überlastung des Wärmeerzeugers
– größerer Luftüberschuss in den Abgasen als üblich
– Falschlufteintritt ins Verbindungsstück oder in den Schornstein
– maßliche Abweichungen vom Schornsteinquerschnitt
– Abweichungen von zugrunde gelegten Widerstandsgrößen, auch vom Wärmedurchlasswiderstand der Schornsteinwandungen
– außergewöhnliche atmosphärische Einflüsse.

Der notwendige Förderdruck beim Kamin mit offenem Feuerraum wird nach DIN 4705 Teil 1 berechnet. Bei Kamineinsätzen dagegen, die nach DIN 18895 Teil 2 geprüft und registriert sind, wird ein Wertetripel ermittelt

– Abgasmassenstrom in g/s
– Abgastemperatur (180 °C)
– notwendiger Förderdruck in Pa.

2.8.1. Wirksame Schornsteinhöhe

Die wirksame Schornsteinhöhe eines einfach belegten Schornsteins, dessen Querschnitt nach DIN 4705 Teil 2 bemessen ist, muss mindestens **4 m** betragen.
Mehrfach belegte Schornsteine benötigen bei Feuerstätten, die mit festen Brennstoffen betrieben werden, mindestens **5 m** wirksame Schornsteinhöhe.
Die größte wirksame Schornsteinhöhe darf das 187,5-fache, bei gemauerten einschaligen Ziegelschornsteinen das 150-fache vom hydraulischen Durchmesser des lichten Querschnitts nicht überschreiten.

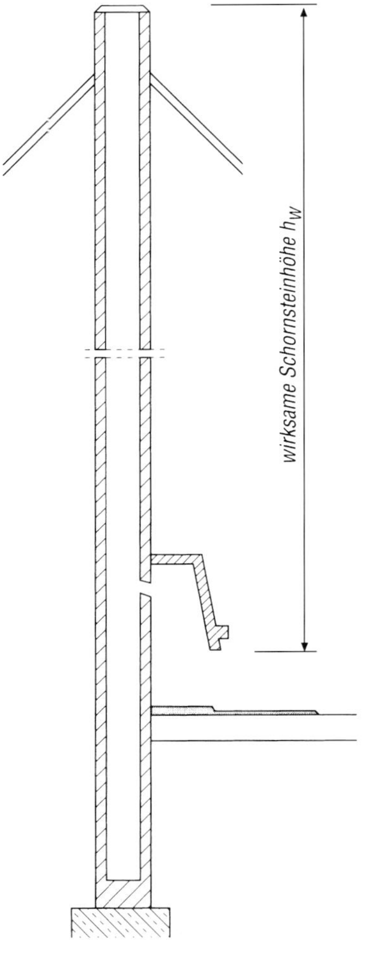

Bild 2.30. Wirksame Schornsteinhöhe

Die wirksame Schornsteinhöhe wird gemessen (in Metern) von Unterkante Rauchsims der Kaminöffnung bis zur Oberseite Schornsteinmündung über Dach (Bild 2.30.).

Mit zunehmender wirksamer Schornsteinhöhe verbessert sich der **Auftrieb** der Rauchgase. Mitwirkend ist die Dichtedifferenz zwischen kalter schwerer Außen- bzw. Raumluft und warmen leichten Rauchgasen, die durch Wärmedämm-Maßnahmen im Kamin selbst wie auch beim Schornstein günstig beeinflusst werden kann. Da die Rauchgase an die Innenflächen des Schornsteins Wärme abgeben – und je größer der Querschnitt, desto stärker die Entwärmung der Rauchgase – kann bei starker Abkühlung z. B. im Anheizprozess des kalten Kamins oder bei ungedämmten Außenwandschornsteinen die Rauchgastemperatur an der Schornsteinmündung gleich der Temperatur der Außenluft sein.

Bei Temperaturgleichheit sind die Rauchgase etwa 10 % schwerer als die Luft. Die Folge davon ist, dass im Schornstein ein Überdruck entsteht, der Rauchgasbelästigungen durch die Feuerstätte nach dem Aufstellungsraum verursacht. Damit wird auch die Zufuhr der Verbrennungsluft gestört. Deshalb müssen besonders beim offenen Kamin zur **Aufrechterhaltung des Unterdrucks** im Schornstein folgende Faktoren gut aufeinander abgestimmt sein

- Bemessung des Kamins = Größe der Feuerstelle im Verhältnis zur Raumgröße
- richtiges Verhältnis zwischen Kaminöffnung und Schornsteinquerschnitt
- Beachten der Mindesthöhe der wirksamen Schornsteinhöhe
- ausreichende Verbrennungsluftzufuhr
- Temperatur der Rauchgase beim Eintritt in den Schornstein (max. 400 °C).

Für Schornsteine innerhalb eines Bauwerks reichen Schornsteinwangen von 115 mm Dicke (1/2 Stein dick) aus.

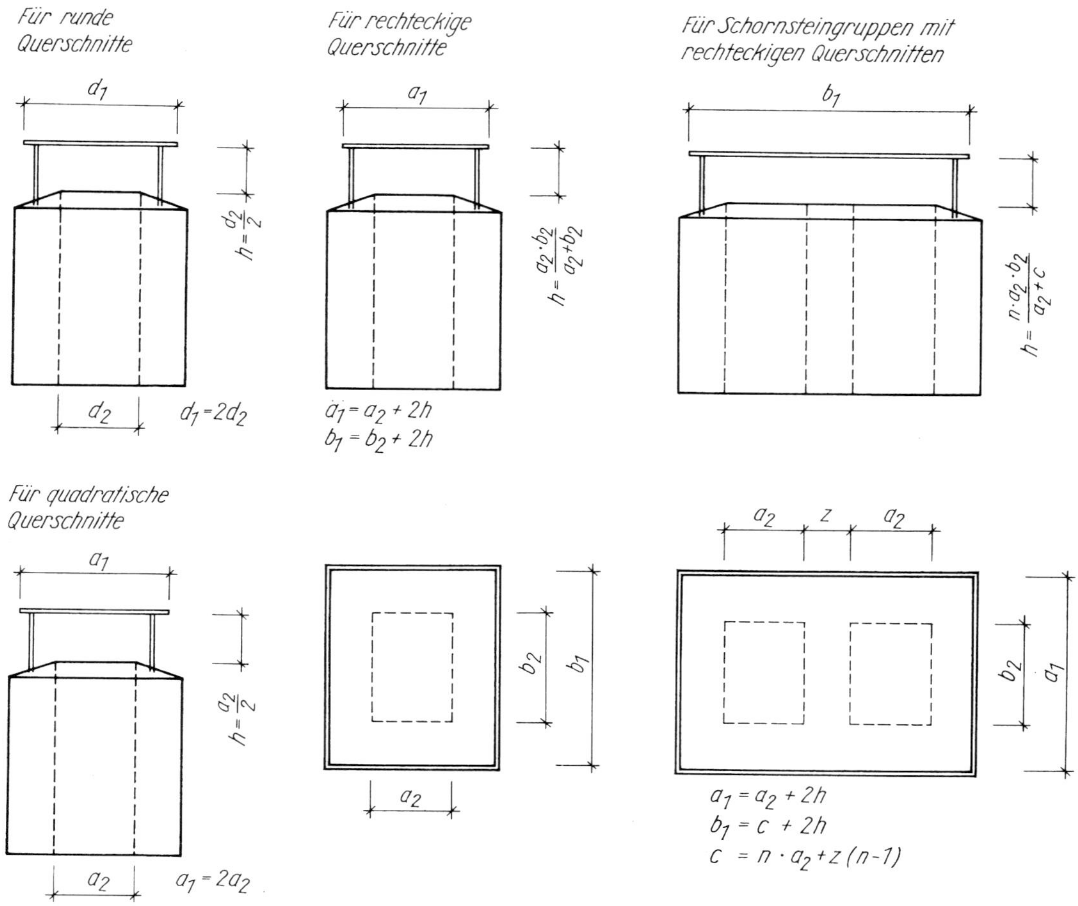

Bild 2.31. Systembilder der Meidinger Scheibe und Berechnungsformeln

Außenschornsteine dagegen sollten jedenfalls 240 mm dicke Wangen haben, mit einem Schamottefutter ausgekleidet sein oder eine andere Dämmung haben. Auch gedämmte Fertigteil-Schornsteine entsprechender Ausführung sind geeignet. Hier sind die Angaben des Herstellers zu beachten.

2.8.2. Schornsteinmündung

Die obere Begrenzung des Schornsteins bezeichnet man als Schornsteinmündung. Sie muss bei gemauerten Schornsteinen eine mindestens 80 mm dicke, trittfeste Abdeckung aus frostbeständigem Beton erhalten mit einer **Neigung** von 5 % zur Außenkante. Braucht die Mündung zur Reinigung des Schornsteins nicht betreten zu werden, darf die Neigung bis zu 25 % betragen.
Die **Mindesthöhe** der Schornsteinmündung über First bzw. oberer Dachkante mit einer Neigung von mehr als 20° beträgt 400 mm. Selbstverständlich können bei ungünstigem Windanfall, überhaupt bei erschwerten Strömungsverhältnissen oder starkem Funkenflug größere Höhen vorgesehen werden.

Eine Schornsteinfegerweisheit besagt:

► **Spanne über ein Haus mit Flachdach einen Halbkreis und ziehe den Schornstein bis zu seinem höchsten Punkt. Erst dann wird er seine Aufgabe erfüllen können.**

Eine **Abdeckung** der Schornsteinmündung ist zu empfehlen, weil Kamine nur zeitweilig betrieben werden und der Querschnitt oftmals größer als bei normalen Hausschornsteinen ist. Außerdem werden Fallwinde abgehalten.
Als wirksames Mittel hat sich die **Meidinger Scheibe** bewährt (Bild 2.31.). Sie kann aufklappbar oder zum Ausschwenken am Schornsteinkopf befestigt sein und darf Reinigungsarbeiten nicht beeinträchtigen. Ohne das richtige Verhältnis von Scheibengröße und Höhenabstand zwischen Mündungs- und Scheibenfläche kann sie ihre Wirkung versagen. Mit entsprechenden Formeln für runde, quadratische und rechteckige Querschnitte als auch für Schornsteingruppen lässt sie sich relativ einfach und ohne großen Zeitaufwand berechnen.
Das im Handel angebotene Sortiment entspricht nicht in jedem Fall der geforderten Wirkung.

2.8.3. Schornsteinkopf

Der Teil des Schornsteins von der Dachdeckung bis zur Schornsteinmündung wird als Schornsteinkopf bezeichnet.
Schornsteinköpfe müssen aus frostbeständigen Materialien (z. B. Klinker) und der Mörtelgruppe II bestehen und dürfen nicht verputzt werden.
Verkleidungen an Schornsteinköpfen (u. a. hinterlüftete Stülpkonstruktionen) sind zulässig und müssen den Anforderungen nach DIN 18160 Teil 1 Abschnitt 10.4 entsprechen.
Beträgt die Höhe des Schornsteinkopfs mehr als 1750 mm, ist eine Verankerung erforderlich, es sei denn, über die Standsicherheit liegt ein statischer Nachweis vor.

2.9. Bauteile des Kamins

2.9.1. Feuerboden

Er bildet den Boden des eigentlichen Feuerraums (A · C) und muss aus nichtbrennbaren, hitzebeständigen und möglichst wärmespeichernden Materialien bestehen.
Der Feuerboden dient bei rostloser Verbrennung zur Aufnahme des Brennmaterials wie auch des Feuerbocks oder Feuertopfs. Bei fachgerechter Ausführung wird durch ihn die Gebäudedecke gegen unzulässige Erwärmung geschützt, soweit sich kein Ascheraum darunter befindet, der die direkte Wärmeübertragung verhindert.

2.9.2. Ascheraum

Der Ascheraum ist eine bauliche Einrichtung zur Aufnahme von Verbrennungsrückständen, gegebenenfalls in einen Aschekasten oder Aschekübel. Er ist unter dem Feuerboden anzuordnen. Bei Entaschung durch einen Schacht in einen Kübel im darunter gelegenen Keller, muss dieser durch mindestens eine dichtschließende Klappe oder einen abgedichteten Schieber verschließbar sein.
Konstruktiv kann durch ihn und eine entsprechende bauliche Anordnung der Zustrom von Verbrennungsluft erfolgen.
Für Ascheraumboden und Feuerraumboden sind so wohl gemeinsame Tragschichten als auch gemeinsame Dämmschichten erlaubt.

2.9.3. Sicherheitsfläche

Die bauliche Anordnung nichtbrennbarer, trittfester Baumaterialien vor jeder Kaminöffnung (Strahlungsfläche), Sicherheitsfläche genannt, soll Schutz gegen Funkenflug bzw. herausfallende oder -rollende brennende Holzscheite bieten. Sie muss die Kaminöffnung um beiderseits 300 mm überragen und nach vorn mindestens 500 mm bemessen sein (siehe Abschnitt 2.5.2.).
Haben Kamine mehr als eine Strahlungsöffnung, ist vor jeder eine Sicherheitsfläche entsprechender Größe anzuordnen.

2.9.4. Kaminöffnung (Strahlungsfläche)

Die Kaminöffnung ist die lichte Öffnung an der Vorderseite des Feuerraums zum Raum oder zum Freien hin (A · B). Ihre Form kann quadratisch, rechteckig oder bogenförmig sein. Beim Rechteck ist die Idealform nach dem „goldenen Schnitt" zu wählen; das maximale Seitenverhältnis soll 1 : 2 betragen. Der Rauchsims, der die Kaminöffnung nach oben begrenzt, kann scheitrecht oder in einer Bogenform ausgebildet sein. Die Kaminöffnung wird in cm^2 angegeben. Sie kann einseitig, zweiseitig, dreiseitig oder allseitig offen sein.
Kamine mit einseitiger Öffnung bieten Vorteile wie

- große Wärmeleistung (Strahlungswirkung)
- geringer Luftbedarf (relativ)
- hohe Rauchgastemperatur.

Bei allen anderen Öffnungsarten nimmt mit zunehmender Vergrößerung der Strahlungsfläche auch der Luftbedarf zu. Sowie Strahlungswirkung (Wärmeleistung) als auch Rauchgastemperatur nehmen entsprechend ab.
Die Kaminöffnung wird berechnet, indem die Flächeninhalte der Einzelöffnungen addiert werden.

2.9.5. Feuerraum

Die bauliche Einrichtung zwischen Feuerboden und Rauchklappe bildet den eigentlichen Feuerraum zum Zwecke der Verbrennung. Seitenwände und Rückwand sind so anzuordnen, dass sie eine **hohe Strahlungswirkung** zum Raum hin ergeben (Bild 2.32.). Durch den Einbau einer Gussplatte an der Rückwand des Feuerraums wird der Anbrennvorgang begünstigt, die

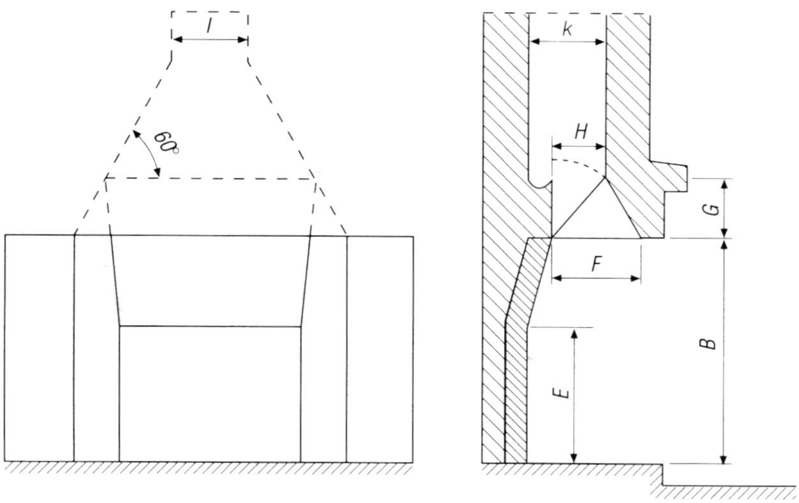

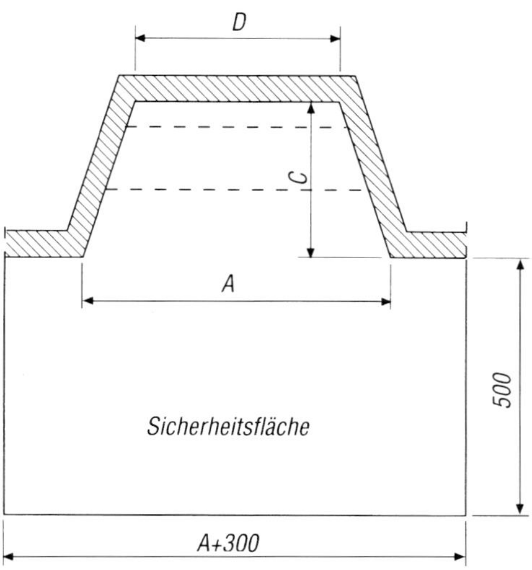

Bild 2.32. Klassische Bauweise vom offenen Kamin
A Breite der Kaminöffnung; *B* Höhe der Kaminöffnung; *C* Tiefe des Feuerraums; *D* Breite der Rückwand im Feuerraum; *E* Höhe der Rückwand; *F* Tiefe der Einströmöffnung zum Rauchsammler; *G* Höhe der Rauchklappe bei Verwendung als Einzelelement; *H* Tiefe der Rauchklappe; *I* und *K* Abmessungen der Schornsteinquerschnitte

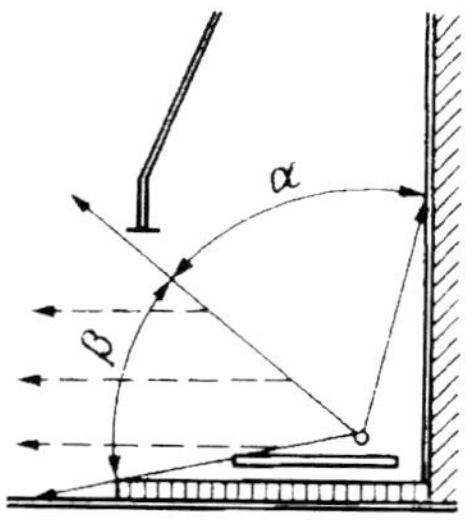

Bild 2.33. Mäßige Strahlungswirkung β beim tief gebauten Feuerraum, hohe Verluststrahlung α

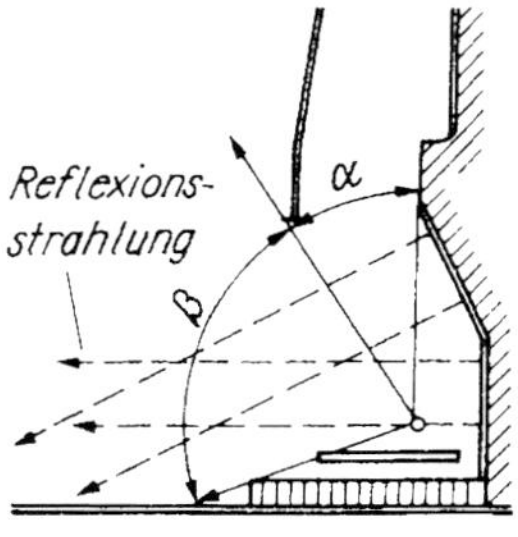

Bild 2.34. Flach gebaute Feuerräume erhöhen die wirksame Wärmestrahlung β und mindern die Verluststrahlung α

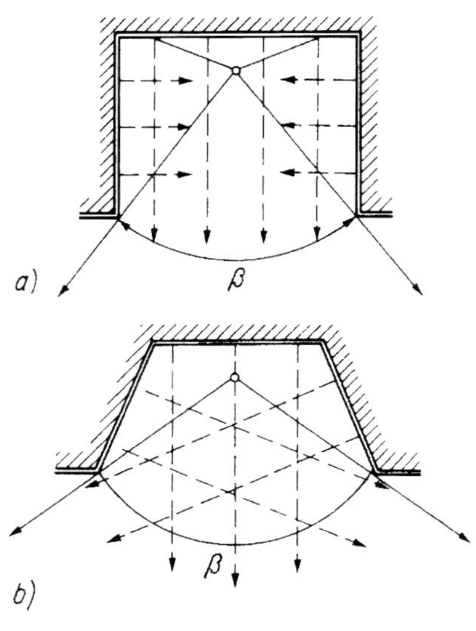

Bild 2.35. Anordnung der Seitenwände des Feuerraums und ihre wirksame Wärmestrahlung β
a) geringe Wirkung; *b)* vergrößerte Wirkung

Erwärmung erfolgt schneller und der Kamineffekt nimmt zu.

► **Tiefe Feuerräume mindern die Heizwirkung! Flache Feuerräume begünstigen das Rauchen des Kamins in den Raum!**

Die Strahlungswirkung in den Raum hängt von der Tiefe des Feuerraums ab. Der Winkel β, der die Raumstrahlung des Kamins kennzeichnet, ist beim tiefen Feuerraum – eventuell noch ohne abgeschrägte Rückwand – entsprechend klein (Bild 2.33.) und kann durch veränderte Bauweise (Bild 2.34.) begünstigt werden. Auch die Seitenwände bewirken durch eine schräge Anordnung eine größere Raumstrahlung (Bild 2.35. a und b). Diese sind jedoch evtl. hinderlich bei nachträglichem Einbau einer Kassette.

2.9.6. Kaminrost

Der Kaminrost dient zur Aufnahme des Brennmaterials und allseitigen Heranführung von Verbrennungsluft. Er wird als Planrost, besser noch in Verbindung mit einem Stehrost in schmiedeeiserner Ausführung in etwa 80 bis 100 mm Höhe zwischen ihm und dem Feuerboden aufgestellt. Auch gibt es Kaminroste mit Aschekasten.
Stehroste sollen das Herausrollen von Holzscheiten verhindern. Sie können Bestandteil des Feuerbocks sein.
Statt eines metallischen Rosts können keramische Baustoffe im Feuerboden derart angeordnet werden, dass sich Hohlräume unter dem Brennmaterial bilden, durch die Verbrennungsluft zuströmen kann.

2.9.7. Rauchsims

Die obere Begrenzung der Kaminöffnung wird als Rauchsims bezeichnet und hat gewöhnlich eine waagerechte Lage. Statt dieser scheitrechten Ausführung können Bögen verschiedener Form den Rauchsims bilden (vgl. Abschnitt 2.7.). Werden Holzbalken als Rauchsims verwendet, sind diese nur als äußere Verkleidung erlaubt und müssen hinterlüftet sein. Aus brandschutztechnischen Gründen sind zum Feuerraum hin nichtbrennbare Materialien zu verwenden.

2.9.8. Rauchkammer (Rauchsammler)

Der Raum vom Rauchsims bis zum Schornsteinanschluss wird als Rauchkammer, auch Rauchsammler bezeichnet (Bild 2.36). Die allmähliche Verjüngung vom Feuerraum- zum Schornsteinquerschnitt bzw. dem Querschnitt der Rauchklappe, bewirkt eine Beschleunigung der abströmenden Rauchgase. Statt einer

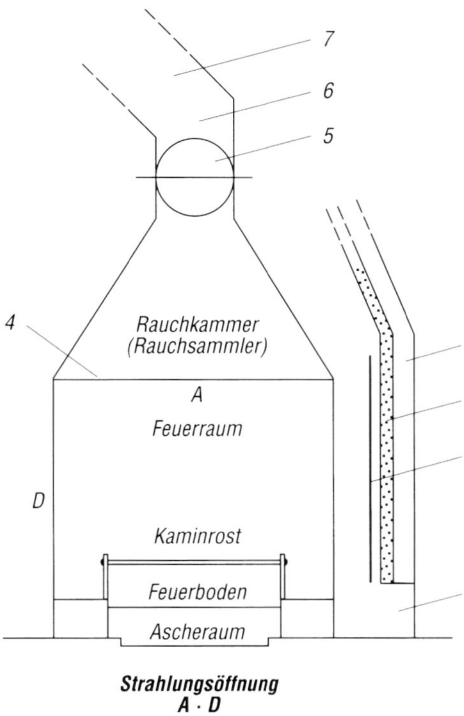

Bild 2.36. Begriffszuordnung Strahlungsöffnung $A \cdot D$
1 Konvektionsmantel; *2* Dämmschicht; *3* Verkleidung; *4* Rauchsims; *5* Rauchklappe (Drosselklappe); *6* Rauchgasstutzen; *7* Verbindungsstück; *8* Lufteintritt (Konvektionsluft)

auch aus Einzelmaterialien möglichen Bauweise hat sich der vorgefertigte metallische Rauchsammler durchgesetzt.

2.9.9. Rauchkehle

Wenn auch bei Kaminkonstruktionen die Rauchkehle (vgl. Bild 2.39.) kaum noch zu finden ist, hat sie dennoch nichts an ihrer Bedeutung und Funktion eingebüßt und wird bei handwerklich am Ort gebauten Kaminen weiterhin empfohlen.
Die Rauchkehle wird oberhalb der Rauchklappe, zwischen Rauchklappe und der rückseitigen Wand, eingebaut. Sie hat die Aufgabe, zurückströmende Rauchgase dem warmen Rauchgasstrom zuzuleiten.
Über Sinn und Zweck der Rauchkehle wird selbst auf wissenschaftlicher Ebene gestritten. Werden Kamin und Schornstein exakt im richtigen Verhältnis zueinander berechnet und gebaut und wird der Kamin richtig betrieben, so wird es zu keiner Kaltgasrückführung kommen. Kaltgase können sich bilden und werden wirksam, wenn im Schornstein eine zu große Abkühlung der Rauchgase eintritt. Das ist vor allem dann möglich, bei zu großen Querschnitten, ungedämmten Außenwandschornsteinen, aber auch bei starker Drosselung des Kaminbetriebs und verminderter Rauchgasmenge. Auch sollte man bedenken, dass die Kaltgasbildung begünstigt wird, je größer die Kaminöffnung ist bzw. je geringer die abströmenden Rauchgase temperiert sind.

2.9.10. Rauchklappe

Die Rauchklappe ist eine bewegliche bauliche Einrichtung im Rauchsammler. Bei Nichtbenutzung des Kamins schließt sie den Feuerraum gegenüber dem Schornstein ab und verhindert das Abströmen erwärmter Raumluft bzw. das Einströmen kalter Außenluft. Bei Kaminbetrieb kann man durch die unterschiedliche Stellung der Klappe eine Drosselung des Abbrands bewirken. Mit verringerter Abbrandgeschwindigkeit kann die Wärmeleistung reguliert, aber auch Brennmaterial gespart werden.
Selbst bei den von Hand am Ort gebauten Kaminen hat sich der metallische Rauchsammler mit integrierter Rauchklappe durchgesetzt, sodass Klappen als Einzelelement kaum noch Anwendung finden.
Eine schlecht schließende Klappe ist Quelle steten Ärgers! Es gibt Konstruktionen mit Schieber oder Hebelverschluss, Klappen mit Gegengewicht und Kettenhaken in labiler und stabiler Lage. Am besten ist eine Klappe mit mehrfacher Raststellung und festem Handgriff.

2.9.11. Rauchschürze

Schlechthin sind sie eine Verkleidung des Rauchsammlers und können hauben- oder trichterförmig über Kaminen, vor Wänden, in Raumecken oder frei hängend im Raum über Herdkaminen angeordnet werden. Sie werden als Rauchschürze oder auch als Rauchfang bezeichnet.

2.10. Berechnungsgrundlagen für offene Kamine

In allen geltenden Vorschriften wird die Forderung erhoben, dass ein Kamin mit offenem Feuerraum einen eigenen Schornstein benötigt. Nur so ist gewährleistet, dass man von unliebsamen Rauchbelästigungen durch andere an den Schornstein angeschlossene Feuerstätten verschont bleibt, bzw. diese durch den Kamin negativ beeinflusst werden können. Gleich wie, diese

Forderung muss beim nachträglichen Einbau eines Kamins in ein bestehendes Gebäude genauso bedacht werden, wie bei der Planung eines Neubaues.
Die den Kamin zum Raum hin begrenzende Strahlungsfläche darf nicht beliebig groß gebaut werden, sondern ist vom Schornsteinquerschnitt abhängig. Dieses Verhältnis lässt sich bei einem neu zu bauenden Gebäude am besten gestalten, zumal hierbei noch Einfluss auf die wirksame Schornsteinhöhe genommen werden kann.

2.10.1. Berechnung des Schornsteinquerschnitts

Den lichten Schornsteinquerschnitt berechnet man mit nachfolgender Formel

$$A_S = \frac{A_ö \cdot e}{\sqrt{h_w}} \quad \text{in cm}^2$$

darin bedeuten

A_S lichter Schornsteinquerschnitt in cm^2
$A_ö$ Fläche der Kaminöffnung in cm^2
h_w wirksame Schornsteinhöhe in m
e Einflussfaktor, Berücksichtigung der Lage des Kamins zum Schornstein (Tabelle 2.1.)

2.10.2. Berechnung der Kaminöffnung

Für bestehende Bauten, in denen der Schornstein mit seinem Querschnitt eine feste Größe bildet, kann die obige Gleichung umgestellt werden, da in diesem Fall die Größe der Kaminöffnung benötigt wird.

$$A_ö = \frac{A_S \cdot \sqrt{h_w}}{e} \quad \text{in cm}^2$$

2.10.3. Berechnungsbeispiele

2.10.3.1. Beispiel 1

Dieses Beispiel befasst sich mit einem Neubau, bzw. einem Eigenheim, für das ein Kamin geplant ist. Hier kann die Größe der Kaminöffnung nach dem Wunsch des Bauherrn gestaltet werden, soweit fachlich vertretbar.

Erforderliche Angaben

Raummaße	Länge	8,0 m
	Breite	5,5 m
	Fläche	44,0 m^2
	Höhe	2,7 m
	Rauminhalt	rd. 120 m^3

Schornsteinlage an einer Außenwand, hinter dem Feuerraum (nach Tabelle 2.1. ergibt das einen Einflussfaktor $e = 0{,}5$)

Wirksame Schornsteinhöhe h_w 6,0 m
Gewünschte Kaminöffnung 90×70 cm = 6300 cm^2
Berechnung des Schornsteinquerschnitts

$$A_S = \frac{A_ö \cdot e}{\sqrt{h_w}} = \frac{6300 \cdot 0{,}5}{\sqrt{6}} = 1286 \text{ cm}^2$$

Dieser Querschnitt entspricht etwa den lichten Maßen von 35×35 cm. Diese Größe des Schornsteinquerschnitts ergibt sich, weil die wirksame Schornsteinhöhe so gering ist. Eine Anordnung einer Meidinger Scheibe ist hier unerlässlich.

2.10.3.2. Beispiel 2

In diesem Beispiel wird davon ausgegangen, dass ein Kamin in ein bestehendes Gebäude in einen Raum eingebaut werden soll, der Schornstein also bereits vorhanden ist. Dadurch geraten die Kaminabmessungen in Abhängigkeit.

Erforderliche Angaben

Raummaße	Länge	5,6 m
	Breite	4,3 m
	Fläche	24,0 m^2
	Höhe	2,9 m
	Rauminhalt	rd. 70 m^3
Schornstein	Baumaß	21×21 cm
	Querschnitt A_S	441 cm^2
	wirksame Schornsteinhöhe h_w	9 m

Lage des Kamins zur Wahl des Einflussfaktors „e“

- an einer Innenwand
- vor dem Schornstein, an die Wand anlaufend
- Schornsteinführung senkrecht

Tabelle 2.1. Einflussfaktor „e“ offener Kamine

Lage und Führung des Schornsteins		Einflussfaktor „e“ bei der Lage des Schornsteins über dem Feuerraum	hinter dem Feuerraum
Senkrechte Führung	in Innenwand	0,2	0,4
	Außenwand	0,3	0,5
Gezogen	in Innenwand	0,3	0,5
	Außenwand	0,4	0,6

Tabelle 2.2. Kamin- und Schornsteinmaße für offene Kamine

Buchstabenzuordnung (Bild 2.32.)	**Kaminöffnungen $A_Ö$ in cm²**					
	3000	3850	4800	6300	7500	10200
	Kaminabmessungen in cm					
A	60	70	80	90	100	120
B	50	55	60	70	75	85
C	30	30	35	40	45	50
D	40	45	55	60	70	80
E	30	30	35	40	40	45
F	20	20	20	20	20	25
G	13	13	13	13	15	15
H	12	12	12	12	15	15

wirksame Schornsteinhöhe h_w in m	**Einflussfaktor**											
	0,4	0,5	0,4	0,5	0,4	0,5	0,4	0,5	0,4	0,5	0,4	0,5
	Schornsteingruppe											
4	D	E	E	F	F	G	G	H	H	H	I	I
5	D	E	E	F	F	G	G	H	G	H	I	I
6	D	D	D	E	E	F	G	G	G	H	I	I
7	C	D	D	E	E	F	F	G	G	H	H	I
8	C	D	D	E	E	E	F	G	G	G	H	H
9	C	D	D	E	E	E	F	G	F	G	H	H
10	C	C	C	D	D	E	E	F	F	G	G	H
11	C	C	C	D	D	E	E	F	F	G	G	H
12	C	C	C	D	D	E	E	F	F	G	G	H
13	B	C	C	D	D	E	E	F	F	G	G	H
14	B	C	C	D	D	D	E	F	E	F	G	G
15	B	C	C	D	D	D	E	E	E	F	G	G

Schornsteingruppen	**altes Ziegelformat**		**neues Ziegelformat**	
	Baumaße in mm	Fläche in cm²	Baumaße in mm	Fläche in cm²
A	140 × 140	196	135 × 135	182
B	140 × 205	287	135 × 195	263
C	205 × 205	420	195 × 195	380
D	205 × 270	554	195 × 260	507
E	270 × 270	729	260 × 260	676
F	270 × 335	905	260 × 320	832
G	335 × 335	1122	320 × 320	1024
H	400 × 400	1600	380 × 380	1444
I	400 × 500	2000	380 × 470	1786

Tabelle 2.3. Maßangaben zum Rösler Kamin-Bausatz Typ 65/50 in cm (zu Bild 2.38 Seite 48)

Innenmaße				**Außenmaße**			**Höhenmaße**	
Breite	Höhe	Tiefe	Rauchrohr ∅	Breite	Höhe	Tiefe	Sockel	Rauchgas-sammler
A	B	C	D	E	F	G	H	I
65	50	40	20	76	55	45	40	40

Bei der Einbauplanung zusätzlich Maße der Wärmedämmung beachten!

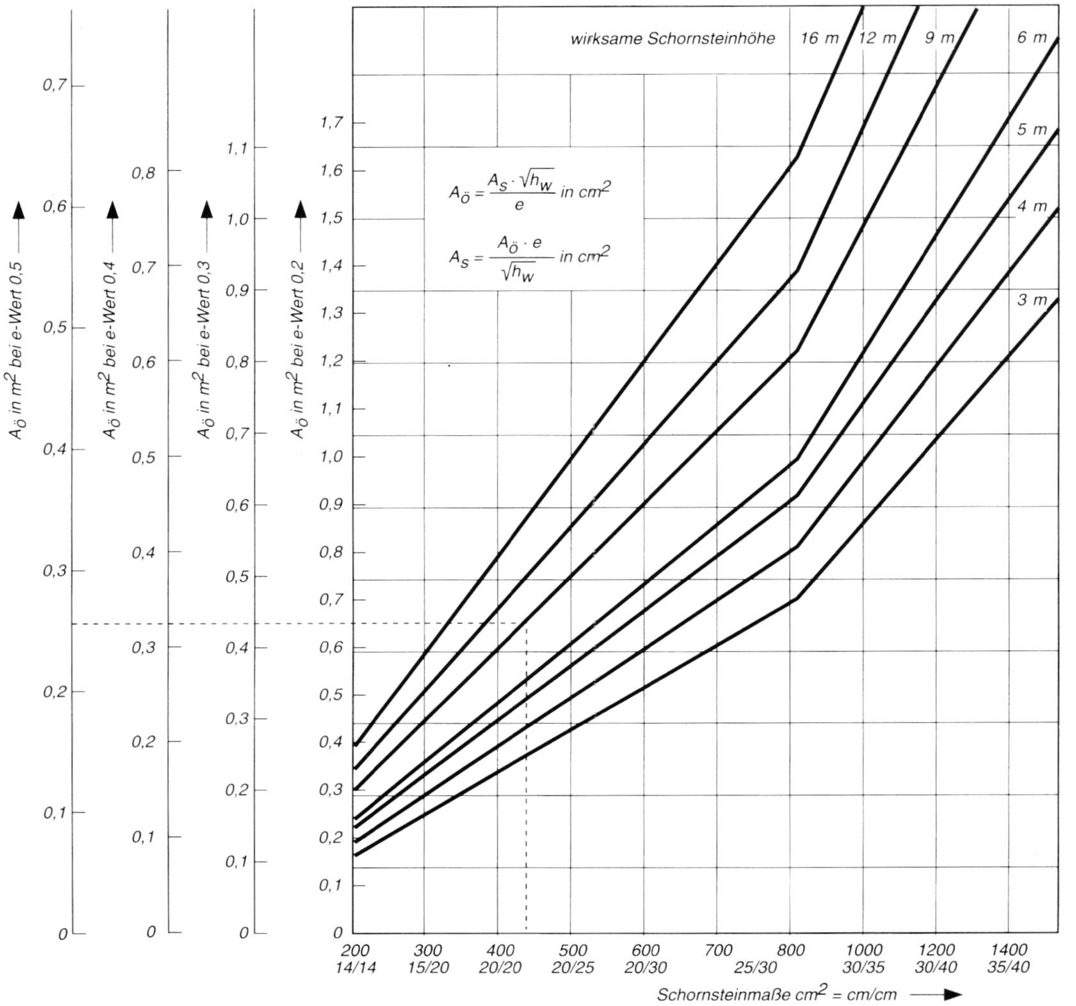

Bild 2.37. Diagramm – Bestimmung der Kaminöffnung in m²

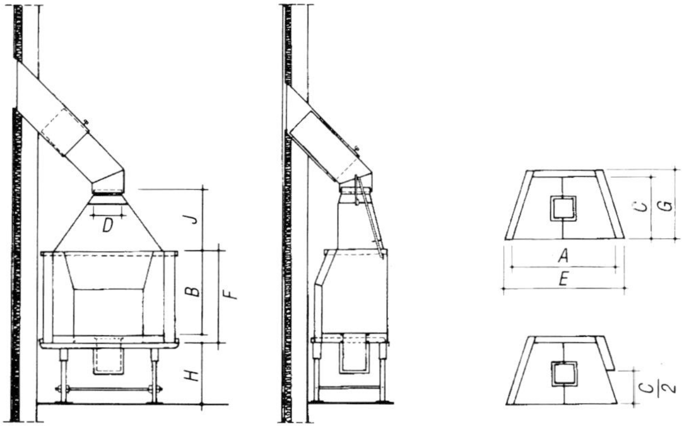

Bild 2.38. Rösler-Baukastensatz (zu Tabelle 2.3., Seite 47)

Mit Hilfe der drei Angaben kann der Einflussfaktor tabellarisch bestimmt werden und beträgt bei diesem Beispiel 0,4. Nun lässt sich die Kaminöffnung berechnen:

$$A_{\ddot{o}} = \frac{A_S \cdot \sqrt{h_w}}{e} = \frac{441 \cdot \sqrt{9}}{0,4} = 3308 \text{ cm}^2$$

Statt der Berechnung der Kaminöffnung kann diese auch anhand eines Diagramms (Bild 2.37.) bestimmt werden. Die im Diagramm eingezeichnete Strichlinie kennzeichnet das Rechenbeispiel.

Eine Kaminöffnung von rd. 3300 cm² entspricht etwa den Maßen 65 × 50 cm (Tabelle 2.2.).

Statt einer handwerklichen Bauweise, die einen entsprechenden Aufwand bedeutet, kann man einen Bausatz eines montagefähigen Kamins wählen. 3300 cm² entsprechen dem kleinsten Typ aus Tabelle 2.3. (mit Bild 2.38.) Alle erforderlichen Maße für den Aufbau des Kamins und seinen Anschluss an den Schornstein können der Tabelle entnommen werden.

2.10.4. Berechnung der Meidinger Scheibe

Bei quadratischem Querschnitt des Schornsteins gelten die Formeln (siehe auch Bild 2.31.)

- Größe der Scheibe $a_1 = 2a_2$ in cm
- Höhenabstand zur Schornsteinmündung

$$h = \frac{a_2}{2} \quad \text{in cm}$$

Bei einem Querschnitt des Beispiels 1 von 1286 cm² (35 × 35 cm) ergibt sich

$a_1 = 2 \cdot 35 \text{ cm} = \underline{\underline{70 \text{ cm}}}$ Seitenlänge

$h = \frac{35}{2} = \underline{\underline{17,5 \text{ cm}}}$ Höhenabstand

Die Schornsteinwange muss 240 mm dick sein, da es sich bei diesem Beispiel um einen Außenwandschornstein handelt.

2.10.5. Berechnung des Luftwechsels

Jeder von Menschen genutzte Wohn- oder Arbeitsraum bedarf eines Luftwechsels. Dabei soll verbrauchte Luft durch frische ersetzt werden. Der aus hygienischen Gründen betriebene Luftwechsel im Raum ist von mehreren Faktoren abhängig, wie Temperatur, Luftfeuchte und Reinheit der Luft. Genaue Angaben über den Luftwechsel sind nicht möglich und deshalb in der Literatur auch nicht zu finden. In der Praxis werden Größenangaben nach Erfahrungswerten herangezogen.

Für Wohnräume werden Angaben gemacht, die zwischen einem ein- bis dreifachen Luftwechsel liegen, wobei der Verbrauch an O_2 wie die Produktion von CO_2 eine Rolle spielen. Der Mensch atmet stündlich durchschnittlich 0,5 m³ Luft ein. Im arbeitenden Zustand kann je nach Schwere der Arbeit sein Luftbedarf bis auf 3 bis 5 m³/h anwachsen.

Bei einer **Raumheizung mit offenem Feuerraum** bei der ein wesentlich größerer Luftverbrauch entsteht als durch die Atmung des oder der Menschen, entstehen andere Größen. Auf die Kaminheizung mit offenem Feuerraum bezogen, bei dem die Verbrennungsluftmenge von der Größe der Feuerraumöffnung abhängig ist, gibt es eine Faustformel, die aussagt, dass bei normalem Abbrand und auch normalen Schornsteinverhältnissen rd. 0,1 m³ Luft pro cm² Kaminöffnung je Stunde angesaugt wird (Bild 2.39.).

Nimmt man die errechnete Kaminöffnung des Beispiels 2 mit 3308 cm² als Berechnungsgrundlage, dann ergibt sich ein Luftbedarf

$L = 3308 \text{ cm}^2 \cdot 0,1 \text{ m}^3/\text{h} \cdot \text{cm}^2 = \underline{\underline{331 \text{ m}^3/\text{h}}}$

Der n-fache Luftwechsel im Raum kann berechnet werden nach

$$n = \frac{L}{V_R} \quad \text{fach}$$

darin bedeuten

n Anzahl des stündlichen Luftwechsels
L angesaugte Luftmenge in m³/h
V_R Raumvolumen in m³

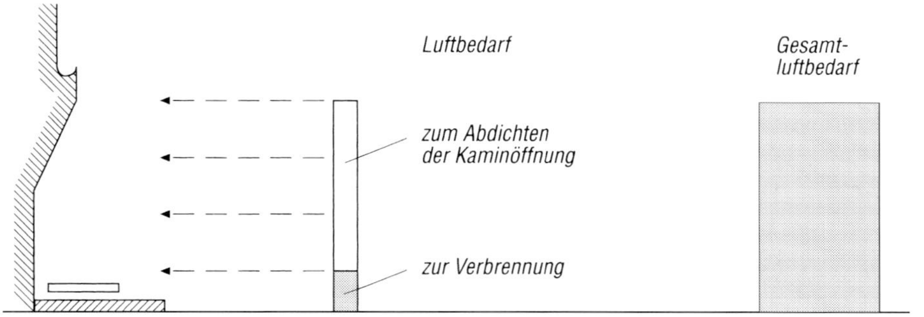

Bild 2.39. Luftbedarf offener Kamine – Schema

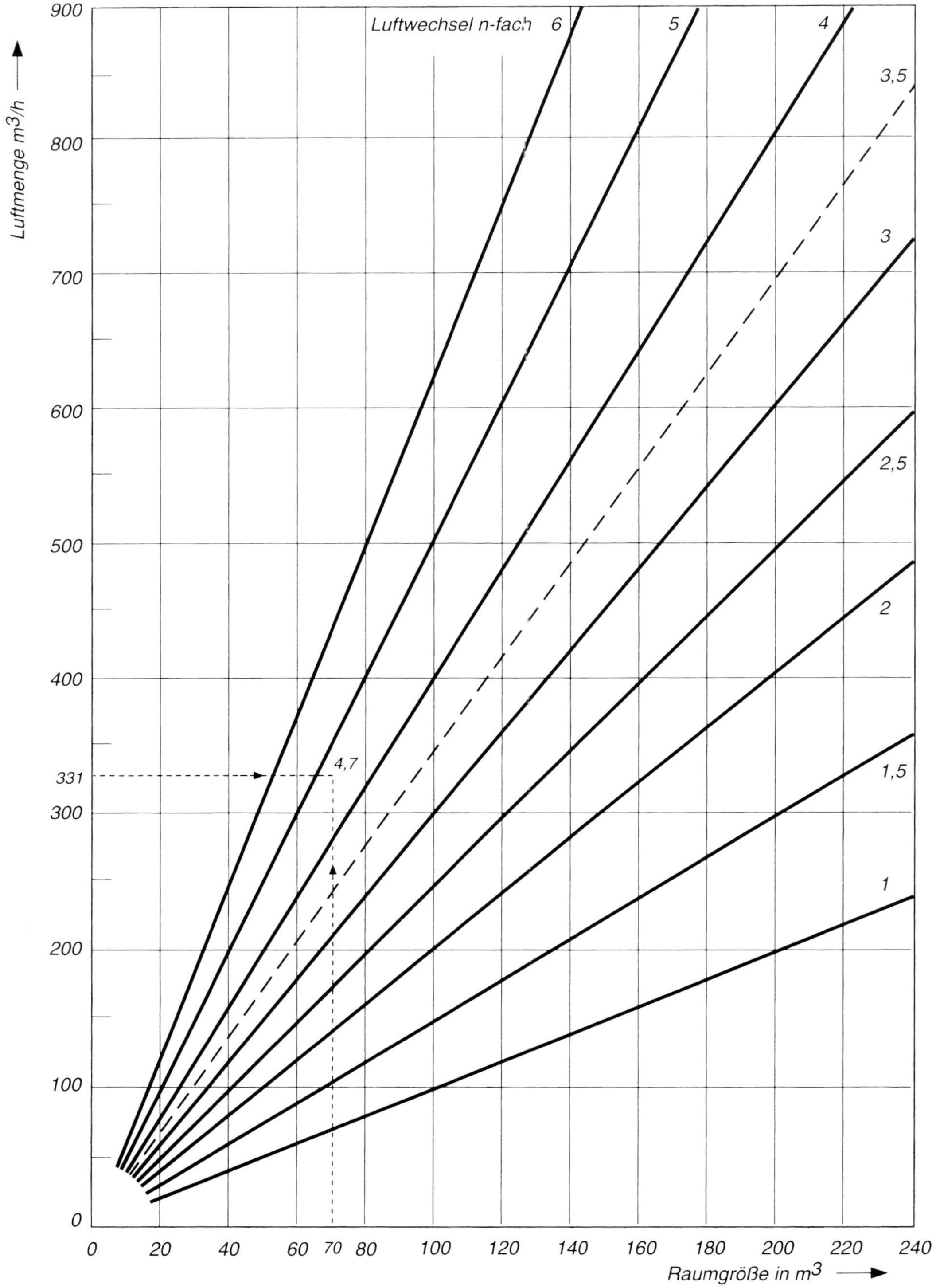

Bild 2.40. Diagramm zur Bestimmung des Luftwechsels (Beispiel 2: 331 m^3/h, 70 m^3 = 4,7fach)

Auf den Rauminhalt (bzw. Raumvolumen V_R) bezogen – beim Beispiel 2 mit 70 m³ – kann der stündliche Luftwechsel berechnet werden

$$n = \frac{331}{70} = \text{rd. } \underline{\underline{4{,}7\text{fach/h}}}$$

Vergleicht man dieses Ergebnis mit dem genannten normalen Luftwechsel für Wohnräume (1 bis 3-fach), dann muss dem Raum z. B. durch Einbau eines Luftkanals Luft zugeführt werden, um die Funktion des Kamins sicher zu stellen.
Statt der Berechnung lässt sich der Luftwechsel anhand eines Diagramms bestimmen (Bild 2.40.).

2.10.6. Berechnung des Luftkanals

Den Querschnitt eines Luftkanals errechnet man nach

$$A = \frac{L \cdot 10000}{v \cdot 3600} \quad \text{in cm}^2$$

Darin bedeuten

L	Luftmenge in m³/h
v	Strömungsgeschwindigkeit der Luft in m/s
10000	Umrechnungsfaktor von m² in cm² (cm²/m²)
3600	Zeitfaktor in s/h (Umrechnung von Sekunden pro Stunde)

Berechnung des Luftkanals für Beispiel 2

$$A = \frac{331 \cdot 10000}{4 \cdot 3600} = \underline{\underline{229\text{ cm}^2}} \text{ (rd. } \underline{\underline{17\text{ cm}}}\ \varnothing)$$

Berechnung des Luftkanals für Beispiel 1

$$A = \frac{630 \cdot 10000}{4 \cdot 3600} = \underline{\underline{440\text{ cm}^2}} \text{ (rd. } \underline{\underline{24\text{ cm}}}\ \varnothing)$$

Die runden Querschnitte können in viereckige nach d_g umgewertet werden (vgl. Tabelle 3.9.).
Der errechnete Luftbedarf – Kaminöffnung · 0,1 – kann sich in Abhängigkeit von der Dichtheit der Bauhülle verändern. Als Zuluft zum Raum durch nicht allseitig gedichtete Fenster bzw. eine Tür zum Freien kann angenommen werden, dass 0,8 m³/h je m³ Raumvolumen einströmen. Bei dichter Bauweise verringert sich der Zustrom auf 0,4 m³/h.

Für das Beispiel 2 ergibt sich folgende Veränderung:
Raumvolumen 70 m³
bei ungedichteten Fenstern 70 · 0,8 = 56 m³/h Zuluft.
Um diesen Betrag kann der errechnete Luftbedarf gemindert werden

$$331\text{ m}^3 - 56\text{ m}^3 = \underline{\underline{275\text{ m}^3}}$$

Damit verringern sich auch die Querschnittsfläche und der Durchmesser der Verbrennungsluftleitung auf

$$A = \frac{275 \cdot 10000}{4 \cdot 3600} = \underline{\underline{191\text{ cm}^2}} \rightarrow \underline{\underline{15{,}5\text{ cm}}}\ \varnothing$$

2.11. Baustoffe und Baumaterialien

Bei der Auswahl der Kaminbaustoffe und -materialien muss unterschieden werden, ob sie für den Ausbau verwendet und thermisch stark belastet werden oder ob sie nur als Schmuckelement zur Verkleidung vorgesehen sind.
Sämtliche Baustoffe und Bauteile des Funktionsbereichs als auch der Verkleidung müssen der Klasse A1 nach DIN 4102 Teil 1 entsprechen und widerstandsfähig sein gegen auftretende thermische, chemische und mechanische Beanspruchungen. So sind z. B. Heraklit-Platten oder Gipskartonplatten nicht zugelassen.
Zur Verwendung werden empfohlen:
Für den Bau des Asche- und Feuerraums sowie für den Rauchsammler besonders feuerfeste **Schamottsteine und -platten** nach DIN 51060. Auch sind werkmäßig vorgefertigte Bauteile aus Schamotte, aus feuerfestem Beton oder Grauguss geeignet.
Mörtel und Kitte müssen für die entsprechenden Materialien geeignet sein und die Standsicherheit im kalten Zustand als auch bei Betriebstemperatur gewährleisten. Mörtelfugen sind maximal 10 mm dick zu halten und müssen vollfugig sein.
Für den Bau des Rauchsammlers eignet sich außer mineralischer Baustoffe auch 2 mm dickes **Stahlblech** nach DIN 1623, DIN 17100 oder DIN 17200, **Messingblech** nach DIN 1751 oder **Kupferblech** nach DIN 1752.
Die **Materialdicke** für Böden und Wände des Feuerraums beträgt mindestens

- aus Beton oder Mauerwerk 50 mm
- aus Grauguss 5 mm.

Gewölbe aus Mauerziegeln oder -steinen müssen mindestens 100 mm dick sein.

Alle Bauteile von Kaminen müssen Beanspruchungen aus Eigenlast, durch gegenlehnende Menschen, Menschengedränge oder stolpernde Menschen, auch geworfenen Gegenständen widerstehen.

Zur Verkleidung von Kaminen sind geeignet:

- Mauerziegel, Voll- oder Lochziegel, Klinker nach DIN 105
- Mauersteine nach DIN 106, DIN 3981, DIN 4165, DIN 18151, DIN 18505
- Wandbauplatten nach DIN 4166, DIN 18162, DIN 18505
- Betonwerksteine nach DIN 18500
- natürliche Steine
  - kieselhaltiger Art, wie Quarzit, Porphyr, Sandstein
  - tonhaltiger Art, wie Grauwacke, Trachyt
  - kalkhaltiger Art, wie Marmor, Travertin, Serpentin

  jeweils bruchrau, unregelmäßig, größenunterschiedlich geschnitten, als Riemchen mit verschie-

denen Oberflächenstrukturen, geschnitten und an den Seitenflächen geschliffen
– Ofenkacheln jeden Formats und Kachelsteine
- Metalle aller Art, wie Schmiedeeisen, Kupfer, Messing, Chromnickelstahl, auch Leichtmetalle. Die Verkleidung des Rauchsammlers kann auch aus Putzträgern, nichtbrennbar, wie Drahtgewebe oder Ziegeldrahtgewebe mit unterschiedlichen Putztechniken bestehen.
- Holz – bei seiner Verwendung ist das Beachten geltender bau- und brandschutztechnischer Forderungen unerlässlich. Im Strahlungsbereich der Kaminöffnung darf Holz nicht verwendet werden.

2.12. Brennmaterialien

In Kaminen mit offenem Feuerraum darf also nur **Holz** zum Einsatz kommen, das naturbelassen und wenigstens 2 Jahre abgelagert ist und damit etwa einen Restfeuchtegehalt von 15 bis maximal 20% besitzt, wobei die Ablagerung nicht nur eine Trocknung, sondern auch eine Trockenhaltung, vor Feuchtigkeit geschützt und gut belüftet, gewährleisten muss.
Holzstapel mit Plastikplanen abzudecken verhindert eine ausreichende Trocknung ebenso wie die Einlagerung in schlecht durchlüftete Keller oder andere Räumlichkeiten. Diese Arten der Lagerung führen zu Fäulnisprozessen beim Holz, die mit einem Heizwertverlust verbunden sind. Außerdem ist eine Pilz- oder Schwammbildung möglich, die auf das Gebäude übertragen werden kann! Ungespaltenes Holz, aber auch in der Rinde belassenes Holz trocknet schlecht.
Bei der Verbrennung von Holz wird die Atmosphäre nicht mit Kohlendioxid zusätzlich belastet, wie es bei Verbrennung fossiler Energieträger Kohle, Öl oder auch Gas der Fall ist. Was im CO_2-Kreislauf zwischen Wachstum des Holzes und seiner Verbrennung nachgewiesen ist. Günstig, dass Holz in seiner Zusammensetzung keinen Schwefel enthält und deshalb keine Schwefelemissionen auftreten können.
Wird also Holz in ausgereiften Feuerungssystemen bei richtiger Betriebsweise und Einhaltung der 1. BimSchV verbrannt, ist eine schadstoffarme Verbrennung möglich, selbst im offenen Kamin. Vorausgesetzt, dass der Nutzer ihn nicht zur Müllverbrennungsanlage degradiert, was eine Nutzungseinschränkung nach sich ziehen kann.
Zur Verbrennung sind folgende Holzarten geeignet:

- **Laubhölzer**, wie Buche, Eiche, Birke und auch Obsthölzer. Sie brennen langsam mit ruhiger Flamme und halten die Glut.
- **Nadelhölzer**, wie Kiefer, Fichte, Tanne sind weniger geeignet. Wegen ihres Harzreichtums neigen sie zum Funkensprühen, verbreiten aber beim Abbrand, der flotter als beim Laubholz verläuft, einen angenehmen Duft.

Zum **Schutz gegen Funkenflug** sind geeignet
– Funkenschutzvorhänge aus Eisen- oder Messinggeflecht
– Funkenschutzgitter, metallisch
– Funkenschutzscheiben aus Glaskeramik,
die allesamt die Einschränkung der Verwendung auch nicht wesentlich mindern.
- Ungeeignet sind **Weichhölzer**, insbesondere Pappel mit geringem Heizwert, schnellem Abbrand und geringer Gluthaltung.
Alle Holzscheite sollten den empfohlenen Maßen gleichkommen, wie
– 30 bis 40 cm lang
– 6 bis 8 max. 10 cm Durchmesser.

Gemäß Änderung der 1. BimSchV dürfen nach § 3 Brennstoffe, Abs. 5a, außer stückigem naturbelassenen Holz auch eingesetzt werden

- Presslinge aus naturbelassenem Holz in Form von Holzbriketts entsprechend DIN 51731 – Ausgabe Mai 1993 oder vergleichbare andere Presslinge aus naturbelassenem Holz in gleichwertiger Qualität.

Naturbelassenes Holz darf auch mit anhaftender Rinde, beispielsweise in Form von Scheitholz oder Hackschnitzeln sowie auch Reisig oder Zapfen zum Einsatz kommen.
In Kaminen mit Kamineinsatz oder -kassette bei geschlossenem Feuerraum dürfen neben Holz auch **Braunkohlen- oder Steinkohlenbriketts** (Eier) verbrannt werden. Bei Verwendung von Eierbriketts ist eine Flachfeuerung mit Glutmulde im Feuerraumboden empfehlenswert.
Mögliche Brennstoffmengen werden im Kommentar zu DIN 18895 genannt.

2.13. Bedienung und Betriebsweise

Für handwerklich am Ort gebaute offene Kamine ist der Ausführungsbetrieb für die Übergabe einer Bedienungsanleitung und die mündliche **Einweisung in die Betriebsweise** zuständig.
Bei Kaminen mit Kamineinsatz oder Kassette bestehen gedruckte Pflege- und Bedienungsanleitungen des jeweiligen Herstellers, die dem Nutzer auszuhändigen sind. Es wird dringend empfohlen, im Übergabeprotokoll – Ausführungsbetrieb → Kunde – die Aushändigung der Bedienungsanleitung bestätigen zu lassen!
Bei Beachtung durch den Nutzer ist Voraussetzung für eine einwandfreie Funktion, Betriebssicherheit und umweltverträgliche Betriebsweise gegeben:

Austrocknungsphase
Zu frühes Anheizen eines neu gebauten Kamins führt zu Treiberscheinungen durch Wasserdampfbildung, auch Rissbildung möglich.

Die Austrocknungszeit beträgt 3 bis 4 Wochen, um Mörtelfeuchte und Anmachwasser, das sich auch in den Baustoffen des Feuerraums und der Verkleidung befindet, verdunsten zu lassen. Beim erstmaligen Anheizen, also nach etwa 4 Wochen Trocknungszeit, ist mit wenig Brennstoffmasse, trockenem klein gespaltenen Holz oder Reisig ein Lockfeuer zur Herstellung des Auftriebs im Schornstein zu entfachen. **Kein flottes Feuer**, da Gefahr von Wasserdampfbildung der Restfeuchte in Baustoffen. Danach etwa eine Woche lang vorsichtiges Feuer durch geringe Brennstoffmengen (ca. 3 bis 4 kleine Holzscheite) zur Nachtrocknung der Baustoffe betreiben. Dann müsste die Gebrauchstauglichkeit des Kamins erreicht sein.

Anheizen

1. Rost säubern, gegebenenfalls Asche entfernen
2. Auflegen von kleingespaltenem trockenen Holz, darauf 3 bis 4 größere Scheite, dabei wird eine kreuzweise Schichtung empfohlen, um den Zustrom der Verbrennungsluft allseitig zu ermöglichen. Während der Brennstoff als auch später der Glutkern zur besseren Wärmeübertragung in Nähe der Wärmetauscherflächen aufgelegt bzw. platziert werden soll, ist er von Glasscheiben fern zu halten.
3. Öffnen der Rauchklappe oder eines Hebels im Kamineinsatz bzw. der Kassette (nach Angabe des Herstellers) und der Absperrklappe in der Verbrennungsluftleitung.
4. Entzünden einer geknüllten Zeitung unter der geöffneten Rauchklappe zur Herstellung des Auftriebs im Schornstein.
5. Anzünden des Holzes auf dem Rost bzw. Feuerboden. Feuergefährliche Flüssigkeiten, wie Spiritus, Benzin, Öle oder Ähnliches, auch Bohnerwachs, dürfen nicht verwendet werden!
6. Bei träger Entwicklung des Feuers wirkt das Anfachen mit Hilfe eines Blasebalgs begünstigend.
   Bei Kamineinsätzen und Kassetten kann unter Beaufsichtigung die Kamintür einen Spalt geöffnet bleiben, bis sich die Flammen gut entwickelt haben. Dann ist mit geschlossener Tür und entsprechend weit geöffneten Lufteintrittsöffnungen weiterzuheizen. Hierbei Bedienungsanleitung vom Hersteller des Kamineinsatzes oder der Kassette beachten.
   Etwaig auftretende Geruchsbelästigungen im erstmaligen Anheizprozess können vom einbrennenden Lack der Metallteile herrühren, die sich jedoch alsbald verlieren. Eine Belüftung des Raums wird dann aber empfohlen. Bei gelegentlich auftretenden Anheizschwierigkeiten in Kamineinsätzen mit Vertikaltür wird empfohlen, das Türelement bis etwa zur Höhe des Stehrosts offen zu halten. Sobald der Verbrennungsprozess ausreichende Funktion zeigt, ist die Tür völlig zu schließen. Gleiches gilt für Flügeltüren, die nach dem Anheizen nicht sofort verriegelt werden sollen. Während dieser kurzen Zeitphase muss eine Beaufsichtigung des Anheizprozesses sicher gestellt sein.
7. Kamine mit konvektiver Warmluftbildung haben in der Kaminverkleidung Warmluftaustrittsgitter, die von Beginn der Inbetriebnahme des Kamins über die gesamte Betriebsdauer geöffnet sein müssen, um Wärmestau in der Heizkammer auszuschließen. Wärmestau verursacht Treiberscheinungen besonders bei den keramischen Materialien, wodurch auch Materialrisse ausgelöst werden können.

Weiterheizen

Zum Nachlegen von Brennmaterial darf die Kamintür nicht ruckartig geöffnet werden, weil dadurch ein Sog wirksam wird und Rauchgase in den Raum ausströmen können.

Im aufgeheizten Zustand des Kamins nur kleinere Brennstoffmengen nachlegen, da Restwärme vorhanden ist.

Nachzulegenden Brennstoff auf die Grundglut **nur legen**, niemals werfen!

Entaschung

Nach dem Abbrand des Brennmaterials ist zu prüfen, dass keinerlei Glut mehr vorhanden ist, erst dann dürfen die Absperrvorrichtungen in der Verbrennungsluftleitung und im Abgasweg geschlossen werden, um nicht erwärmte Raumluft abströmen zu lassen. So wird auch vermieden, dass bei Reinigungsarbeiten im Schornstein eine Raumverschutzung eintritt.

Bei der Entaschung muss beachtet werden, dass sich in der Asche keine Glutteilchen befinden, die sowohl für Plastikeimer als auch Plastik-Mülltonnen Brandgefahr bedeuten.

Weitere spezifische Angaben über Bedienung und Pflege sind in den einschlägigen Anleitungen der Hersteller von Kamineinsätzen und Kaminkassetten nachzulesen und einzuhalten.

Reinigen

Beim Bau von Kaminen aller Arten muss berücksichtigt werden, dass Feuerraum, Abgassammler und Verbindungsstück, ggf. Heizgaszüge und Konvektionsluftleitungen mechanisch gereinigt werden können. Da die Reinigung von Verbindungsstücken in den Kehr- und Überprüfungsverordnungen der Länder unterschiedlich geregelt ist, sollte mit dem zuständigen Bezirksschornsteinfegermeister die Lage und Anzahl erforderlicher Prüf- und Reinigungsöffnungen abgesprochen werden.

Glaskeramiktüren von Kamineinsätzen oder -kassetten sind hochwertige Materialien und bieten optimale Sicherheit. Die thermische Belastung beträgt bei Dauerbelastung bis zu 750 °C, kurzzeitig bis ca. 800 °C. Ein Beschlagen der Scheiben ist nach einer gewissen Betriebsdauer möglich und trotz optimaler Verbrennungsluftzirkulation nicht völlig zu vermeiden. Auch kann ein Beschlagen der Scheiben eintreten, wenn Brennstoffe, insbesondere Holz, nicht ausreichend getrocknet wurde und durch den hohen Feuchtegehalt

Wasserdampf gebildet wird. Schließlich beschlagen Scheiben auch bei Schwelbrand, ausgelöst durch zu geringen Glutkern beim Nachlegen von Brennstoff und bei Luftmangel. Über die Reinigung der Scheiben empfehlen die einzelnen Hersteller in ihren Betriebsanleitungen entsprechende Reinigungsmittel und Technologien.

2.14. Komplexes Beispiel vom Auftrag bis zur Übergabe für einen gebauten Kamin

Anhand von Anregungen und Empfehlungen soll das Komplex-Beispiel den Praktiker in der täglichen Arbeit unterstützen.
Bevor ein Kamin oder eine andere Feuerstättenart gebaut werden kann, sind Kenntnisse nötig über

- die Gebäudeart und -eigenschaften und die erforderlichen Maße
- den Schornstein
- Standort und Bauart der Feuerstätte
- die zum Bau benötigten Materialien (nach Kundenwunsch)

aber auch Anschrift des Kunden, Baustellenadresse, Adresse eines evtl. mitwirkenden Architekten oder anderer Kontaktpersonen, Termine u. a.

2.14.1. Empfehlung eines Fragespiegels zum Kundengespräch

Der vorgeschlagene Fragespiegel enthält alle Angaben, die ein Ofenbaubetrieb zur Planung, Konstruktion und zum Bau einer Feuerstätte benötigt. Die Zusammenstellung der Fragen erhebt keinen Anspruch auf Vollständigkeit. Alle Fragen sind in ein Kundengespräch einzufügen, wobei es nicht ratsam wäre, unter Vorlage des Spiegels eine Befragung vorzunehmen. Vielmehr soll er eine Anregung sein, was nötig ist zu erfahren, um Nachfragen und Missverständnisse zu vermeiden.

2.14.1.1. Empfehlungen zum Kundengespräch

Erkenntnis: Es gibt keine Patentrezepte!

Kundengespräch im Studio (1. Gespräch)
Gesprächsführung nach empfohlenem Fragespiegel.

- Frage nach der Art der Heizungsanlage? (Grobvorstellung)
- nach der Aufstellung im Raum, im Haus?
- Nach der Art des Bauvorhabens
  - Renovierung?
  - Modernisierung?
  - Umbau/Neubau?
  - evtl. Einzugstermin?
- weitere Fragen zur Örtlichkeit, auch Adresse?
- gibt es Vorstellungen des Kunden über Gestaltung des Objekts?
  (dabei Handskizze durch den Verkäufer)
- bestehen Wünsche über Kachelform, Format, Farbe?
  (evtl. Einbeziehung von Prospektmaterial, auch Vorstellung des Zeichnungsarchivs)
- Zeigen von Musterkacheln zur Auswahl
  (vom Einfachen zum Besonderen).

Nach Gesprächabschluss Zusammenfassung der Wünsche des Kunden mit evtl. Nennung eines Schätzpreises?!

Kundenbesuch zu Hause (2. Gespräch)
(nach Erarbeitung des Entwurfs – Grundriss)
weitere mögliche Unterlagen

- Skizzen oder Zeichnungen nach dem Verkaufsgespräch (Aufriss, Ansichten)
- Liefer- und Zahlungsbedingungen
- Auftragsformular.

2.14.1.2 Weitere mögliche Fachfragen

Fragen zur Optik

- Farbe und Stilrichtung des Kachelmaterials – nach der Einrichtung, Stilmöbel, modern, rustikal?
- Gestaltungsvarianten
  - schlicht, betonend, hervortretend
  - Metallelemente:
    Lack, Kupfer, Messing, vergoldet?
- Wunsch nach Sehen des Feuers bzw. der Flamme?
- Grundform: Eckig, rund, abgerundet, geschwungen?
- Äußere Gestaltung
  - unterschiedlich hohe Ebenen
  - viele Möglichkeiten der Dekoration, Nischen, Gesimse?
  - gesamter Ofenmantel aus Kachelware?
  - Unterbau Gasbeton geputzt?
  - Kachelfläche mit Putzflächen oder umgekehrt?
    Gestaltung des Oberbaues?
- Anordnung von Luftaustrittsgittern, Röhrtüren, durchbrochene Kacheln? (besonderer Hinweis auf Wirkung, mehr Zierelement)
- Vortüren, schlicht oder schmückend, Art des Schmucks? (Prospekt)

Fragespiegel

Kunde Datum

Name . . . . Vorname . . . .
Straße . . . . Plz. Ort . . . .
Tel. priv. . . . . geschäftl. . . . .
Wann am besten anzutreffen . . . .
Baustellenadresse . . . .
Weitere Kontaktpersonen . . . .

Architekt . . . .
. . . .

Modernisierer ○
Renovierer ○
Sanierer ○
Neubau ○

Schornsteinfeger . . . .

Gebäude

Baustoff-Wand . . . . Decke . . . .
Raummaße . . . .
Schornstein-Lage . . . . Querschn. . . . . Höhe (h_w) . . . . m
Geschosslage im Gebäude . . . .
Einrichtung . . . .
Art der Heizungsanlage . . . .
Aufstellungsort . . . .

Materialien

Heizeinsatz . . . . Nachheizfläche . . . .
Nennwärmeleistung . . . . Brennstoff . . . .
Kacheltyp . . . . Kachelfarbe . . . .
Fußsockel . . . . Oberbau . . . .
Höhe . . . . Schichten . . . .
Grundrissform . . . .
Unterbau . . . . Bank . . . .
Bodenbelag . . . . Bedienung von . . . .
Vortür . . . . Gitter . . . .
Wand/Bodenfliesen . . . .
Fliesengröße/Hersteller . . . .
Zusatzartikel . . . .

Zeitpunkt des Bedarfs . . . .

Zahlungs-/Lieferkonditionen . . . .

Anregungsgrund auf unser Geschäft? . . . .

Bemerkungen . . . .

Fragen zur Heizleistung

- Ofen als Zusatzheizung (Übergangsjahreszeit) bzw. Haupt- oder Nebenheizung, d. h. Vollerwärmung oder Temperierung?
- Erwärmungsgrad
  - schnell = Luftheizung mit geringer Speicherung?
  - allmählich = Kachelgrundofen mit langer Speicherdauer (8 bis 12 Stunden)?
- Wie viel und welche Räume sollen beheizt werden, wo gelegen? (evtl. Luftschächte bzw. -kanäle)
- Spätere Zuschaltung von Räumen geplant? (Bei weiterem Ausbau)
- Zusatz von elektrischen Heizschlangen?

Weitere technische Fragen

- Beheizung vom Keller aus? (Schmutzvermeidung in der Wohnung) evtl. technische Kurzbeschreibung der Anlage
- Bedienungsaufwand bei Festbrennstoffen, Entaschung, Brennstofflagerung (Holz),
- Anordnung einer Ofenbank, beheizt oder nur Sitzelement? (Hinweis zum Lufteintritt)
- Holzfach, Lagern des Holzes unter dem Ofen oder in Ofennähe?
- Einbau eines Wärm- oder Bratraums, Röhrtüre?
- Herausnehmbare Gitterteile bei beabsichtigter Selbstreinigung?

Fragen zur Sicherheit

- Sicherheitsfläche vor der Bedienungsseite: Fliesen, Naturstein – Ausschnitt im Fußboden und ebenflächig oder Sockel?
- Schutz hochtemperierter Ofenteile: Vortür? (Kinder)
- besteht Wert auf geprüfte Qualität der Materialien und der Verarbeitung? (RAL-Gütezeichen)
- besteht bereits Verbindung zum Schornsteinfeger oder soll der Ofenbaubetrieb Verbindung aufnehmen?

Energetische Fragen

- Einbau eines schadstoffarmen Heizeinsatzes? (Umweltfreundlich)
- Einbau eines Kombi-Heizeinsatzes (Kohle/Holz)?
- Einsatz der Energieträger Öl oder Gas? (Minderung des Bedienungsaufwands)
- Energieausnutzung durch wärmespeicherndes Zugsystem (Schamotte)?
- Senkung der Heizkosten.

2.14.2. Entwurf des Kamins in Grundriss und Ansichten

Bei Vorlage der Entwürfe (Beispiele: Bilder 2.41. bis 2.43.) beim Kunden als Angebot können im Gespräch noch evtl. Feinabstimmungen erfolgen.
Jetzt ist der Zeitpunkt der **Auftragserteilung**.
Danach sind genaue Zeichnungen anzufertigen, die die Grundlage für den Bau des Kamins bilden. Wenn erforderlich, kann vor Baubeginn eine nochmalige Abstimmung mit dem Auftraggeber erfolgen.

2.14.3. Bau des Kamins

Der Bau erfolgt unter Beachtung und Einhaltung aller geltenden Forderungen, wie

- DIN 18895 Teil 1 – Feuerstätten für feste Brennstoffe mit offenem Feuerraum
- Richtlinien für den Bau von Kachelkaminen (Fachregeln des Ofen- und Luftheizungsbauer-Handwerks), herausgegeben vom Zentralverband Sanitär Heizung Klima, St. Augustin – 4/96

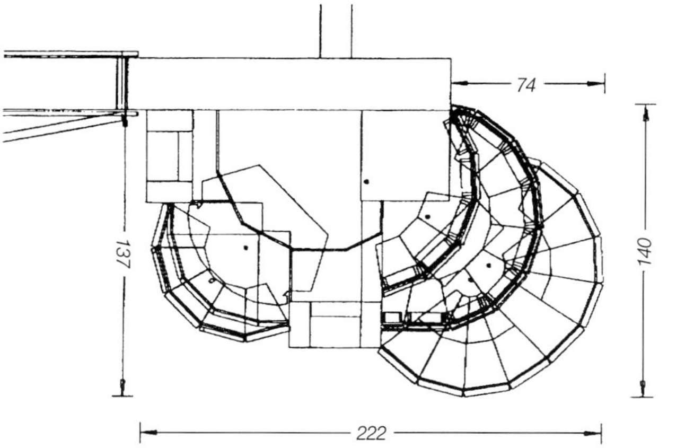

Bild 2.41. Grundriss des Kamins (Computer-Skizze)

Bild 2.42. Ansicht des Kamins mit Kamineinsatz

Bild 2.43. Ansicht des Kachelanbaues mit Luftaustritt und Sitzbank

Bild 2.44. Kamin im Zustand der Übergabe an den Auftraggeber – Ausführung: Kachelofen- und Kaminstudio H. J. Schnelle, Crimmitschau

Bild 2.45. Kachelteil des Kamins mit Sitzbank – Ausführung: Kachelofen- und Kaminstudio H. J. Schnelle, Crimmitschau

- DIN 18160 Teil 1 – Hausschornsteine, Anforderungen, Planung und Ausführung
- DIN 4705 Teil 1 bis 3 – Berechnung von Schornsteinabmessungen
- evtl. Festlegungen bzw. Forderungen in der entsprechenden Landesbauordnung.

Die Forderungen dieser Vorschriften sind in den Textteil des Abschnitts „Konstruktion und Bau von Kaminen" des vorliegenden Buches eingearbeitet und können an entsprechender Stelle nachgelesen werden.

2.14.4. Übergabe des fertig gestellten Kamins an den Auftraggeber

Nach dem Bau und der Fertigstellung des Kamins erfolgt die Übergabe an den Auftraggeber (Bilder 2.44 und 2.45). Hierbei wird eine **Übergabebescheinigung** empfohlen, in der enthalten sein soll

- Auftraggeber
- Bauvorhaben
- Bescheinigung, dass der im Auftrag von (Betrieb) erstellte (z. B. Kamin) in betriebsbereitem und äußerlich einwandfreiem Zustand unter Aushändigung einer Betriebsanleitung an . . . übergeben wurde.
- Bemerkungen (mögliche)
- Datum
- Unterschriften – Auftraggeber/Auftragnehmer

2.15. Grill-Kamine für Garten und Terrasse

In der warmen Jahreszeit, wenn der Garten genutzt werden kann, erwacht auch das Interesse am Grillvergnügen. Um diesen Wunsch zu erfüllen, gibt es Garten-Grill-Kamine in unterschiedlicher Ausführung je nach Anspruch (Bild 2.46.).

Mit einem **Schnellbausatz**, der kein Fundament benötigt, kann der Grill-Kamin aufgestellt werden. Erforderlich ist nur eine glatte und feste Grundfläche für den sicheren Stand. Späterer Standortwechsel ist möglich.

Alle Materialien sind witterungsbeständig und im Funktionsbereich temperaturbeständig. Die Oberfläche der Kaminbauteile kann rein weiß, aber auch mit Rösler-Spezialfarben dem persönlichen Geschmack entsprechend angepasst und veredelt werden.

Dem Grillraum sind Arbeits- bzw. Anrichteplatten vorgelagert, die auch als praktische Ablage genutzt werden können (Bild 2.47.).

Der Standort kann im Garten oder auf einer Terrasse sein. Dazu werden Kaminfeuerungen aus Schamotte

Bild 2.46. Grill-Kamin „Capri" für Garten- und Terrasse – Baukastensystem, Rösler-Kamin GmbH, Dreieich-Offenthal

Bild 2.47. Gourmet-Grillkamin „Adria" mit vorgelagerter Arbeitsplatte – Rösler-Kamin GmbH, Dreieich-Offenthal

im bewährten Baukastensystem angeboten, die durch individuelle Sockelbauweisen aus Klinker, Naturstein oder auch gemauert und verputzt eine Gestaltungsvielfalt ermöglichen.

Beim Bau eines Außen- bzw. Terrassenkamins ist ein eigener Schornstein erforderlich, da es sich um eine Feuerstätte mit offenem Feuerraum handelt. Eine Einbeziehung, zumindest Konsultierung des zuständigen Bezirksschornsteinfegermeisters ist jedenfalls erforderlich.

Die Anordnung eines Außenkamins sollte so erfolgen, dass die Kaminöffnung nicht nach dem freien Gelände hin ihre Wärme abgibt und dadurch der Strahlungseffekt verloren geht. Der Kaminöffnung gegenüber sollten immer Wand- oder Gebäudeteile vorhanden sein, auf die die Wärmestrahlung trifft und diese Bauteile aufheizt. Damit wird eine nachhaltige Wärmewirkung erreicht, die besonders an Sommerabenden, wenn es zu später Stunde allmählich kühler wird, eine längere Nutzung des Kaminplatzes möglich werden lässt.

Beim Bau des Außenkamins sollte bedacht werden, den Feuerboden des Feuerraums etwa auf Sitzhöhe zu bringen, um den vollen Wärmestrahlungseffekt zu erreichen.

Der Rauchabzug freier, im Gartengelände postierter Grillkamine lässt sich mit passenden Formteilen bis auf eine Gesamthöhe von 2,6 m beliebig verlängern, je nach Erfordernis. Damit wird der Auftrieb des Rauchabgases aufgebessert und evtl. auftretende störende Rauchbelästigungen vermieden. Das konisch verlaufende Oberteil des Rauchabzugs ist gegen mögliche Fallwinde mit einer Meidinger Scheibe versehen. Diese Scheibe bietet auch Schutz gegen Feuchteeinwirkung.

Wind- und Wetter-Grillkamine, die das ganze Jahr über ihren angestammten Platz behalten können, haben neben keramischen Feuerfestelementen witterungsbeständige Haubenteile, deren innere und äußere Oberfläche emailliert ist und einen dauerhaften Schutz gegen Witterungseinflüsse bietet.

Das Modell „Capri" lässt sich auf einem Spezial-Rollenuntersatz auf ebener Fläche bewegen, womit ein Standortwechsel des Kamins bei wechselndem Windanfall vorgenommen werden kann.

Eine ausgefallene Grill-Idee ist ein **Schwenkgrill**, dessen Grilltisch die Form eines Mühlsteins hat und damit ausreichenden Platz als Ablage bietet. Der feuerungstechnische Teil besteht aus einer Guss-

Glutmulde mit herausnehmbarem Rost und einer Grillglocke.
Als **Zubehör** gibt es neben dem Feuerrost oder der Glutmulde mit Aschekasten Grillroste, Drehspieße – auch mit Elektromotor und Halterung –, Tropfschalen zum Auffangen der Sauce bei Grillen am Spieß, Grillzangen, Schaschlikhalter u. a. Die gestalterische Vielfalt, auch von der Materialart und Oberflächenbeschaffenheit her, kann sicher jedem, auch denen mit außergewöhnlichem Geschmack, etwas bieten.

2.16. Kaminöfen

Der Kaminofen als jüngere Entwicklung häuslicher Feuerstätten für feste Brennstoffe in unseren Breitengraden hat viele Freunde gefunden. Seine Beliebtheit verdankt er neben dem inzwischen immer geschmackvolleren Äußeren und besonders der Einfachheit der Bedienung (Bild 2.48.). Da aber Kaminöfen **kaum Speichermassen** enthalten, besteht ihre Wämeleistung nur so lange, wie der Abbrand dauert. Die nachhaltige Wärmewirkung ist gering. Um diesen Nachteil zu mindern, sind an den Seitenflächen des Ofenkörpers und oft auch über der Deckfläche Keramikelemente oder auch Specksteinteile angebracht, die dem Ofen gestalterisch mehr Wirkung verleihen, in ihrer Speicherdauer aber auch nur unwesentlich sind, da die Masse zu klein ist (Bilder 2.49. und 2.50.). Eine fortwährende Wärmeleistung ist nur im Dauerbetrieb möglich, der eine andauernde Brennstoffaufgabe erfordert und den Bedienungsaufwand erhöht.
Kaminöfen gibt es sowohl rostlos als auch mit **Rostfeuerung**.
Während sich der **rostlose Feuerraum**, ausschließlich für die Holzverbrennung eignet, kann bei Anordnung

Bild 2.48. Kaminofen „Göteborg" Olsberg-Hermann Everken GmbH, Olsberg

Bild 2.49. Kaminofen „Odal"

Bild 2.50. Kaminofen „Saga", beide von Olsberg-Hermann Everken GmbH, Olsberg

eines Rosts neben Scheitholz auch schwarzer Brennstoff in der Art von Braun- oder Steinkohlenbriketts verbrannt werden.

Der **Abbrand** kann durch Primär- und Sekundärluftzufuhr reguliert werden. Primärluft wird unter dem Rost der Brennstoffschicht zugeführt und begünstigt den Anheizprozess. Sekundärluft wirkt vor allem dann verbrennungsbegünstigend, wenn sie vorgewärmt den Schwelgasstrom trifft, aber auch wenn sie der Nachverbrennung dienen kann. Da der Anteil an Primär- und Sekundärluft im Verlauf eines Verbrennungsvorgangs unterschiedlich groß ist und auch wechselt, gibt es Öfen mit Automatik, mit der hinsichtlich der Vervollkommnung des Verbrennungsablaufs auch ein gleichmäßiges Flammenbild erreicht wird.

Eine neue Variante bei Kaminöfen von CERA ist die Möglichkeit, durch einen integrierten Wasserverdunster das Raumklima – die Luftfeuchte betreffend – günstig zu beeinflussen. (Bilder 2.51 und 2.52).

Die Wärmeleistung hängt ab von der Wärmestrahlung der Oberflächen. Doppelwandige Seitenflächen des Ofens bilden Luftschächte und erhöhen die Leistung durch konvektive Erwärmung der Luft.

Je höher die Leistung eines Kaminofens, desto größer der **Verbrennungsluftbedarf**. Deshalb ist es vorteilhaft, insbesondere bei dichter Bauweise einer Gebäudehülle, wenn durch einen Frischluftkanal dem Verbrennungsraum direkt Luft zugeführt und nicht aus dem Raum abgesaugt wird.

Um einer weiteren Verschärfung der Lufthygieneanforderung gerecht zu werden, gibt es Kaminöfen, die mit einem Katalysator ausgestattet werden können.

Kaminöfen sind allgemein leistungsstarke Feuerstätten und eignen sich für Räume mit größerem Wärmebedarf. Ihre Nennwärmeleistung liegt zwischen 5 und maximal 12 kW/h.

Durch die **Wärmeschutzverordnung** wurden in den letzten Jahren immer bessere Wärmeschutzmaßnahmen entwickelt, die im Neubau und auch bei wärmeschutztechnisch sanierten älteren Gebäuden eine Senkung des Wärmebedarfs bewirkten. Um diese Räume zu beheizen, werden Öfen mit niedrigem Leistungsbereich benötigt. Der im Bild 2.53. gezeigte „Primärofen" der Firma Wodtke ist mit einem Füllschacht/Verbrennungssystem ausgerüstet, mit dem bei Reduzierung der Brennstoffzugabe ein gemäßigter Verbrennungsablauf mit geringer Wärmeleistung möglich ist. Als Brennstoff werden „Pellets" eingesetzt. Das sind Presslinge, bestehend aus Waldrestholz und unbehandelten Spänen, die unter hohem Druck ohne Bindemit-

Bild 2.51. Kaminofen „Nobilis“ CERA, 8 kW Nennwärmeleistung

tel verdichtet werden. Bei einem Durchmesser von etwa 6 mm und Längen zwischen 5 und 30 mm, mit einer Restfeuchte von 8 bis 10 % und einem Heizwert von ca. 4,9 kWh/kg, eignen sie sich ideal für die Beschickung automatischer Feuerungen. Pellets (Pellis) sind ein österreichisches Produkt und unterliegen durch Eigen- und Fremdkontrolle nach ÖNORM M 7135 und DIN 51731 einer ständigen Qualitätskontrolle. Mit dem Einsatz dieser Presslinge als Brennstoff ist ein positiver Trend hin zu erneuerbaren Energien zu erkennen, wobei die Biomasse Holz von allen enrneuerbaren Energieträgern das höchste CO_2-Minderungspotential hat.

In Foliesäcken, umweltfreundlich und feuchtegeschützt verpackt, sind sie leicht transportierbar und lassen sich Platz sparend lagern (Bild 2.54.).

Unter dem **Vorratsbehälter** bewirkt eine Förderschnecke die Zufuhr der voreingestellten Brennstoffmenge zum Brennertopf. Nach dem Zünden der Pellets sorgt eine elektronische Regelung für einen optimalen Betrieb. Damit werden Leistungsbereiche möglich, die zwischen 2,2 kW und 8,0 kW/h liegen. Bei kleinster Leistungsstufe ist ein Dauerbrand bis zu etwa 4 Tagen möglich, bei hohem Wirkungsgrad bis etwa 90 %.

Ein weiterer Vorteil ist, dass der Vorratsbehälter mit Pellets nachgefüllt werden kann, ohne den Verbrennungsablauf zu unterbrechen. Der **Ascheanfall** ist gering und erfordert damit nur einen **Wartungsaufwand** in großen Zeitabständen. Die ausgeklügelte Sicherheitstechnik beim Primärofen sorgt dafür, dass bei Stromausfall kein Funktionsverlust entsteht und auch keine Überhitzung auftreten kann, in dem die Brennstoffzufuhr unterbrochen wird und innerhalb weniger Minuten die Flamme im Brennertopf erlischt.

Technische Aussagen zu Kaminöfen trifft DIN 18891. Bei **Aufstellung** und **Schornsteinanschluss** ist zu beachten, dass der Abstand zwischen Gebäudewänden bzw. Einrichtungsgegenständen und äußerer Verkleidung des Kaminofens mindestens 200 mm beträgt, es sei denn, der Hersteller gibt geringere Sicherheitsabstände an.

Die Oberflächentemperaturen am Fußboden vor und unter dem Kaminofen sowie an Stellwänden hinter und neben dem Kaminofen und im Holzlagerfach dür-

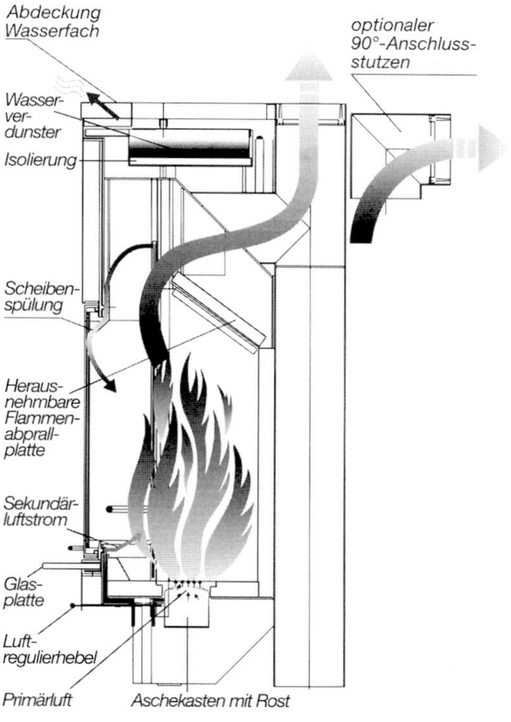

Bild 2.52. Konstruktionsschema des Kaminofens „Nobilis“ CERA (Bauart 1 und 2)

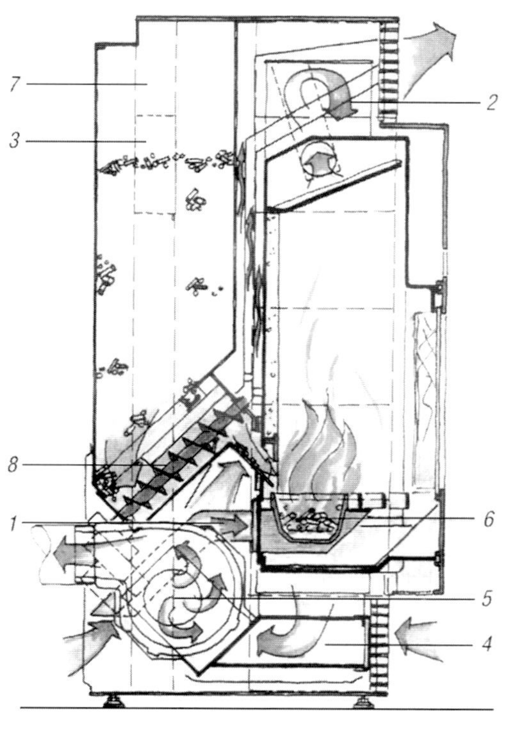

fen unter Prüfbedingungen 60 K über Raumtemperatur nicht überschreiten.

In Aufstellungs- und Bedienungsanleitungen sind **Abstände** zu brennbaren Bauteilen und Möbeln, die Brandschutzmaßnahmen bezüglich des Fußbodens sowie der Brandschutz im Strahlungsbereich des Sichtfensters anzugeben.
Kaminöfen der Bauart 1 besitzen einen geschlossenen Feuerraum. Die Feuerraumöffnung beträgt maximal 0,05 m^2, ist mit selbstschließenden Türen ausgerüstet, die auch außerhalb des Betriebs ihre Funktion erfüllen. Die Öffnung erfolgt nur zur Brennstoffaufgabe bzw. Reinigung. Kaminöfen der Bauart 1 können an mehrfachbelegte Schornsteine angeschlossen werden. Dagegen ist für einen **Kaminofen der Bauart 2** ein eigener Schornstein nötig. Die Begründung liegt im offenen Feuerraum während des Betriebs. Deshalb sind sie Kaminen mit offenem Feuerraum gleichzusetzen und nach DIN 18895 Teil 1 zu behandeln.
Der Durchmesser des Abgasstutzens hat die Größe von 120 bis 160 mm, maximal 180 mm.
Der Bildteil des Buchs enthält einige Kaminöfen aus einem reichhaltigen Sortiment. Für weitere Informationen wird Spezialliteratur oder auch Prospektmaterial empfohlen.

Bild 2.53. Funktionsprinzip des Wodtke-Primärofens – Wodtke GmbH, Tübingen

Technische Daten:

Leistung:	8,0 kW	2,2 kW
Reichweite (pro Behälterfüllung):	25 Std.	90 Std.
Raumheizvermögen:	155 m^2	25 m^2
Abgasmassestrom:	9,5 g/sec	6,4 g/sec
Abgastemperatur:	185 °C	80 °C
Zugbedarf:	0,15 mbar	0,10 mbar

Bild 2.54. Holzpresslinge „Pellets“ aus naturbelassenem Holz ; CO_2-neutral

2.17. Kamin-Zubehör

Für den Kaminbetrieb werden Zubehörteile angeboten, die vielfältig im Sortiment sind und unterschiedlichen Ansprüchen genügen.
Schmiedeeiserne Feuerroste gibt es mit und ohne Aschekasten für ein-, zwei- und dreiseitig offene Feuerräume. Zur Verhinderung herausrollender brennender Holzscheite können gusseiserne Stehroste angeordnet werden.
Gegen Funkenflug, insbesondere bei Verbrennung von harzreichen Nadelhölzern lassen sich Funkenschutzvorhänge aus Eisen- oder Messinggeflecht anbringen oder Funkenschutzgitter aus Metallgeflecht, aber auch mit Keramikglasscheiben aufstellen. Kaminbestecke mit Schaufel, Haken und Besen erleichtern die Bedienung und Entaschung und in Holzwiegen oder Körben kann Holz gelagert werden.
Zum tieferen Einblick wird umfangreich bestehendes Prospektmaterial empfohlen (Bilder 2.55. und 2.56.).

Bild 2.55. Holzwiege, Messing, Tragebügel beweglich – Kaminbesteck, Messing, massiv, hartvergoldet – Funkenschutzglas, Messing, Scheibe rauchfarben – Openfire RÖSLER-Kamine GmbH, Dreieich-Offenthal

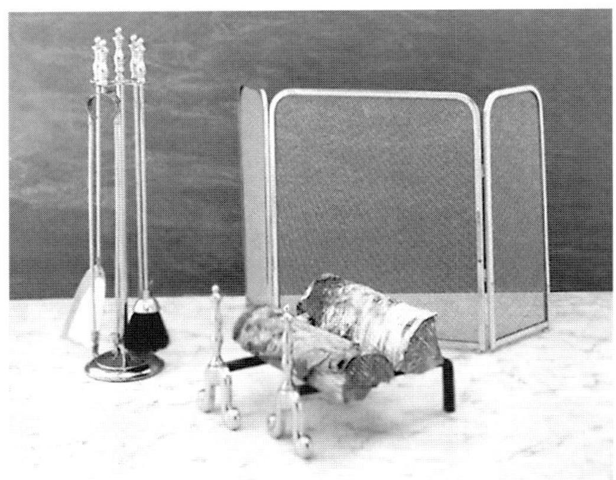

Bild 2.56. Feuerböcke/Paar, Messing, Auflagen Schmiedeeisen – Kaminbesteck, Messing, 5-teilig – Funkenschutzgitter, Rahmen und Geflecht Messing, Flügel verstellbar – Openfire RÖSLER-Kamine GmbH, Dreieich-Offenthal

3. Kachelofen-Warmluftheizung (Schwerkraftsystem)

3.1. Einleitende Betrachtungen

Der „gute alte Kachelofen“ hat längst seine ursprüngliche Bedeutung als häusliche Feuerstätte verloren. Zur Erfüllung besonderer Wünsche wird er hier und da, auch noch in seiner konservativen Form und möglichst aus altem Material gebaut.

Gegen ihn aber spricht das Argument, dass er im Wärmeverhalten zu träge ist, da er eine lange Anheizzeit bis zu seiner Wärmewirkung braucht. Dann jedoch verfügt er über ein Plus gegenüber den Heizsystemen mit kurzer Aufheizzeit, er speichert die Wärme in seinen keramischen Massen über viele Stunden – je nach Größe und Ausbau zwischen 8 und 12 Stunden. Die Trägheit aber in seinem Verhalten ist es, die ihn in unserer heutigen modernen Gesellschaft, in der der Tagesrhythmus ein schnelles Reagieren erfordert, zurückgedrängt hat.

Heute sind Heizsysteme gefragt, die nach kurzer Betriebsdauer schnell Wärme liefern. Die Heizdauer wird dabei von individuellen Wünschen beeinflusst. So will man Heizquellen, die kurzzeitig Wärme liefern. Speicherfähigkeit wird also weniger benötigt, weil die Verweildauer im Raum gering ist.

Ein anderer Wunsch besteht nach einer Heizungsart, die auch schnell aufheizt, dann aber länger anhaltende Wärmewirkung zeigt. Und so ließen sich die Wünsche nach Heiz- und Wärmebedürfnis variationsreich fortsetzen. Eine Heizungsart, die nach kurzer Anheizzeit Wärme und Wohlbehagen zu bringen in der Lage ist und trotzdem die Wärmewirkung über Stunden anhaltend fortsetzt, ist die Kachelofen-Warmluftheizung.

Damit ist ein Heizsystem gegeben, bei dem dynamische Wärmeabgabe durch konvektive Warmluftbildung und statisches Wärmeverhalten in der Art der Wärmestrahlung gekoppelt sind. Gegenüber dem Grundkachelofen als Einzelraumheizung bringt sie durch ihre Warmluft die Möglichkeit, mehrere Räume auch in mehreren Geschossen eines Gebäudes zu beheizen. Vom Charakter her kann sie als Zentralheizung bezeichnet werden, da sie von einer zentralen Stelle im Gebäude als Mehrraumheizung wirkt.

3.1.1. Einsatz von Kachelofen-Warmluftheizungen

Sie kann gebaut werden als

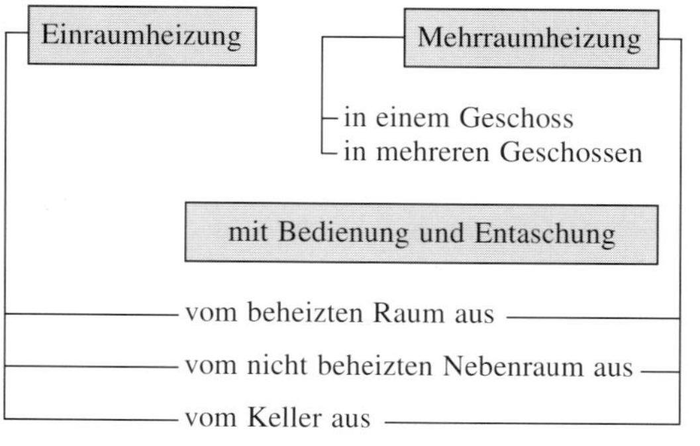

Kachelofen-Luftheizungen werden vor allem dann eingebaut, wenn der Einbau von Zentralheizungen oder örtlichen Heizungen mit Öl, Gas oder Elektroenergie nicht möglich oder zweckmäßig ist.
Hier darf nicht unerwähnt bleiben, dass auch bei Kachelofen-Warmluftheizungen in speziellen Heizeinsätzen die Energieträger Öl und Gas einsetzbar sind.
Kachelofen-Warmluftheizungen sind Mehrraumheizungsanlagen und nach der 1. Bundesimmissionsschutz-Verordnung (1. BimSchV) vom zuständigen Bezirksschornsteinfegermeister zu prüfen und zwar

- bis zu einer Nennwärmeleistung von 11 kW ist einmalig
- über 11 kW ist jährlich eine Wiederholungsprüfung erforderlich.

Bei Kachelofen-Warmluftheizungen wird neben den direkt und indirekt beheizten Kachelflächen im Wesentlichen die Luft als Wärmeträger benutzt. Damit ist ihr Anwendungsbereich breit gefächert und möglich

■ bei Wohnräumen

in Altbauten, Altneubauten, Neubauten } in traditioneller Bauweise
industriell gefertigten Wohnbauten
Siedlungs- und Einfamilienhäusern
Eigenheimen
Wochenendhäusern

- bei gewerblichen Räumen

in Büros
Werkräumen und Werkstätten
Schulen
Kindergärten
Sälen
Gaststätten
Verkaufsstellen
u. v. a.

Kachelofen-Luftheizungen können gebaut werden als

Umluftheizung (Bild 3.1.)
Frischluftheizung (Bild 3.2.)
Frisch-Umluftheizung (Bild 3.3.)

Bei allen Betriebsweisen muss darauf geachtet werden, dass der Luftkreis immer geschlossen ist, d. h., wird einem Raum Warmluft zugeführt, muss auch eine Öffnung zum Abströmen der abgekühlten Luft vorhanden sein, damit sich kein Überdruck aufbauen kann, der allmählich zum Druckausgleich führt und jegliche Strömung und damit auch Wärmewirkung unterbindet.

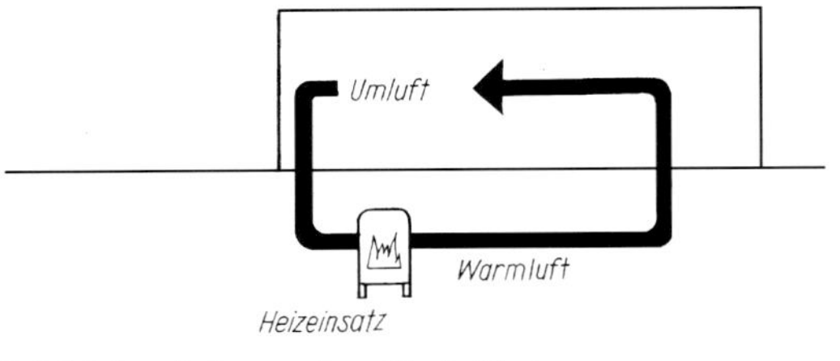

Bild 3.1. Schema einer Umluftheizung

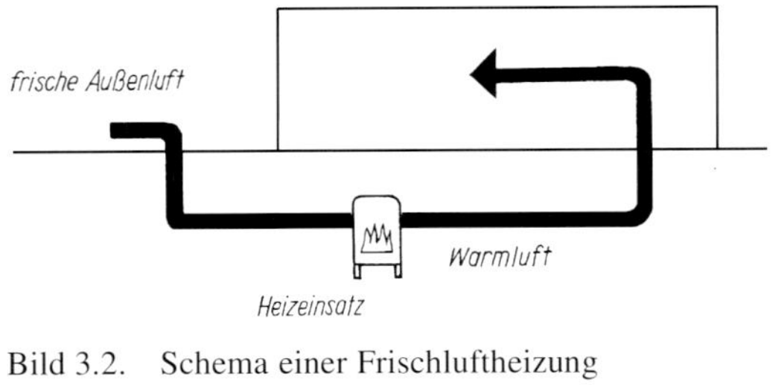

Bild 3.2. Schema einer Frischluftheizung

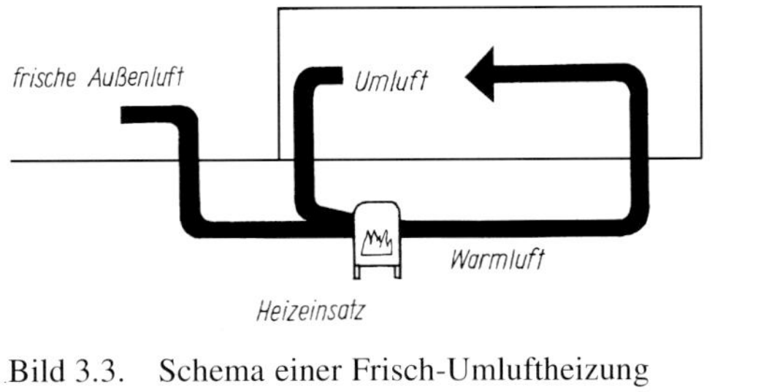

Bild 3.3. Schema einer Frisch-Umluftheizung

Beim **Umluftprinzip** erfolgt die Rückführung der abgekühlten Raumluft über den Flur, die Diele oder das Treppenhaus oder durch Rückluftkanäle zum Aufstellungsraum der Wärmequelle, dem Heizeinsatz. Direkte Lufterneuerung findet nicht statt.
Beim **Frischluftprinzip** wird die Abluft über die Abluftschächte ins Freie geleitet, wenn nicht anderweitig eine ausreichende natürliche Entlüftung vorhanden ist. Von außen zugeführte Frischluft, die der Heizkammer der Kachelofen-Warmluftheizung direkt zugeführt wird, bringt lufthygienische Vorteile. Wärmetechnisch ist diese Heizungsart jedoch unökonomisch, da die Aufheizung der kalten Außenluft hohen Energieeinsatz fordert.
Einen Mittelweg bildet die **Frisch-Umluftheizung** mit der Möglichkeit der Mischung von Umluft und Frischluft. Der Wärmeinhalt der Umluft mindert damit den Energiebedarf. Hier ist der Einbau einer Mischstrecke vor der Heizkammer erforderlich (siehe Bild 3.3.).
Die Kachelofen-Luftheizung bietet somit die Möglichkeit, Räume direkt durch Strahlungsheizflächen der Heizkammer oder indirekt durch Warmluft zu beheizen. Die ausgesprochene Luftheizung darf keine als unangenehm empfundene Luftbewegung verursachen; sie verlangt für ein behagliches Raumklima eine um 2 °C höhere Lufttemperatur, weil die umgebenden Wände wegen der fehlenden Strahlungswärme gegenüber der örtlichen Ofenheizung kühler bleiben.

3.1.2. Vor- und Nachteile von Kachelofen-Warmluftheizungen

Dem Kachelofen und auch anderen Feuerstätten und Wärmegeräten sowie Heizsystmen gegenüber hat die Kachelofen-Luftheizung viele Vorteile. Die Nachteile sind gering.

- **Vorteile:**

– kurze Anheizzeit, volle Nutzung der Räume bereits 20 bis 30 Minuten nach Anheizbeginn
– geringer Aufwand für Bedienung und Entaschung bei Mehrraumanlagen gegenüber mehreren Grundkachelöfen gleicher Leistung
– geringere Deckenbelastung bei geringerer Eigenmasse der Anlage und besserer Lastverteilung
– geringere Kosten bei Mehrraumanlagen gegenüber mehreren Grundkachelöfen gleicher Leistung
– bessere Regelbarkeit in der Leistung der Anlage und Anpassung an den Wärmebedarf des Raumes bzw. an individuelle Wärmebedürfnisse der Nutzer
– Möglichkeit der wechselseitigen Beheizung durch Zu- oder Abschalten der durch Warmluftschächte verbundenen Räume
– Ausnutzung kleinster Flächen bei bloßer Anordnung des Warmluftaustritts und der Kaltluftrückführungsöffnung

Bild 3.4. Kachelofen-Warmluftheizung moderner Gestaltung, hier ist nur die Temperierung des Raums gewünscht. Kachelmaterial Jasba; Ausführung: Kaminstudio Heinrich Frühauf, Weida/Thür.

- gestalterische Vorteile, Vielfalt von Formen und Anwendung unterschiedlicher Baustoffe und Schmuckelemente (Bild 3.4.)
- keine Verschmutzung von Räumen bei Bedienung und Entaschung vom Nebenraum oder vom Keller aus
- keine Einfriergefahr gegenüber Niederdruck-Warmwasserheizungen.

■ **Nachteile:**

- geringere Speicherfähigkeit, etwa 60% gegenüber Grundkachelöfen, jedoch besser als bei Niederdruck-Warmwasserheizungen
- Schallübertragung, besonders in Nebenräume, die mit der Heizung verbunden sind und durch Luftschächte und -kanäle in darüber gelegene Räume
- größere Staubablagerung und Raumverschmutzung, bedingt durch größere Luftumwälzung.

Öftere Reinigung der Heizkammer mindert jedoch den Verschmutzungsgrad.

3.1.3. Bemessung von Kachelofen-Warmluftheizungen

Für die Bemessung einer Kachelofen-Warmluftheizung bildet der Wärmebedarf die Grundlage. Eine genaue Wärmebedarfsberechnung der einzelnen zu beheizenden Räume ist durchzuführen. Neben der Berechnung nach DIN 4701 Teil 1 und Teil 2 kann auch die überschlägige Berechnung nach DIN 18893 angewendet werden, da der Heizeinsatz als eigentliche Wärmequelle der Anlage DIN-geprüft ist und damit die Voraussetzung der Anwendung erfüllt (siehe Abschnitt 1 – Wärmebedarf/Heizlast).

Kachelofen-Warmluftheizungen werden mit einer Nennwärmeleistung bis 15 kW gebaut bei Verwendung von Festbrennstoffen (Holz – Kohle) Heizöl und auch Gas.

3.2. Wirkungsweise

3.2.1. Luft als Wärmeträger

Der Warmluftanteil der Gesamtwärmeabgabe einer Anlage beträgt etwa 70 bis 80%, der Rest der Wärmeleistung beruht auf Strahlung.

3.2.1.1. Raumklimatische Betrachtungen

Für den Menschen, der im Allgemeinen den größten Teil des Tagesablaufs in geschlossenen Räumen verbringt, sind ausreichende raumklimatische Luftverhältnisse von entscheidender Bedeutung. Das wärmephysiologische Empfinden und das **Behaglichkeitsgefühl** werden entscheidend von der Temperatur, von der Feuchtigkeit und von der Bewegung der Raumluft, aber auch von der Oberflächentemperatur der umgebenden Bauwerksteile mit ihrer Strahlungswirkung beeinflusst. In den Wintermonaten sind diese Luftverhältnisse im Wesentlichen vom Heizungssystem abhängig. Dies ist insbesondere der Fall, wenn – wie bei der Kachelofen-Warmluftheizung – die Luft als Wärmeträger, d. h. als Transporteur der Wärmemengen, wirksam wird.

3.2.1.2. Luftzusammensetzung

Die trockene reine Luft besteht aus

20,9 Vol.-% Sauerstoff
78,1 Vol.-% Stickstoff
0,93 Vol.-% Argon und weiteren Edelgasen.

Ferner enthält sie in der freien Atmosphäre u. a. auch noch Kohlendioxid zu etwa 0,03 Vol.-% durch die Rauch- und Abgase der industriellen, gewerblichen und häuslichen Feuerstätten und durch die immer zahlreicher werdenden Kraftfahrzeuge, vorwiegend in industriellen Ballungsgebieten.
Die Raumluft wird durch die Kohlendioxidausatmung der Menschen sowie durch sonstige Ausdünstungen und Riechstoffe von Tieren und Pflanzen oder Arbeitsprozessen verschlechtert. Außerdem sind allgemein in der Luft noch kleinste feste Bestandteile enthalten, die sich im Schwebezustand befinden und als Staub bezeichnet werden.

3.2.1.3. Luftstäube

Staub besteht aus anorganischen Teilen, wie Sand, Asche usw., und aus organischen Teilen, wie Pflanzenfasern, Haaren, Samen, Kohle, Ruß u. a.
Diese Staubteilchen werden mit der strömenden Luft befördert. Es kommt zu einer Ablagerung vorwiegend auf waagerechten Flächen, aber auch an rauen senkrechten Flächen, wenn die Luftbewegung nachlässt.
Der Staub ist bei allen Luftheizungen ein ernst zu nehmender Faktor. An den Staubablagerungen und Staubfahnen sind die Luftwege und somit allerdings auch die Luftumwälzung im Raum gut zu erkennen. Beim Ventilatorbetrieb ist es möglich, Luftfilter zur Reinigung der Frisch- bzw. Umluft kaltluftseitig einzubauen. Eine hygienische Forderung besagt, dass die Zuluft nicht mehr als 0,5 mg Staub je m^3 Luft enthalten darf.

Bei allen Kachelofen-Warmluftheizungen muss dafür gesorgt werden, dass sich in der Heizkammer, in den Luftschächten und -kanälen möglichst wenig Staub absetzen kann und dass genügend gut zugängliche Reinigungsmöglichkeiten bestehen.

Im Betriebszustand erfolgt allgemein keine Staubansammlung an den heißen Flächen, da die Strömungsrichtung von den Flächen weggerichtet ist. Im kalten Zustand jedoch lagert sich Staub ab, dann aber auch nicht mehr als an anderen Gegenständen oder anderen Heizsystemen.
Öftere Reinigung der Heizkammer und der Luftwege ist zu empfehlen. Übrigens kann nur so viel Staub umhergewirbelt werden, wie liegen gelassen wird.

3.2.1.4. Luftfeuchte

In der Luft befindet sich auch Wasser in Form von feinverteiltem Wasserdampf. Die Raumluft ist daher – genau genommen – immer eine feuchte Luft.
Die Luftfeuchtigkeit ist allgemein für die Lufthygiene und Klimatechnik von großer Bedeutung. Mit steigender Lufttemperatur nimmt das Aufnahmevermögen der Luft für Wasserdampf zu (Tabelle 3.1.). Größere Wasserdampfmengen, die die Sättigungsgrenze der jeweiligen Lufttemperatur (den Taupunkt) übersteigen, werden als Kondens- oder Schwitzwasser ausgeschieden, oder es tritt Nebel in Form kleinster Wassertropfen in der Luft auf (Waschküchendunst).
Mit dem Begriff **relative Luftfeuchtigkeit,** Formelzeichen φ (phi), wird zum Ausdruck gebracht:

$$\varphi = \frac{\text{vorhandene Wasserdampfmenge} \cdot 100}{\text{möglich aufnehmbare Wasserdampfmenge}}$$

in % (Wasserdampfgehalt der gesättigten Luft = Sättigungsgrenze).
Zu den Werten über die relative Luftfeuchtigkeit gehört auch immer die Angabe der Lufttemperatur.
Für das Behaglichkeitsgefühl des Menschen soll die Raumluft eines beheizten Raums eine **relative Luftfeuchtigkeit zwischen 40 und 70%** aufweisen. Diese recht große Spanne kann der menschliche Körper physiologisch ausgleichen, da durch die Wasserabgabe –

Tabelle 3.1. Verhältnis zwischen der Temperatur der Luft und deren Wassergehalt im Sättigungszustand

Temperatur *t* der Luft in °C	**Wassergehalt der Luft** in g/m³
−20	1,1
−15	1,6
−10	2,3
− 5	3,4
± 0	4,9
5	6,8
10	9,4
12	10,6
14	12,0
16	13,6
18	15,3
20	17,2
22	19,3
24	21,6
26	24,2
28	27,0
30	30,1
32	33,5

Die Zahlen gelten für 1013 mbar

infolge der frei werdenden Verdunstungswärme – die Körpertemperatur reguliert wird.
Darüber hinaus findet zwischen dem Feuchtigkeitsgehalt der Raumluft und dem der umgebenden Wände, Möbel, Textilien und sonstigen Gegenstände stetig ein Feuchtigkeitsausgleich statt. So nimmt z. B. trockenes Holz Feuchtigkeit (Wasserdampf) aus der Luft auf, und umgekehrt kann nasses Holz durch trockene Luft getrocknet werden.
Sinkt der Feuchtegehalt der Luft unter 35 %, kann sich beim Menschen durch Reizung der Schleimhäute z. B. ein Kratzgefühl im Hals oder Rachen bemerkbar machen. Über 70 % Feuchte in der Raumluft verhindert beim Menschen eine ausreichende Abgabe von Körperfeuchte, wodurch Schwitzen und auch Unbehagen ausgelöst werden.

3.2.1.5. Luftdichte

Eine wichtige physikalische Größe stellt die Dichte der Luft dar. Das Formelzeichen für die Dichte ist ϱ (rho), die Maßeinheit ist kg/m³.
Die Dichte ist kein konstanter Wert, sondern von der Lufttemperatur abhängig. Aus Tabelle 3.2. ist ersichtlich, dass die Luft mit zunehmender Temperatur leichter wird. Da Wasserdampf leichter als trockene Luft ist, ergibt sich für die gesättigte Luft eine kleinere Dichte. Für die Berechnungen der Praxis können die Werte der trockenen Luft benutzt werden.
Zur Bestimmung des erforderlichen Warmluftvolumens ist die spezifische Wärmekapazität der Luft eine charakteristische Größe, die besagt, welche Wärmemenge je Kilogramm Luft und Grad Temperaturerhöhung aufgenommen werden kann.

Tabelle 3.2. Dichte trockener und gesättigter Luft

Temperatur *t* der Luft in °C	**Dichte ϱ**	
	trockene Luft in kg/m³	**gesättigte Luft** in kg/m³
−15	1,368	1,367
−10	1,342	1,341
− 5	1,317	1,315
± 0	1,293	1,290
5	1,270	1,266
10	1,248	1,242
15	1,226	1,218
20	1,205	1,195
25	1,185	1,171
30	1,165	1,146
40	1,128	1,097
50	1,093	1,043

Berechnung der Luftdichte bei *t* [°C]

nach der Formel $\varrho_L = \dfrac{\varrho_{L_0} \cdot 273}{273 + t_L}$ in kg/m³

darin bedeuten

ϱ_{L_0} Dichte der Luft bei 0 °C
t_L jeweilige Temperatur der Luft in °C

Beispiel: Wie groß ist die Luftdichte bei 20 °C?

$$\varrho_L = \frac{1,293 \cdot 273}{273 + 20} = \underline{\underline{1,2047\ \mathrm{kg/m^3}}}$$

3.2.1.6. Spezifische Wärmekapazität der Luft

Das Formelzeichen für die spezifische Wärmekapazität der Luft ist c_p, die Maßeinheitenbezeichnung kJ/(kg · K). Bei Luftheizungen wird mit der mittleren spezifischen Wärmekapazität von Luft = 1,01 kJ/(kg · K) gerechnet. Wird die spezifische Wärmekapazität jedoch auf das Luftvolumen bezogen, so ergibt sich bei einer Dichte der Luft von 1,29 kg/m³ im Normzustand

$$c_p = 1,29 \cdot 1,01 = 1,30\ \mathrm{kJ/(m^3 \cdot K)}$$

Um eine bestimmte Wärmemenge in einen Raum zu bringen, ist somit ein von der Warmlufttemperatur abhängiges Luftvolumen notwendig.
Um eine Luftbewegung, besser Luftströmung, von einem Heizaggregat aus in den zu beheizenden Raum zu erreichen, muss neben dem erforderlichen Heizschacht ein Unterdruck (Sog) – bei Kachelofen-

Warmluftheizungen im Schwerkraftsystem – oder ein Überdruck – bei Warmluft-Zentralheizungen mit Ventilator – vorhanden sein.
Die für den Betrieb der Kachelofen-Warmluftheizung notwendige Luftströmung wird beim Schwerkraftbetrieb durch die unterschiedliche Lufttemperatur ausgelöst, da die warme Luft leichter als die kalte ist.
Sollen jedoch größere Wärmemengen und daher ein größeres Warmluftvolumen befördert werden oder sind in den Luftwegen größere Widerstände zu überwinden, muss ein von einem Motor angetriebener Lüfter (Ventilatoren) installiert werden, der die erforderliche Luftpressung schafft.

3.2.2. Konvektions- und Strahlungsanteil

Die Wärmeabgabe bei Kachelofen-Warmluftheizungen erfolgt durch

Warmluft $\hat{=}$ Konvektionsanteil
Strahlungswärme $\hat{=}$ Strahlungsanteil

Der Gesetzmäßigkeit folgend, nimmt der Anteil der Strahlung im Verhältnis zur Gesamtwärmeabgabe mit steigender Temperatur zu.
Messungen an Versuchsanlagen haben bei normaler Belastung als mittlere Oberflächentemperaturen ergeben:

beim Heizeinsatz $t_E = 250\ °C$
beim Abwärmeofen $t_A = 120\ °C$

Auf einem Prüfstand für häusliche Feuerstätten wurden Versuche zur Messung der Oberflächentemperatur von Heizeinsatz und Abwärmeofen ohne eingebautes Strahlblech und mit dem Einbau eines und zwei Strahlblechen durchgeführt. Eindeutig geht aus diesem Versuch hervor, dass durch den Einbau von Strahlblechen die Leistung der Kachelofen-Warmluftheizung erhöht wird.
Im praktischen Betrieb einer Kachelofen-Warmluftheizung verschieben sich die Verhältnisse etwas zugunsten des Konvektionsanteils durch die Wärmeaufnahme und -abgabe des Kachelmantels der Heizkammer. Trotzdem ist der Strahlungsanteil immer noch hoch, wenn weder Strahlungsschirme noch Reflektoren angeordnet werden.

Erst durch den Einbau von Strahlungsschirmen und Reflexionsschichten erhöht sich der Anteil der Konvektionswärme zu einer Größe, dass von einer leistungsstarken und rentablen Luftheizung gesprochen werden kann.

3.2.3. Umbildung von Strahlungs- in Konvektionswärme

Der große Anteil der Strahlung beim Heizeinsatz muss soweit wie möglich in Konvektionswärme umgewandelt werden.

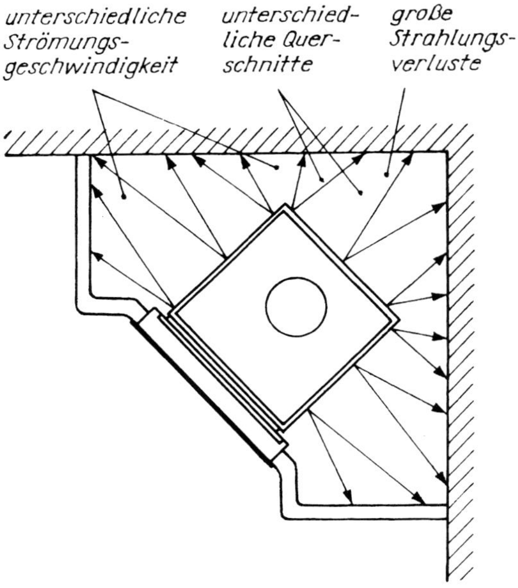

Bild 3.5. Schema einer ungünstigen Grundrisslösung einer Kachelofen-Warmluftheizung in Fünfeckform

In Bild 3.5. ist eine Kachelofen-Warmluftheizung dargestellt, bei der die Heizkammer über 50% von Raumwänden begrenzt wird.

Die Nachteile sind:

– Der überwiegende Teil der Strahlungswärme des Heizeinsatzes wird vom Mauerwerk aufgenommen, in ihm weitergeleitet und muss als Leistungsverlust gerechnet werden.
– Die Querschnitte der Luftschächte sind derart verschieden, dass durch unterschiedliche Strömungsgeschwindigkeit starke Wirbelungen im Luftstrom auftreten. Auch dies führt zum Leistungsverlust.

Auch bei anderen Konstruktionen von Kachelofen-Warmluftheizungen, bei denen von Raumwänden Wärme aufgenommen werden kann, entstehen ähnliche Verluste. Eine Abschirmung der Wandbauteile durch Strahlungsbleche würde dies verhindern. Um nun den Anteil der vom Strahlungsblech aufgenommenen, durchgeleiteten und auf der anderen Seite wieder abgegebenen Wärme möglichst auch noch zu gewinnen bzw. in Warmluft umzubilden, muss die Raumwand, die als Begrenzung der Heizkammer dient, gedämmt und zur Heizkammer möglichst als Reflektor ausgebildet werden. Ohne reflektierende Wirkung lädt sich die Dämmung mit Wärme auf, gibt sie an die Wandbauteile ab, die damit wärmebelastet werden. Der schützende Effekt für die Wände ist so nicht in vollem Umfang vorhanden. Außerdem entsteht ein Leistungsverlust durch den übergehenden Wärmeanteil.

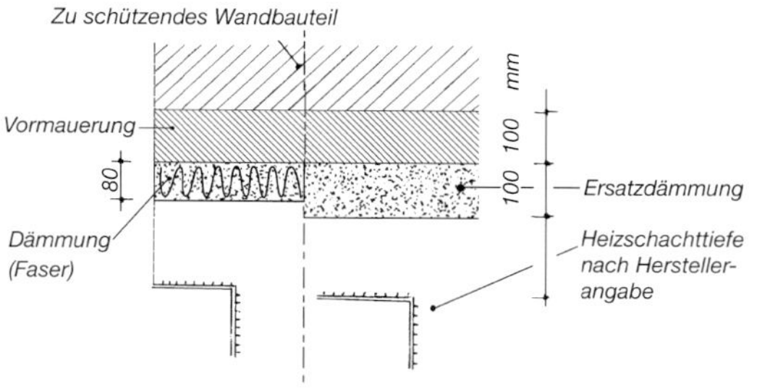

Bild 3.6. Bauausführung einer angebauten Heizkammer an einen zu schützenden Gebäudewandteil (brennbar, bzw. Stahlbeton)

Jedenfalls wäre es besser, die Dämmung nicht mit den Wänden zu verbinden, sondern zu hinterlüften, um den eben beschriebenen nachteiligen Effekt nicht wirksam werden zu lassen. Damit wird zwar der bauliche Aufwand für den Ofenbauer erhöht, die Wärmeleistung der Heizungsanlage aber verbessert.
Die Fachregeln 4/96 fordern beim Anbau der Heizkammer einer Kachelofen-Warmluftheizung an einen Gebäudewandteil, bestehend aus brennbaren Baustoffen oder aus Stahlbeton, der als vor Wärmebelastung zu schützender Bauteil gilt, dass dieser eine 100 mm dicke Vormauerung erhält, auch gemäß Landesbauordnung (LBO), um die Wärmebelastung von 85 °C nicht zu überschreiten. Zuzüglich ist eine Dämmschicht aufzubringen

- bei Faserdämmstoff von 80 mm Dicke
- bei mineralischer Ersatzdämmung von 100 mm Dicke (Bild 3.6.).

Mit dieser Bauweise, ohne Hinterlüftung zwischen Vormauerung und Dämmschicht, besteht eben wieder eine Aufladung der Dämmung mit Wärme, verbunden mit einem Leistungsverlust der Heizungsanlage.
Neben der Betrachtung des Wärmeverlusts soll mit dem Effekt der Hinterlüftung auf den Bautenschutz hingewiesen werden. Leider werden noch zu oft bauphysikalische Momente außer Acht gelassen.
Außer der Anordnung von Konvektionsblechen zwischen Heizeinsatz und den die Heizkammer begrenzenden Wandbauteilen, sind auch Heizeinsatz und Abwärmeteil durch ein Konvektionsblech zu trennen, da sie sich sonst in ihrem Strahlungsanteil zum großen Teil aufheben und nur die Übertemperatur zur Warmluftbildung beitragen würde.

3.2.4. Luftkreislauf

Der einfache Luftkreislauf, der bei jeder Heizungsart entsteht, geht von der Wärmequelle aus. Die um die Wärmequelle anlagernde Raumluft nimmt Wärme auf, wird spezifisch leichter und steigt, sie strömt ab. An ihre Stelle strömt wieder kalte Raumluft (es kann sich kein luftleerer Raum bilden), die sich ebenso erwärmt und in den Raum strömt, dort ihre Wärme an die kältere Umgebung abgibt, sich aber auch mit der Raumluft mischt und dadurch abkühlt. Durch Abkühlung wieder spezifisch schwerer geworden, wird sie von der Wärmequelle angesaugt und beginnt den Kreislauf von neuem. Damit dieser Kreislauf funktioniert, muss beim Bau von Mehrraumheizungsanlagen eine Grundforderung beachtet werden:
Der Kreislauf muss immer geschlossen sein, d. h., wenn in einen Raum Warmluft einströmt, muss auch abgekühlte Luft wieder abströmen können und zwar zur Wärmequelle zurück. In den Bildern 3.7. bis 3.9. sind Luftkreisläufe dargestellt, bei denen der den Kreislauf beeinflussende und verändernde Winddruck unberücksichtigt blieb.

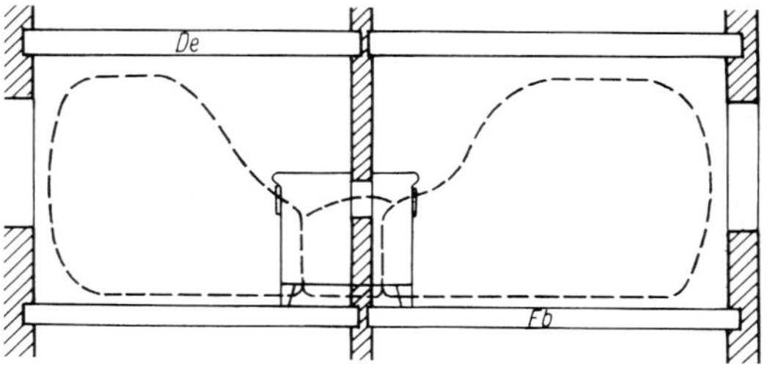

Bild 3.7. Luftkreislauf bei einer Kachelofen-Warmluftheizung für zwei nebeneinander gelegene Räume

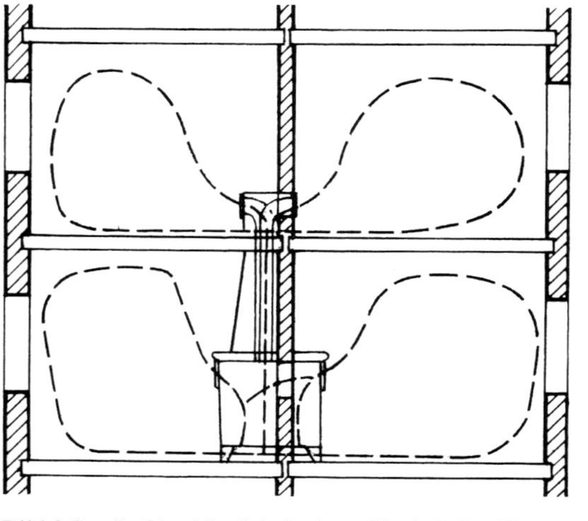

Bild 3.8. Luftkreislauf bei einer Kachelofen-Warmluftheizung als Mehrraumheizung in Unter- und Obergeschoss (Rückführung der Abluft über Treppenhaus)

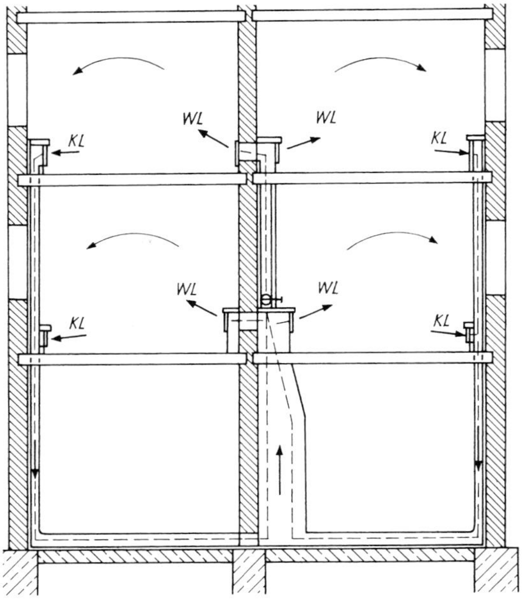

Bild 3.9. Warmluft-Zentralheizung mit der Bedienung vom Keller aus

3.3. Konstruktion

Zur Konstruktion einer Kachelofen-Warmluftheizung werden Kenntnisse vorausgesetzt über Bauteile, Materialien und Zubehör als auch über bau- und brandschutztechnische Forderungen.

3.3.1. Hauptbauteile

Hauptbauteile einer Kachelofen-Warmluftheizung sind der Heizeinsatz als eigentliche Wärmequelle und das Abwärmesystem zur Nutzung von Restwärme.

3.3.1.1. Heizeinsatz

Im Handel werden Heinzeinsätze angeboten für die Energieträger

- Festbrennstoffe (Holz–Kohle)
- Heizöl
- Brenngas

Heinzeinsatz für Holz–Kohle
Mit Festbrennstoffen betriebene Heizeinsätze bilden den größten Anteil am Gesamtaufkommen, jedoch hat der Öl-Heizeinsatz, vorwiegend wegen seines größeren Bedienungskomforts, inzwischen seine Freunde gefunden. Der Einsatz von Gas-Heizeinsätzen ist noch relativ gering.

Heizeinsätze bestehen aus hochwertigem Spezial-Grauguss, ein äußerst elastischer und homogener Werkstoff, der hohen Temperaturbeanspruchungen standhält.

Die Bedienungsgriffe müssen sich leicht betätigen lassen und bei Nennbelastung Oberflächentemperatur aufweisen

- bei Metall max. 35 K
- bei Porzellan max. 45 K
- bei Kunststoff max. 60 K

über Raumtemperatur.

Die Serie der **Heizeinsätze für Festbrennstoffe,** enthält hoch entwickelte Verbrennungssysteme, die in der Lage sind, streng gesetzte verbrennungstechnische Grenzwerte einzuhalten und auch zu unterschreiten. Damit arbeiten sie umweltschonend bei ökonomischem Energieeinsatz.

Die Abbrandsysteme reichen vom Durchbrand bis zu verschiedenen Unterbrandlösungen (Bilder 3.10. bis 3.12.).

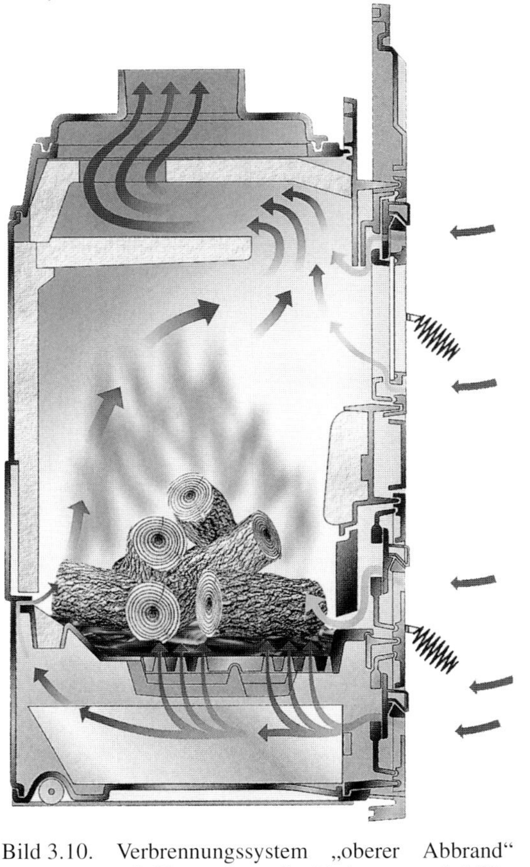

Bild 3.10. Verbrennungssystem „oberer Abbrand“ mit Unterteilung der Verbrennungsluftführung in Primär- und Sekundärluft (Fa. Buderus, Hirzenhain)

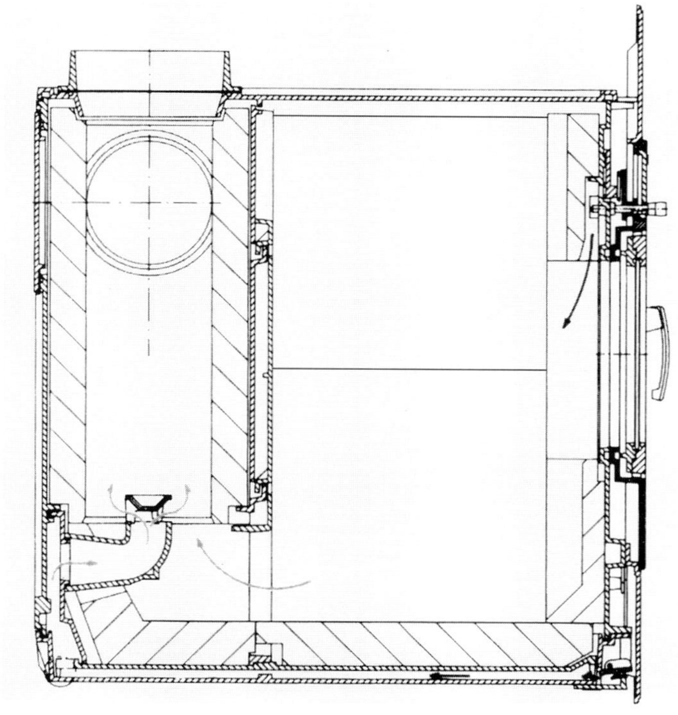

Bild 3.11. Unterbrand-Heizeinsatz „Coburg" für Holz – Fa. Esch, Olsberg

Bild 3.13. Olsberg Holzbrand-Heizeinsatz H 22 E zum Einbau in gemauerte und geputzte Heizungsverkleidungen (nur die Feuertür ist noch sichtbar) ▶

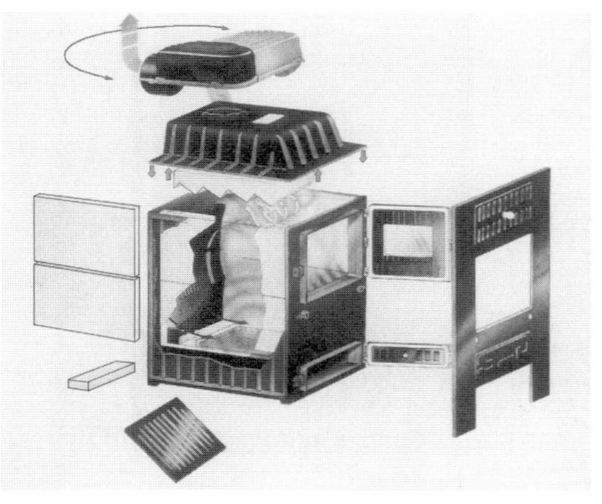

Bild 3.12. Durchbrand-Heizeinsatz System SD mit Katalysator für Holz und Kohle – Fa. Schmid, Goldkronach

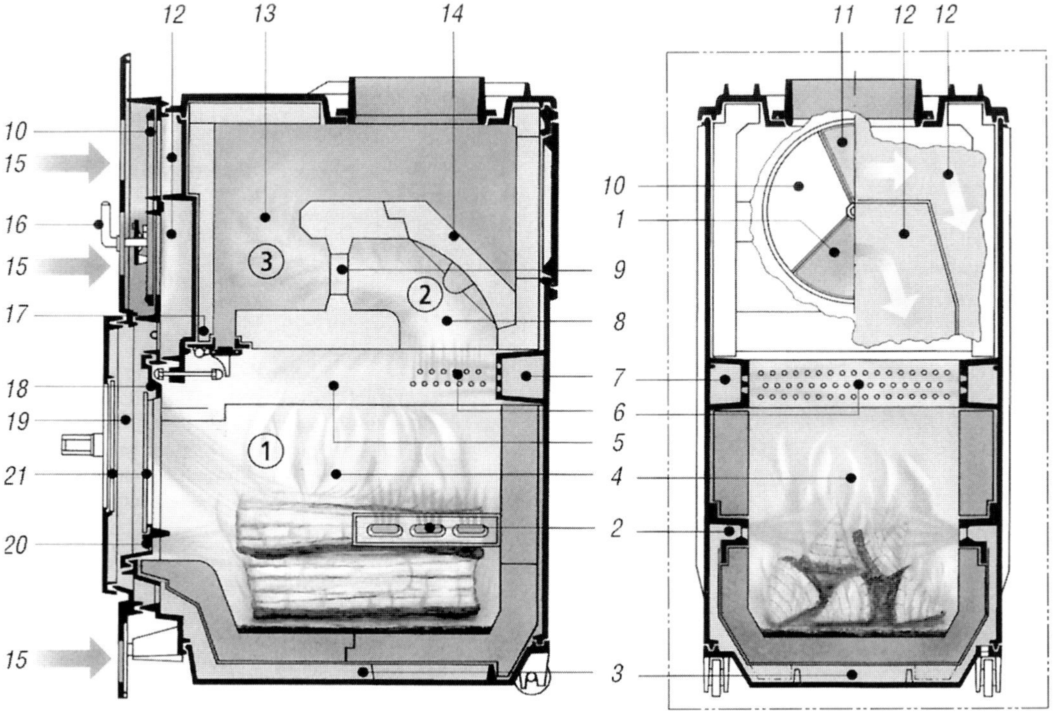

Bild 3.14. Heizeinsatz „Granat" Typ 600 mit einem Verbrennungsprinzip thermo-dynamischer Verbrennungsluftzufuhr – LEDA, Leer *1* Primärluft; *2* Tandemdüse Primär-Seitenluft; *3* Vorheizkanal; *4* Hauptbrennraum; *5* Vorheizkanal; *6* Multilochdüse; *7* Nachverbrennungsluft; *8* Nachverbrennungsaufbereitung; *9* Durchbranddüse; *10* Parallel-Luftventil; *11* Nachverbrennungsluft; *12* Vorwärmkammern; *13* Nachverbrennung; *14* Reinigungsstein; *15* Verbrennungsluft; *16* Einhand-Stellhebel; *17* Rauchabschlagklappe; *18* Primär-Oberluft; *19* Luftkammer; *20* Primär-Unterluft; *21* Doppelverglasung

Durchbrand- als auch Unterbrand-Heizeinsätze können bei Kohlefeuerung im Dauerbrand betrieben werden. Beim Durchbrandsystem wird die gesamte eingegebene Brennstoffmenge zur Verbrennung gebracht und gelangt je nach Größe der Verbrennungsluftzufuhr zeitlich unterschiedlich zum Abbrand. Dagegen wird bei Unterbrandsystemen, ausgestattet mit Füllraum und Nachverbrennungsschacht, immer nur ein Teil der eingegebenen Brennstoffmenge gezündet und zur Verbrennung gebracht. Die Verbrennungsgase strömen in den Nachverbrennungsschacht, in dem sie mit vorgewärmter Luft angereichert werden und nachverbrennen.
Von einem Universal-Dauerbrand-Heizeinsatz spricht man dann, wenn die Abgase aus der Verbrennung zum Zwecke der Nachverbrennung unverbrannter brennbarer Gaskomponenten nochmals der Glutschicht zugeleitet werden (Raucharme Verbrennung).
Die einschlägige Vorschrift für Heizeinsätze für feste Brennstoffe ist DIN 18892 – Teil 1 zur bevorzugten Verfeuerung von **Kohle** und Teil 2 zur bevorzugten Verfeuerung von **Holz.** Während mit Kohle ein Dauerbrand erreicht werden kann, ist Holz nur für einen Zeitbrand geeignet.

DIN 18892 – Entwurf 4/96 – legt die Bezeichnung von Heizeinsätzen fest

- bei Verfeuerung von Kohleprodukten (dauerbrandgeeignet) Heizeinsatz DIN 18892 – D
- bei Verfeuerung von Holzprodukten Heizeinsatz DIN 18892 – H
- bei Verfeuerung von Kohlen- und Holzprodukten Heizeinsatz DIN 18892 – DH

Sind Heizeinsätze für den Speicherbetrieb geeignet, erhalten sie zusätzlich den Buchstaben S.
Der Mindestwirkungsgrad beträgt bei Heizeinsätzen für Verfeuerung von Kohle 75 %, bei Holz 70 %. Die Nennwärmeleitung in kW wird aufgrund von Prüfergebnissen festgelegt und zu 0,5 kW abgestuft. Spezifische Nennwärmeleistungen ohne nachgeschalteten Heizgaszug dürfen 5,6 kW/m^2 nicht überschreiten.
Neben Heizeinsätzen mit Frontplatte üblicher Größe, die über Höhe und Breite der Einsatz-Vorderfront hinausgeht, gibt es jetzt Heizeinsätze für **gemauerte und geputzte Heizungsverkleidungen,** bei denen nur noch die Feuertür sichtbar ist, die keine Vortür erfordert (Bild 3.13.).

Bild 3.15. Holzbrand-Heizeinsatz „Thermoplus“ – Fa. Wodtke, Tübingen

Als konstruktive Neuheit gilt ein **Heizeinsatz mit thermodynamischer Verbrennungsluftzufuhr,** Heizeinsatz „Granat“ LEDA – Leer (Bild 3.14), bei dem die gesamte Verbrennungsluft auf etwa 400 °C vorgewärmt und den Brennraumzonen zugeführt wird. Mit dem Wärmeinhalt der Verbrennungsluft sind optimale Voraussetzungen geschaffen, alle brennbaren Gaskomponenten zu zünden. Durch eine „Multi-Lochdüse“ wird im Verbrennungsraum an geeigneter Stelle vorgewärmte Verbrennungsluft zur nochmaligen Durchmischung mit den Brenngasen und zur Nachverbrennung zugeführt. Die Regelung der Primär- und Nachverbrennungsluft erfolgt über einen Einhand-Stellhebel. Durch diese Verbrennungstechnik liegen die Heizgastemperaturen am Rohrstutzen zwischen 415 °C und 465 °C und erfordern nur noch ein kurzes Abwärmesystem etwa in der Art eines Heizkastens mit einfachem Fall- und Steigzug.

Eine weitere Neuentwicklung der Holzbrandtechnik ist der Heizeinsatz „Thermoplus“ von Wodtke (Bild 3.15.), bei dem durch eine **Thermoregelung** mit nur einem Luftschieber die Verbrennungsluft zugeführt wird. Der Feuerraum ist in drei Zonen eingeteilt.

– Zone 1 enthält den eigentlichen Feuerraum mit einer Muldenfeuerung, in der das Holz im eigenen Glut- und Aschebett verbrennt.

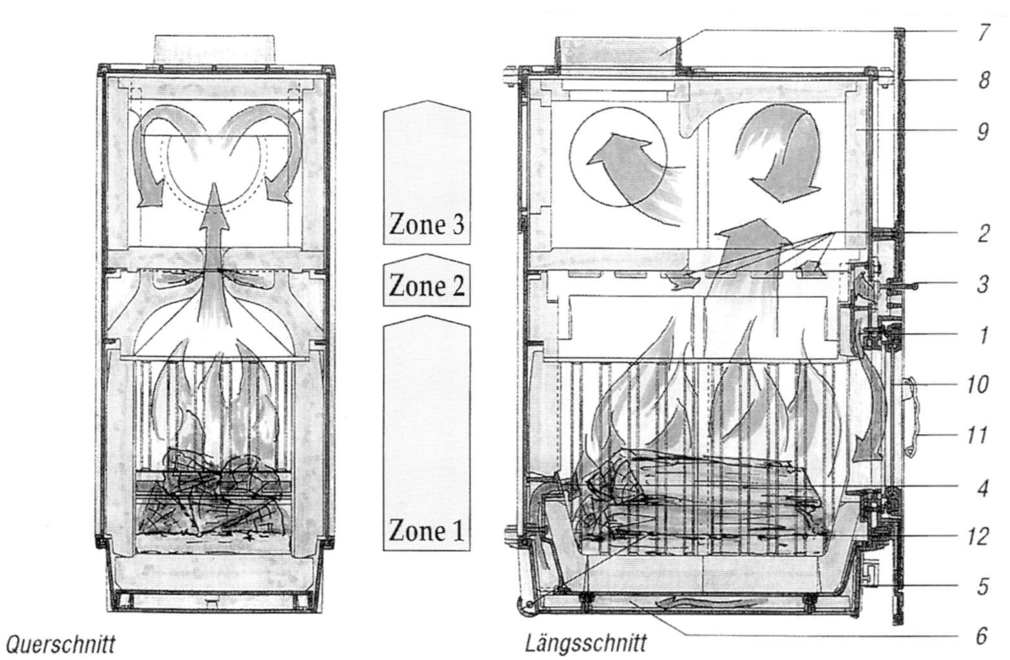

Bild 3.16. Holzbrand „Thermoplus“-Verbrennungssystem – Fa. Wodtke, Tübingen
1 vorgewärmte Primärluft; *2* vorgewärmte Sekundärluft; *3* Luftschieber; *4* automatisch geregelte Primärluft; *5* Luftklappe der Thermoregelung; *6* Vorwärmkanal der Primärluft; *7* Heizgasanschluss; *8* Frontplatte; *9* Schamottenausmauerung; *10* Sichtscheibe; *11* Türgriff; *12* Transportrollen

- Die Verbrennungsgase werden der Zone 2 durch einen Brennschlitz zugeführt, der infolge Querschnittsminderung eine Beschleunigung des Gasstroms bewirkt und mit injektorartig angesaugter vorgewärmter Sekundärluft im Gasstrom verwirbelt wird.
- In Zone 3, einer Nachbrennkammer, findet der Ausbrand der noch nicht gezündeten brennbaren Gaskomponenten im Gas-Luftgemisch statt (Bild 3.16.).

Die hohe Abgastemperatur mit fast 500 °C am Rohrstutzen des Heizeinsatzes ermöglicht den Einbau eines individuell gestalteten Abwärmesystems aus keramischen Zügen.

Mit Heizöl betriebene Heizeinsätze
Öl-Heizeinsätze sind geeignet für den Neubau einer Kachelofen-Warmluftheizung wie auch zur Nachrüstung bestehender Anlagen. Die Nennwärmeleistung der Öl-Einsatz-Palette reicht von 5,0 kW bis etwa 15 kW.
Öl-Heizeinsätze – im Bereich der Raumheizung bis 15 kW – arbeiten mit Verdampfungsbrennern, in denen das Heizöl unter Wärmeentwicklung verdampft und mit Verbrennungsluft gemischt zum brennbaren Öl-Dampf-Luftgemisch gebracht und gezündet wird. Der Verdampfungstopf enthält zahlreiche kleine Düsenbohrungen, durch die Verbrennungsluft einströmen kann. Durch im Topf angeordnete Stauringe kann sich die Temperatur erhöhen, wodurch eine bessere Verdampfung ermöglicht wird. Es gibt Brenner unterschiedlichster Konstruktionsart. Die Leistungsregulierung kann entweder über ein Handregelventil stufenlos oder über ein Magnetventil zweistufig „groß – klein“ erfolgen.
Alle Geräte sind mit einem Ölregler ausgerüstet, der ein Überschreiten des höchstzulässigen Ölstands am Brenner verhindert.

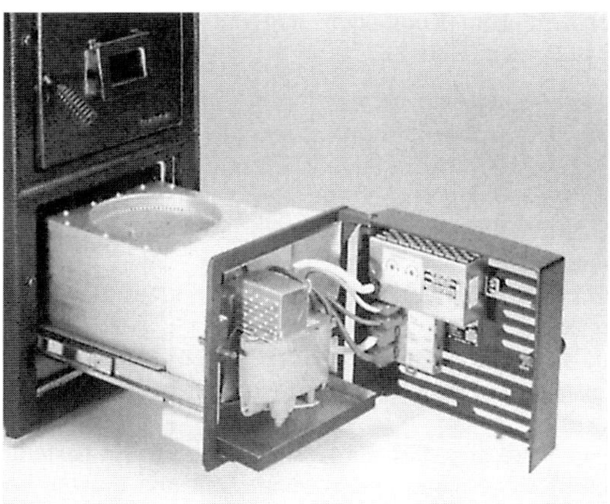

Bild 3.17. Herausziehbare Brennereinheit erleichtert Wartung und Service – Öl-Heizeinsatz ÖH – Fa. Buderus, Hirzenhain

Bild 3.18. Schnittdarstellung eines Öl-Heizeinsatzes ÖH – Fa. Buderus, Hirzenhain

Die Schalen-Brennersysteme arbeiten vollautomatisch und zweistufig bei sparsamen Energieverbrauch. Ihr hoher Wirkungsgrad wird durch eine Heizgasumlenkung erreicht, die die Verweildauer des Heizgases im Verbrennungsraum verlängert und damit den Leistungsanteil erhöht (Bild 3.17. und 3.18.).

Mit einem elektronischen **Raumtemperaturregler mit Schaltuhr** für Tages- und Wochenprogramm wird

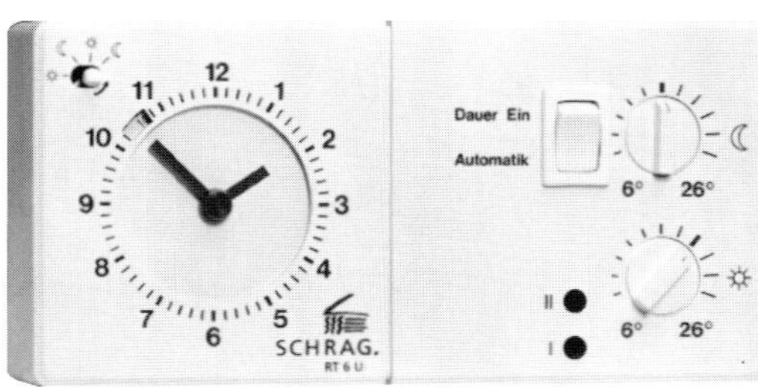

Bild 3.19. Zweistufiger Uhren-Raumthermostat RT 6 U mit Schaltuhr (1- oder 2-stufig) – Fa. Schrag, Ebersbach/Fils

Diese Schaltuhr kann eingestellt werden auf: 24-Std.-Betrieb mit einer Schaltgenauigkeit von 5 Minuten; 7-Tages-Betrieb mit 1/4-stündiger Schaltgenauigkeit

Bild 3.20. Öl-Heizeinsatz Satellit TV 15 S mit IHS 2000, 9,0 kW – Fa. Schrag, Ebersbach/Fils

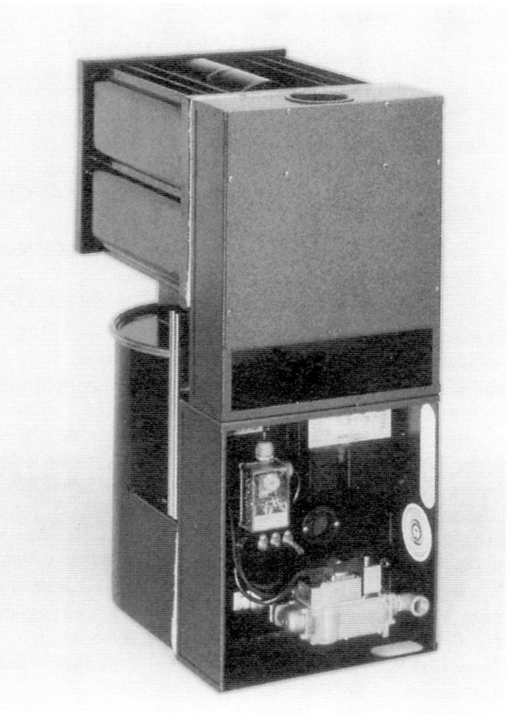

Bild 3.21. Gas-Heizeinsatz Junior Compact VA 9 – Fa. Schrag, Ebersbach/Fils

Technische Daten:		**9 kW**	**12 kW**
Nennwärmeleistung	kW	9	12
Nennwärmebelastung	kW	10,0	13,3
Abgasmassestrom	g/Sek	6	7
Heizgaszug	Typ	M1	M2
Heizfläche, Heizgaszug	m^2	0,99	1,22
Stauscheibe		65	78
Nennwärmeleistung	kW	(im Dauerbetr.)	
min.		4,05	6,1
max.		9,0	12,0

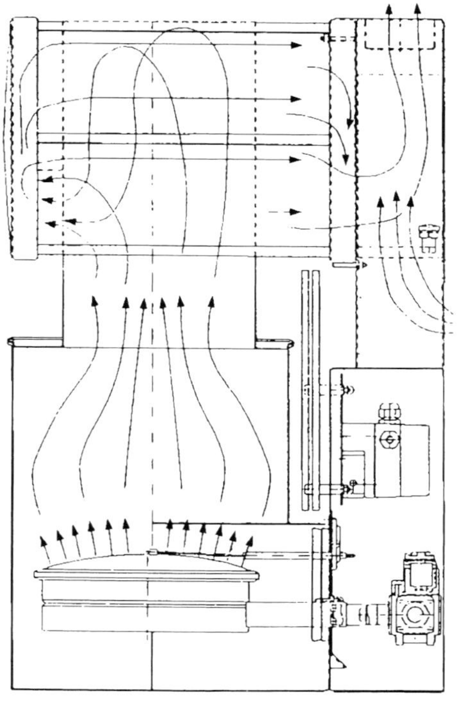

Bild 3.22. Funktionschema eines Gas-Heizeinsatzes ▶ – Fa. Schrag, Ebersbach/Fils
Die vom Brenner aufsteigenden Heizgase durchströmen die Heizgasumlenkung, kehren in der Strömungssicherung um und verlassen den Heizeinsatz über das Abgasrohr

die Einstellung eines speziellen Programms für die Nachtabsenkung ermöglicht (Bild 3.19.). Alle Öl-Heizeinsätze sind mit einer Zündsicherung ausgestattet, die bei Verlöschen der Flamme oder Stromausfall die Ölzufuhr automatisch unterbricht.
Bei Öl-Heizeinsätzen dürfen nur die vom Hersteller angegebenen **Nachheizflächen** eingebaut werden. Sämtliche Anschlüsse und Verbindungen zwischen Heizeinsatz, Nachheizfläche und Schornstein müssen gasdicht sein. Rohrenden sind mit einer Manschette abzudichten (Bild 3.20.).

Brenngas-Heizeinsätze
Gas-Heizeinsätze gibt es in voll- als auch halbautomatischer Ausführung. Sie können in eine neu zu bauende Kachelofen-Warmluftheizung eingebaut werden, gestatten aber auch eine ebenso problemlose Nachrüstung auf engstem Raum (Bild 3.21.).

Für den Bau der Heizkammer einer Kachelofen-Warmluftheizung gelten die Festlegungen in den Fachregeln 4/96 des Ofen- und Luftheizungsbauer-Handwerks.
Nach DIN 3364 Teil 2 müssen schornsteingebundene Gas-Heizeinsätze mit atmosphärischem Brenner ausgerüstet sein. Verbrennungsluftöffnungen müssen unveränderliche Querschnitte haben.
Zur Reduzierung von NO_x-Emissionen können Stabbrenner mit Stahl- oder Keramikstäben, so genannten Renox-Stäben, ausgerüstet werden. Dabei wird bei hohen Temperaturen Wärme aus der Flammenfront abgeleitet und durch Minderung der Flammentemperatur das thermische NO_x (Stickoxid) reduziert.

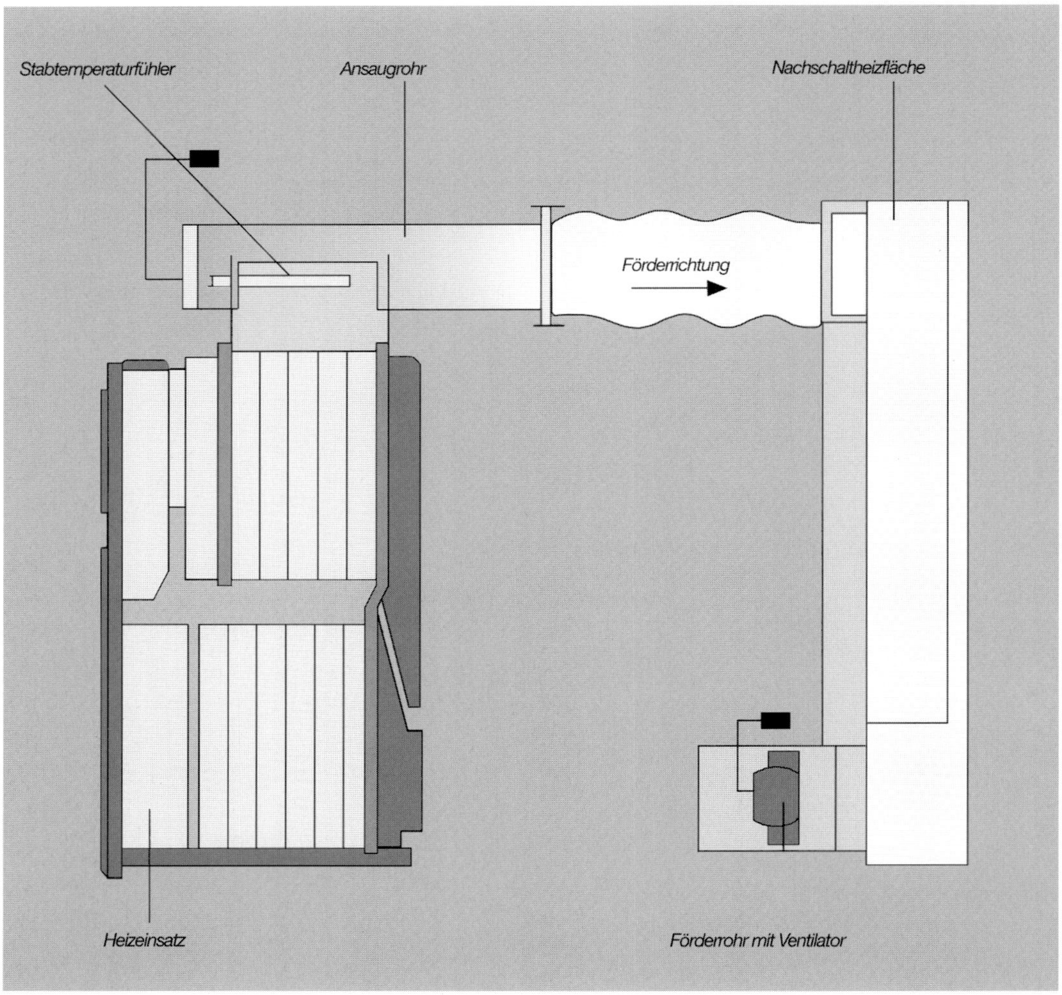

Bild 3.23. Schema der Abwärmeausnutzung der um den Heizeinsatz sich bildenden Warmluft zur Aufheizung einer keramischen Nachheizfläche – Fa. Buderus, Hirzenhain

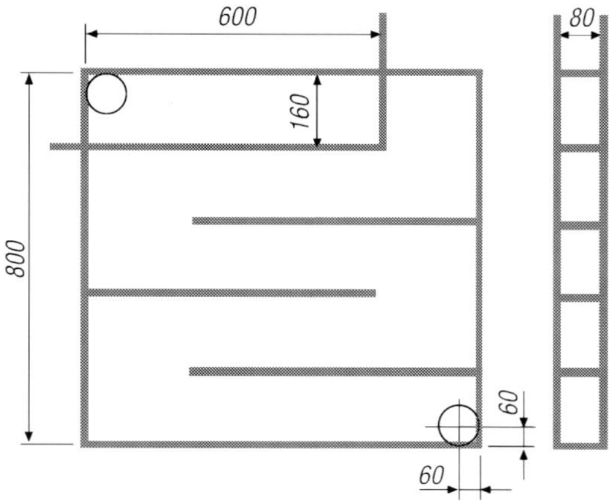

Bild 3.24. Konstruktion der Nachschaltheizfläche mit vorgegebenen Maßen, zu Bild 3.23.

Die Betriebssicherheit wird erreicht durch eine Zündsicherung und Abgasüberwachung. Die Abgase werden dem Schornstein mit natürlichem Förderdruck zugeführt.
Die Strömungssicherung ist so anzuordnen, dass die Gase im Falle eines Staus und Rückstroms dem Aufstellungsraum zugeleitet werden und nicht in den Heizeinsatz einströmen können.
Die Abgastemperatur darf unter Prüfbedingungen bei kleinster Wärmeleistung 85 °C nicht unterschreiten.
Bild 3.22. zeigt das Funktionsschema eines Gas-Heizeinsatzes.

Als **Energieträger** eignen sich Erdgas, Stadtgas und Flüssiggas. Der Leistungsbereich reicht von 5,5 kW bis etwa 9,5 kW.
Vom Werk aus sind die Heizeinsätze auf die bestellte Gasart eingerichtet und voreingestellt und müssen bei Inbetriebnahme im Einbauzustand auf den Betriebsheizwert (H_{uB}) überprüft bzw. eingestellt werden. Diese Arbeiten dürfen nur von einem in ein Installationsverzeichnis eines Gasversorgungsunternehmens eingetragenen Installationsbetrieb durchgeführt werden. Dasselbe gilt für den gasseitigen Anschluss, die Inbetriebnahme sowie für jede Erweiterung, Änderung und Unterhaltung einer Kundenanlage.
In den einzelnen Heizeinsatztypen werden unterschiedliche Brennersysteme eingesetzt, die jedoch als atmosphärischer Brenner geräuscharm arbeiten.
Bei Anpassung an einen exakt ermittelten Wärmebedarf ist höchste Wirtschaftlichkeit bei optimalem Wirkungsgrad zu erwarten. Gas-Heizeinsätze sind ohne Nachheizflächen unmittelbar an den Schornstein anzuschließen. Das Abgasrohr muss auf kürzestem Weg zum Schornstein geführt werden.
Mit einem neu entwickeltem Sekundärluftsystem der Firma Buderus wird ca. 200 °C temperierte Abwärme des von Luft umströmten Heizeinsatzes in eine nachgeschaltete ausschamottierte Nachheizfläche mit Hilfe eines geräuscharmen Ventilators geblasen. Dabei kommt es darauf an, dass die Zugquerschnitte gering und die Ausschamottierung dünn gehalten werden, um einen ausreichenden Wärmedurchgang und damit die gewünschte Heizleistung zu gewährleisten (Bilder 3.23. und 3.24.).

Bild 3.25. LEDAMATIC-GRANAT – elektronische Abbrandregelung für Holzbrand-Heizeinsätze – LEDA, Leer
1 Regelcomputer; *2* Raumtemperaturfühler; *3* Stellmotor; *4* Türkontaktschalter; *5* Parallelluftventil; *6* Thermoelement Heizgas; *7* Kohlenmonoxid-/Kohlenwasserstoff-Sensor (CO/CmHn); *8* Thermoelement Abgas

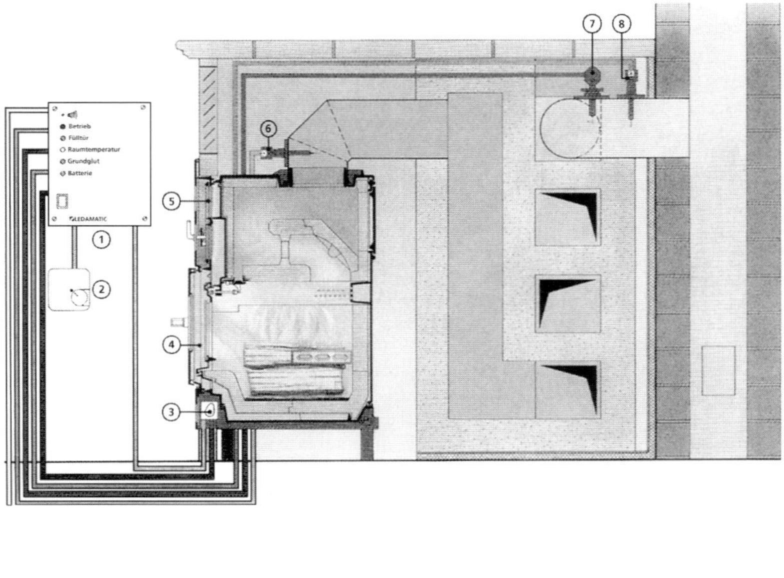

3.3.1.2. Elektronische Abbrandregelung für Holzbrand

Das komplexe Abbrandverhalten von Holz und die manuelle Bedienung beinhalten eine Reihe von Fehlermöglichkeiten. Diesem Mangel kann durch Wahl und Einbau eines LEDAMATIC-Systems begegnet werden (Bild 3.25.). Zwei Regelprogramme für Volllast- und Teillastbetrieb bieten optimale Möglichkeiten für eine bedarfsgerechte und individuelle Wärmeleistung.

Die LEDAMATIC, ausgerüstet mit Thermoelementen und Abgassensor überwacht den Abbrand. Kontinuierlich werden Werte wie Heizgas- und Abgastemperatur, unverbrannte CO-Bestandteile und Kohlenwasserstoffe erfasst, verarbeitet und in Steuersignale umgeformt. Der geschlossene **Regelkreis** reagiert schnell und sicher auf Störgrößen wie Feuchtigkeitsgehalt des Holzes, Holzart und -menge.

Das Ergebnis sind

- niedrigste Emissionswerte
- Senkung der Schadstoffemission
- hoher Wirkungsgrad
- Brennstoffeinsparung
- bedarfsgerechte Wärmeleistung
- letztendlich: Komfort für den Betreiber.

Nähere Beschreibung des Funktionsprinzips bietet LEDA mit Spezialprospekten.

3.3.1.3. Nachheizflächen

Hinter Heizeinsätzen nachgeschaltete Heizflächen dienen der Ausnutzung der in den Rauchgasen verbliebenen Wärme, wobei es verschiedene Arten gibt

- Keramische Nachheizflächen (gemauerte Züge)
- Heizradiatoren aus Grauguss mit Schamotteausbau und ohne Ausschamottierung
- Heizradiatoren aus Stahlblech, mindestens 2 mm dick, mit und ohne Schamotteausbau

Keramische Nachheizfläche

Bei der keramischen Nachheizfläche bestehen im Wesentlichen drei Arten der Anordnung des Zugsystems, im Block, in Reihe geschaltet oder getrennte Fallfeuer in zwei Räumen. Dabei kann bei der Anordnung in Reihe nochmals zwischen Fall- und Steigzügen oder einem Fallzug und nachfolgenden liegenden Zügen unterschieden werden (Bilder 3.26. und 3.27.).

Die Zuganzahl beträgt mindestens 2 (Fall- und Steigzug = Fallfeuer) und maximal 4 Züge.

Wird der Ausbau mit Schamotten entsprechend Tabelle 3.3. ausgeführt, ist mit einer Speicherfähigkeit des Abwärmeteils von 4 bis 5 Stunden zu rechnen.

Diese Art des keramischen Abwärmeofens eignet sich vordergründig für den Wohnungsbau und solche Gesellschaftsbauten, in denen auch langanhaltende Wärmeabgabe durch die Heizungsanlage gewünscht wird.

Bei fachgerechtem Ausbau beträgt die spezifische Nennwärmeleistung 700 W/m^2, d. h., dass sich die Vorschubdicken gemäß Minderung der Rauchgastemperatur in ihrer Dicke anpassen.

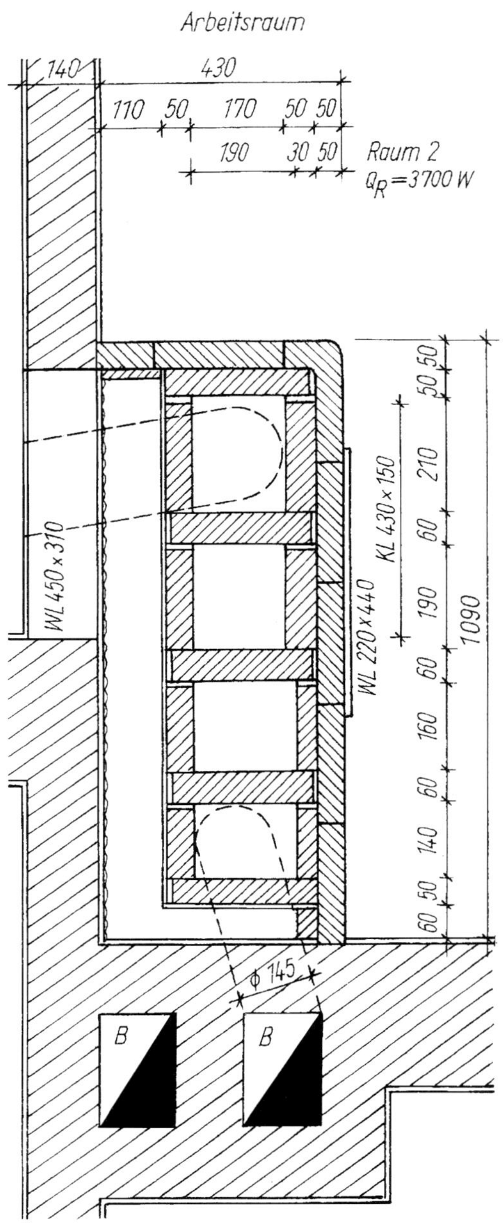

Bild 3.26. Keramische Nachheizfläche mit Anordnung der Züge in Reihe als Fall- und Steigzüge

Grauguss-Heizradiator

Von den verschiedenen Heizeinsatzproduzenten werden Gussradiatoren angeboten, die sich in Form und

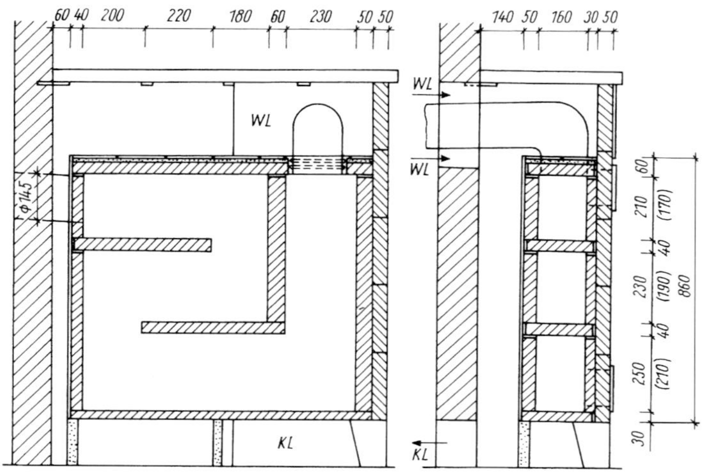

Bild 3.27. Keramische Nachheizfläche mit der Zuganordnung – Fallzug und nachfolgende liegende Züge

Größe und auch in der Ausschamottierung unterscheiden. Ihnen allen kann eine spezifische Nennwärmeleistung zugeordnet werden, die nach DIN 18892 Teil 1 bei 1,5 kW/m^2 liegt, wenn sie einen Schamotteausbau haben.
Gussradiatoren ohne Schamotte, die Heizeinsätzen zur bevorzugten Verfeuerung von Holz nachgeschaltet sind, werden mit einer spezifischen Nennwärmeleistung nach DIN 18892 Teil 2 mit 3,0 kW/m^2 angegeben.
Heizgasradiatoren müssen dicht sein und eine dicht schließende Reinigungsöffnung haben. Abgas-, oder auch Heizgasstutzen genannt, ob am Heizeinsatz oder am Radiator, müssen eine überschiebbare Länge von mindestens 40 mm haben. Der Abgasstutzen-Außendurchmesser muss zu einem Abgasrohrdurchmesser nach DIN 1298 passen.
Bild 3.28. zeigt einen Gussradiator, der Heizeinsätzen von 5 bis 9 kW nachgeschaltet werden kann und wahlweise mit einem 8-teiligen Schamotte-Steckbausatz ausgekleidet wird.
In den Bildern 3.29. und 3.30 wird das Einsetzen der Schamotteteile gezeigt und wie durch den Wechselstutzen beim Gussradiator HGZ F2 der Anschluss nach allen Seiten auf einfache Weise möglich ist.

Stahlblech-Heizradiator

Beim einfachen Stahlblech-Heizradiator wird empfohlen, nur solche ohne Vorschub einzubauen.
Diese Art des Abwärmeofens soll dann gewählt werden, wenn eine rasche Aufheizung des Raumes gewünscht und keine lange Speicherfähigkeit der Anlage nötig ist, z. B. bei Versammlungs- oder Nebenräumen von Gaststätten, Sälen u. a.

Materialart: Stahlfeinblech

Materialdicke: mind. 2 mm
(Kanten dicht verschweißt)

Zuganzahl: 2 Stück (Fall- und Steigzug)

Reinigungsklappe: am Boden oder seitlich angeordnet, dicht schließend.

Erfolgt der Ausbau mit einzelnen Schamotteplatten, ist deren Haftung am Stahlblech nicht dauerhaft.

Tabelle 3.3. Vorschubdicken in keramischen Nachheizflächen

Zuganzahl	**Heizeinsätze bis 1,6 m^2**		**Heizeinsätze über 1,6 m^2**	
	Vorschub in mm an Kachelwand	an Stahlblech ¹)	Vorschub in mm an Kachelwand	an Stahlblech ¹)
1	40	60	60	60
2	40	40	40	60
3	20	30	40	40
4	20	30	30	40

¹) Das Stahlblech ist die Verkleidung der Nachheizfläche innerhalb der Heizkammer

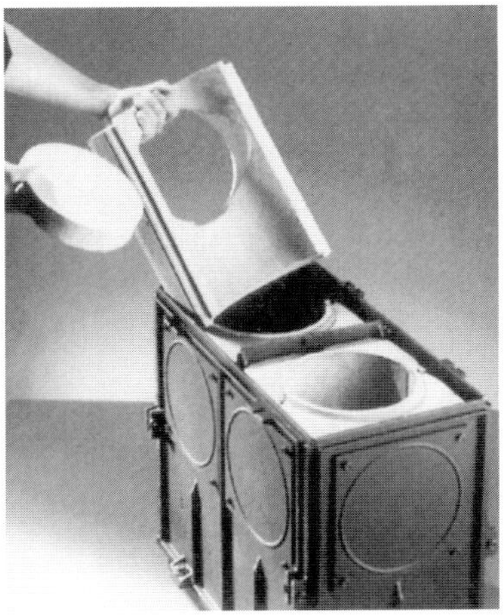

Bild 3.28. Bild 3.29. Bild 3.30.

Bild 3.28. Guß-Radiator HGZ F2 mit variablen Anschlüssen, Gasschlitz von außen einstellbar – Fa. Olsberg, Hermann Everken GmbH

Bild 3.29. und 3.30. Guss-Radiator HGZ F 2 mit Schamotte-Steckbausatz, Gasschlitz von außen einstellbar – Fa. Olsberg – Hermann Everken GmbH

Heizradiatoren mit Vorschub dürfen im 1. Zug nur 30 mm und im 2. Zug nur 20 mm Vorschubdicke haben, damit die gewünschte Leistung erreicht wird. Diese geringen Vorschubdicken haben aber nur geringe Stand- und Haftfähigkeit. Vom Stahlblech gelöste Schamotten mindern den Wärmedurchgang und damit die Leistung. Abgeklappte Schamotten können den Zugquerschnitt versperren und die Funktion der Anlage stören.

Firma H. Knechtel, Mainaschaff, empfiehlt als Nachheizfläche einen Stahlblech-Wärmetauscher (Bild 3.31.) in zweischaliger Bauweise. In verschiedenen Größen vorgefertigt, wird er erst beim Bau der Kachelofen-Luftheizung am Aufstellungsort mit Speichermaterial als Schüttmasse aufgefüllt. Dadurch gibt es keine Gewichtsprobleme beim Transport.

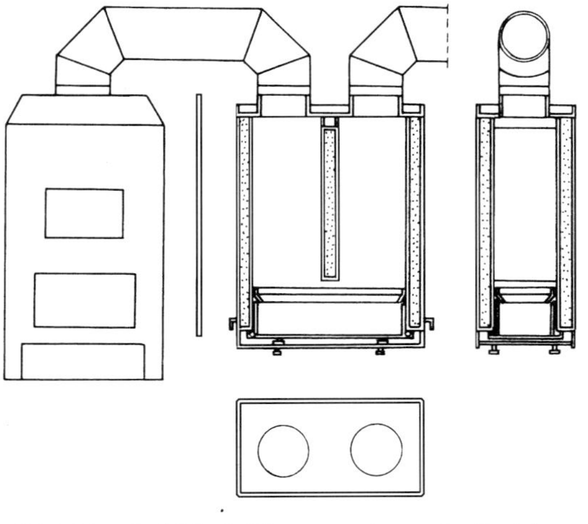

Bild 3.31. Stahlblech-Wärmetauscher mit Speichermaterial als Schüttmasse – Fa. H. Knechtel, Meinaschaff

3.3.1.4. Rohrbogen, Doppelbogen

Als verbindendes Bauteil zwischen Heizeinsatz und Abwärmeofen werden gewöhnlich **Doppelbögen** verwendet, wenn der Heizeinsatz oberen Abgang hat. Zusammengeschweißte Doppelbögen haben den Nachteil, dass sie wegen ihrer starken Erwärmung eine große Ausdehnung aufweisen und schieben bzw. der Anschluss beim Abwärmeteil deshalb undicht werden kann.

Die bessere Lösung ist die **Verwendung von zwei Bögen** gleichen Durchmessers mit einem Abstand von 5 mm zueinander, über deren Fuge ein innenge-

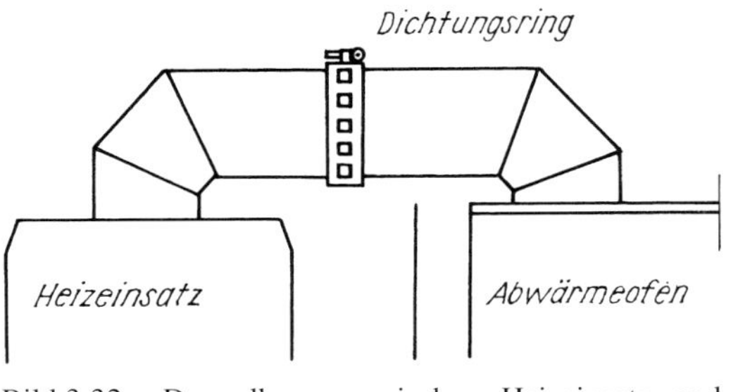

Bild 3.32. Doppelbogen zwischen Heizeinsatz und Abwärmeofen, bestehend aus zwei Bögen mit Dichtungsring

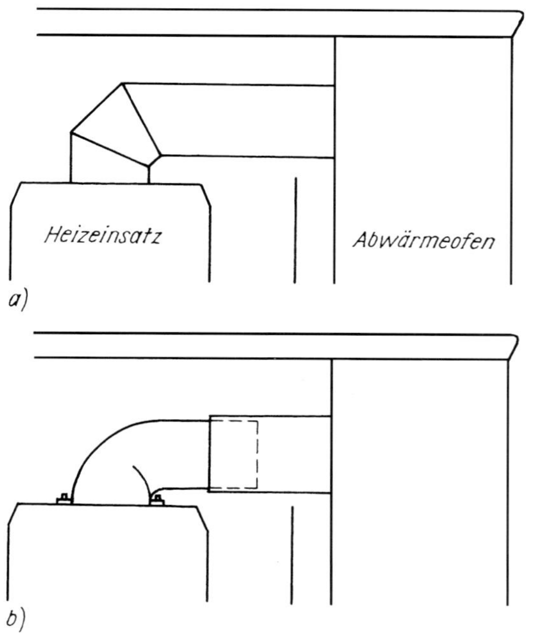

Bild 3.33. Anschluss des Heizeinsatzes an bis unter die Ofendecke hochgezogene Abwärmeteile
a) durch einen Bogen bei Heizeinsätzen mit oberem Abgang;
b) durch ein Rohrstück bei Heizeinsätzen mit Kuppel

dämmter Dichtungsring, anpassbar auf jeden Rohrdurchmesser, angelegt wird und verschraubbar ist (Bild 3.32.). Haben Heizeinsätze eine Kuppel mit seitlichem Abgang, kann ein einfacher Bogen zum Abwärmeteil die Verbindung herstellen, wobei der Abwärmeteil dann etwas niedriger als der Heizeinsatz sein muss.
Gelegentlich werden Abwärmeöfen mit keramischem Zugsystem bis unter die Ofendecke gezogen. Dann wird als Verbindungsstück bei Heizeinsätzen mit oberem Abgang ein einfacher Bogen und bei Heizeinsätzen mit Kuppel und seitlichem Abgang ein Rohrstück benötigt (Bild 3.33.).
Die spezifische Nennwärmeleistung der Verbindungsstücke beträgt 2,3 kW/m^2

Material: Stahlfeinblech, mind. 2 mm
Nähte verschweißt, gefalzte Rohre und Bögen sind nicht zulässig.
Form der Bögen: dreisegment oder rund (bei Guss).

3.3.2. Zubehör

Die Verarbeitung der Werkstoffe muss so erfolgen, dass kein Verarbeitungsgrat an den Schnittflächen oder an den Schweißstellen vorhanden ist.
Sämtliche Bauteile aus Stahlfeinblech oder Profilstahl müssen vor dem Einbau mit einem dafür geeigneten Schutzanstrich versehen sein, z. B. mit schwarzer Alkydharzlackfarbe.
Lackierungen und Schwärzungen der sichtbaren Bauteile müssen gut deckend sein, die Bauteile bei normaler Lagerung vor Korrosion schützen und den wärmetechnischen Anforderungen entsprechen.
Bei einer Neu-Inbetriebnahme einer Anlage kann es anfänglich zu Geruchsbelästigungen durch einbrennenden Lack kommen, jedoch nur vorübergehend.

3.3.2.1. Heizeinsatz-Traggestell

Heizeinsätze sind zweckmäßig auf Traggestelle aus Winkelstahl mit freier Bodenfläche aufzustellen. Massive Sockel sind wärmetechnisch ungünstig, da die Wärmeleistung der Bodenfläche des Heizeinsatzes nicht zur Wirkung kommt.
Zur Stabilität des Traggestells und für einen sicheren Stand des Heizeinsatzes werden empfohlen

- für Heizeinsätze bis 7,0 kW Nennwärmeleistung: Winkelstahl 50/20/2 mm
- für Heizeinsätze über 7,0 kW Nennwärmeleistung: Winkelstahl 60/30/3 mm

Die Fußhöhe beträgt mindestens 150 mm (Bild 3.34.). Statt des Traggestells mit 4 Füßen können auch nur 2 Füße angeordnet werden, wobei die vorderen wegfallen und das Traggestell am Unterrahmen befestigt wird. Die beste Lösung ist jedoch das fußfreie Traggestell, bei größeren Heizeinsätzen mit einer Stütze in der Mitte des Heizeinsatzbodens versehen, das einerseits am Unterrahmen angeschweißt, andererseits im Mauerwerk einzementiert wird.

3.3.2.2. Einbauzargen (Vortür)

Zur Dichtheit der Heizkammer sind bei Kachelwänden und Mauerwerk die Heizeinsätze in **Einbauzargen** einzubauen. Die Einbauzarge muss das Auswechseln des Heizeinsatzes – auch mit seitlichem Stutzen – ermöglichen (Bild 3.35.a und b).
Zur Verkleidung der Bedienungsseite des Heizeinsatzes ist eine Vortür als Schmuckelement empfehlens-

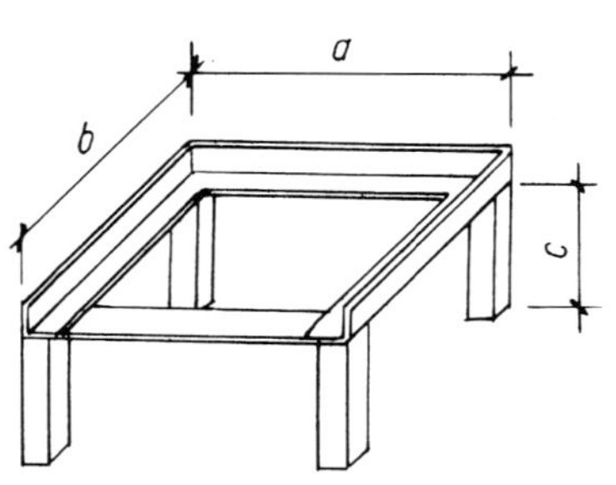

Bild 3.34. Heizeinsatztraggestell

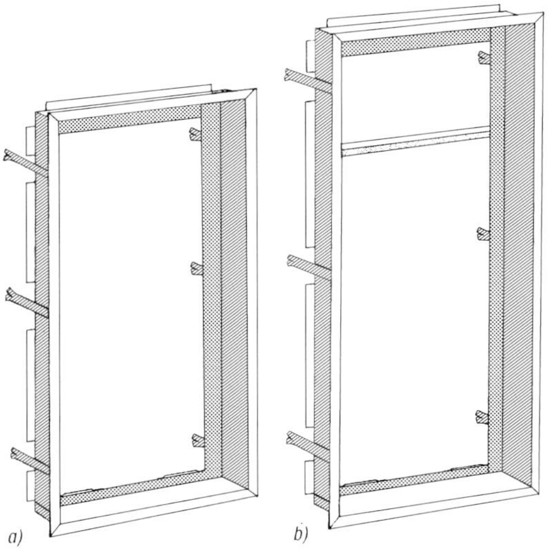

Bild 3.35. Einbauzarge
a) nur für Frontplatte,
b) für Frontplatte und Luftgitter

wert. Darüber hinaus dient sie noch als **Schutz** vor der oft hochtemperierten Frontplatte (Bild 3.36.).

3.3.2.3. Strahlbleche, Leitbleche

Die Wärmeabgabe von Heizeinsätzen beruht zu etwa 60% auf Strahlung. Um Wärmeverluste, aber auch Wärmebelastung gegenüber die Heizkammer begrenzenden Wänden zu vermeiden, müssen Strahlbleche eingebaut werden. Mauerwerk, vor allem aber brennbare Baukonstruktionen und Stahlbeton sind zusätzlich durch Wärmedämmschichten zu schützen. Auch sind einander gegenüberstehende wärmeabgebende Bauteile, wie Heizeinsatz und Abwärmeofen, durch Strahlungsbleche zu trennen.

Materialart: Stahlfeinblech, korrosionsgeschützt
Aluminiumblech
Blechdicke: mind. 1,0 mm

Die Höhe dieser Strahlbleche ist der Heizeinsatzhöhe gleichzusetzen. Bei Heizeinsätzen mit seitlichem Abgang ist ein entsprechender Ausschnitt für das Rohr vorzunehmen. Leitbleche können aus dem gleichen Material wie Strahlbleche bestehen; sie sind einzubauen, wenn sich innerhalb der Heizkammer größere Hohlräume ergeben und die Strömungsgeschwindigkeit der Luft wie in den Heizschächten um Heizeinsatz und Abwärmeteil in gleicher Größe sein soll, um Wirbelungen und damit Strömungswiderstände gering zu halten.

3.3.2.4. Bodenblech und Stahlblechmantel

Zur Dichtheit des keramischen Abwärmeteils innerhalb der Heizkammer werden geschlossene Bodenbleche und stabile Stahlblechmäntel empfohlen. Eine Abkantung des Bodenblechs zum besseren Halt des seitlich angeordneten Stahlblechmantels ist erforderlich. Durch den Einbau eines Winkelrahmens auf der Decke des Abwärmeteils kann das Lösen des Mantels vom Schamotteausbau verhindert werden.

Materialdicke: 1,5 mm beim Bodenblech
1,25 mm beim Blechmantel
Materialart: Stahlfeinblech, korrosionsgeschützt

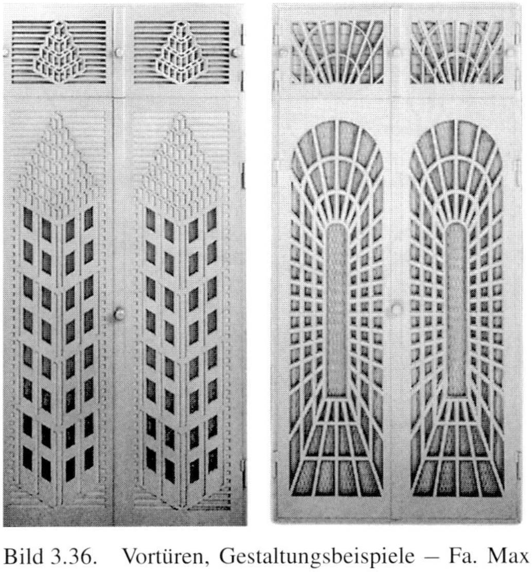

Bild 3.36. Vortüren, Gestaltungsbeispiele – Fa. Max Blank, Westheim

3.3.2.5. Rauchgasrohr, Doppelfutter

Rauchgasrohre als Verbindungsstück zwischen Abwärmeofen und Schornstein sind aus Stahlblech herzustellen. Keramische Rohre können hier nicht verwendet werden.

Da der seitliche Abgang des Rauchgasrohrs aus dem Abwärmeteil aus Gründen der Reinigung und fachgerechter Nachdichtung Probleme bringt, wird empfohlen, das Rauchgasrohr als Bogen auszubilden unter Anordnung einer Reinigungsklappe.

Der Querschnitt des Rauchgasrohres soll der Hälfte des Querschnitts des 1. Zugs entsprechen.

Bei Guss-Heizradiatoren ist der Durchmesser werkseitig vorgegeben, überwiegend mit 145 mm bzw. 160 mm.

Materialart: Stahlfeinblech
Blechdicke: mind. 1,5 mm
Form: rund, quadratisch, rechteckig – wobei bei der Rechteckform das Seitenverhältnis 1 : 1,5 nicht überschritten werden darf

Doppelfutter dienen der Dichtheit von Rohranschlüssen in der Heizfläche oder Decke des Abwärmeofens bzw. in der Schornsteinwange.

► **Es wird dringend empfohlen, derartige Doppelfutter zu verwenden.**

3.3.2.6. Lamellen-Luftgitter

Für den Warmluftaustritt in Kachelwänden, Kachelhockern und auch in Mauerwerk sind Lamellen-Luftgitter mit Einbaurahmen zu verwenden (Bild 3.37.). Die freie Fläche für den Luftstrom beträgt bei Lamellen-Luftgittern mit waagerecht angeordneten Lamellen 80 % und mit senkrechter Anordnung 70 % der Gesamtgitterfläche.
Die Lamellen der Luftgitter sind Widerstände für den Luftstrom. Für die Wahl der Gittergrößen ist das **Gitterverhältnis** *m* zu beachten.

$$m = \frac{\text{freie Gitterfläche}}{\text{Gesamtgitterfläche}} \cdot 100 \qquad \text{in } \%$$

Wärmraumtüren und Gitter mit einem Gitterverhältnis unter 60 % sollten nicht eingebaut werden.
Dieses negative Verhältnis kann durchaus auch bei Lamellen-Luftgittern auftreten, wenn die Anzahl der Lamellen sehr groß ist.
Jedes Schmuckelement vor der Lamelleneinrichtung mindert den freien Querschnitt nochmals und damit den Luftstrom. Durch ein entsprechend größeres Gitter oder den Einbau eines weiteren Gitters ist dieser Einschränkung zu begegnen.
Bei Anlagen in gewerblichen Räumen ist das Anbringen von weitmaschigen Gittern ohne Jalousien oder Lamellen zulässig, wobei der Querschnitt eines Maschenfelds 4,0 cm^2 nicht überschreiten darf.

Materialart: für Einbaurahmen
Stahlfeinblech
für Lamellen und Abdeckrahmen
Aluminium-Legierung, Stahlfeinblech, Kupfer- oder Messingblech

Bild 3.37. Luftgitter mit Lamellenverschluss und Schmuck-Vorgitter – Fa. Max Blank, Westheim

Einbaurahmen sind vor Korrosion zu schützen, z. B. zu lackieren. Lamellen und Abdeckrahmen sollen bei Aluminium-Legierung poliert oder aloxydiert (eloxiert) sein. Stahlfeinbleche sind zu vernickeln (gal Ni 12) oder zu brünieren, Kupfer- und Messingbleche zu lackieren (mit Zaponlack).
Griffelemente müssen eine Hitzebeständigkeit bis 200 °C aufweisen.

3.3.2.7. Warmluftschächte und -kanäle

Der Durchmesser des Warmluftschachtes oder -kanals ist in Abhängigkeit vom Wärmebedarf des Raums, von der Auftriebshöhe und der Summe der auftretenden Widerstände zu bemessen.

Die **Auftriebshöhe** ist zu messen

- bei Heizschächten um den Heizeinsatz:
  von Mitte Lufteintritt bis Mitte Luftaustritt
- bei Warmluftschächten nach daneben- oder darüberliegenden Räumen:
  von Oberkante Luftverteilerraum bis Mitte Luftaustrittsöffnung im Nebenraum oder im darüberliegenden Raum

Materialart: korrosionsgeschütztes Stahlfeinblech
Aluminiumblech
innen glasiertes keramisches Material
Blechdicke: 1,25 mm

Bei Richtungsänderungen empfiehlt sich, statt aufwendiger stabiler Bögen in Dreisegment- oder Vielsegmentform, die hohe Kosten verursachen und bei der Montage noch viel Raum erfordern, ein vollflexibles Rohr (Bild 3.38.) zu installieren.

Werkstoff:
Aluminium 99,5%, walzblank, hart

Ausführung:
mit zwei Lagen Aluminiumfolie gewickelt
Eigenschaften:

leicht	unbrennbar
von Hand biegbar	geruchlos

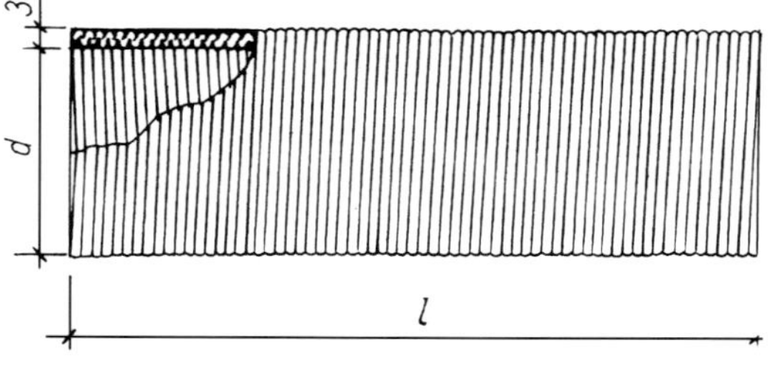

Bild 3.38. Vollflexibles Rohr

Tabelle 3.4. Nennweite und Masse vollflexibler Rohre

Nennweite (Innendurchmesser) in mm	Zulässige Abweichung unteres Abmaß in mm	oberes Abmaß in mm	Masse für $l = 1000$ in kg etwa
80			0,400
100			0,500
125	+0,5	+2,0	0,660
160			0,920
200			1,170
250	+1,0	+4,0	1,500
315			2,150
400			3,300
450	+2,0	+5,0	3,700
500			4,200

Technische Daten:
kleinster Biegeradius – bezogen auf die neutrale Faser – 1 bis $2,5 \times d$, je nach Durchmesser
temperaturbeständig bis 200 °C
Wanddicke rd. 2 bis 3 mm, je nach Durchmesser
zulässiger innerer Druck der Rohre bis max. 5000 Pa (500 mm WS)

Abmessungen:

Fertigungslänge	$l =$	8000 mm
Gebrauchslängen	$l =$	500 bis 8000 mm, mit Zwischenlängen von 100 zu 100 mm gestuft
Durchmesser	d	siehe Tabelle 3.4.

Strecken und Stauchen: 5 bis 7% der Rohrlänge

Technologische Hinweise:
Dämmung wie bei herkömmlichen Rohrleitungen.
Zuschneiden auf die erforderliche Einbaulänge nur mit Hilfe eines scharfen, ungezahnten Messers. Zunächst das Rohr an einer Stelle einstechen und dann über den Umfang – nicht in der Rillensteigung – schneiden. Keine Säge verwenden! Um einen sauberen Schnitt zu bekommen, darf an der Schnittkante nicht gezogen werden, da sich sonst die Lagen des Rohrs aufwickeln. Zusätzliche Maßnahme gegen Aufwickeln: Klammerung mittels Heftklammer.
Das Abbiegen der vollflexiblen Rohre darf erst nach 100 mm vom Stutzen entfernt beginnen (Bild 3.39.).

3.3.2.8. Regulierklappen

In Warmluftschächten sind zum Abschalten oder Regulieren der Warmluftmenge Klappen einzubauen. Sie sind möglichst nahe am Luftschachteintritt anzuordnen.
Ein Belegen der Klappe mit geeignetem Material begünstigt ihre Dichtheit und wirkt außerdem schallmindernd.

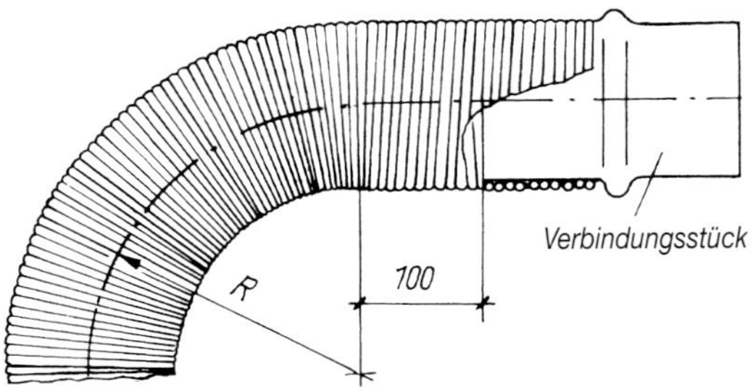

Bild 3.39. Biegen vollflexibler Rohre
Biegeradien:

Nennweite in mm	Biegeradius R
80 bis 200	$1{,}6d$
über 200 bis 315	$2{,}0d$
über 315 bis 500	$2{,}5d$

Griffelemente mit Feder ermöglichen eine beliebige Schrägstellung der Klappe zur Dosierung der Warmluftmenge.
Die Stellung der Klappe (Scheibe) soll von außen durch entsprechende Markierungen oder durch ein Griffelement, z. B. in Zeigerform erkennbar sein.

3.3.2.9. Stahlblecheinhänge

Bei Deckendurchbrüchen durch Holzbalkendecken besteht die Gefahr, dass die Dämmung zum Fehlboden seitlich abwandern kann. Dadurch frei werdende Rohrflächen bilden Wärmebrücken und können bei ständiger Wärmebelastung der brennbaren Bauteile eine Verzunderung herbeiführen. Ein Brand kann die Folge sein.
Zur Abgrenzung der Dämmung werden Blecheinhänge empfohlen (Bild 3.40.).

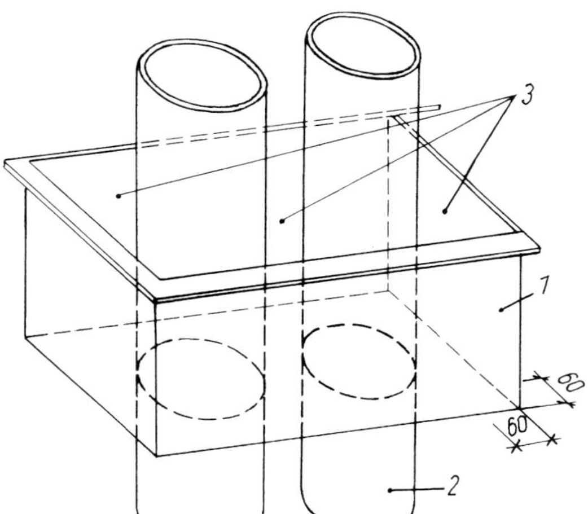

Bild 3.40. Blecheinhang für Holzbalkendecke
1 Blecheinhang; *2* Luftschacht; *3* Raum für Dämmstoffe

Der Ausschnitt im Boden des Einhangs soll dem Rohr- bzw. Schachtdurchmesser plus 10 mm entsprechen.
Die Dämmung um die Schächte aus Stahlblech soll an der schwächsten Stelle 60 mm betragen. Bei Verwendung von Schächten aus keramischen Materialien darf eine Wanddicke des Warmluftschachts auf die Dicke der Dämmschicht angerechnet werden.

3.3.2.10. Anheizklappe

Anheizklappen dienen im geöffneten Zustand der Verkürzung der Zuglänge im Abwärmeofen und begünstigen die Herstellung des Auftriebs im Schornstein (Schornsteinunterdruck).
Sie sind so anzuordnen, dass die Rauchgase vom Heizeinsatz nicht direkt in den Schornstein strömen können.
Man unterscheidet zwischen handgeregelten und halbautomatischen Anheizklappen.
Die in Bild 3.41. dargestellte Klappe ist handgeregelt und lässt am Griff die Stellung der Klappe erkennen. Bei der halbautomatischen Klappe wird ihre Stellung durch einen Temperaturfühler reguliert.

Material: Rahmen und Klappe aus Grauguss oder hitzebeständigem Blech. Bei einer Temperatur von max. 600 °C darf sich das Blech weder verformen noch darf es verzundern.

Bild 3.42. zeigt ein Funktionsschema einer automatisch arbeitenden Anheizklappe ohne Hilfsenergie, eingebaut in einen doppelwandigen Heizgasradiator mit wärmespeichernden Füllstoffen (Granulat).

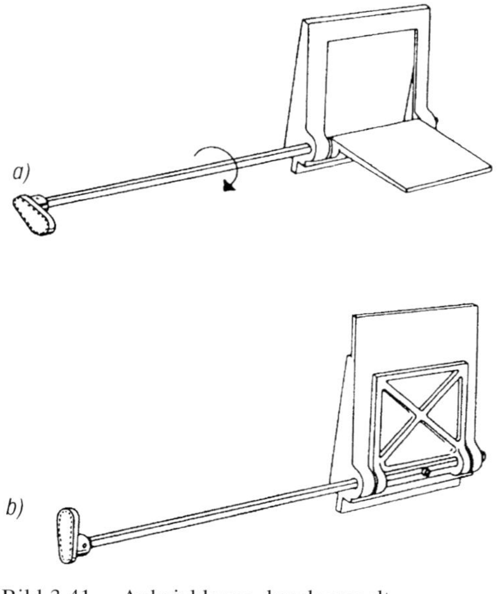

Bild 3.41. Anheizklappe, handgeregelt
a) im geöffneten Zustand, *b)* geschlossen

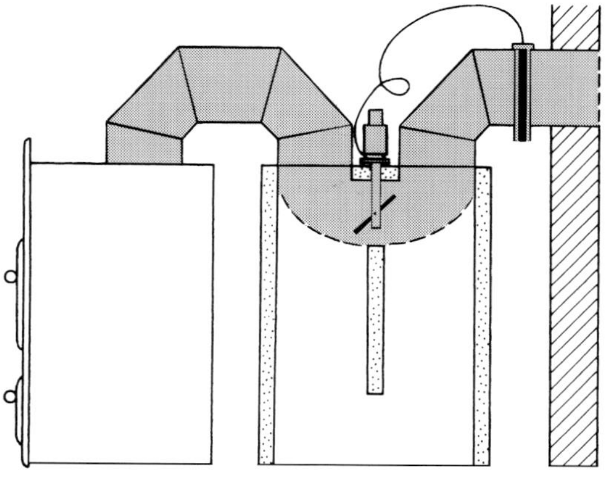

Bild 3.42. Automatisch arbeitende Anheizklappe ohne Hilfsenergie – Fa. H. Knechtel, Mainaschaff

3.3.2.11. Unterrahmen

Der Kachelmantel zur Begrenzung der Luftschächte um den Heizeinsatz als auch um den Abwärmeofen soll zur besseren Stabilität auf einen Unterrahmen aufgesetzt werden. Die Art sowie das Material der Füße spielen dabei keine Rolle.
Ein Einbinden des Rahmens ins Mauerwerk wird empfohlen (Bild 3.43.). In eine Schornsteinwange darf der Unterrahmen nicht eingebunden werden. An dieser Stelle ist ein Fuß zu setzen oder eine andere Stabilisierung vorzunehmen.

Materialart:	Stahlblech	
Materialdicke:	5,0 mm	
Materialbreite:	50 mm	bei Kachelwänden ohne Vorschub
	80 mm	bei Kachelwänden mit Vorschub

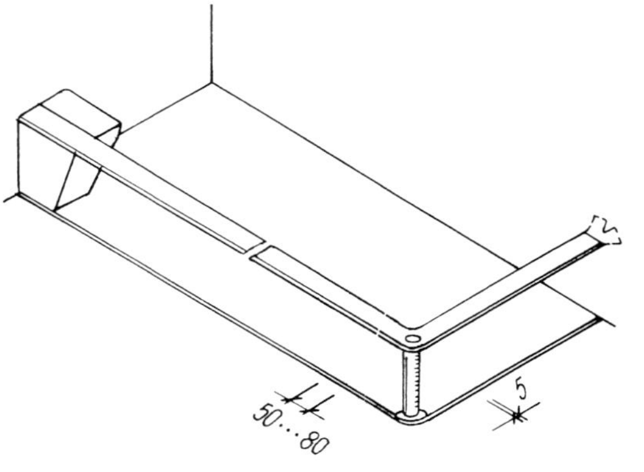

Bild 3.43. Unterrahmen auf keramischen Füßen oder mit metallischen Füßen

3.3.3. Dämmstoffe

Im Ofenbau sind Dämmstoffe als

- Matten (versteppt)
- Platten
- Schalen

aus silikatischen Dämmstoffen (Stein-, Schlacke-, Keramikfasern) der Baustoffklasse A1 nach DIN 4102 Teil 1 geeignet. Statt der eben genannten Formen können auch lose Dämm-Materialien zu Stopfdämmungen verwendet werden, wenn sie den Eigenschaftsforderungen entsprechen.
Alle Dämmstoffe müssen folgende Anforderungen erfüllen:

- Anwendungsgrenztemperatur 700 °C
- Nenndichte, min. 80 kg/m³
- Dämmstoffkennziffer nach AGI Q 132.

Andere Dämmstoffe mit gleichen oder besseren Eigenschaften sind dann zugelassen, wenn sie eine allgemeine bauaufsichtliche Zulassung des Deutschen Instituts für Bautechnik (DIBt Berlin) besitzen.

3.3.3.1. Mineralwolle-Flocken, Bahnen, Matten

Besondere **Eigenschaftsmerkmale** der Mineralwolle sind:

- gute Dämmwerte für den Wärme-, Kälte- und Schallschutz
- keine Schimmelpilzbildung und kein Ungezieferbefall, sie verwest nicht
- bis 550 °C temperaturbeständig
- unbrennbar und alterungsbeständig.

Mineralwolle ist auf Grund ihrer niedrigen Dichte sehr wirtschaftlich in der Anwendung. In ihrer Lieferform ist sie leicht zu verarbeiten und ermöglicht einen geringen Arbeitsaufwand beim Einbringen.
Das sind die **Vorteile**.
Es sollen aber auch die **Nachteile** genannt werden, damit der Fachmann Schäden vermeiden kann:

- Werden Mineralwolleerzeugnisse bei Temperaturen über 250 °C eingesetzt, so ist eine feste Verkleidung oder Umhüllung anzubringen, weil das in den Erzeugnissen enthaltene Bindemittel oberhalb 250 °C verdampft.
  In der Periode der Inbetriebnahme einer Anlage mit Temperaturen über 250 °C muss deshalb dafür gesorgt werden, dass die entstehenden Dämpfe entweichen können und eine ausreichende Entlüftung im Raum besteht.
  Bei Ummantelung von Warmluftschächten trifft dies jedoch nicht zu, da hier nur Temperaturen bis maximal 120 °C auftreten.
- Das offenzellige Gefüge der Mineralwolle hat Einfluss auf die Feuchtigkeitsaufnahme. Der Diffusionswiderstandsfaktor ist damit gering und liegt

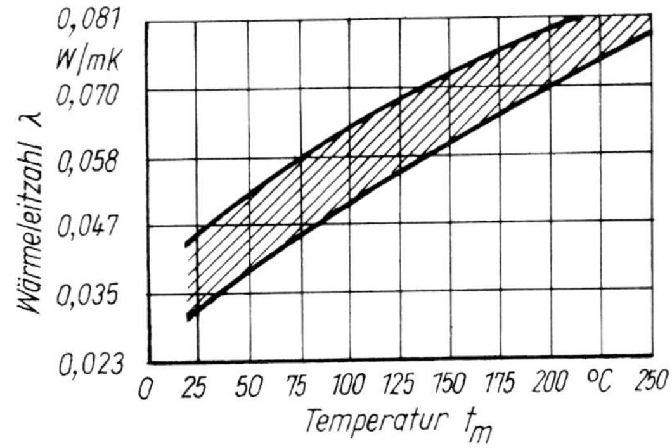

Bild 3.44. Wärmeleitzahl . . . in Abhängigkeit von der mittleren Temperatur

je nach Rohdichte der Erzeugnisse im Bereich von 3,0 bis 4,5.

Da alle Wärmedämmstoffe im Vergleich zu anderen Baustoffen empfindliche, hochwertige und meist kostenaufwendige Erzeugnisse sind, müssen sie von der Produktion bis zur Verarbeitung entsprechend sorgfältig gegen mechanische Beschädigung und Feuchtigkeitseinwirkungen geschützt werden.
Für den Einsatz der Mineralwolleerzeugnisse als Wärmedämmstoff ist das Wärmeleitvermögen, ausgedrückt durch die Wärmeleitzahl λ (lambda), von vorrangiger Bedeutung. Bild 3.44. zeigt den Bereich für die Wärmeleitzahl λ in Abhängigkeit von der Temperatur. Auf Grund der guten schalldämmenden Eigenschaften können Warmluftschächte aus Stahlblech und Bögen von Warmluftschächten mit Mineralwolle ummantelt oder Kachelvorbauten im Obergeschoss zum Austritt der Warmluft usw. in ihren Hohlräumen ausgefüllt werden. Bild 3.45. zeigt den Schallabsorptionsgrad α (alpha) als Funktion der Frequenz, ermittelt an 50 mm dicken Mineralwolleerzeugnissen.

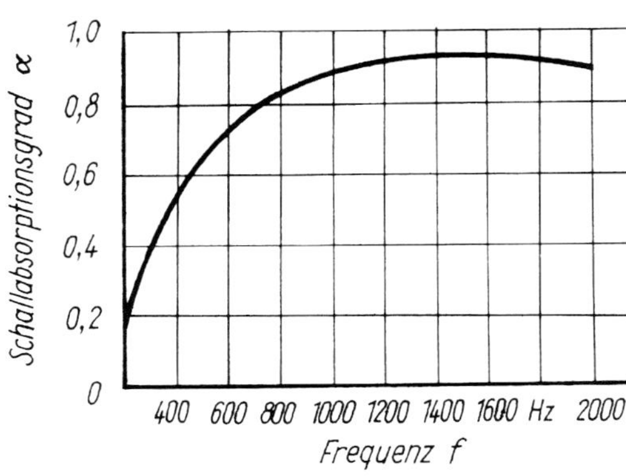

Bild 3.45. Schallabsorptionsgrad . . . als Funktion der Frequenz f (Durchschnittskurve)

3.3.3.2. Mineralwolle-Rohrschalen

Mineralwolle-Rohrschalen werden bis 250 °C zur Anwendung empfohlen. Für den Einsatz bis 550 °C ist zu berücksichtigen, dass bei der Montage und im Betrieb auf der Außenseite 250 °C nicht überschritten werden.

3.3.3.3. Keramikfaserprodukte

Keramikfaserprodukte werden eingeteilt in

- Keramikfaserpapier
- Keramischer Filz
- Schnüre und Packungen aus Keramik.

Keramikfaserpapier wird aus einer Keramikfaser hergestellt, wobei entweder organische Binder oder rein anorganische Binder Verwendung finden. Die Materialdicke beträgt 3,5 mm und 6,0 mm.
Verwendung im Ofenbau findet Keramikfaserpapier zur Reduzierung der Oberflächentemperatur bei Sitzbänken oder auch Anbauflächen, in Heizkammern von Kachelofen-Luftheizungen im Kellerbereich, wie auch bei Warmluft führenden Bauteilen.

Keramischer Filz ist ein weiches Erzeugnis, das hinsichtlich seiner Elastizität große Vorteile bietet. Teilweise kommt er unausgehärtet in Plastik zur Auslieferung und kann noch auf der Baustelle den Gegebenheiten entsprechend verformt werden, bevor er erhärtet. Angewendet werden kann er z. B. zur Minderung starker Wärmeübertragung bei Türzargen im Bereich des Feuerraums einer Feuerstätte.
Besonders bewährt haben sich binderlose flexible Nadelfilzmatten, die im Temperaturbereich zwischen 870 und 1430 °C anwendbar sind.

Schnüre und Packungen sind Keramikfaserprodukte mit geringer Reißfestigkeit, die durch Hilfsmaterialien höhere Festigkeit erreichen. Dazu wird entweder Baumwolle, aber auch Glasfaser verwendet, die jedoch beide eine geringe Temperaturbelastbarkeit haben. Durch Verwendung von Messing bzw. Inkonel-Draht wird die Einsatzfähigkeit der Schnüre bis etwa 1200 °C erhöht.
Keramikfaserprodukte bilden eine echte Alternative zu Asbest. Um Geruchbelästigungen vorzubeugen wird empfohlen, anorganisch gebundenes Material zu verwenden.

3.3.3.4. Colisit-Feuerfest-Wärmedämmplatten

Colisit-Wärmedämmplatten bestehen aus gebranntem Ton ohne organische Bestandteile, sind statisch belastbar und zur Vormauerung geeignet. Bei einer fugendichten Verarbeitung entstehen keine Wärmebrücken. Die Platten sind abriebfest.

Technische Daten

– Thermische Anwendungsgrenze		750 °C
– Rohdichte		700 kg/m³
– Thermische Ausdehnung	bei 750 °C	0,6%
– Wärmeleitzahl λ	bei 200 °C	0,28 W/(m · K)
	bei 400 °C	0,31 W/(m · K)
	bei 600 °C	0,35 W/(m · K)
	bei 800 °C	0,39 W/(m · K)
– Grundmaß im Lieferzustand		500 × 250 mm
– Plattendicke		65, 100 und 120 mm

Die **Verarbeitung** bzw. das Versetzen erfolgt ausschließlich mit Colisit-Feuerfest-Kitt. Eine Verwendung von Gipsmörtel oder anderer nichttemperaturbeständiger Binder oder Kitte ist nicht zulässig. Auf Wasserglasbasis beruhend wird der Kitt mit Wasser angerührt und härtet bei Raumtemperaturen ab 5 °C aus.
Bei mehrschichtigem Aufbau der Dämmung sind die einzelnen Schichten vollflächig miteinander zu vermörteln, wobei die Fugendicke möglichst 2 mm, maximal 5 mm betragen soll.
Verpackungseinheiten:

- Eimer ca. 5 kg
- Säcke ca. 20 kg

3.3.3.5. Promasil 950 K

Promasil 950 K ist ein leichtes Calciumsilikathydrat, das sich speziell als faserfreier Werkstoff für die Wärmedämmung von Kaminen und Kachelofen-Warmluftheizungen eignet und durch das Deutsche Institut für Bautechnik Berlin unter der Zulassungsnummer Z-43.14-019 für den Einsatz in oben genannten Feuerstätten bestätigt wurde.

Technische Daten

Klassifizierungstemperatur		950 °C
Schwindung (24 h, 950 °C), Länge, Breite		1,3 %
Dicke		1,2 %
Rohdichte		240 kg/m³
Wärmeleitfähigkeit bei	200 °C	0,07 W/(m · K)
	400 °C	0,10 W/(m · K)
	600 °C	0,14 W/(m · K)
	800 °C	0,17 W/(m · K)
Spezifische Wärmekapazität		0,88 kJ/(kg · K)
Biegefestigkeit		0,40 N/mm²
Kaltdruckfestigkeit		1,38 N/mm²
Nichtbrennbarkeit nach DIN 4102		A1

Promasil 950 K ist frei von künstlichen mineralischen Fasern. Seine hervorzuhebenden Eigenschaften sind:

- Gute Biegefestigkeit
- hohe thermische Stabilität, geringes Schwinden
- niedrige Wärmeleitfähigkeit = hohe Wärmedämmeigenschaft

- niedriges Raumgewicht
- gute Temperaturwechselbeständigkeit
- nichtbrennbar (A1-DIN 4102)
- geringe Maßtoleranzen
- gute mechanische Bearbeitbarkeit
- vom Gesundheitsaspekt unbedenklich
- umweltfreundlich.

Verarbeitungshinweise
Die Standardmaße betragen 500 × 1000 mm bei Dicken zwischen 25 und 100 mm.
Promasil 950 K kann in allen üblichen Holzbearbeitungsmaschinen geschnitten, gebohrt oder gefräst werden. Auftretende Stäube sind unbedenklich.
Befestigt werden die Platten untereinander wie auch an einer Wand mit Kleber K 84/16 (Eimer à 7,5 oder 15 kg). Der gebrauchsfertig gelieferte Kleber in breiiger Konsistenz ist ein Wasserkleber. Die Verarbeitungstemperatur sollte zwischen 15 und 25 °C liegen, unter +5 °C darf nicht mehr verarbeitet werden. Frostfreie Lagerung ist jedenfalls erforderlich.
Promasil 950 K kann ein- oder mehrlagig verarbeitet werden bei Versatz der Fugen. Die Fugendicke soll 1 bis 2 mm betragen. Mechanische Befestigungsmittel (Dübel, Schrauben) sind zulässig.

3.4. Ausführung

Bei Kachelofen-Warmluftheizungen ist der Gestaltung viel Raum gegeben. Neben unterschiedlicher Größe und Form besteht noch die Vielgestaltigkeit in der Anwendung von Baustoffen. Auch kann der Ausbau im Zugsystem verschiedenartig sein. Die Gesetzmäßigkeiten sind dennoch zu beachten, wenn die Anlage leistungsstark, funktionssicher und wirtschaftlich arbeiten soll. Die Festlegungen über die Ausführung von Kachelofen-Luftheizungen sind deshalb grundlegend einzuhalten.
Die Fachregeln des Ofen- und Luftheizungsbauer-Handwerks 4/96 erheben die grundsätzliche Forderung

„Der Auftragnehmer hat die baulichen Verhältnisse daraufhin zu prüfen, ob sie für die Ausführung seiner Leistungen geeignet sind. Er hat dem Auftraggeber Bedenken unverzüglich schriftlich mitzuteilen (siehe VOB/B – DIN 1961 – § 4, Ziffer 3), wenn die baulichen Verhältnisse der vorgesehenen Ausführung nicht entsprechen. Unter diesen Voraussetzungen sind Bedenken geltend zu machen.
Die einschlägigen Vorschriften der Landesbauordnung, der Feuerungsverordnung und Verwaltungsvorschriften sind einzuhalten. Der Nachweis der ausreichenden Verbrennungsluftversorgung ist vorzunehmen".

Kachelofen-Luftheizungen dürfen nur auf ausreichend tragfähige Böden bzw. Geschossdecken gebaut werden. Dabei ist die Tragfähigkeit des vorhandenen Bodenaufbaues, z. B. schwimmender Estrich, zu beachten als auch eine ausreichende Lastverteilung. Die Wärmebelastung zu schützender Wände des Bauwerks darf nach der Landesbauordnung 85 °C nicht übersteigen. Entsprechende bauliche Maßnahmen wie Vormauerung, Wärmedämmung und Strahlungsschutz sind gemäß Fachregeln vorzunehmen.

Bei der Berechnung, der Konstruktion und dem Bau von Kachelofen-Luftheizungen müssen wir zunächst erst einmal unterscheiden zwischen

- einem wärmewirtschaftlichen Teil und
- einem luftströmungstechnischen Teil.

Der **wärmewirtschaftliche Teil** umfasst alle Bauteile, in denen Rauchgase strömen:

Heizeinsatz
Einfach- oder Doppelbogen zwischen Heizeinsatz und Abwärmeofen
Abwärmeofen mit Zugsystem
Rauchgasrohr zwischen Abwärmeofen und Schornstein

Der **luftströmungstechnische Teil** schließt alle Luftwege und Öffnungen ein, in denen bzw. durch die Luft strömt:

Kaltluft-Eintrittsöffnungen
Luftschächte um Heizeinsatz und Abwärmeofen
Warmluftverteilerraum über Heizeinsatz und Abwärmeofen
Warmluft-Austrittsöffnungen
Warmluftschächte und -kanäle zu benachbarten bzw. darüberliegenden Räumen
Kaltluftrückführungsschächte und -kanäle

Beide Gruppen sind so aufeinander abzustimmen, dass der Wärmeerzeugung und -abgabe durch den wärmewirtschaftlichen Teil ein in seiner Größe und Leistung entsprechender luftströmungstechnischer Teil gegenübersteht.
Zu klein oder zu groß gewählte Luftwege mindern genauso die Leistung und Funktion einer Anlage wie Luftwirbelungen durch unterschiedlich große Luftschächte um den Heizeinsatz.
Auch zu niedrige Warmluftverteilerräume oberhalb von Heizeinsatz und Abwärmeteil begrenzen die Auftriebsstrecke der Heizschächte, wirken dadurch negativ auf den Warmluftstrom und behindern die ausströmende Warmluftmenge.
Bevor Angaben zum Bau der Luftheizungen gemacht werden, sind einige Begriffe zu erläutern.

Heizkammer
Unter der Heizkammer einer Kachelofen-Warmluftheizung versteht man den gesamten Innenraum einer Anlage, begrenzt vom Kachelmantel bzw. der seitlichen Verkleidung bei Verwendung anderer Baumaterialien und von der Heizkammerdecke. Die Heizkammer dient der Aufnahme von Heizeinsatz als eigentliche Wärmequelle und Abwärmeteile zur Nutzung von Restwärme der Rauchgase.

Lufteintritt
Freier Raum zwischen keramischen oder metallischen Füßen oder im Sockel

- unter dem Kachelmantel oder der Verkleidung der Heizkammer
- in Wänden zwischen zwei benachbarten Räumen zur Kaltluftrückführung
- unter der Bedienungsseite des Heizeinsatzes (verschließbar)
- in Kachelhockern oder Wänden zur Kaltluftrückführung aus dem Obergeschoss (verschließbar).

Der freie Querschnitt der Lufteintrittsöffnung soll der Summe der Heizschachtquerschnitte entsprechen, im Ausnahmefall mindestens 80 Prozent davon betragen. Die Mindesthöhe beträgt 150 mm.

Luftschacht
Warmluft führende, senkrechte bauliche Anordnung

- um den Heizeinsatz
- um den Abwärmeofen
- nach Obergeschossen
- vom Obergeschoss zum Aufstellungsraum der Heizkammer als Kaltluftrückführung

Luftkanal
Warmluft führende waagerechte bauliche Anordnung

- zwischen zwei benachbarten Räumen
- zwischen entfernt voneinander gelegenen Räumen unter Beachtung der Auftriebshöhe

Luftsammelkammer
freier Raum über Heizeinsatz und Abwärmeofen innerhalb der Heizkammer (auch Warmluftverteilerraum genannt)

Luftaustritt
gewöhnlich mit Lamellen-Luftgittern verkleidete Öffnung

- in Kachelwänden oder andersartiger Heizkammerverkleidung
- in Wänden (Mauerwerk u. a.)
- in Kachelhockern als Abschluss von Warmluftschächten und -kanälen

Die Größe der Warmluftöffnung ist in Abhängigkeit vom Wärmebedarf des Raumes zu bemessen. Die Leistung etwaiger

- direkt erwärmter Heizflächen des Abwärmeofens
- direkt erwärmter Heizflächen der Frontplatte des Heizeinsatzes
- indirekt erwärmter Kachelwände des Heizkammermantels

ist vom Wärmebedarf abzusetzen.

3.4.1. Kachelwand

An Mauerwerk anlaufende Kachelwände des Heizkammermantels sind in den Putz einzulassen. Die Hohlungen in den Kacheln sind mit passenden Schamottesteinen auszufüttern. Die Kachelwand ist innen zu glätten, damit sie dem Luftstrom einen nur geringen Widerstand entgegensetzt.
An Wänden, die ganz oder teilweise aus bennbaren Bauteilen bestehen, darf die Heizkammer nur angebaut sein, wenn die brennbare Konstruktion durch eine 100 mm dicke Vormauerung zuzüglich einer hohlraumfreien Wärmedämmung nach Heizeinsatz-Herstellerangaben geschützt ist. Liegen keine Angaben vor, ist hinsichtlich der Dämmung nach Abschnitt 4.3. der Fachregeln 4/96 zu verfahren (siehe auch Bild 3.6.). Bei nicht zu schützenden Wänden gelten die Festlegungen nach Tabelle 6 der Fachregeln 4/96 bzw. verringert sich die Dämmung im Bereich des Abwärmeteils auf 60 mm.

3.4.2. Stellung des Heizeinsatzes

Heizeinsätze sind auf Traggestelle aus Winkelstahl lotrecht und standsicher und mit freier Bodenfläche aufzustellen, damit die Bodenfläche als Heizfläche wirksam werden kann.
Massive Sockel sind nicht zulässig.
Das Traggestell muss ermöglichen, schadhaft gewordene Heizeinsätze zu Reparaturzwecken oder zum völligen Auswechseln ausfahren zu können.
Die Frontplatte des Heizeinsatzes darf nicht einfach auf einer Kachelwand oder auf Gebäude-Wandbauteilen aufliegen. Zur Abdichtung der Heizkammer sind grundsätzlich Einbauzargen zu verwenden. Das gilt auch bei der Bedienung des Heizeinsatzes vom Ne-

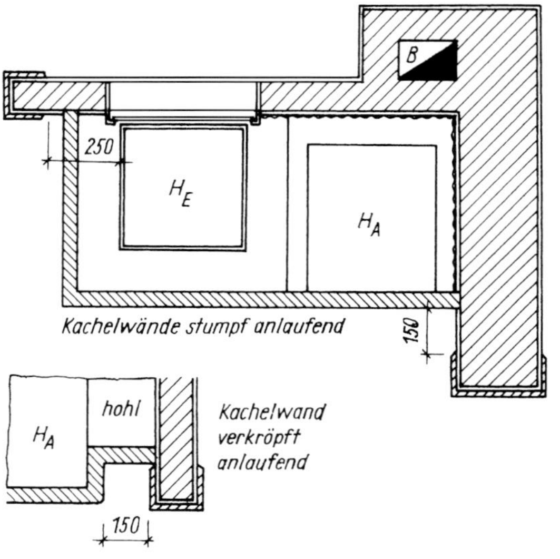

Bild 3.46. Abstand des Heizeinsatzes und des Abwärmeteils zu hölzernen Türbekleidungen (Türfutter)

benraum aus durch Anordnung der Einbauzarge im Mauerdurchbruch.
Oft kommt es vor, dass eine Kachelofen-Warmluftheizung in eine Raumecke eingebaut werden soll, wobei beide Wände Türen haben. Hierzu machen die Fachregeln 4/96 keine Angaben hinsichtlich des Brandschutzes. Auch sind in den Prospektmaterialien keine Herstellerangaben enthalten. Bisher geltende und praktizierte Sicherheitsabstände zeigt Bild 3.46. Jedenfalls darf die Wärmebelastung offenen Holzes oder anderer brennbarer Baukonstruktionen 85 °C nicht überschreiten bzw. ist ein entsprechender Abstand einzuhalten.

3.4.3. Bau und Ausbau der Abwärmeöfen

Unter Abwärmeteilen versteht man einem Heizeinsatz nachgeschaltete Heizgaszüge zum Zwecke der Heizflächenvergrößerung und Nutzung von Restwärme aus den Heizgasen.
In DIN 18892-4/96 (Entwurf) – Dauerbrand-Heizeinsätze für feste Brennstoffe – wird die Möglichkeit bestätigt, dass Heizeinsätzen Nachheizflächen auch aus keramischen Baustoffen nachgeschaltet werden können, wenn vom Hersteller diese Bauweise eingeräumt wird. Es wäre auch ein Widerspruch, wenn Heizeinsätzen bei Verfeuerung von Kohle nur metallische Zugsysteme nachgeschaltet werden dürfen.
Die Größe des Abwärmeofens sowie die Anzahl und die Länge der Züge sind vom Schornsteinunterdruck abhängig und entsprechend zu variieren. Die **Anzahl der Züge** kann mindestens zwei, maximal vier Stück betragen. Heizradiatoren sind nur mit zwei Zügen auszustatten.
Die **Anordnung der Heizgaszüge** kann mit liegenden oder mit stehenden Zügen, im Block, in Reihe, aber auch getrennt in zwei Räumen erfolgen.
Bei Verbindung zweier voneinander getrennt stehender Abwärmeteile mit jeweils nur einem Fall- und Steigzug muss der Querschnitt des verbindenden Bauteils dem Querschnitt des vorhergehenden Zugs zuzüglich 15 % Zuschlag für Ruß- und Flugascheablagerung entsprechen.
Die **Zuglänge** soll 1,3 bis 1,6 m/m^2 Heizfläche des Abwärmeteils betragen bei einem Mindestschornsteinunterdruck im Betriebszustand von 12 Pa.
Die Innenwandungen der Züge müssen glatt und abriebfest sein.
An geeigneter Stelle ist ein Gasschlitz vorzusehen. Zur ordnungsgemäßen Reinigung des Zugsystems sind Reinigungsöffnungen in ausreichender Anzahl einzubauen, die dicht verschließbar sein müssen.
Die Dimensionierung des Zugsystems ist vom Abgasmassenstrom und von der Heizgastemperatur am Stutzen des Heizeinsatzes abhängig.
Die **Rauchgastemperatur** muss beim Eintritt in den Schornstein während des Abbrands mindestens 180 °C betragen, damit Wasserdampfkondensationen im Schornstein und andere Funktionsstörungen vermieden werden.
Die Rauchgastemperatur darf beim Eintritt in den Schornstein aus vorgefertigten Leichtbetonelementen 400 °C nicht überschreiten.
Zur Gewährleistung einer angemessenen Heizleistung wird empfohlen, die Vorschubdicken in den einzelnen Zügen keramischer Abwärmeteile nach Tabelle 3.3 vorzunehmen, da hierzu die Fachregeln 4/96 keine Aussage treffen.
Beim Ausbau keramischer Abwärmeöfen ist die unbehinderte Dehnung des Schamottematerials zu gewährleisten.
Keramische Abwärmeöfen sind im Warmluftverteilerraum mit mindestens 15 mm dickem, glasiertem keramischen Material abzudecken.
Die heizgasführenden Bauteile des Abwärmeofens sollen nicht an Mauerwerk angebaut sein, da Heizfläche verloren geht. Der Mindestabstand muss 50 mm betragen.
Nachgeschaltete Heizflächen über dem Heizeinsatz sind zu vermeiden, da ihre Leistung durch die Überlagerung der Warmlufttemperatur (Δt wird nur wirksam!) gering ist.
Zur Vervollständigung des Einbaues von Abwärmeteilen sei folgender Hinweis gegeben, dass beim Einbau eines metallischen Zugsystems eine zu schützende Gebäudewand eine Vormauerung von 100 mm Dicke und darauf eine 80 mm dicke Dämmschicht erhält. Die Größe des Heizschachts zwischen Heizeinsatz bzw. Abwärmeteil und Dämmung muss nach Herstellerangabe eingehalten werden. Wurden keramische Züge gewählt, bleibt die Vormauerung von 100 mm, die Dämmung wird aber auf 60 mm verringert.

3.4.4. Einbau der Verbindungsrohre und -bögen

Verbindungsrohre und -bögen zwischen dem Heizeinsatz und Abwärmeofen müssen am Heizeinsatz sowie im Abwärmeofen elastisch, aber dicht eingebaut werden.
Der Abstand des waagerechten Teils von Rohren und Bögen soll von der Heizeinsatzdecke mindestens 60 mm, von der Decke des keramischen Abwärmeofens mindestens 30 mm und bis zur keramischen Ofendecke mindestens 100 mm betragen (Bild 3.47.).
Die in den Fachregeln 4/96 genannten 18 cm Abstand zwischen Heizeinsatzdecke und Unterseite Heizkammerdecke sind jedenfalls unzureichend. Auch ist ein Mindestabstand von 6 cm zwischen Oberseite Rohrverbindung und Unterseite Heizkammerdecke nicht ausreichend, weil das Rohr nur ungenügend durch den Warmluftstrom gekühlt werden würde und leicht durchbrennen könnte.

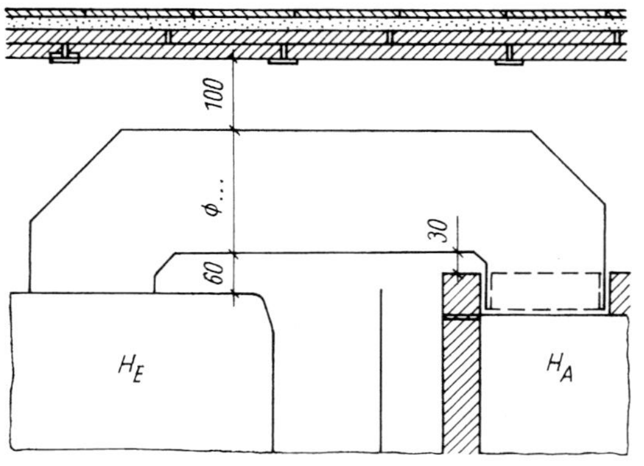

Bild 3.47. Mindestabstände von Rohren und Bögen innerhalb des Warmluftverteilerraums

Beim Einbau eines einfachen Bogens oder Rohrstücks (bei seitlichem Abgang des Heizeinsatzes) ist die dadurch wärmebelastete Kachelwand durch eine „Prallplatte“, also eine ohne Mörtelfuge zur Kachelwand eingebaute Schamotteplatte zu schützen, um Treiberscheinungen im Kachelmantel zu vermeiden (Bild 3.48.).

3.4.5. Rauchgasrohr

Rauchgasrohre müssen im Abwärmeofen sowie im Schornstein dicht und bündig mit Innenkante des freien Querschnitts eingebaut werden und für die Reinigung zugänglich sein.

Die Dichtheit ist besonders wichtig.
Undichtheiten verursachen

- Rauchgasbelästigungen im Überdruckzustand der Anlage bzw. des Schornsteins, besondes im Anheizprozess
- Rußbelästigungen in den Nutzungsräumen beim Kehren des Schornsteins

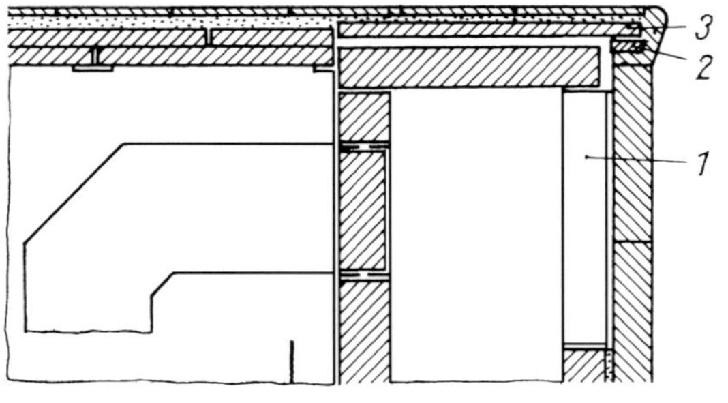

Bild 3.48. Einbau einer Prallplatte zum Schutz der wärmebelasteten Kachelwand
1 Prallplatte;
2 Einplattung;
3 frei tragende Decke

- Funktionsstörungen der Anlage durch Abfall des Unterdrucks im Schornstein.

Bündig muss das Rauchgasrohr eingebaut sein, weil überstehende Rohre

- eine Querschnittsverengung im Zug des Abwärmeofens bzw. im Schornstein verursachen
- den Auftrieb und damit die Strömungsgeschwindigkeit der Rauchgase mindern
- das Kehrgerät im Schornstein behindern.

Rauchgasrohre sind an höchster Stelle des Abwärmeofens und innerhalb der Heizkammer anzuordnen.
Wegen der besseren Kontrolle der Rauchrohranschlüsse, aber auch im Interesse der erleichterten Reinigung ist es ratsam, zwischen letztem Heizgaszug und Schornstein innerhalb der Heizkammer einen Bogen – rund oder in Dreisegmentform – mit Reinigungskappe einzubauen. Die Kappe muss dicht schließen.

3.4.6. Reinigungsöffnungen

Reinigungsöffnungen müssen an leicht zugänglicher Stelle und in genügender Anzahl so angeordnet werden, dass jeder Heizgaszug in keramischen Abwärmeöfen wie auch in Heizradiatoren, aber auch das Rauchgasrohr bequem erreichbar und zu reinigen sind.
Die Anordnung eines Schiebers in der Bodenfläche von Heizradiatoren hat mehr Nachteile als Vorteile:

- Die Schieber verzundern und klemmen fest.
- Bei geöffnetem Schieber fließen Flugasche und Flockenruß heraus und führen zu Raumverschmutzungen.
- Der geringe Abstand zwischen Oberseite Abfliesung und Unterseite Heizradiator – meist 150 mm – erschwert die Reinigung.

Wird der Rauchrohranschluss seitlich des Abwärmeofens vorgenommen, ist es ratsam, in der Decke des Abwärmeofens eine Reinigungsöffnung vorzusehen.

3.4.7. Kaltluftöffnung

Die Kaltluftöffnung ist als freie Sockelöffnung zu bauen und muss leicht zu reinigen sein.
Der Einbau von schließbaren Lamellen-Luftgittern wird nur in der Kaltluftrückführung zwischen zwei Räumen empfohlen. Dadurch kann bei Nichtbenutzung der Anlage Luftzug vermieden und Schallübertragung verringert werden.

► **Die Kaltluftöffnung soll in ihrem freien Querschnitt der Summe der Heizschachtquerschnitte entsprechen, im Ausnahmefall mindestens 80% davon betragen.**

Im Bereich des Lufteintritts kann mit einer Strömungsgeschwindigkeit von 0,7 bis 0,8 m/s gerechnet werden, wenn die Querschnittsfläche dem errechneten

Bild 3.49. Kachelofen-Warmluftheizung mit massivem Sockel und bogenförmiger Lufteintrittsöffnung – Fa. Rembserhof-Keramik, Ransbach–Baumbach

Wert gegenüber baulich eingehalten wurde. Eine Querschnittsverringerung bewirkt eine Erhöhung der Strömungsgeschwindigkeit der zur und in die Anlage einströmenden Luft. Bei Anordnung von Sitzplätzen vor bzw. neben einer Kachelofen-Warmluftheizung, also in der Nähe von Kaltlufteintritten, sollte keinesfalls eine Verkleinerung des Lufteintritts erfolgen, da sonst Zugerscheinungen unangenehm spürbar werden.
Wenn eine Verkleinerung des Lufteintritts baulich bedingt ist, muss beachtet werden, dass die Geschwindigkeit der einströmenden Kaltluft nur bis zu einem bestimmten Maximum gesteigert werden kann, darüber hinaus setzt ein Stau der Luft ein. Die Anlage erhält zu wenig Luft.
Luftüberhitzung, Staubversengung und damit verbundene Geruchsbelästigungen und Reizung der Schleimhäute in Nase und Rachen wären nachteilige Folgen. Schäden am Heizeinsatz oder Durchbrennen von Rohren könnten ebenfalls Folgeerscheinungen sein.

► **Die Höhe von Kaltlufteintritten soll mindestens 150 mm betragen.**

Größere Höhen sind bei Verwendung eines Unterrahmens mit metallischen Füßen möglich. Gestalterische Überlegungen sind jedoch dabei anzustellen.
Bei massiven Sockeln, gemauert oder aus Gasbeton bestehend und verputzt, können Lufteintrittsöffnungen anderer Größe und Höhe gewählt werden, z. B. in Bogenform, nur müssen sie dem Mindestquerschnitt entsprechen (Bild 3.49.).
Sich gegenüberliegende Kaltluftöffnungen sind gegen Luftzug abzugrenzen. Kaltlufteintritte unter der Bedienungsseite des Heizeinsatzes sind staubfrei, sagen wir besser staubarm zu gestalten, d. h. dass bei der Bedienung und Entaschung keine klarstückige Kohle oder Ascheteilchen unter die Anlage fallen, die Anlass steten Ärgers sein können. Der Einbau eines Lamellen-Luftgitters oder einer schließbaren Klappe ist deshalb unerlässlich.

3.4.8. Warmluftöffnung

Warmluftöffnungen sind an höchster Stelle des Kachelmantels bzw. der Heizkammerverkleidung anzuordnen. Das Gleiche gilt für einen Mauerdurchbruch, der als Warmluftöffnung zwischen zwei benachbarten Räumen vorgesehen wird. Bei einem zu tief angeordneten Durchbruch strömt der größte Teil der Warmluft am Durchbruch vorbei und erzeugt unter der Ofendecke Luftwirbel. In den benachbarten Raum strömt dann nur ein Teil der zugedachten Warmluft, wodurch eine möglich gewollte Vollbeheizung des Raums ausbleibt (Bild 3.50). Warmluftöffnungen können auch ein Abschluss von Warmluftschächten in darüberliegenden oder von Kanälen nach entfernt von der Anlage gelegenen Räumen sein.
Warmluftöffnungen dürfen als freie Öffnungen ausgebildet oder mit weitmaschigen Gittern versehen sein, wobei freie Öffnungen in der Heizkammerverkleidung im Wohnbereich ungewöhnlich sind, eher in gewerblich genutzten Räumen.

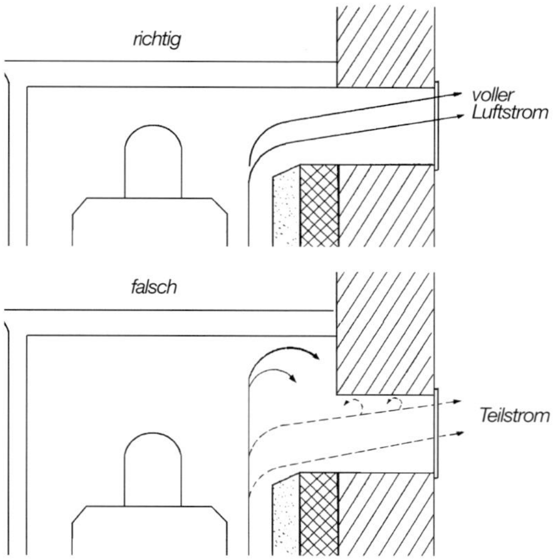

Bild 3.50. Freie Warmluftöffnung zum Nebenraum
oben richtig: Ungehinderter Warmluftstrom zum Nebenraum durch Anordnung des Luftaustritts bündig mit der Heizkammerdecke
unten falsch: Behinderte Luftströmung und Verwirbelung durch zu niedrig angeordneten Luftaustritt zum Nebenraum

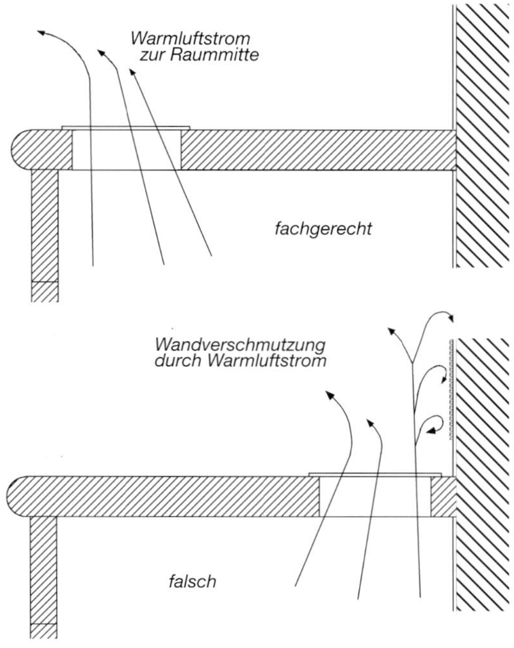

Bild 3.51. Anordnung eines Luftgitters in der Ofendecke

Wanddurchbrüche zur Warmluftübertragung nach einem benachbarten Raum, die als freie Öffnung zählen, sind mit einem Winkelrahmen einzufassen und im Mauerwerk mit Fliesen oder glasierten keramischen Platten auszukleiden.

Der Einbau von Lamellen-Luftgittern in die Ofendecke ist zulässig. Dabei ist zu empfehlen, das Gitter nicht in Nähe einer Gebäudewand einzubauen, sondern besser im vorderen Teil der Ofendecke, z. B. zum Sims hin. In Bild 3.51. ist dargestellt, dass bei der falschen Anordnung Verschmutzungen an der Wandfläche durch den Warmluftstrom auftreten.

Luftaustritte sollten grundsätzlich mit ihrer Längsseite in der Waagerechten angeordnet werden, weil dadurch die ausströmende Warmluft in ihrer Menge begünstigt wird.

Bei der Anordnung der Luftgitter in der Heizkammerverkleidung soll beachtet werden, dass diese nicht nebeneinander in einer Fläche, sondern übereck in zwei winklig zueinander stehenden Heizkammerflächen eingebaut werden. Wirkt der Luftdruck durch in der Gebäude-Außenwand gegenüberliegende Fenster auf die Luftgitter, so dass die Warmluft am Abströmen gehindert werden kann, strömt sie durch den übereck angeordneten Warmluftaustritt in den Raum (Ventilwirkung).

Wärmestau in der Heizkammer der Anlage wird damit vermieden.

Leider ist es Mode geworden, statt der Luftgitter durchbrochene Kacheln mit Luftschlitzen oder Aussparungen einzubauen. Sie reichen als Luftaustritt keinesfalls aus und bringen nicht den gewünschten und erwarteten Effekt. Außerdem ist ein Luftgitter in seiner freien Öffnung eine ausreichend große Reparaturöffnung, durch die auch die Reinigung der Heizkammer vorgenommen werden kann. Einige Kacheln mit Luftdurchlässen haben inzwischen im Mittelteil herausnehmbare Elemente. Diese sind aber auch zu klein, um an undicht gewordenen Rohranschlüssen und -verbindungen notwendige Reparaturen störungsfrei ausführen zu können.

Zur Größe des freien Querschnitts von Luftaustritten fordern die Fachregeln 4/96, dass das 0,4-fache des Gesamtquerschnitts nicht unterschritten werden darf. Außerdem dürfen 25 % des freien Querschnitts nicht absperrbar sein, um Wärmestau in der Heizkammer auszuschließen.

In älterer Fachliteratur wird angegeben, dass der Warmluftaustritt gegenüber dem Kaltlufteintritt 20 % größer sein soll. Diese Aussage ist mit Vorsicht zu betrachten.

Der Gesamt-Lufteintritt soll im Normalfall der Summe der Heizschachtquerschnitte einer Heizkammer entsprechen, im Ausnahmefall 80 % davon betragen.

Im Idealfall ist der Vergrößerung aber keine Grenze gesetzt, da sowieso nicht mehr Raumluft in die Heizkammer angesaugt wird, wie es die Unterdruckverhältnisse in Abhängigkeit von Temperatur und Querschnitt erlauben.

Da also der Lufteintritt in seiner Größe für einunddieselbe Anlage unterschiedlich groß sein kann, darf die Größe des Luftaustritts nicht auf den Lufteintritt bezogen werden. Vielmehr ist die Gesamt-Luftaustrittsgröße von der Summe der Heizschachtquerschnitte abhängig und kann Tabelle 3.11. (vgl. Seite 107) entnommen werden.

3.4.9. Warmluftschächte und -kanäle

Warmluftschächte und -kanäle, in den Fachregeln als Luftleitungen bezeichnet, müssen sowohl selbst als auch ihre Formstücke und Verbindungen ausreichend dicht, korrosionsgeschützt, innen abriebfest und glatt sein. Bei der Montage sind sie standsicher mit Haltern aus nichtbrennbaren Baustoffen zu befestigen und gegen Verschieben zu sichern. Klebeband und Schrumpfmuffen sind zur Sicherung der Steckverbindungen von Luftleitungen nicht zulässig. Die Reinigung von Luftleitungen und Formstücken darf durch Blindnieten nicht behindert werden. Für eine mögliche und vollständige Reinigung der Leitungen ist Sorge zu tragen.
Räume, die nur durch Warmluft beheizt werden, müssen jeweils einen eigenen Luftschacht oder -kanal erhalten, der vom Warmluftverteilerraum bis zur Warmluftöffnung des betreffenden Raums zu führen ist.

► **Warmluftschächte und -kanäle sind gegen Wärmeverlust so mit Dämmstoffmatten zu ummanteln, dass der Wärmeverlust maximal 3% nicht übersteigt.**

Um dieser Forderung zu entsprechen, müssen Warmluftschächte und -kanäle in ihrer ganzen Ausdehnung allseitig mit einer mindestens 30 mm dicken Wärmedämmschicht aus form- und gefügebeständigem, nichtbrennbarem Dämmstoff hohlraumfrei ummantelt sein. Die Güte der Dämmstoffe muss der Klasse A1 nach DIN 4102 $\lambda_D = 0{,}041$ W/(m · K) entsprechen.
Brandschutztechnisch soll zwischen Warmluftschächten und -kanälen und brennbaren Baukonstruktionen, durch die sie hindurch oder an denen sie entlanggeführt werden, eine beständig hohlraumfreie nichtbrennbare Dämmschicht vorhanden sein.
Es sind solche Dämmstoffe (auch Herstellerangaben beachten) zu verwenden, die auch unter Dauerbelastung und bei Einwirkung von Feuchtigkeit Form und Gefüge nicht verändern. Die Dicke der Dämmschicht muss im Deckenbereich mindestens 60 mm betragen.

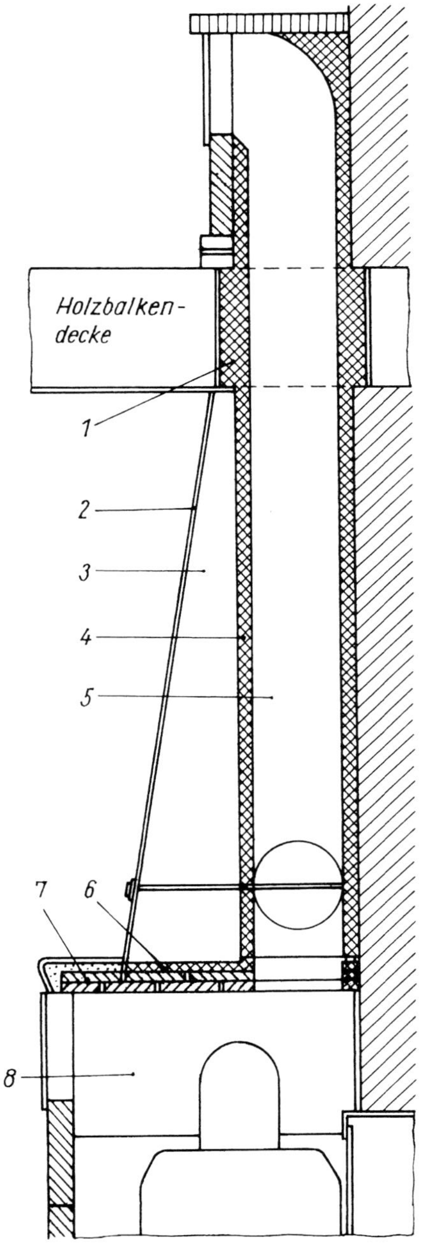

Bild 3.52. Dämmung warmluftführender Bauteile, um einen Wärmestau in Hohlräumen sowie Brandgefahren bei Durchführung durch brennbare Baukonstruktionen zu vermeiden
1 Dämmung (60 mm) im Bereich der Holzbalkendecke; *2* Platte zur Abgrenzung des Hohlraums; *3* Hohlraum; *4* Dämmung (30 mm) des Luftschachts im Hohlraum; *5* Luftschacht, korrosionsgeschütztes Stahlblech; *6* Dämmung (40 mm) auf Schamotteabdeckung; *7* Schamottedecke (40 mm); *8* Warmluftverteilerraum

Hinsichtlich der Brandsicherheit gelten die Forderungen nach DIN 4102 Teil 6 – „Brandverhalten von Baustoffen und Bauteilen; Lüftungsleitungen; Begriffe, Anforderungen, Prüfung".

Verkleidungen von Hohlräumen oberhalb der Heizkammerdecke, in denen Warmluftschächte entlanggeführt werden, erhalten oft zur Vermeidung von Wärmestau Be- und Entlüftungsrosetten. Eine Verschmutzung der Decke an den kleinen Warmluftaustritten ist die Folge. Dieser Mangel ist zu vermeiden, wenn die Ofendecke, die den Warmluftverteilerraum und den Hohlraum voneinander trennt, aus Schamotte, mindestens 40 mm dick, zuzüglich einer aufgelegten Wärmedämmschicht von mindestens 40 mm Dicke besteht. Dadurch kann kein Wärmestau im Hohlraum auftreten (Bild 3.52.).
Regulierklappen sollen in geöffneter Stellung dem Warmluftstrom einen möglichst geringen Widerstand bieten und dürfen ihre Stellung nicht selbständig ändern können. Am Einstellgriff muss die Stellung der Klappe erkennbar sein. Die Klappe soll möglichst dicht schließen und leicht zu betätigen sein.

► **Zur Verringerung der Widerstände auf die strömende Luft sind Richtungsänderungen abzuschrägen oder zu runden. Querschnittsänderungen sind zu vermeiden oder allmählich vorzunehmen.**

3.4.10. Kaltluft-Rückführungsschächte und -kanäle

Zur Rückführung von Kaltluft bzw. abgekühlter Raumluft können Schächte oder Kanäle eingebaut werden, deren Querschnitt 80 % des Querschnitts der Warmluftschächte betragen muss.
Die Luftein- und -austritte sind mit verschließbaren Gittern zu versehen, die den freien Querschnitt des Schachts haben müssen.
Damit kann, wenn die Anlage nicht in Betrieb ist oder ein Raum nicht genutzt und deshalb nicht beheizt werden soll, eine Luftzirkulation unterbunden werden, die sonst Störungen durch Luftzug oder auch Schallübertragung auslösen kann.
Die Anordnung der Schächte bzw. Kanäle innerhalb des Gebäudes ist beliebig und vom Grundriss abhängig. Es gilt, nur die Forderung zu erfüllen: Der Luftkreislauf muss geschlossen sein, d. h. aus der Heizkammer abströmende Warmluft in zu beheizende Räume muss immer die Möglichkeit haben, nach Erfüllung ihrer Aufgabe als abgekühlte Luft der Heizkammer wieder zuströmen zu können. Anderenfalls stimmen die Druckverhältnisse nicht. Statt Rückführungsschächten, die einen gewissen Aufwand bedeuten, kann die abgekühlte Luft über das Treppenhaus zurückströmen. Dabei ist aber eine Abströmöffnung im Obergeschoss zum Treppenhaus und eine Einströmöffnung zur Heizkammer im Geschoss, in dem die Anlage steht vorzunehmen (geschlossener Kreislauf). Auch hier gilt, dass alle Öffnungen verschließbar sind, um Luftzug auszuschließen.
Eine Dämmung der Kaltluft-Rückführungsschächte und -kanäle ist nur erforderlich, wenn sie sich in unmittelbarer Nähe von Warmluftschächten befinden, da sonst eine Aufheizung ihre Funktion unterbindet.

3.4.11. Dämmung gegen Schallübertragung

Warmluftschächte und -kanäle sind gegen direkte Schallübertragung zu dämmen. Dazu eignen sich alle Dämmstoffe, die auch zur Wärmedämmung verwendet werden.
Stahlblechrohre dürfen nicht ohne Ummantelung mit Dämmstoffmatten verlegt werden, da sie so den Schall noch verstärken können.
Schallschluckstrecken, die den Luftstrom behindern, eignen sich für Kachelofen-Warmluftheizungen im Schwerkraftprinzip nicht.
Eine Schallabsorption findet besonders an gedämmten Richtungsänderungen statt.

3.5. Bedienung und Pflege bei Verwendung schwarzer Brennstoffe

Bedienungsanleitung vor Inbetriebnahme lesen!

Allgemeines
Die Kachelofen-Warmluftheizung ist eine Feuerstätte mit beschränkter Speicherfähigkeit, bei der die Luft der Wärmeträger ist. Sie garantiert eine schnelle Raumerwärmung und ist geeignet zur Beiheizung eines oder mehrerer aneinander grenzender Räume, aber auch besonders großer Räume. Die Wärmeleistung der Anlage wird durch Öffnen oder Schließen der Lamellen-Luftgitter reguliert, wobei immer **mindestens ein Lamellen-Luftgitter geöffnet** bleiben muss, um Wärmestau innerhalb der Heizkammer zu vermeiden.
Die Anlage kann im Zeit- und im Dauerbrand betrieben werden. Die Heizeinsätze sind Allesbrenner und daher für alle festen Brennstoffe geeignet.

Trockenheizen
Beim Bau einer Kachenlofen-Warmluftheizung gehen in die keramischen Materialien und in den Mörtel etwa 50 bis 80 Liter Wasser ein, damit eine gute Bindefähigkeit erreicht wird. Deshalb sind neu- und umgesetzte Kachelofen-Warmluftheizungen sofort, auch in den Sommermonaten, trockenzuheizen. Etwa 10 Tage nacheinander wird eine geringe Brennstoffmenge, die jedoch die gesamte Rostfläche bedecken muss, aufgelegt und enzündet. Die Fülltür wird geschlossen. Je

nach Schornsteinunterdruck wird die Aschetür angelehnt oder geschlossen.
Der Luftschieber bleibt aber während des Abbrands sowie danach vollständig geöffnet, damit der Schamotteausbau gut austrocknen kann. Auch die Luftgitter bleiben geöffnet!
Flottes Feuer ist beim Trockenheizen zu vermeiden, da sonst Treiberscheinungen durch Dampfbildung auftreten; Flammenbildung muss aber immer gewährleistet sein!
Technische Hinweise, die nach der Eigenart der Anlage verschieden sind, werden jeweils vom Fachmann erteilt. Etwa auftretende Geruchsbelästigungen sind auf trocknenden bzw. festbrennenden Schutzanstrich der Stahlfeinblech- und Graugussteile zurückzuführen, verlieren sich aber im Laufe des Trockenheizens.

Zeitbrand
Vor dem Anheizen: Rost säubern, Aschekasten entleeren, Zimmer je nach Außentemperatur durchlüften (Wände nicht auskühlen lassen!), Luftgitter öffnen.

Anheizen: Auf zerknülltem Papier und daraufgelegtem zerkleinerten Holz werden etwa 8 bis 16 halbe Briketts – je nach Heizeinsatzgröße – im Feuerraum entzündet.
Der Rost muss immer bedeckt sein. Fülltür schließen. Aschetür mit geöffnetem Luftschieber je nach Schornsteinunterdruck anlehnen. Sobald der aufgelegte Brennstoff gut brennt, wird die notwendige Tagesmenge aufgelegt. Die Aschetür wird jetzt geschlossen. Nach vorhandenem Schornsteinunterdruck ist der Luftschieber einzustellen, sodass eine hellgelbe Flammenbildung erhalten bleibt. Glüherscheinungen beim Rohrbogen oder gar bei der Heizeinsatzdecke sind zu vermeiden (Schadensgefahr). Ist die Brennstoffmenge durchgebrannt – keine schwarzen Stellen im Brennstoff mehr sichtbar –, wird der Luftschieber geschlossen. Bei Verwendung von Koks oder Steinkohle ist der Luftschieber auch nach Erreichen von Rotglut etwas geöffnet zu halten, sonst erlöschen diese Brennstoffe.

Dauerbrand
Das **Anheizen** erfolgt wie beim Zeitbrand.
Der Heizeinsatz darf bis max. $^2/_3$ seiner Ferraumhöhe, keinesfalls über die Unterkante der Fülltür mit Brennstoff gefüllt werden. Vor dem **Nachlegen** wird zunächst der Luftschieber geschlossen, danach der Rost gerüttelt und nun erst die Fülltür langsam geöffnet.
Nach der Brennstoffaufgabe ist die Fülltür zu schließen und der Luftschieber wieder zu öffnen.
Kleinstückige Brennstoffe sind in geringer Schichthöhe nachzulegen, sie dürfen nicht das gesamte Glutbett bedecken (Gefahr der Verpuffung oder gar einer Explosion). Ist die Zimmertemperatur 20 bis 22 °C erreicht, wird der Luftschieber fein eingestellt. Die Zimmertemperatur soll auf gleicher Höhe gehalten werden, der Brennstoff brennt allmählich ab.
Schwelbrand – Entgasung ohne Flammenbildung – ist jedenfalls zu vermeiden.
Der Dauerbrand muss überwachbar sein und sich nur über die Tages- und Abendstunden erstrecken! Ein Durchheizen über Nacht wird nicht empfohlen, da durch die Drosselung des Abbrands dem Schornstein nur eine geringe Wärmemenge zugeführt wird. Wasserdampfkondensation und Schornsteinversottung sowie Rauchgas- und Geruchsbelästigungen im eigenen, aber auch in anderen Mietbereichen sind die Folge!
Bei Mehrraumanlagen ist es wichtig, vorhandene Rückluftgitter oder -klappen während des Heizbetriebs offen zu halten, um eine Luftzirkulation und die Beheizung der Räume zu gewährleisten.

Reinigung
Nach der Heizperiode ist die Kachelofen-Warmluftheizung möglichst vom Fachmann reinigen zu lassen. Die Decke des Heizeinsatzes und des Abwärmeofens, die Luftschächte, etwaige Lufteintrittsgitter und die Luftaustrittsgitter sind vom angesammelten Staub zu reinigen. Zur **Beseitigung von Staubablagerungen** empfiehlt es sich, **auch während der Heizperiode** die Anlage innen öfters zu reinigen. Luftaustrittsgitter beim Herausziehen niemals an den Lamellen anfassen, grundsätzlich am Rahmen (Schadensgefahr). Alle Rohranschlüsse und -verbindungen sind auf Dichtheit zu prüfen und gegebenenfalls nachzudichten.

Besonderes
Bei Verwendung von Koks und Steinkohle ist darauf zu achten, dass nicht zu viel Verbrennungsluft gegeben wird, da diese Brennstoffe nur bei Rotglut gehalten werden dürfen, sonst schlacken sie.
Kalt- und Warmluftöffnungen dürfen weder verstellt noch verhängt werden, um die Funktionstüchtigkeit der Anlage voll zu gewährleisten und um Wärmestau und Brandgefahr auszuschließen. Füll- und Aschetür einschließlich Luftschieber sind bei Nichtbenutzung der Anlage geschlossen zu halten, damit Raumverschmutzungen, z. B. beim Kehren des Schornsteins, ausgeschlossen sind.

Brandschutz
Im Umkreis von 500 mm zum gesamten Heizkammermantel sowie vor der Bedienungsseite dürfen sich keine brennbaren Gegenstände (Möbel, Raumtextilien u. a.) befinden. Vorbleche bzw. Vorsetzer vor der Bedienungsseite sind während des Abbrands erforderlich.
Hinweise zur Holzverbrennung s. Abschn. 6.1.1.1.

3.6. Berechnungsgrundlagen

Das hier vorliegende System der Berechnung von Kachelofen-Warmluftheizungen ist weitestgehend darauf abgestimmt, in kurzer Zeit mit Tabellenwerten eine für die Praxis in ihrer Genauigkeit völlig ausreichende Berechnung durchführen zu können. Alle Tabellen sind streng praxisbezogen erarbeitet worden, basieren jedoch auf den theoretischen Grundlagen der Heizung und Lüftung.

Besondere Vereinfachung erfährt die Berechnung dadurch, dass aus den Tabellen die fertigen, bereits nach d_g umgewerteten Baumaße entnommen werden können. Es verbleiben lediglich kleine Nebenrechnungen, die jedoch ebenfalls auf ein Mindestmaß beschränkt werden.

3.6.1. Formblatt

Das Formblatt (Seite 100) erspart einen großen Teil handschriftlicher Arbeiten, gliedert die Berechnung folgerichtig und sichert damit eine exakte Berechnung in allen ihren Teilen.

Vom Wärmebedarf ausgehend, wird zunächst der **wärmewirtschaftliche Teil** berechnet, der die Teilabschnitte

1. Wärmebedarf
2. Heizeinsatz
3. Nachheizfläche
4. Heizgaszüge (einschließlich Rauchrohr)

umfasst.

Beim **lufttechnischen Teil** sind dann die Teilabschnitte

5. Heizschachtmaße
6. Kaltluftöffnungen
7. Warmluftöffnungen (einschließlich Gittergrößen)

auf den wärmewirtschaftlichen Teil abzustimmen.

Für alle Teilabschnitte sind Tabellen entwickelt worden, die im Anhang zusammengefasst sind und die die Arbeit in der Praxis erleichtern.

3.6.2. Wärmewirtschaftlicher Teil

3.6.2.1. Wärmebedarf

Grundlage der Bemessung der Kachelofen-Warmluftheizung ist der Gesamtwärmebedarf, der sich aus der Summe des Wärmebedarfs der einzelnen Räume ergibt.

Dabei sind alle voll zu beheizenden Räume, z. B. Wohn- und Arbeitsräume, mit dem vollen Wärmebedarf und die zeitweilig beheizten Räume, z. B. Schlaf- und Nebenräume, mit der Hälfte des errechneten Wärmebedarfs einzusetzen.

Damit wird eine Überdimensionierung der Heizeinsatzgröße vermieden, die besonders in Übergangsjahreszeiten und bei milden Wintertemperaturen oft zur Drosselung des Abbrands führt und Schwelbrände mit allen nachteiligen Folgen verursacht.

Kann die Anlage von einem Nebenraum, vom Flur oder von der Diele aus bedient werden, so müssen für den eintretenden Wärmeverlust durch Abstrahlung der Frontplatte in den jeweiligen Raum auf den errechneten Wärmebedarf des zu beheizenden Raums 12 % Zuschlag gegeben werden.

Sind mehrere Räume von einer Anlage zu beheizen, so ist erst der Gesamtwärmebedarf der einzelnen Räume zu ermitteln und dann darauf der Zuschlag von 12 % zu geben.

Bei Kachelofen-Warmluftheizungen bzw. Warmluft-Zentralheizungen, bei denen die Heizkammer im Keller eingebaut wurde, muss für ihren Wärmeverlust in das Kellergeschoss ein Zuschlag von 15 % gegeben werden. Wie der Heizkammermantel ausgeführt werden muss, um nicht mehr als 15 % Wärmeverlust entstehen zu lassen, wird beim spezifischen Berechnungsbeispiel angegeben.

3.6.2.2. Heizeinsatzgröße

Der Grauguss-Heizeinsatz für feste Brennstoffe soll 80 % des Gesamtwärmebedarfs decken.

Diese Festlegung ist zwar althergebracht, wird aber leider durch keine spezifische Aussage derzeitig geltender Vorschriften anders lautend ergänzt.

In den Fachregeln werden nur vage Aussagen getroffen und auf die Zuständigkeit des Herstellers verwiesen. Diese scheinen mir hier allein gelassen.

Einer veränderten Größe von 80 % kann dann zugestimmt werden, wenn konstruktiv bedingt andere Verhältnisse in der Bauweise, dem Energieeinsatz und auch dem Verwendungszweck vorliegen.

Die Heizfläche wird nach der Gleichung

$$A_E = \frac{\dot{Q}_{N\,ges} \cdot 0{,}8}{\dot{q}_E} \quad \text{in m}^2$$

berechnet, darin bedeuten

A_E	Heizfläche des Heizeinsatzes in m^2
$\dot{Q}_{N\,ges}$	Gesamtwärmebedarf in W
0,8	Faktor für die Heizeinsatzleistung von 80 % des Gesamtwärmebedarfs (gegebenenfalls mit anderem Faktor)
$\dot{q}_E$	spezifische Nennwärmeleistung des Heizeinsatzes in W/m^2 (nach Herstellerangabe).

Für schwarze Brennstoffe kann eine mittlere spez. Nennwärmeleistung $\dot{q}_{Em}$ von 4600 W/m^2 eingesetzt werden, da sie bei den verschiedenen Fabrikaten und Typen unterschiedlich ist. Für Holz gilt $\dot{q}_{Em} = 4000\ W/m^2$.

Bei Angabe der Heizflächen der Heizeinsätze ließe sich die spezifische Nennwärmeleistung einfach errechnen, indem Nennwärmeleistung durch Heizfläche geteilt wird. Leider findet man diese Angabe im Prospektmaterial nur selten.

Formblatt — Kachelofen-Warmluftheizung (Schwerkraftsystem)

Projekt-Nr . . . . Datum . . . .

1. Wärmebedarf

	Raum 1	. . . .	W
	Raum 2	. . . .	W
	Raum 3	. . . .	W
	Raum 4	. . . .	W
	$\dot{Q}_N$	. . . .	W
Zuschlag bei Bedienung vom Nebenraum	+12%	. . . .	W
Zuschlag bei Bedienung vom Keller	+15%	. . . .	W
	$\dot{Q}_{N\,ges}$	. . . .	W

2. Heizeinsatz Typ . . . .

$$A_E = \frac{\dot{Q}_{N\,ges} \cdot 0{,}8}{\dot{q}_E} = \ldots\ldots\ldots \text{ m}^2$$

Baumaße . . . .

3. Nachheizfläche $A_A = \frac{\dot{Q}_{N\,ges} \cdot 0{,}2}{\dot{q}_A} = \ldots\ldots\ldots \text{ m}^2$

4. Heizgaszüge

Zugart	Fläche cm²	Baumaße cm
. . . .	A_{H1}	. . . .
. . . .	A_{H2}	. . . .
. . . .	A_{H3}	. . . .
. . . .	A_{H4}	. . . .

Rauchrohrdurchmesser . . . . mm

5. Heizschachttiefe . . . . cm Widerstände . . . .

6. Kaltluftöffnung

(Luftschächte)	. . . .	cm²
(Zuschlag $\dot{Q}_{N\,ges} \cdot 0{,}2$)	. . . .	cm²
Gesamtöffnung	. . . .	cm²

7. Warmluftöffnungen, Gittergrößen — Kaltluftrückführung

		Raum 1	Raum 2	Raum 3	Raum 4
Wärmebedarf des Raums	in W	. . . .	. . . .	. . . .	. . . .
Abzug	in W	. . . .	. . . .	. . . .	. . . .
Restlicher Wärmebedarf	in W	. . . .	. . . .	. . . .	. . . .
Auftriebshöhe	in m	. . . .	. . . .	. . . .	. . . .
Warmluftöffnung	in cm²	. . . .	. . . .	. . . .	. . . .
Freie Gitterfläche	in %	. . . .	. . . .	. . . .	. . . .
Gittergröße		. . . .	. . . .	. . . .	. . . .
Stück		. . . .	. . . .	. . . .	. . . .
Kaltluftrückführung					
Schachtdurchmesser	in cm	. . . .	. . . .	. . . .	. . . .
Kaltluftöffnung	in cm²	. . . .	. . . .	. . . .	. . . .
Gittergröße		. . . .	. . . .	. . . .	. . . .

Bemerkungen

3.6.2.3. Heizfläche des Abwärmeteils

Der Abwärmeteil, gleich welcher Art, deckt den restlichen Teil des Gesamtwärmebedarfs, etwa 20 %. Hierfür ist in DIN 18892 Teil 1 festgelegt

- für keramische Abwärmeteile 700 W/m²
- für Heizradiatoren 1500 W/m².

Analog zur Berechnung der Heizfläche des Heizeinsatzes gilt hierfür

$$A_A = \frac{\dot{Q}_{N\,ges} \cdot 0{,}2}{\dot{q}_A} \quad \text{in m}^2$$

darin bedeuten

A_A Heizfläche des Abwärmeteils in m²

$\dot{Q}_{N\,ges}$ Gesamtwärmebedarf in W

0,2 Faktor für die Leistung des Abwärmeteils von 20 % des Gesamtwärmebedarfs

$\dot{q}_A$ spezifische Nennwärmeleistung des Abwärmeteils in W/m².

Als Heizfläche des Abwärmeteils gelten alle Mantelflächen, unabhängig, ob innerhalb oder außerhalb der Heizkammer.
An Wände angebaute Flächen eines Abwärmeteils (also nicht luftumströmt) zählen nicht als Heizfläche. Die Heizflächengröße des Abwärmeteils ist eigentlich eine theoretische Größe. Sie dient mehr zur Begrenzung und soll eine Überdimensionierung verhindern.
Der Abwärmeteil (lt. Fachregeln 4/96 – Heizgaszüge) in Kachelofen-Warmluftheizungen für feste Brennstoffe und Heizöl ist nach Angaben des Heizeinsatz-Herstellers auszustatten. Abwärmeteile aus metallischen Werkstoffen müssen mit dem Heizeinsatz typgeprüft und registriert sein. Sind vom Hersteller keramische Züge zugelassen, sind diese nach Angaben des Herstellers auch zu errichten. Liegen keine Angaben vor, erfolgt die Dimensionierung des Zugsystems in Abhängigkeit vom Abgasmassenstrom und dem Wärmeentzug aus den Heizgasen (Abgastemperatur).

3.6.2.4. Zugquerschnitte

Strömungstechnisch ist der runde Querschnitt eines Kanals oder Heizgaszugs die Idealform. Das ist aber baulich nur selten möglich, deshalb wählt man die nächstgünstigere Form, den quadratischen Querschnitt.
Nachfolgende Formeln sind dem klassischen Berechnungssystem zuzuordnen. Mit ihnen können Zugquerschnitte mit abnehmender Querschnittsgröße berechnet werden, was mit den Fachregeln nicht möglich ist.
Sind mehr als 4 Züge im Abwärmeteil vorgesehen, kann Tabelle 3.7. (vgl. Seite 102) keine Anwendung finden. Dann sind die klassischen Formeln anzuwenden.

► **Der erste Heizgaszug ist in seiner Größe vom Rohrstutzen des Heizeinsatzes abhängig.**

Die Gleichung lautet:

$$A_{H1} = (R_d + 3)^2 \quad \text{in cm}^2$$

Den Zuschlag von 3 cm je Seite gibt man, um den Druck der strömenden Gase auf das keramische Material zu mindern, damit keine Treiberscheinungen auftreten.

► **Der letzte Heizgaszug soll ²/₃ der Querschnittsfläche des ersten Zugs betragen.**

Er wird berechnet nach der Gleichung

$$A_{Hn} = \frac{A_{H1}}{3} \cdot 2 \quad \text{in cm}^2$$

► **Die Züge zwischen erstem und letzten Heizgaszug sollen in Richtung Rauchrohr in ihrem Querschnitt gleichmäßig abnehmen.**

Nach der Anzahl der Züge kann eine **Querschnittsdifferenz** berechnet werden:

$$\Delta A_H = \frac{A_{H1} - A_{Hn}}{n - 1} \quad \text{in cm}^2$$

Wie schon angedeutet, kann der quadratische Zugquerschnitt nur selten in der Praxis eingehalten werden. Trotzdem muss er in der Berechnung ermittelt werden, weil er die Grundlage für die Baumaße bildet. Durch Wurzelziehen kommt man einfach dazu.

3.6.2.5. Rauchrohrgröße

► **Der Rauchrohrquerschnitt soll ¹/₂ des Querschnitts des ersten Zugs betragen.**

Er wird errechnet nach der Gleichung

$$R_r = \frac{A_{H1}}{2} \quad \text{in cm}^2$$

3.6.2.6. Ermittlung der Zugquerschnitte

Die Formeln für die Zugquerschnittsberechnung nach 3.6.2.4. sind noch in Zusammenhang zu bringen mit der Festlegung der Rohrstutzendurchmesser der Heizeinsätze nach DIN 18892 – 8/56 (siehe Tabelle 3.5.)

Tabelle 3.5. Rohrstutzendurchmesser nach DIN 18892 – 8/56

Heizfläche in m²	**Rohrstutzendurchmesser** in mm	**Überschiebbare Rohrstutzenlänge** mindestens in mm
1,0	130	40
über 1,0 bis 1,75	145	40
über 1,75	180	40

Tabelle 3.6. Erweiterung der Einteilung der Rohrstutzendurchmesser

Heizfläche des Heizeinsatzes in m^2	**Rohrstutzendurchmesser** in mm
1,0 bis 1,2	130
über 1,2 bis 1,5	145
über 1,5 bis 1,9	160
über 1,9	180

Eine Verfeinerung der Abstufung der Rohrstutzendurchmesser erfolgte später mit der Unterteilung nach Tabelle 3.6. In DIN 18892 – 4/85 Teil 1 sowie in DIN 18892-4/96 (Entwurf) ist diese Einteilung nicht mehr enthalten.

Da die Entwicklung der Heizeinsätze mit ausgereifter Verbrennungstechnik vorangeschritten ist, bestehen heute andere Erkenntnisse. Nicht mehr Größe und Leistung bzw. das Abbrandsystem eines Heizeinsatzes sind die bestimmenden Größen, sondern der auf dem Prüfstand ermittelte Abgasmassenstrom $\dot{m}$ in g/s eines Heizeinsatzes.

In den Fachregeln des Ofen- und Luftheizungsbauer-Handwerks 4/96 wird im Diagramm zur Ermittlung der maximalen Zuglänge der Abgasmassestrom als Parameter neben der Heizgastemperatur am Rohrstutzen des Heizeinsatzes angegeben, auf die überwiegend auch die Hersteller Bezug nehmen. Die Angaben zu Heizeinsätzen weisen fast ausschließlich Abgasmasseströme zwischen 9 und 19 g/s und Heizgastemperaturen am Rohrstutzen zwischen 400° und 500 °C aus. Abweichende Werte sind selten.

Zur Bestimmung eines Heizgaszugquerschnitts wird eine „Spezifische Fläche" angegeben, die in Abhängigkeit zur Temperatur am Rohrstutzen steht und bei 400° bis 500 °C zwischen 25,5 und 27,5 $\frac{cm^2}{g/s}$ liegt.

Zur Berechnung des Zugquerschnittes sind spezifische Fläche und Abgasmessestrom zu multiplizieren. Das Ergebnis nennt aber nur den Querschnitt des 1. Heizgaszuges. Die nachfolgenden Züge müssten dann anhand der „klassischen Formeln" in ihrem Querschnitt errechnet werden.

Die mögliche Vermittlung zwischen beiden Berechnungssystemen soll mit Tabelle 3.7. angeboten werden.

Anwendung von Tabelle 3.7.

Soll ein keramisches Zugsystem – für 4 Züge ausgelegt – in seinen Querschnittsflächen und Baumaßen bestimmt werden, muss der für den einzubauenden Heizeinsatz im Prospekt angegebene Abgasmassenstrom in g/s herausgelesen und in der Tabelle eingesetzt werden. Die lotrecht unter ihm stehende Zahlenreihe nennt dann bereits alle Querschnittsflächen des Zugsystems, ihre Baumaße und den Durchmesser des Rauchgasrohrs.

Tabelle 3.7. Zugquerschnittsflächen A_H in cm^2, Seitenlängen der Züge l in cm (gerundet) und Rauchgasrohrdurchmesser R_r in mm abhängig vom Abgasmassestrom $\dot{m}$ und Heizgastemperaturen zwischen 400 °C und 500 °C am Stutzen des Heizeinsatzes

Züge	**Abgasmassestrom $\dot{m}$ in g/s**											
	9	10	11	12	13	14	15	16	17	18	19	
1. Zug A_{H1}	238,5	265,0	291,5	318,0	344,5	371,0	397,5	424,0	450,5	477,0	484,0 max.	in cm^2
Länge l	16^2	16^2	17^2	18^2	19^2	19^2	20^2	21^2	21^2	22^2	22^2	in cm
2. Zug A_{H2}	212	236	259	283	306	330	353	377	400	424	431	in cm^2
Länge l	15^2	15^2	16^2	17^2	$17{,}5^2$	18^2	19^2	$19{,}5^2$	20^2	21^2	21^2	in cm
3. Zug A_{H3}	186	206	227	247	268	288	309	330	350	371	377	in cm^2
Länge l	14^2	14^2	15^2	16^2	16^2	17^2	$17{,}5^2$	18^2	19^2	$19{,}5^2$	$19{,}5^2$	in cm
4. Zug A_{H4}	159	177	194	212	230	247	265	283	300	318	323	in cm^2
Länge l	13^2	13^2	14^2	15^2	15^2	16^2	16^2	17^2	$17{,}5^2$	18^2	18^2	in cm
$\varnothing R_r$	120	130	130	145	145	145	160	160	160	180	180	in mm
ΔA_H	26,5	29,3	32,5	35,3	38,2	41,3	44,2	47,0	50,2	53,0	53,7	in cm^2

Beispiel: Länge l $16^2 = 16 \cdot 16$ cm
ΔA_H = Querschnittsdifferenz der Züge

Beispiel

Der Abgasmassestrom $\dot{m}$ beträgt 13 g/s, dann betragen Querschnittsflächen und Baumaße der 4 Züge

	Fläche in cm^2	Baumaße in cm
1. Zug	344,5	19 × 19
2. Zug	306	17 × 18
	(eigentlich 17,5 × 17,5)	
3. Zug	268	16 × 16
4. Zug	230	15 × 15

und der Durchmesser des Rauchgasrohrs rd. 14,5 cm. Die Maße sind gerundete Werte.
Sollen mehr als 4 Züge eingebaut werden – unter Beachtung einer realistischen Zuglänge – kann mit der Querschnittsfläche des 1. Zugs A_{H1} und des letzten Zugs, hier A_{H4}, die Querschnittsdifferenz ΔA_H und mit ihr eine gleichmäßige Querschnittsabnahme für alle Züge berechnet werden. Die Baumaße sind dann entsprechend der veränderten Größen der Querschnittsflächen neu zu bestimmen.
Zur Erzielung einer gleichmäßigen Strömungsgeschwindigkeit des Heizgases im Heizgasweg einer Feuerstätte – bei Kachelofen-Warmluftheizungen vom Einströmen des Heizgases in den Rohrbogen am Rohrstutzen des Heizeinsatzes bis zum Einströmen in den Schornstein – müssen die Querschnitte im gesamten Heizgasweg dem Heizgasvolumen angepasst werden. Eine gleichmäßige Querschnittsabnahme ist also unerlässlich.
Das Heizgas wird durch Wärmeabgabe in den Rohr- bzw. Zugquerschnitten des Heizgasweges im Volumen gemindert. Temperatur und Heizgasmenge nehmen also ab.
Bleiben die Querschnitte gleichgroß, nimmt die Strömungsgeschwindigkeit ab und damit auch die Kraft, die zum Auftrieb des Heizgases im Schornstein nötig ist. Dieser Strömungsverlust kann bis zum Versagen der Funktion einer Feuerstätte führen. Es heißt nicht umsonst, dass eine Feuerstätte dem Schornstein die Leistung anbieten muss, die erforderlich ist, die Gase störungsfrei ins Freie über Dach abströmen zu lassen.
Bei einer unverhältnismäßigen Verkleinerung der Querschnitte können jedoch auch Funktionsstörungen auftreten. Zunächst kann bei zu stark verkleinertem Querschnitt gegenüber dem abnehmenden Heizgasvolumen die Geschwindigkeit der Strömung gesteigert werden. Das geht aber nur bis zu einem Maximum. Ist dieses erreicht, fängt sich das Heizgas im zu stark reduzierten Querschnitt an zu stauen. Der Stau setzt sich dann nach hinten fort, bis schließlich Rauchgasaustritt aus dem Heizeinsatz erfolgt. Eine Rauchgasbelästigung im Nutzungsbereich ist die Folge.
Schließlich wirkt sich eine Querschnittsänderung in der Art einer plötzlichen Erweiterung auch nachteilig aus. Durch den plötzlichen Strömungsverlust, der damit verbunden ist, können sich im Heizgasstrom mitgeführte Flugaschen- und auch Rußteilchen an- und ablagern. Die Anlagerung an der Heizfläche vergrößert den Widerstand des Wärmeüber- und Wärmedurchgangs. Eine Abnahme der Oberflächentemperatur als auch der Leistung sind eine Folgeerscheinung.
Entsprechend der Temperaturabnahme des Heizgases muss sich beim Zugausbau auch die Wanddicke verringern. Der Schamottevorschub an der Kachelwand, aber auch an Putzflächen, wenn sie als Heizflächen vorgesehen sind, muss in seiner Dicke abnehmen. Bei einem Zugsystem mit z. B. 4 Zügen können im 1. und 2. Zug, natürlich in Abhängigkeit von der Leistung des Heizeinsatzes, 40 bis 60 mm, im 3. und 4. Zug aber nur noch 20 bis maximal 30 mm vorgeschoben werden. Auch ist es möglich, im letzten Zug auf den Vorschub ganz zu verzichten.

3.6.3. Luftströmungstechnischer Teil

3.6.3.1. Luftschächte um den Heizeinsatz

Der **Heizschachtquerschnitt** ist abhängig von

- der Größe der Heizfläche des Heizeinsatzes nach dem betreffenden Heizschacht
- der Nennwärmeleistung des Heizeinsatzes
- den jeweiligen Widerständen gegen den Luftstrom.

Bild 3.53. zeigt in einer schematischen Darstellung die auftretenden Widerstände innerhalb der Heizkammer einer Kachelofen-Warmluftheizung. Der **Geschwindigkeitsdruck** ist die Kraft, die notwendig ist, die im scheinbaren Zustand der Ruhe befindliche Raumluft in ihrer Trägheit zu überwinden und in die Bewegung (Strömung) zu versetzen. Er ist der **dynamische Druck** p_{dyn} als Druckanteil des Gesamtdrucks.
Alle anderen Widerstände

- die Reibung
- die Richtungsänderungen
- die Querschnittsänderungen

sind in ihrer Größe abhängig von der Verwendung der Baustoffe und Bauteile sowie von der Bauweise (Ausführung) und sind **statische Drücke** p_{stat}.
Normale Widerstände gegen den Luftstrom können angenommen bzw. der Berechnung zugrunde gelegt werden, wenn in üblicher Bauweise verfahren wird:

- freier Lufteintritt (ohne Gitter) *1*
- Heizeinsatz-Traggestell *2*
- ausgefütterte und geglättete Kachelwand, Graugussfläche des Heizeinsatzes *3*
- Übergang vom Luftschacht zum Warmluftverteilerraum *4*
- Richtungsänderung des Luftstroms *5*
- Einbau von Lamellen-Luftgittern *6*

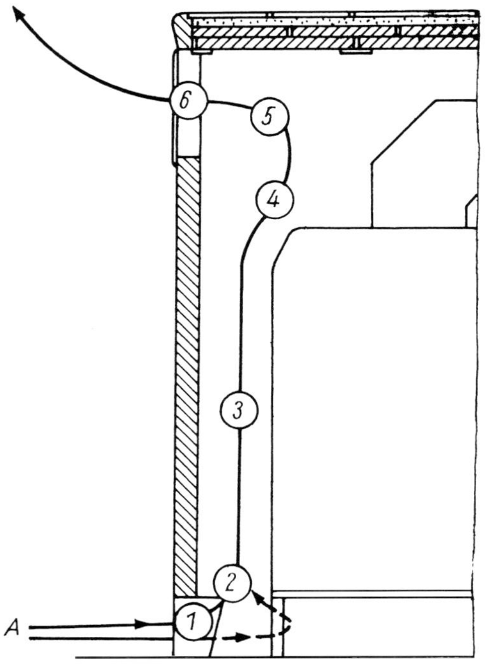

Bild 3.53. Auftretende Widerstände innerhalb der Heizkammer
A Geschwindigkeitsdruck p_{dyn}
1 Lufteintritt; *2* Richtungsänderung;
3 Reibung; *4* Querschnittserweiterung;
5 Richtungsänderung; *6* Luftaustritt mit Luftgitter

Erst wenn

- statt keramischer Füße metallische Füße verwendet
- die Richtungsänderungen mit Leitblechen versehen werden
- die Rauheit der Kachelwand etwa durch einen Wasserglasanstrich gemindert wird

können geringe Widerstände angenommen werden.
Die **Temperaturerhöhung der Luft** beträgt

bei Heizeinsätzen bis 1,0 m² A_E	40 K
bei Heizeinsätzen ab 1,1 m² bis 2,4 m² A_E	50 K
bei Heizeinsätzen über 2,4 m² A_E	60 K

Die Werte von Tabelle 3.8. sind für eine Luftaufheizung um 50 K ermittelt worden, da die Heizeinsätze von 1,0 m² bis 2,4 m² Heizfläche derartigen Leistungen entsprechen.
Die Tabellenwerte der Schachttiefe sind bereits nach d_g (gleichwertiger Durchmesser) je nach Heizeinsatzgröße umgewertete Baumaße zwischen Heizeinsatz und Kachelwand bzw. Heizeinsatz und Strahlblech.

Berechnung eines Heizschachts

Heizeinsatzfläche: 1,6 m²
Heizeinsatzmaße: 42 × 42 × 79 cm
$b \times t \times$ h

Tabelle 3.8. Heizschachttiefen in cm in Abhängigkeit von der Nennwärmeleistung des Heizeinsatzes und der Widerstandsgruppe

Nennwärmeleistung kW	**Heizfläche des Heizeinsatzes** m²	**Heizschachttiefe in cm** Widerstandsgruppe gering	normal
4,5	1,0	9	10
6,0	1,3	10	12
7,5	1,6	11	13
9,0	1,9	12	14
11,0	2,4	13	16

Nennwärmeleistung: 7,5 kW
Heizfläche nach einem Luftschacht:
Seitenfläche $42 \times 79 = 3318\ \text{cm}^2$
je 1/3 Boden/Decke $\frac{42 \times 42}{3} \cdot 2 = \underline{1176\ \text{cm}^2}$

$4494\ \text{cm}^2 = 0{,}4494\ \text{m}^2$

Leistung der Seitenfläche nach dem Luftschacht:

$Q = 0{,}4494\ \text{m}^2 \cdot 5000\ \text{W/m}^2 = 2247\ \text{W}$

durchströmende Luftmenge durch den Luftschacht:

$$\dot{V}_L = \frac{Q}{c_p \cdot \varrho \cdot \Delta t} = \frac{2247}{0{,}279 \cdot 1{,}293 \cdot 50} = 125\ \text{m}^3/\text{h}$$

Luftschachtquerschnitt

$$A = \frac{\dot{V}_L}{v} \cdot 2{,}78 = \frac{125}{0{,}8} \cdot 2{,}78 = 434\ \text{cm}^2$$

434 cm² $\hat{=}$ 24 cm Durchmesser (runder Querschnitt)
Umwertung des Durchmessers von rund auf rechteckig (Luftschacht Bild 3.54.)

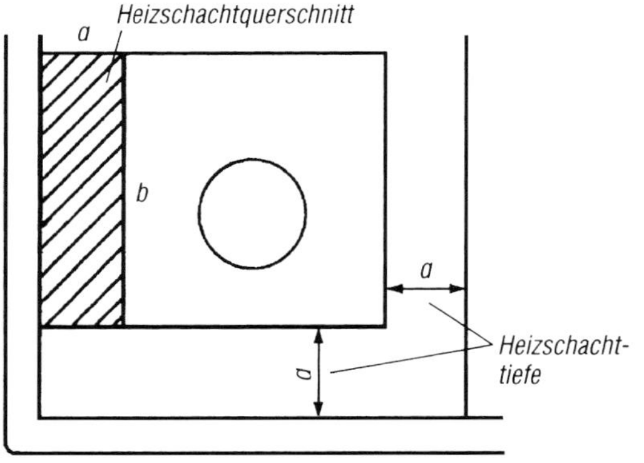

Bild 3.54. Umwertung eines runden Querschnitts auf einen rechteckigen (siehe Tabelle 3.9.)
Gleichwertigkeit
24 cm Durchm. = 434 cm²
40 × 13 cm = 520 cm²

Tabelle 3.9. Bestimmung der gleichwertigen Querschnitte rund zu viereckig (d_g-Tabelle)

a cm	**b in cm** 10	15	20	25	30	35	40	45	50	55	60
	Durchmesser										
5	7	9	10	11	12	13	14	15	16	–	–
6	8	10	11	13	14	15	16	16	17	18	19
7	9	11	12	14	15	16	17	18	19	20	20
8	10	12	13	15	16	17	19	19	20	21	22
9	10	13	14	16	17	19	20	21	22	23	24
10	11	13	15	17	18	20	21	22	23	24	25
12	12	15	17	19	20	22	23	24	26	27	28
13 ←							24				
14	13	16	18	20	22	24	25	27	28	29	30
16	14	17	20	22	24	26	27	29	30	31	33
18	14	18	21	23	25	28	29	31	32	34	36
20	15	19	22	25	27	29	31	33	34	36	38
22	16	20	23	26	28	30	32	34	36	37	39
24	17	21	24	27	29	32	34	36	38	40	41
26	17	22	25	28	31	33	36	37	39	41	43
28	18	22	26	29	32	35	37	39	41	43	45
30	–	23	27	30	33	36	39	41	42	44	46
35	–	–	–	33	36	38	41	44	46	48	50
40	–	–	–	35	39	41	43	47	49	52	54
45	–	–	–	–	41	44	47	50	52	55	57
50	–	–	–	–	42	45	49	53	55	58	60

24 cm ∅ $\hat{=}$ 42 × 13 cm (nach Tabelle 3.9.)

Luftschachttiefe = 13 cm (siehe Tabelle 3.8.)

3.6.3.2. Luftschächte um Abwärmeteile

Die Oberflächentemperaturen der Abwärmeöfen sind geringer als die der Heizeinsätze. Deshalb liegt die Luftaufwärmung etwa um 10 K niedriger.
Eine Berechnung der Luftschächte um die Abwärmeöfen gleich welcher Art würde einen zu großen Aufwand bedeuten, da die Bauweisen und Konstruktionen der Anlagen sehr unterschiedlich sein können. Der Einfachheit halber, und durch zahlreiche Vergleichsrechnungen bestätigt, genügt es, den Abstand zwischen der Heizfläche des Abwärmeofens und dem Strahlblech bzw. der Kachelwand bei frei stehenden Heizradiatoren $^1/_3$ bis $^2/_3$ der Heizschachttiefe festzulegen.
Entstehen – bedingt durch die Gestaltung der Anlage – größere Abstände, so sind Hohlräume durch Leitbleche abzugrenzen (Bild 3.55.).

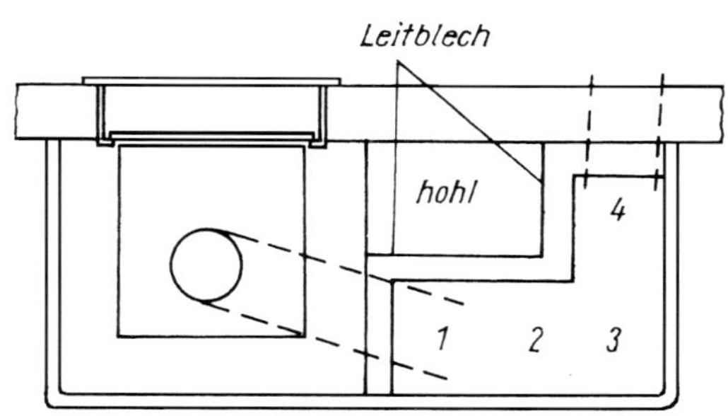

Bild 3.55. Anordnung eines Leiblechs in der Heizkammer gegenüber dem Abwärmeofen

3.6.3.3. Lufteintrittsöffnungen

Die Lufteintrittsöffnung einer Kachelofen-Warmluftheizung soll der Summe der Schachtquerschnitte entsprechen, die Tabelle 3.10. in Abhängigkeit von der Nennwärmeleistung des Heizeinsatzes und der Strömungsgeschwindigkeit entnommen werden kann. Im Bereich des Lufteintritts kann mit einer Strömungsgeschwindigkeit von 0,7 bis 0,8 m/s gerechnet werden, wenn die Querschnittsflächen baulich eingehalten werden. Bei einer Verkleinerung erhöht sich die Geschwindigkeit.
Da die Höhen der Lufteintritte durch die Unterschiedlichkeit der Bauweise von Kachelofen-Warmluftheizungen sehr verschieden sind, kann die Breite der Eintrittsöffnungen durch eine einfache Division der Fläche durch die Höhe bestimmt werden.
Durch die Heizfläche des Abwärmeofens innerhalb der Heizkammer und durch das Verbindungsrohr zwischen Heizeinsatz und Abwärmeofen wird Wärme ab-

Tabelle 3.10. Kaltlufteintrittsöffnungen in cm² in Abhängigkeit von der Nennwärmeleistung des Heizeinsatzes und der Strömungsgeschwindigkeit der Luft

Strömungsgeschwindigkeit m/s	**Nennwärmeleistung des Heizeinsatzes in kW** 4,5	6,0	7,5	9,0	11,0
	Kaltlufteintrittsöffnungen in cm²				
0,7	828	1103	1379	1656	2024
0,8	725	966	1208	1449	1771
0,9	644	858	1073	1288	1574
1,0	580	772	966	1159	1416
1,1	527	702	878	1054	1288
1,2	483	644	805	966	1180

gegeben und damit auch Warmluft gebildet. Deshalb muss für diese Leistung der Kaltlufteintritt entsprechend vergrößert werden.
Vergleichsrechnungen ergaben, dass diese beiden Heizflächen in ihrer Leistung etwa 20 % der Fläche der Kaltluftöffnung aus Tabelle 3.10. ausmachen:

Kaltluftöffnung · 0,2 in cm²

Bei Anordnung von Sitzflächen am Ofen selbst oder in seiner Nähe sollten die Eintrittsöffnungen der geforderten Größe entsprechen, um Zugerscheinungen in Bodennähe zu vemeiden.

3.6.3.4. Auftriebshöhe

Bei Kachelofen-Warmluftheizungen wird das Maß der Auftriebshöhe innerhalb der Heizkammer von Mitte Lufteintritt bis Mitte Luftaustritt bestimmt (Bild 3.56.).
Bei Warmluftschächten nach darüberliegenden Räumen im Obergeschoss wird die Auftriebshöhe gemessen von Oberkante Warmluftverteilerraum bis Mitte Luftaustrittsgitter im Obergeschoss (Bild 3.57.).
Erfahrungsgemäß liegt die Auftriebshöhe in Einfamilien- bzw. Siedlungshäusern zwischen 2,0 m und 2,5 m.

3.6.3.5. Luftaustrittsöffnungen

Die Größe der Luftaustrittsöffnung bzw. Warmluftöffnung ist vom Wärmebedarf des Raums abhängig.
Befinden sich in einem Raum direkt beheizte Kachelflächen des Abwärmeofens, so sind sie in ihrer Größe und Leistung zu erfassen und vom Wärmebedarf abzusetzen (siehe Formblatt „Abzug“). Das Gleiche gilt für die Frontplatte.

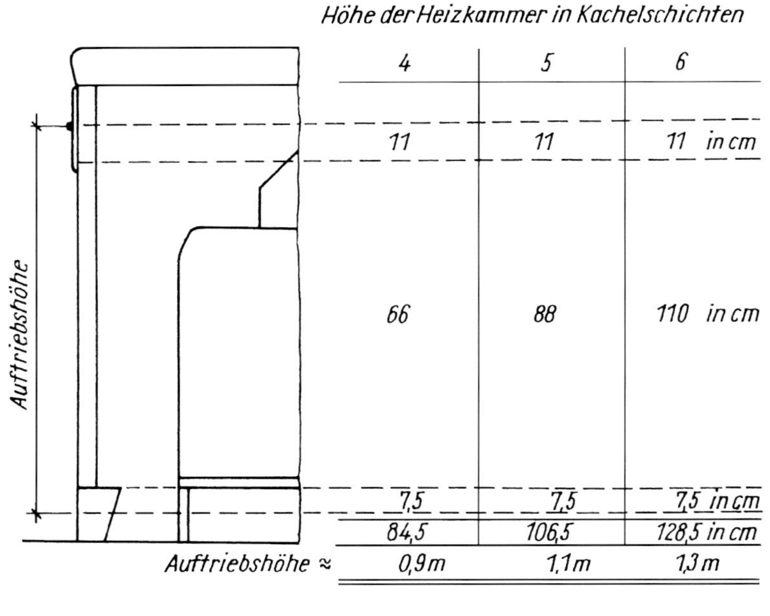

Bild 3.56.
Auftriebshöhe innerhalb der Heizkammer bei Verarbeitung von Normkachelmaterial 22 × 22 cm

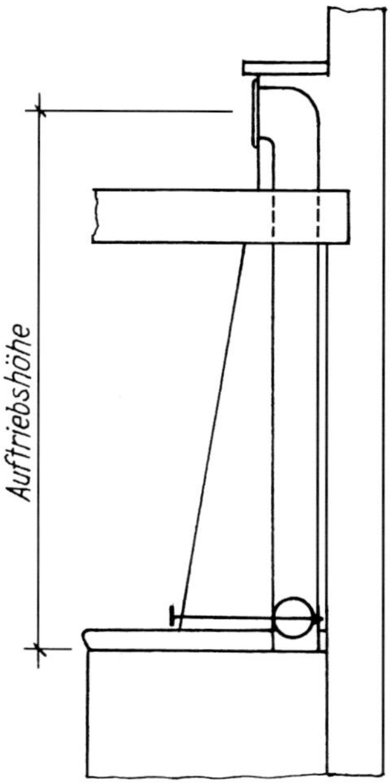

Bild 3.57. Auftriebshöhe in Luftschächten

Der restliche Wärmebedarf ist dann durch Warmluft zu decken.
Deshalb muss bei der Berechnung einer Kachelofen-Warmluftheizung nach der Berechnung der Kaltluftöffnungen erst der Entwurf der Anlage gemacht werden, um zu wissen, in welchem Raum bzw. welchen Räumen direkt erwärmte Flächen angeordnet werden.
Die spezifische Nennwärmeleistung direkt beheizter Kachelflächen des Abwärmeofens beträgt 700 W/m². Bei Heizeinsätzen, die als Durchbrandeinsätze gebaut und vorwiegend im Zeitbrand betrieben werden, wird die zeitweilige indirekte Aufheizung der Kachelwand bei der Berechnung vernachlässigt.
Tabelle 3.11. enthält die Warmluftaustrittsöffnungen in cm² in Abhängigkeit von der Nennwärmeleistung des Heizeinsatzes und der Strömungsgeschwindigkeit, die Grundlage für die Bestimmung der Gittergrößen sind.
Bei Normalbelastung des Heizeinsatzes liegt die Strömungsgeschwindigkeit der Warmluft zwischen 0,8 und 0,9 m/s. Mit einer Überlastung nimmt die Geschwindigkeit zu.

Berechnung eines Warmluftaustritts

$$\text{Luftmenge} = \frac{\text{Nennwärmeleistung des } H_E}{18}$$

$$\dot{V}_L = \frac{Q_E}{18} \quad \text{in m}^3/\text{h}$$

$$\text{Luftaustritt} = \frac{\text{Luftmenge}}{\text{Strömungsgeschwindigkeit}}$$

$$A_L = \frac{\dot{V}_L}{v} \cdot 2{,}78 \quad \text{in cm}^3$$

Beispiel

Nennwärmeleistung	7,5 kW bzw. 7500 W
Strömungsgeschwindigkeit	0,8 m/s

$$\dot{V}_L = \frac{7500}{18} = 416{,}66 \text{ m}^3/\text{h}$$

$$A_L = \frac{416{,}66}{0{,}8} \cdot 2{,}78 = \underline{\underline{1448 \text{ cm}^2}} \text{ (siehe Tabelle 3.11.)}$$

Anmerkung:
Bei der Berechnung der Luftmenge ergibt sich die „18" aus $c_p \cdot \varrho \cdot \Delta t$, in Zahlen ausgedrückt sind das $0{,}279 \cdot 1{,}293 \cdot 50 \cong \underline{\underline{18}}$
Beim Luftaustritt ist der Faktor 2,78 eine Umrechnung aus $\frac{10000\ (\text{cm}^2/\text{m}^2)}{3600\ (\text{s/h})}$

Tabelle 3.11. Warmluftaustrittsöffnungen in cm² in Abhängigkeit von der Nennwärmeleistung des Heizeinsatzes und der Strömungsgeschwindigkeit der Luft

Strömungsgeschwindigkeit m/s	**Nennwärmeleistung des Heizeinsatzes in kW**				
	4,5	6,0	7,5	9,0	11,0
	Warmluftaustrittsöffnungen in cm²				
0,7	993	1323	1654	1986	2427
0,8	869	1158	1448	1738	2123
0,9	772	1029	1287	1544	1887
1,0	695	926	1158	1390	1698
1,1	632	842	1053	1264	1544
1,2	579	772	965	1158	1415

Tabelle 3.12. Warmluftschächte zum Obergeschoss in Abhängigkeit von der Auftriebshöhe bei normalen Strömungswiderständen und einer Luftaufheizung um 50 K

Luftschacht-durchmesser in cm	**Warmluft-öffnung** in cm^2	**Auftriebshöhe** in m							
		1,0	1,5	2,0	2,5	3,0	3,5	4,0	4,5
		Wärmebedarf des Raums							
12	113	500	600	650	700	750	800	850	900
13	133	600	700	750	800	850	900	950	1000
14	154	700	800	850	900	1000	1100	1150	1200
15	177	800	900	1000	1100	1150	1200	1300	1400
16	201	900	1000	1100	1200	1300	1400	1500	1550
17	227	1000	1100	1200	1400	1500	1600	1700	1750
18	254	1100	1300	1400	1500	1600	1700	1800	1900
19	284	1200	1400	1500	1700	1800	1900	2050	2150
20	314	1300	1500	1700	1900	2000	2100	2300	2400
22	380	1700	1900	2100	2300	2500	2600	2800	2900
24	452	2000	2300	2500	2700	2900	3100	3300	3500
26	531	2350	2700	3000	3200	3450	3850	3950	4200
28	616	2700	3100	3450	3750	4000	4300	4550	4800
30	707	3150	3600	3950	4300	4650	4900	5250	5500

3.6.3.6. Luftschächte zum Obergeschoss

Der Durchmesser des Warmluftschachts bzw. seine Querschnittsfläche, die der Fläche der Warmluftöffnung entspricht, ist abhängig

- vom Wärmebedarf des Raums
- von der Auftriebshöhe
- von der Summe der auftretenden Widerstände.

(Da die Luft beim Eintritt in den Luftschacht bereits in Bewegung ist, fällt der Geschwindigkeitsdruck weg; wirksam sind nur noch die statischen Widerstände.)
Luftschächte in das Obergeschoss können nicht nach Tabelle 3.11. bestimmt werden, da ihre Auftriebshöhe größer ist.
Je größer der Auftrieb, desto größer die Geschwindigkeit der strömenden Luft.
Mit erhöhter Strömungsgeschwindigkeit verringert sich jedoch der Querschnitt des Luftschachts.
Aus Tabelle 3.12. können in Abhängigkeit von der Auftriebshöhe und dem Wärmebedarf des Raums der Luftschachtdurchmesser und die Warmluftöffnung ermittelt werden.

3.6.3.7. Gittergrößen

Für den Luftheizungs- sowie Warmluft-Zentralheizungsbau werden ausschließlich Lamellen-Luftgitter hergestellt, bei denen die Lamellen waagerecht oder senkrecht angeordnet sein können. Das Gitterverhältnis m beträgt

bei Gittern mit waagerechten Lamellen – 80 %
bei Gittern mit senkrechten Lamellen – 70 %

Das Gitterverhältnis m wird ermittelt nach

$$m = \frac{\text{freie Gitterfläche}}{\text{Gesamtgitterfläche}} \cdot 100 \quad \text{in } \%$$

Wärmraumtüren und Luftgitter mit einem Verhältnis $m < 60\,\%$ sollten nicht eingebaut werden. Je geringer die freie Gitterfläche desto größer die Gesamtgitterfläche!
Nun sind überwiegend Luftgitter im Handel, die in Ausführung und Gestaltung solid und ansprechend sind, leider aber hohe Widerstände gegenüber dem Warmluftstrom aufweisen. Mit jedem vor den Lamellen angeordneten Schmuckelement verkleinert sich der freie Querschnitt. Eine Vergrößerung der Gesamtgitterfläche ist damit verbunden. Oft wird auch die Frage aufgeworfen, um wie viel kann man einen Luftaustritt verkleinern, damit aber immer noch eine Vollbeheizung des Raums im Bedarfsfall erfolgen kann? Die Antwort: So wie bei der Verkleinerung des Lufteintritts, aber nicht mehr als maximal 20 %.
Für die Bestimmung der Gittergröße gilt Tabelle 3.13. Mit dem Flächenwert der Warmluftöffnung ist in der Tabelle eine gleich große bzw. angenähert große Gitterfläche je nach der freien Gitterfläche in % aufzusuchen, durch die die Gittergröße nach Normkacheln bestimmt wird.

Beispiel

Ein Heizeinsatz mit 7,5 kW Nennwärmeleistung benötigt:

Warmluftaustritt:

- bei 0,8 m/s = 1448 cm^2 freier Luftaustritt
- bei 0,9 m/s = 1287 cm^2 freier Luftaustritt

Tabelle 3.13. Luftaustrittsgitter

Gittergröße nach Normkacheln in cm	**Gitterverhältnis m in %** 100	80	70	60
	freie Gitterfläche in cm²			
22 × 22	484	387	339	290
22 × 23	726	581	508	436
22 × 44	968	774	678	581
22 × 55	1210	968	847	726
22 × 66	1452	1162	1016	871
11 × 22	242	194	169	145
11 × 33	363	290	254	218
11 × 44	484	387	339	290
11 × 55	605	484	424	363
11 × 66	726	581	508	436

Erforderliche Gittergrößen

	bei 0,8 m/s	bei 0,9 m/s
– nur Lamellen	22 × 44	22 × 33
(80 % freie		22 × 44
Gitterfläche)	2 Stück	je 1 Stück
– Lamellen mit	22 × 33	22 × 44
Vorgitter	2 Stück	22 × 55
(ca. 60 % freie	und 22 × 44	
Gitterfläche)	1 Stück	je 1 Stück
	oder 22 × 55	22 × 33
	2 Stück	3 Stück

Anmerkung: Umrechnungen

– von Kaltluft auf Warmluft
$1208\ cm^2 \cdot 1{,}2 = 1448\ cm^2$

– von Warmluft auf Kaltluft
$1448\ cm^2 \cdot 0{,}834 = 1208\ cm^2$

3.7. Kachelofen-Warmluftheizung über zwei Geschosse

Gelegentlich, aber mit wachsender Tendenz, beabsichtigen Bauherrn, sich eine Kachelofen-Warmluftheizung bauen zu lassen, bei der die Heizkammer mit dem Heizeinsatz im Keller – oder auch im Erdgeschoss eines Hauses – angeordnet ist, während im darüberliegenden Erd- bzw. Obergeschoss ein keramisches Abwärmesystem mit einer Kachelverkleidung je nach Wunsch und Geschmack des Auftraggebers zu stehen kommt.
Ist das nach unseren geltenden Bestimmungen, Verordnungen und Vorschriften zulässig?
Ja – Anfang Juli 1998 wurde zwischen der obersten Baubehörde, dem bayerischen Kaminkehrerverband und dem Fachverband SHK über eine Stellungnahme der Bauaufsicht vom 22. Juni 1998 (Zeichen II B7 – 4112.735 025/98) folgende Abstimmung getroffen:

„Nach dem technischen Regelwerk für Feuerungsanlagen sind Feuerstätten auf kurzem Wege und im gleichen Geschoss an die Abgasanlage anzuschließen. Bei einem Anschluss im Geschoss darüber (z. B. Kachelofen-Warmluftheizung über zwei Geschosse) sind zur Abwehr von Gefahren, die sich aus dieser Situation ergeben, besondere Anforderungen notwendig.
Doppelgeschossige Feuerstätten bestehen im unteren Teil aus einem Kachelofen mit Heizeinsatz (bzw. einer Heizkammer mit Heizeinsatz), der im darüber liegenden Geschoss mit einem nachgeschalteten Wärmetauscher verbunden ist. In beiden Geschossen ist die Feuerstätte feuerbeständig abzutrennen; im Kellergeschoss kann gegebenenfalls auch ein Raum mit feuerbeständigen Wänden und Decken (F 90 A), der keine Nutzung mit brennbarem Lagergut aufweist, ausreichend sein.
Es sind für den Kachelofenbau bzw. die Heikammer zugelassene Materialien zu verwenden. Verbindungsleitungen müssen ausreichend korrosions- und temperaturbeständig sein (die Dicke metallischer Rohre muss ≥2 mm betragen).
Die Geschossdecke, durch welche die Verbindungsrohre geführt werden, muss feuerbeständig sein und aus nichtbrennbaren Baustoffen bestehen, wobei auftretende thermische Beanspruchungen im Regelbetrieb und im Falle eines Glanzrußbrandes durch ausreichende Vorkehrungen, z. B. Abstände oder Dämmungen zu berücksichtigen sind.

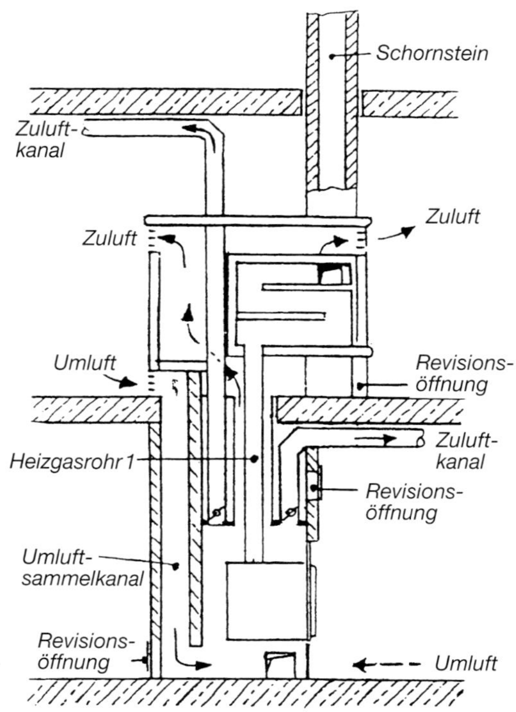

Bild 3.58. Kachelofen-Warmluftheizung über zwei Geschosse

Lüftungsöffnungen, die zum Zwecke der Konvektion erforderlich sind, sind so einzubauen, dass ein Brandübertrag nicht erfolgen kann, d. h. es sind entweder ausreichende Abstände (mindestens 80 cm) zu brennbaren Baustoffen und Bauteilen einzuhalten oder bauliche Vorkehrungen hierzu innerhalb der Feuerstätte zu treffen.
Die einwandfreie Funktion ist durch eine Berechnung nach DIN 4705 Teil 1 nachzuweisen und ausreichende Prüf- und Reinigungsöffnungen sind vorzusehen.
Im Übrigen wird vorsorglich auf die Einschaltung des zuständigen Bezirksschornsteinfegermeisters hingewiesen".
Besonderer Hinweis: Das in Bild 3.58. mit Heizgasrohr 1 bezeichnete metallische Bauteil verbindet Heizeinsatz und Abwärmeteil, ist also damit Bestandteil der Feuerstätte. Die Fachregeln 4/96 legen dazu fest, dass dieses Rohr aus einem ≥ 2 mm dicken Stahlblech bestehen muss. Als Verbindungsstück ist lediglich das verbindende Bauteil (Rauchrohr) zwischen Abwärmeteil und Schornstein gemeint und zu verstehen.
Für die Durchführung des Heizgasrohres 1 zeigt Bild 3.59. einen Lösungsvorschlag, der jedoch der Zustimmung des zuständigen Bezirksschornsteinfegermeisters bedarf.

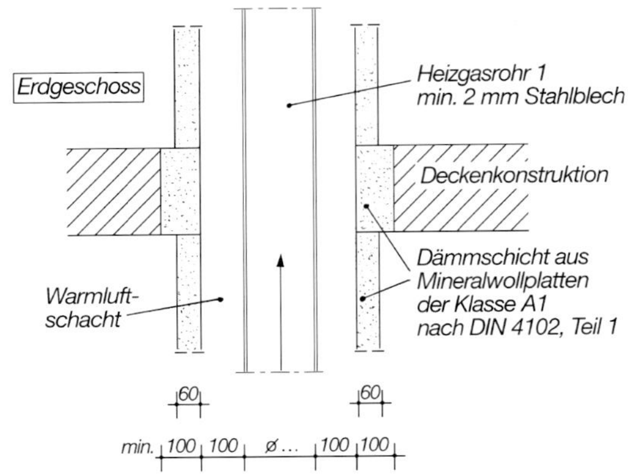

Bild 3.59. Heizgasrohrführung durch eine Deckenkonstruktion bei einer Kachelofen-Warmluftheizung mit der Heizkammer im Kellergeschoss (Lösungsvorschlag)

4. Konstruktion und Bau von Kachelgrundöfen

Konstruktion, Bauart und Bauweise von Grundkachelöfen bzw. Kachelgrundöfen – beide Begriffe existieren nebeneinander – haben sich in den letzten Jahren verändert und sind vielgestaltiger geworden.
Die übliche Quaderform (Bild 4.1) wurde weitestgehend abgelöst von Formen, bei denen eine Flächenaufteilung vorherrscht. Da werden unterschiedlich große Flächen in ihrer Form und Höhe miteinander verbunden, Sitzbänke angebaut und verschiedenartige Gestaltungselemente zugeordnet (Bild 4.2.). Durch diese Vielfalt ist es nicht mehr möglich, alle Flächen und Teile direkt zu beheizen. Ein Teil der Gesamtfläche wird nicht mehr von Rauchgasen berührt bzw. vom Glutbett angestrahlt. Sie bleiben kalt, werden durch Wärmeleitung direkt erwärmter Heizflächen temperiert oder können, z. B. bei der Sitzbank, durch Elektrowärme zur wärmespendenden Fläche gemacht werden. Deshalb ist es auch nicht mehr möglich, eine Heizflächenberechnung nach dem bisher gegoltenem Verfahren vorzunehmen.

Bild 4.1. Kachelgrundofen traditioneller Bauart

Die alte bewährte Kachelofen-Berechnung, konzipiert in den Reichsgrundsätzen der 30er-Jahre und Grundlage für die Innenausbau-Berechnung über 6 bis 7 Jahrzehnte, kann nicht mehr in vollem Umfang gelten.
Neben dieser Erkenntnis müssen wir noch feststellen, dass sich noch eine bemerkenswerte Veränderung vollzogen hat, indem die einst als revolutionierend gegoltene Rostfeuerung seit etwa 1 1/2 Jahrzehnt in verbreiteter Anwendung durch die rostlose Feuerung – bei Verfeuerung von Holz – ergänzt wird. Dies aber auch noch andere Gründe sprechen dafür, auf Veränderungen und Entwicklungen fachlich einzugehen, Erhaltenswertes zu bewahren und dabei fortschrittliche Entwicklungstendenzen aufzuzeigen und herauszustellen.
Wenn nun gleich als Bild 4.3. dieses Abschnitts ein Kachelofen in konservativer Quaderform erscheint, soll das kein starres Festhalten an alten Formen bedeuten, sondern der Pflege der Fachsprache und der allgemeinen Verständigung über die verschiedenen Begriffe der Bauteile und Räume im und am Kachelofen dienen.

4.1. Heizfläche

Die Heizfläche eines Kachelgrundofens kann auf zwei Arten bestimmt werden, einmal, indem der errechnete Wärmebedarf des Raums die Grundlage bildet und durch die spezifische Nennwärmeleistung der Bauart geteilt wird, zum anderen werden alle direkt beheizten Flächen der Ofenoberfläche in ihrer Größe berechnet und addiert.

4.1.1. Begriff „Heizfläche"

► **Als Heizfläche gelten diejenigen Teile der Ofenoberfläche, die auf der einen Seite vom glühenden Brennstoff oder von Rauchgasen berührt oder vom Glutbett angestrahlt, auf der anderen Seite von Raumluft umströmt werden. Indirekt erwärmte Bauteile rechnen nicht zur Heizfläche.**

Die alte Begriffsbestimmung hat noch immer voll Gültigkeit. Aber Kachelgrundöfen moderner Bauart mit vielgestaltigen, unterschiedlich großen Kachelflächen, die nicht immer vollständig direkt beheizt sind und

Bild 4.2. Modern gestalteter Kachelgrundofen, Seyffarth Keramik, Creußen

auf die der Begriff „Heizfläche" nicht in vollem Umfang zutrifft, unterliegen einer anderen Berechnung. Hier sind die direkt beheizten Flächen einzeln zu berechnen. Eine Formel dazu lässt sich nicht aufstellen.

Bei allen Öfen, gleich welcher Gestaltungsform, werden alle Stahl- und Graugussteile – obwohl ihre Heizleistung größer ist als die der keramischen Fläche – nicht gesondert berechnet, da sie in ihrer Fläche zu klein sind und weil sich nur eine geringe Differenz in ihrer Heizleistung zwischen metallischer und keramischer Fläche ergeben würde. Außerdem ist die Speicherfähigkeit metallischer Bauteile geringer als diejenige keramischer Bauteile.

Die Rückwand des Ofens wird nur dann vollwertig als Heizfläche gerechnet, wenn der Abstand zwischen Kachelheizfläche und Wandfläche mindestens 150 mm beträgt und direkt beheizt ist. Die Begründung dafür liegt im Strahlungsgesetz: Die Intensität der Strahlung nimmt mit dem Quadrat der Entfernung ab.

Würde der Ofen näher an die Wand heran gebaut werden, so ginge mehr Wärme durch Strahlung auf die Wand über, die dann in ihr weitergeleitet werden würde und dem zu beheizenden Raum verlorenginge.

Bei einem Grundofen, der an eine Wand angebaut wurde, kann die Rückwand z. B. des Feuerraums bzw. des Zugsystems nur als Heizfläche gerechnet werden, wenn ein entsprechender Abstand zur Wand in der Art eines Luftschachts besteht. Dieser Luftschacht muss dann be- und entlüftet werden!

4.1.2. Berechnung der Heizfläche

Wenden wir uns der Heizflächenermittlung zu, die den Wärmebedarf des Raums als Grundlage hat.

Beispiel

Der Wärmebedarf beträgt 4600 W und die spezifische Nennwärmeleistung des Kachelofens mittelschwerer Bauart wird mit 930 W/m² angegeben, dann hat der Ofen eine Heizfläche von

$$A_K = \frac{\dot{Q}_N}{\dot{q}_K} \quad \text{in m}^2$$

$$A_K = \frac{4600\ \text{W}}{930\ \frac{\text{W}}{\text{m}^2}} = \underline{\underline{4,95\ \text{m}^2}} \quad \left(\frac{\text{W} \cdot \text{m}^2}{\text{W}}\right)$$

Welcher Ofengröße – in konservativer Quaderform – die Heizfläche von 4,95 m² entspricht, kann Tabelle 4.1 entnommen werden.

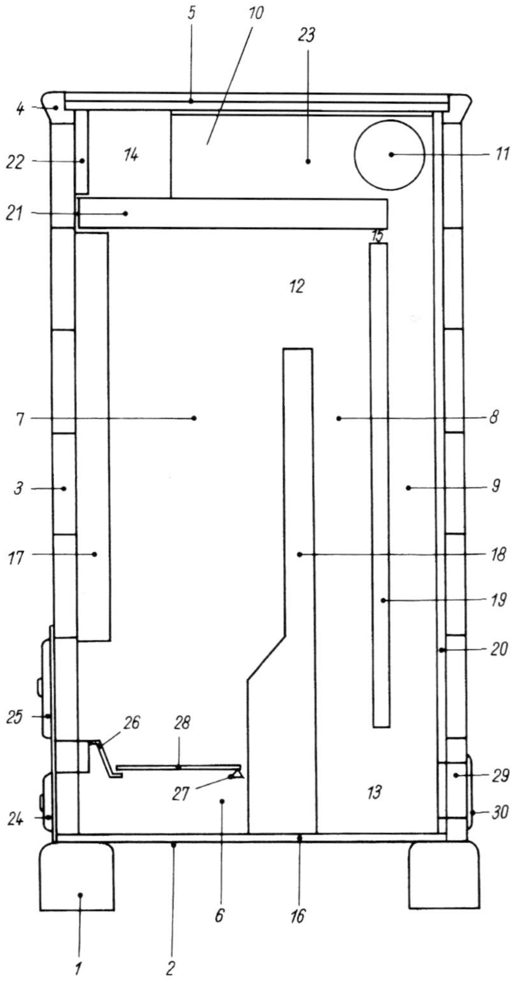

Bild 4.3. Kachelofen in Quaderform, schematische Darstellung im Längsschnitt

1 Sockelkasten oder Fuß;
2 Sockelblech;
3 Kachelmantel;
4 Sims;
5 Ofendecke;
6 Ascheraum;
7 Feuerraum;
8 Fallzug;
9 Steigzug;
10 Drehzug (liegender Zug);
11 Rauchgasrohr;
12 Überbrand;
13 Unterbrand;
14 Umbrand;
15 Gasschlitz;
16 Bodenabdeckung;
17 vorderer Stirnwandvorschub;
18 Feuerbock;
19 Hängewange;
20 hinterer Stirnwandvorschub;
21 Feuerraumdecke;
22 Vorschub;
23 Trennzunge;
24 Aschetür;
25 Feuertür;
26 Rostvorlage;
27 Rostunterlage;
28 Rost;
29 Reinigungsöffnung;
30 Kehrdeckel

Tabelle 4.1. Ofengrößen, Heizflächen und Nennwärmeleistungen von Grundkachelöfen in Quaderform und mittelschwerer Bauart

Ofengröße in Kacheln	**Heizfläche** m^2	**Nennwärmeleistung** W
$2 \times 3\,^1/_2 \times 5\,^1/_2$	3,4	3100
$2 \times 3\,^1/_2 \times 6\,^1/_2$	3,9	3600
$2 \times 3\,^1/_2 \times 7\,^1/_2$	4,5	4200
$2 \times 4 \times 7\,^1/_2$	4,9	4600
$2\,^1/_2 \times 4 \times 7\,^1/_2$	5,4	5000
$2\,^1/_2 \times 4\,^1/_2 \times 7\,^1/_2$	5,9	5500
$2\,^1/_2 \times 4\,^1/_2 \times 8\,^1/_2$	6,6	6100

4.2. Nennwärmeleistung

4.2.1. Bauarten von Kachelgrundöfen

Wenn von der Bauart eines Kachelgrundofens die Rede ist, so ist nicht die äußere Form gemeint, sondern die **Art des inneren Ausbaus bzw. die Vorschubdicke an der Kachelwand**. Es kann also ein und dieselbe Ofengröße unterschiedlich ausgebaut werden.
Der Fachmann unterscheidet

- die schwere Bauart
- die mittelschwere Bauart
- die leichte Bauart.

Diese Bezeichnungen schwer, mittelschwer und leicht hängen mit der Masse der Heizflächen zusammen. Je dicker der Vorschub ist, desto größer wird die Masse.

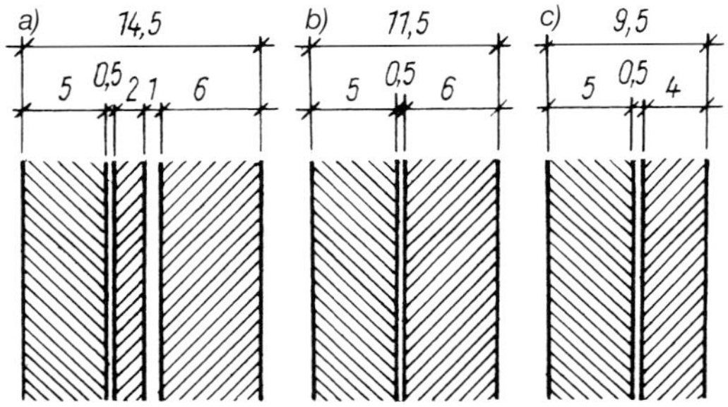

Bild 4.4. Wanddicke bei Kachelgrundöfen
links: bei schwerer Bauart; Mitte: bei mittelschwerer Bauart; rechts: bei leichter Bauart

Folglich hat die schwere Bauart einen dicken Vorschub und die leichte Bauart nur einen dünnen. Den größten Ausschlag gibt die Wanddicke des Feuerraums; sie soll von den einzelnen Bauarten gegenübergestellt werden.

Kachelöfen schwerer Bauart haben an der Innenseite der Kachelwand im Bereich des Feuerraums einen 2 cm dicken Töpferplattenvorschub. Der aus 6 cm dicken Normalsteinen gebaute Feuerraum steht frei und hat einen Abstand zur Kachelwand von 1 cm. Die Wanddicke beträgt demnach (Bild 4.4 a):

5,0 cm	Kachelwanddicke
0,5 cm	Lehmmörtelfuge
2,0 cm	Töpferplattenvorschub
1,0 cm	Hohlraum
6,0 cm	Normalsteindicke
14,5 cm	Wanddicke

Kachelöfen mittelschwerer Bauart haben keinen frei stehenden Feuerraum.
Die Normalsteine werden an die Kachelwand angerieben. Daraus ergibt sich folgende Wanddicke (Bild 4.4. b):

5,0 cm	Kachelwanddicke
0,5 cm	Lehmmörtelfuge
6,0 cm	Normalsteindicke
11,5 cm	Wanddicke

Bei **leicht gebauten Kachelöfen** wird nur in Höhe des Glutbetts mit Normalsteinen ausgebaut. Der eigentliche Feuerraumvorschub ist dann nur 4,0 cm dick.
Die Wanddicke dieser Bauart beträgt (Bild 4.4 c):

5,0 cm	Kachelwanddicke
0,5 cm	Lehmmörtelfuge
4,0 cm	Schamottevorschubdicke
9,5 cm	Wanddicke

Wie aus der Wärmelehre bekannt ist, braucht die Wärmeenergie eine bestimmte Zeit, um sich innerhalb eines Körpers fortzupflanzen. Diese Zeitspanne ist jedoch von der Beschaffenheit und der Dicke des jeweiligen Materials abhängig. Zum Ausbau der Kachelöfen und -herde benutzt der Ofenbauer ein in seiner Zusammensetzung fast einheitliches Material, die Schamotte; lediglich die Dicke ist nicht immer die gleiche. Damit soll gesagt sein, dass wegen der verschiedenen Wanddicken der Wärmedurchgang und die darauf folgende Wärmeabgabe ungleich sein müssen. Eine dünne Wand gibt innerhalb einer bestimmten Zeiteinheit mehr Wärme ab als eine dicke Wand. Durch Ansetzen von Laborthermometern an die Kachelwand ist es möglich, die Oberflächentemperaturen zu messen (Bild 4.5.).
Auf diese Weise kann die **mittlere Oberflächentemperatur** eines Kachelofens ermittelt werden.

Mittlere Oberflächentemperaturen in °C

schwere Bauart	64 °C
mittelschwere Bauart	80 °C
leichte Bauart	90 °C

Diesen Temperaturen entsprechen folgende spezifische Nennwärmeleistungen

- schwere Bauart 700 W/m^2
- mittelschwere Bauart 930 W/m^2
- leichte Bauart 1160 W/m^2

Bild 4.5. Kachelofen mit angesetzten Thermometern zur Ermittlung der mittleren Oberflächentemperatur auf einem Prüfstand

Tabelle 4.2. Kennwerte von Kachelgrundöfen

Bauarten	**Wanddicken** im Feuerraum in cm	**Wanddicken** im Fallzug in cm	**Wanddicken** im letzten Zug in cm	**Mittlere Oberflächen-temperaturen** in °C	**Spezifische Nennwärme-leistungen** in W/m²
Schwer	14,5	11,5	7,5 ... 8,5	64	700
Mittelschwer	11,5	9,5	7,5	80	930
Leicht	9,5	8,5	5,0	90	1160

Tabelle 4.2. enthält technische Kennwerte von Kachelgrundöfen sowie die auf Prüfständen ermittelten spezifischen Nennwärmeleistungen.

4.2.2. Nennwärmeleistung vollkeramischer Kachelgrundöfen

Die Nennwärmeleistung eines Kachelgrundofens setzt sich zusammen aus

- Heizfläche des Ofens A_K in m²
- spezifische Nennwärmeleistung der Bauart $\dot{q}$ in W/m²

Daraus ergibt sich die Beziehung

$\dot{q} = A_K \cdot \dot{q}_K$ in W

4.3. Fundamente

► **Jede Ofenart, ob frei stehend oder angebaut, erfordert eine tragfähige und brandsichere Ofenunterlage, auch Fundament genannt.**

Damit der Ofenbauer diese Grundforderung fachgerecht erfüllen kann, ist die Kenntnis der verschiedenen **Deckenkonstruktionen** notwendig. Man muss unterscheiden zwischen

- Massivdecken
- Holzbalkendecken

Holzbalkendecken sind vorwiegend als Wohnungstrenndecken im Altbau, in der ländlichen Bauweise und im Siedlungs- und Einfamilienhausbau anzutreffen. Massivdecken werden fast ausschließlich für Decken über Kellergeschossen, vorwiegend in Gebäuden für Büros und gewerbliche Räume und im gesamten industriellen Wohnungsbau eingebaut.
Aus der Vielzahl der Deckenkonstruktionen werden zwei wesentliche dargestellt, um zu zeigen, wie der Aufbau des Fundaments auf einer Massivdecke und einer Holzbalkendecke erfolgen muss.

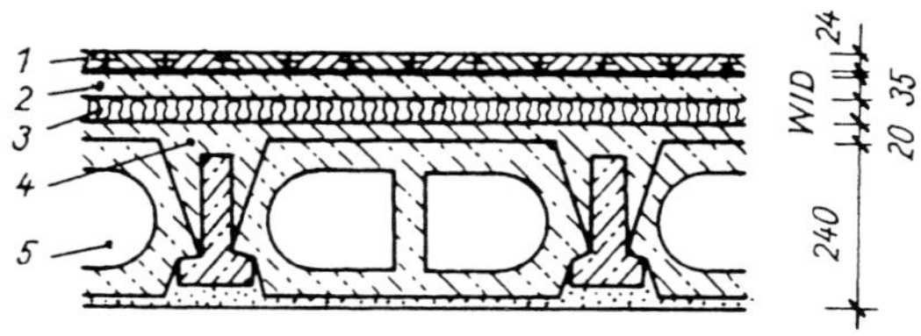

Bild 4.6. Aufbau einer Stahlbetonfertigbalkendecke mit Parkett in Klebemasse
1 Parkett in Klebemasse; *2* Betonestrich; *3* Wärmedämmschicht, zementgebunden; *4* Ortbeton; 5 Rohdecke

4.3.1. Fundamente bei Massivdecken

In Bild 4.6. ist der Aufbau einer Stahlbetonfertigbalkendecke dargestellt. Statt des geklebten Parketts könnte ein Gummi-, Linoleum-, Steinholz-, Kunststoffbelag oder Ähnliches verlegt sein. Ist jedoch statt des tragfähigen geklebten Parketts eine Dielung auf Lagerhölzern hohl verlegt worden, und die Tragfähigkeit des Belags ist nicht ausreichend, so muss dieser bis auf den Betonestrich herausgeschnitten werden. Der entstehende Hohlraum in Ofenfundamentgröße ist mit nichtbrennbaren Baustoffen auszufüllen oder auszumauern und abzufliesen. Dabei ist es günstig, die Abfliesung bzw. die Ausmauerung mit Fußbodenoberkante abschließen zu lassen (Bild 4.7.).

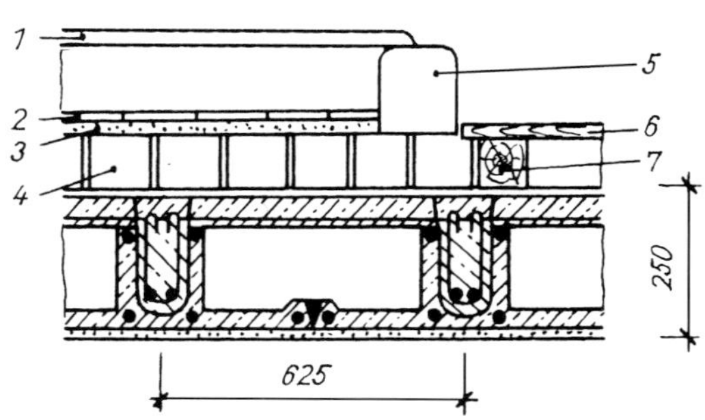

Bild 4.7. Massivdecke mit Ofenfundament
1 Winkelschiene; *2* Abfliesung; *3* Lemfuge; *4* Ausmauerung; *5* Sockelkasten (Fuß); *6* Holzdielung; *7* Lagerholz

Diese muss vor der Feuerungsöffnung mindestens 500 mm vorstehen und beiderseits seitlich mindestens 300 mm überstehen.

4.3.2. Fundamente bei Holzbalkendecken

► **Holzbalkendecken – ob mit oder ohne Füllung – sind vor dem Bau eines Kachelofens, einer Kachelofenwarmluftheizung oder eines Herds sehr sorgfältig auf ihre Tragfähigkeit zu prüfen.**

Im Zweifelsfall gehe man lieber sicher, damit die Feuerstätte später nicht bei jeder Erschütterung schwankt. Reißen oder Platzen des keramischen Rohrs und Undichtheiten und Falschluftquellen im Kachelmantel wären die Folgen.
Muss ein verstärkender Balkenwechsel eingezogen werden, so hat dies in jedem Fall ein Zimmermann auszuführen. Dies ist aber nur dann möglich und wirksam, wenn die Balkenlage dick genug ist und nach dem Einziehen des Wechsels dem Ofen Standsicherheit verleiht.
Die als Fundament vom Ofenbauer angegebene Fläche wird mit 50 mm dicken Holzbohlen ausgelegt (Bild 4.8.). Um jeder Brandgefahr vorzubeugen, sollen bei brennbaren Decken Feuerstätten für feste und flüssige Brennstoffe auf einer mindestens 50 mm dicken Unterlage aus Beton, Fliesen oder Steinen mit einer Zwischenlage aus Dachpappe, PVC-Folie oder Ähnlichem aufgestellt sein.
Kann weder ein Balkenwechsel eingezogen werden noch eine Ausbohlung erfolgen, weil die Balkenlagen zu schwach sind, so besteht die Möglichkeit, **Doppel-T-Träger** in das Mauerwerk einzubetonieren. Das Profil der Träger kann Tabellen für die jeweilige Belastung entnommen werden. Die Träger sollen in der Deckenkonstruktion liegen, mindestens 120 mm tief im Mauerwerk mit reinem Zementmörtel eingebunden werden und etwa 50 mm tiefer als die Fußbodenoberkante liegen, da über die beiden Träger noch eine Beton-, Terrazzo- oder Natursteinplatte gelegt wird.
Liegt die Balkenlage jedoch parallel zur Wand, so ist das Einziehen von Doppel-T-Trägern innerhalb der Deckenkonstruktion nicht möglich. Dann müssen die Doppel-T-Träger oberhalb des Fußbodens ins Mauerwerk einbetoniert werden. Dadurch ergibt sich dann ein Sockel, mindestens in Höhe der Doppel-T-Träger.

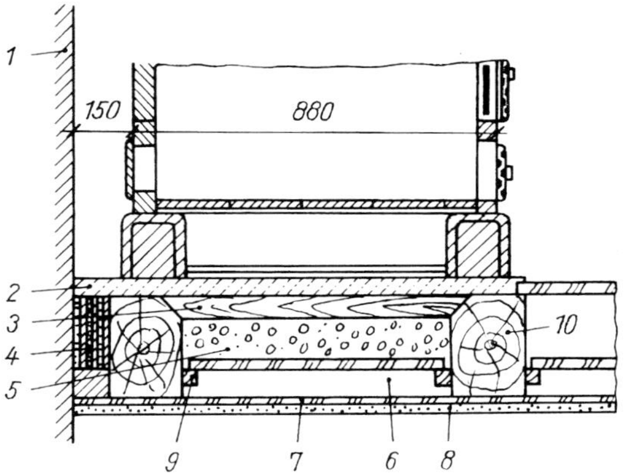

Bild 4.8. Holzbalkendecke mit Ofenfundament
1 Mauerwerk; *2* Betonplatte, 50 mm; *3* Holzbohle, 50 mm; *4* Dämmung; *5* Schlackenfüllung; *6* Fehlboden; *7* Deckenschalung; *8* Rohrdeckenputz; *9* Latte; *10* Balken

4.3.3. Ofenmasse und Deckenbelastung

Die Deckenbelastung spielt im Bauwesen eine wichtige Rolle. Vom Statiker werden deshalb konkrete Forderungen gestellt. Im Wohnungsbau liegt die Nutzlast der Deckenkonstruktionen bei 2500 N/m^2. Unsere Öfen wiegen jedoch mehr. Trotzdem ist bisher noch kein Kachelofen mit der Decke durchgebrochen. Worauf ist dies zurückzuführen?
Wie Bild 4.9. zeigt, ist bei einer beiderseits frei gelagerten Deckenkonstruktion im Mauerwerk der gefährdete Querschnitt in der Mitte der Decke am Kreuzpunkt der Diagonalen. An dieser Stelle soll die minimale Belastung herrschen (p_{min}), die der Nutzlast von 2500 N/m^2 entspricht.
Die Belastbarkeit der Decke nimmt jedoch zum Auflager hin zu (p_{max}). Außerdem wird eine bestimmte Sicherheit gegeben.
Deckenelemente in der Plattenbauweise auf denen ein Speicher-Kachelofen aufgestellt wird, sind mit einer Nutzlast von 6000 N/m^2 ausgelegt.

In der Baubeschreibung wird gefordert, dass die Ofenstellung so erfolgen soll, dass zwei Deckenelemente die Ofenlast aufnehmen.

Daraus erklärt sich die mögliche Deckenbelastung. Die Masse von Grundkachelöfen, je nach Bauart, liegt etwa zwischen 600 und 1400 kg.

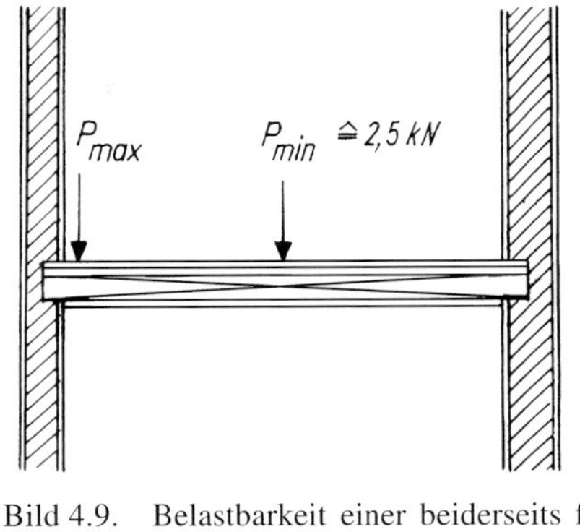

Bild 4.9. Belastbarkeit einer beiderseits frei gelagerten Deckenkonstruktion

4.4. Ascheraum

Der Ascheraum ist bei den derzeit gebauten Kachelöfen keine Selbstverständlichkeit mehr. Durch die Holzfeuerung hat sich im breiten Rahmen die rostlose Feuerung entwickelt, bei der es keinen vom Feuerraum abgeteilten Ascheraum mehr gibt. Die Verbrennung des Holzes erfolgt auf dem Ofenboden. Durch den Wegfall des Ascheraums haben derartige Öfen auch nur noch eine Ofentür.
Wird aber ein Rost eingebaut, bildet sich unter ihm ein Ascheraum, der in seiner Größe unterschiedlich ist und von der durchzusetzenden Brennstoffmenge abhängt. Bei Raumheizern und Haushaltherden sind die Ascheräume deshalb größer als bei Speicher-Kachelöfen, die im Zeitbrand betrieben werden.

4.4.1. Bau des Ascheraums

Bei Kachelöfen soll die **Ascheraumhöhe** mindestens 130 mm betragen, gemessen von Oberfläche Ascheraumboden bis Unterseite Rost. Diese Mindesthöhe sollte eingehalten werden, damit ein ausreichend großer Aschekasten eingeschoben werden kann und zusätzlich noch ausreichend freier Raum zwischen der Vorderwand des Aschekastens und dem Rost für den Zustrom der Verbrennungsluft bleibt.
Bei Verwendung von Normkachelmaterial (22 × 22 cm) ist die Einhaltung der geforderten Höhe möglich, wenn wie in Bild 4.10. dargestellt, verfahren wird.
Die **Breite des Ascheraums** ergibt sich aus der Ofentiefe abzüglich der Kachelwand- und Ausbaudicke, wobei der seitliche Ausbau nur so dick sein darf, dass er nicht in den freien Querschnitt der Aschetür ragt.
Die **Ascheraumtiefe** ist abhängig von der Ofengröße. In der Praxis wird beim Festlegen der Stellung des Feuerbocks – wodurch Ascheraum und Feuerraum

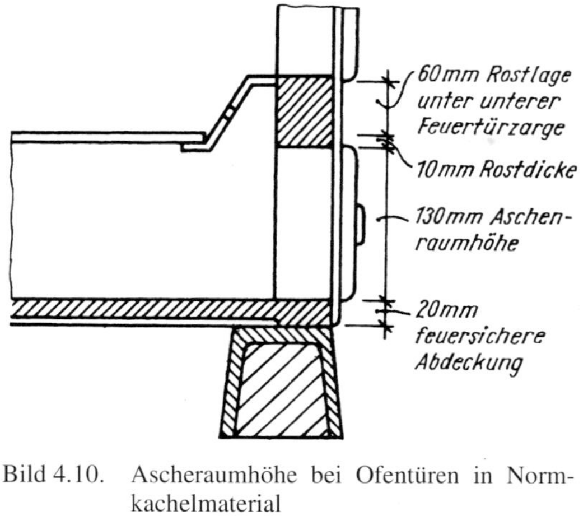

Bild 4.10. Ascheraumhöhe bei Ofentüren in Normkachelmaterial

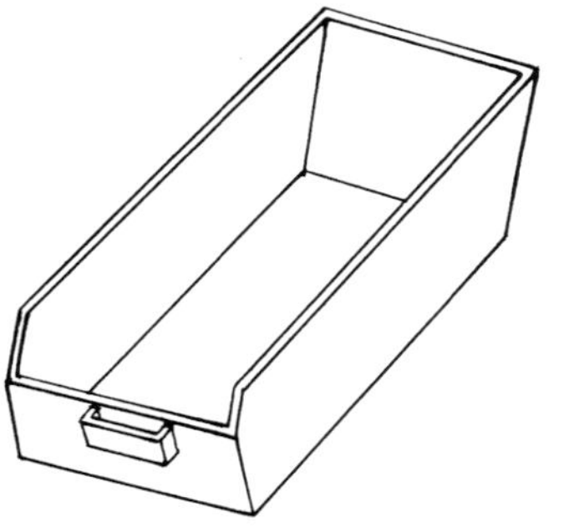

Bild 4.11. Vorschriftsmäßiger Aschekasten

voneinander getrennt werden – unterschiedlich verfahren. Die einen messen von der vorderen Stirnwand des Ofens und bestimmen damit die Feuerbockstellung, die anderen von der hinteren Stirnwand. Beide können es richtig machen. Wichtig ist, dass der Raum für die Züge festliegt und der restliche freie Raum zum Asche- bzw. Feuerraum gestaltet wird.

► **Man darf in keinem Fall die Länge des Rosts als Maßstab für die Stellung des Feuerbocks nehmen und den restlichen Raum für die Züge.**

Der **Boden des Ascheraums** soll mit der unteren Aschetürzarge bündig verlaufen, d. h., er soll mit 20 mm dicken Schamotteplatten abgedeckt werden. Damit werden die bau- und brandschutztechnischen Forderungen erfüllt.

4.4.2. Aschekasten

Der Aschekasten soll in seiner Größe der täglich anfallenden Aschemenge entsprechen. Bei Kachelöfen werden je 1160 W stündlicher Leistung 0,5 dm^3 Inhalt gefordert. Aschekästen von Haushaltherden und Raumheizern müssen die doppelte Größe haben.
Zur **Form des Aschekastens** ist zu sagen, dass seine Vorderwand **nicht höher als 70 mm** sein darf, damit genügend Verbrennungsluft (Unterluft) in die Feuerstätte einströmen kann. Zu hohe Aschekästen sind oft die Ursache für schlechte Verbrennungsvorgänge und lange Abbrandzeiten.
Die Rückwand des Aschekastens ist abzuschrägen. Dadurch gleitet die Asche beim Leeren des Kastens besser in den Ascheeimer bzw. Kübel (Bild 4.11.). Der Kasten braucht nicht gekippt zu werden.

4.5 Feuerraum

Im Feuerraum findet die eigentliche Verbrennung statt, ausgenommen Zonen, die der Nachverbrennung von Gas-Luftgemischen dienen und konstruktionsbedingt unterschiedlich sind.

Im Feuerraum herrschen bei normalen Schornsteinverhältnissen und fachgerechter Konstruktion sowie dem Bau des gesamten Zugsystems die höchsten Temperaturen. Er wird also am meisten strapaziert. Infolgedessen ist bei seinem Bau größte Gewissenhaftigkeit in der Einhaltung der hierfür geltenden Regeln und bei deren Ausführung in der Praxis geboten.
Da Holz in immer größerem Umfang als Festbrennstoff verwendet wird, muss zwischen den Feuerungsarten Rostfeuerung und rostlose Feuerung unterschieden werden.

4.5.1. Bau des Feuerraums (allgemein)

Wir wissen, dass sich alle Körper bei Erwärmung ausdehnen und bei Abkühlung wieder zusammenziehen. Danach müssen wir uns besonders beim Bau des Feuerraums richten.

► **Der Feuerraum soll ein geschlossenes Ganzes sein. Falschluftquellen dürfen nicht entstehen, da sie die Verbrennung stören und den Wirkungsgrad des Ofens herabsetzen würden. Trotz seiner Geschlossenheit in sich muss er sich bei Erwärmung nach allen Seiten genügend ausdehnen können, ohne auf starken Widerstand zu stoßen.**

Wenn man diese Grundforderung nicht beachtet, werden entweder die Ecken aus dem Kachelmantel getrieben, oder es entstehen Risse innerhalb der Kacheln und Ecken und in den Fugen zwischen den Kacheln. Herrscht im Ofen, besonders im Anheizzustand, Überdruck, können durch diese entstandenen Undichtheiten im Kachelmantel Gase in den Raum treten und Geruchsbelästigung hervorrufen. Ist der Schornsteinunterdruck wirksam geworden, so wird durch alle offenen Fugen der Kachelwand Falschluft angesaugt. Damit ist eine Leistungsminderung des Ofens verbunden. Nach dem Verschließen des Ofens bleibt der Falschlufteintritt in den Ofen bestehen, da er durch seine Verbindung zum Schornstein im Unterdruck steht. Eine vorzeitige Abkühlung und Minderung der Speicherfähigkeit ist damit verbunden.

► **Bei Kachelöfen mittelschwerer und leichter Bauart werden die Schamottesteine an die Kachelwand angerieben.**

Sie müssen verbandgerecht in der Fuge versetzt und mit ausreichend breiter Mörtelfuge in den Setz- und Stoßfugen eingebaut werden.
Lediglich die Schamottesteine der 1. und 2. Schicht oberhalb und beiderseits des Rosts werden nicht im Verband eingebaut, damit sie im schadhaften Zustand leichter ausgewechselt werden können. Wenn es möglich ist, im Bereich der Glutzone eine Feuerbockverdickung anzubringen – ab 4 Kacheln Ofenbreite –, so soll diese vor dem Feuerbock nur angeblendet werden, um das Auswechseln ebenfalls zu erleichtern.
Das Ausbrennen und Ausplatzen der Schamotten der Glutzone ist auf hohe Belastung zurückzuführen. Auch liegt bei Briketts mit Salzgehalt der Ascheschmelzpunkt so niedrig, dass sich Schlacke bildet, die sich beim Erkalten mehr zusammenzieht als die Schamotten, wodurch die Steine ausplatzen.

► **Kachelöfen schwerer Bauart haben einen allseitig frei stehenden Feuerraum.**

Der gesamte Feuerraum – hier gehört der Fallzug mit zum Feuerraum und ist entsprechend verbandsmäßig einzugliedern – wird allseitig frei stehend mit 10 mm Dehnungsfuge zur vorgeschobenen Kachelwand eingebaut.

► **Die Dehnungsfuge um den Feuerraum sorgt dafür, dass die Kachelwand nicht auseinander getrieben werden kann (Bild 4.12.).**

Boden des Feuerraums
Der Boden des Feuerraums ist feuersicher mit nichtbrennbaren Materialien abzudecken.
Bei Öfen mit Rostfeuerung genügt eine Abdeckung mit 20 mm dicken Schamotteplatten. Durch den eingeschobenen Aschekasten im Ascheraum und durch Flugaschenablagerung auf dem Boden im Fall- und Steigzug wird eine direkte Wärmeübertragung durch Glutstrahlung bzw. der Rauchgase gemindert. Die Bodentemperaturen an der äußeren Oberfläche des Bodenblechs betragen dann etwa 60 °C bis maximal 80 °C.
Öfen mit Holzfeuerung ohne Rost, bei denen die Verbrennung direkt auf dem Boden des Feuerraums stattfindet, sollen mit mindestens 40 mm dicken Schamottesteinen abgedeckt werden, um keine höheren Temperaturen als eben erwähnt auftreten zu lassen.

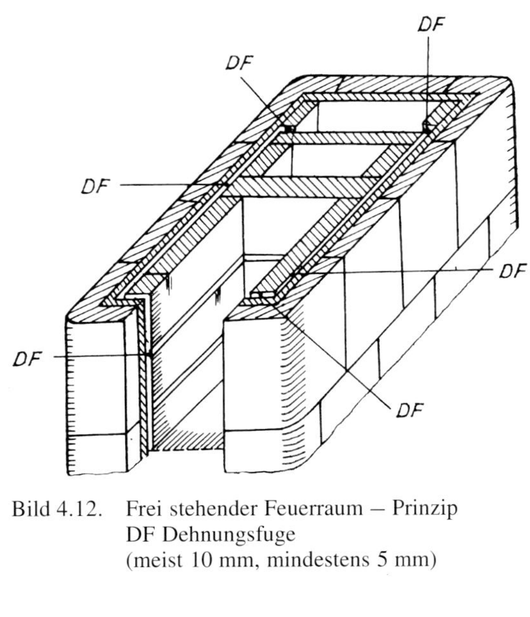

Bild 4.12. Frei stehender Feuerraum – Prinzip
DF Dehnungsfuge
(meist 10 mm, mindestens 5 mm)

Eine dickere Abdeckung würde zu einer Senkung der Bodentemperaturen führen und die Wirkung als Heizfläche beeinträchtigen.
Um die Wärmeleistung des Bodens nutzbar zu machen, muss der Ofen auf Füßen stehen oder einen Sockel mit Lufteintritt erhalten. Für die Abströmung der sich bildenden Warmluft ist dann Sorge zu tragen.
Der Boden soll bei rostloser Feuerung etwa 30 bis 40 mm tiefer als die untere Zarge der Ofentür liegen. Damit wird eine Muldenfeuerung geschaffen zur Lagerung der Asche, die dann zur Gluthaltung beitragen kann. Außerdem fällt beim Öffnen der Ofentür keine Asche entgegen. Übrigens ist der Gehalt an nichtbrennbaren Substanzen im Holz im Vergleich zu anderen festen Brennstoffarten äußerst gering und beträgt ca. 0,6 bis 1,0 Gewichts-%.

Zargenschutz
Der Riegel über der Feuertür ist etwa 10 mm in den lichten Querschnitt der Feuertür zu ziehen, um die Graugusszarge zu schützen. Er soll beiderseits zur Kachelwand genügend Abstand haben, damit er durch seine große Ausdehnung als masseintensives Material die Kachelecken nicht aus der Flucht des Kachelmantels treibt oder gar bei fester Verklammerung Eckenrisse entstehen. Es ist jedenfalls keine richtige Lösung, wenn die Ecken beiderseits der Feuertür um 2 mm eingerückt werden, weil ein Treiben nach außen zu erwarten ist. Wer so baut, baut bewusst Fehler in den Ofen ein!

Dehnungsfugen
Ebenfalls sollen der Feuerbock und die Hängewange zwischen Fall- und Steigzug zur Kachelwand genügend Dehnung haben (Bild 4.13.). Auch diese Bauelemente haben auf Grund ihrer Größe eine beachtliche Dehnung und können den Kachelmantel zertreiben und ihn undicht machen.

► **Die Feuerraumdecke muss aus 60 mm dicken Schamotteriegeln (evtl. Normalsteinen) bestehen.**

Diese sind auf den seitlichen Schamottevorschub des Feuerraums trocken, d. h. ohne bindende Mörtel-Lagerfuge, aufzulegen. Auch soll bei der Feuerraumdecke zur Kachelwand eine Dehnungsmöglichkeit bestehen.

► **Der seitliche Schamottevorschub des über der Feuerraumdecke angeordneten Zugs darf auf ihr nicht aufsitzen.**

Ist dies der Fall, so nutzt das trockene Einlegen der Decke nichts, da sie nach oben keine Dehnungsmöglichkeit hat (Bild 4.14.).
Auch darf die über der Feuerraumdecke eingebaute Trennzunge eines Dreh- oder Wendezugs nicht an die Ofendecke oder an eine über ihr angeordnete Zwischendecke anstoßen, weil dann die für die Feuerraumdecke vorgesehene Dehnung nicht mehr wirksam wird. Es genügt in diesem Fall ein Abstand von etwa 5 mm.

► Weiter ist zu beachten, dass die Feuerraumdecke möglichst nicht in einer Kachelschichtfuge liegt.

Entweder man lässt die Feuerraumdecke noch in der Schicht und schließt mit der Oberkante Decke ab, oder die gesamte Decke wird in die nächste Schicht hineingenommen. Wird dies nicht beachtet und keine Dehnungsfuge über der Decke gegeben, macht sich beim Heizen des Ofens dort eine waagerechte Treibfuge bemerkbar, weil der Schamotteausbau des Feuerraums durch seine vertikale Dehnung die nächste Schicht mitnimmt.

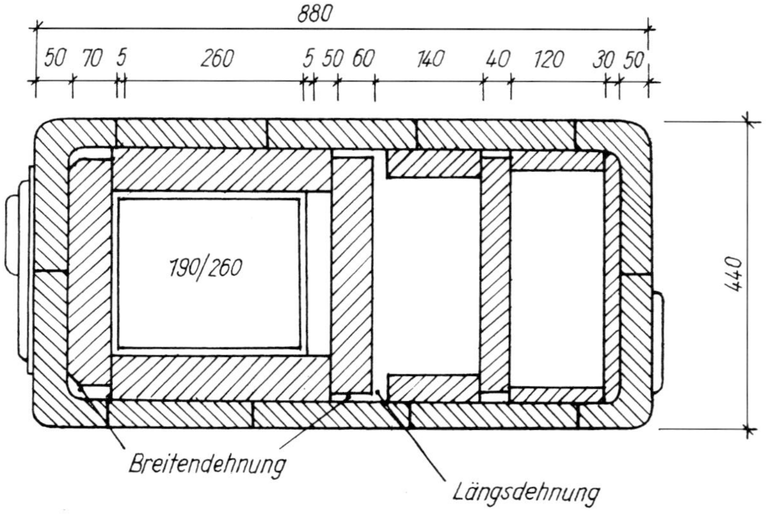

Bild 4.13. Breiten- und Längsdehnung im Unterbau eines Kachelofens alter Bauart, aber voll übertragbar auf veränderte, moderne Bauweisen

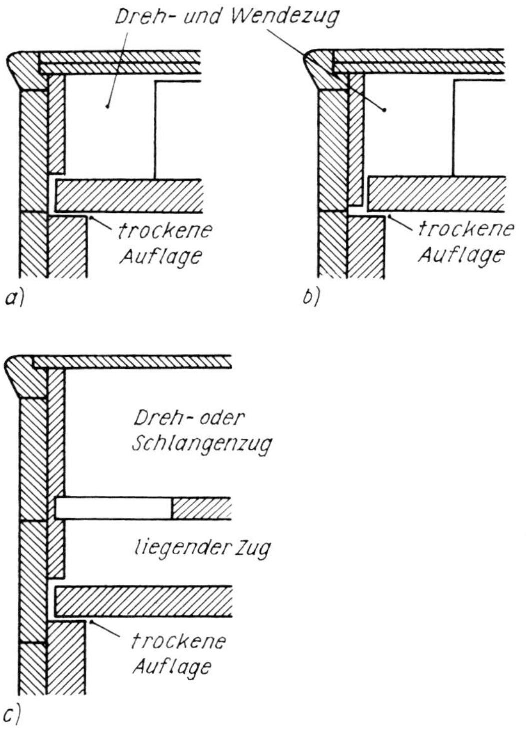

Bild 4.14. Höhendehnung im Bereich der Feuerraumdecke
a) und *b)* Varianten beim Drehzug;
c) Einbau der Feuerraumdecke unterhalb eines liegenden Zugs
(gültig für jedes Zugsystem)

Zusammenfassend gesagt ist beim Bau des Feuerraums darauf zu achten,

- dass die Schamotten im Bereich der Glutzone wegen ihres frühzeitigen Verschleißes leicht auswechselbar sind müssen
- dass die Feuertür durch den Zargenschutz vor Flammen- und Glutstrahlung geschützt wird
- dass der Ausbau so angeordnet wird, dass Dehnungen, vorwiegend der masseintensiven Schamottesteine, keine Wirkung auf den Kachelmantel haben.

4.5.1.1. Bau des Feuerraums bei Holzbrandöfen

Bevor zum Bau des Feuerraums Beispiele vorgestellt werden, sind einige Ausführungen zum Verbrennungsablauf nötig, um daraus Schlussfolgerungen für die fachgerechte Ausführung eines Holzbrandofens zu ziehen.
Holzbrandöfen sind als Speicheröfen auszulegen und eignen sich keinesfalls zum Dauerbrand.

Bei Verbrennung von Holz beträgt der Anteil an flüchtigen Stoffen, die bei der Entgasung freigesetzt werden rd. 85 %; nur 15 % macht der Anteil an Holzkohle aus, die zurückbleibt und langsam entgast.
Als Grundvoraussetzung für eine gute Verbrennung des Gas-Luftgemischs von Holz bestehen im Wesentlichen 4 Bedingungen

- ausreichende Brennraumgröße, ggf. mit Nachbrennraum
- hohe Feuerraumtemperatur, min. 800 °C
- ausreichende Verweilzeit im heißen Bereich
- gute Turbulenz zum möglichst homogenen Gas-Luftgemisch.

Eine Begünstigung der Turbulenz kann durch eine Aufteilung von Primär- und Sekundärluft erfolgen, wobei die Sekundärluft durch einen Bereich mit Querschnittsverengung eingeblasen wird.
Die Verbrennungstemperatur hängt in hohem Maße vom Luftüberschuss und von der Brennstoff-Feuchte ab. Da beim praktischen Verbrennungsablauf in Kleinfeuerungsanlagen keine ideale Durchmischung Gas/Luft erzielt wird, muss der Luftüberschuss mindestens das 1,5 bis 2,0-fache betragen. Zur Einhaltung einer günstigen Verbrennungstemperatur von 800 °C darf der Luftüberschuss jedoch nicht höher als 2,5 bis 3,0-fach sein. Wärmeentzug im Brennraum führt zur Senkung der Feuerraumtemperatur und zu möglicher Rußbildung.

Größe des Feuerraums
Die Größe der inneren Oberfläche des Feuerraums steht in engem Zusammenhang mit der Verbrennungstemperatur. Mit jeder unnötigen Vergrößerung des Feuerraumvolumens und damit der Oberfläche sinkt die Feuerraumtemperatur durch Wärmeentzug. Deshalb werden folgende Vorgaben angestrebt:
Der Technische Ausschuss des Österreichischen Kachelofenverbands empfiehlt die Festlegung einer spezifischen **Oberfläche** von 900 cm²/kg Brennmasse.

$$A_{\mathrm{OFR}} = 900 \cdot \dot{m}_{\mathrm{B}} \quad \mathrm{cm}^2$$

A_{OFR} Feuerrauminnenfläche
$\dot{m}_{\mathrm{B}}$ Brennstoffmenge

Diese Größe ist auch in den Fachregeln 4/96 festgeschrieben und Grundwert für die Größenbestimmung des Feuerraums bei Holzbrandöfen. Damit werden die Ausbrandtemperaturen verschiedener Leistungsgrößen annähernd gleich und man schafft Öfen, die eine funktionelle Übereinstimmung haben und zur Typisierung von Holzbrandöfen beitragen.
Von der Gesamtoberfläche des Feurraums beträgt der Grundflächenbedarf für 1 kg Brennstoff 100 bis 130 cm^2,

- 100 cm^2 für Hartholz und Holzbriketts
- 130 cm^2 für Weichholz

jeweils ±10 %.

Bei maximaler Brennstoffmenge soll die Schütthöhe von 330 mm nicht überschritten werden, wobei für eine lockere Schüttung mit Abstand zur Brennraumbegrenzung zu sorgen ist.
Die Mindestbreite der Grundfläche soll 250 mm betragen. Die Feuerraumhöhe (±5%) errechnet sich aus der Gesamtoberfläche minus Boden- und Deckenfläche durch den Umfang des Feuerraums

$$h_{FR} = \frac{(900 \cdot \dot{m}_B - 2 \cdot A_{FR})}{U_{FR}} \quad \text{in cm}$$

darin bedeuten

$\dot{m}_B$ Brennstoffmenge in kg
A_{FR} Bodenfläche des Feuerraums in cm^2
U_{FR} Umfang des Feuerraums in cm

Beispiel

In einem Kachelgrundofen werden seiner Nennwärmeleistung entsprechend 13,5 kg Holz verbrannt. Wie groß muss der Feuerraum des Ofens sein?

Bodenfläche $A_{FR} = 13,5\,\text{kg} \cdot 110\,\text{cm}^2/\text{kg} = \underline{\underline{1485}}\,\text{cm}^2$

Umfang $U_{FR} = 2$ (Länge + Breite) in cm
Bei einer gewählten Breite des Feuerraums von 30 cm beträgt die Länge
1485 cm^2 : 30 cm = 49,5 cm

$$U_{FR} = 2(49,5\,\text{cm} + 30\,\text{cm}) = \underline{\underline{159}}\,\text{cm}$$

Höhe

$$h_{FR} = \frac{900 \cdot \dot{m}_B - 2 \cdot A_{FR}}{U_{FR}} = \frac{(900 \cdot 13,5 - 2 \cdot 1485)}{159}$$

$$h_{FR} = 57,7\,\text{cm} + 5\% \sim \underline{\underline{60}}\,\text{cm}$$

Die Abmessungen des Feuerraums betragen zusammengefasst:

Länge 50 cm, Breite 30 cm, Höhe 60 cm
Volumen in $dm^3 = 50 \cdot 30 \cdot 60 = \underline{\underline{90}}\,dm^3$

4.5.1.2. Holzbrand-Ofensysteme

Die Powall-Grundofenfeuerung der Kanderner Tonwarenfabrik Ernst Kammüller GmbH basiert auf einer 3-Stufen-Verbrennungstechnik (Bild 4.15) von Scheitholz oder Holzbriketts. Durch gezielte Zufuhr von Primärluft für die Verbrennung im Feuerraum, eine zwingende Durchmischung der Verbrennungsgase mit Sekundärluft in einer Durchbranddüse zur Nachverbrennungskammer und durch Erreichen hoher Temperaturen darin (>1000 °C) wird ein nahezu rückstandsloser Ausbrand ermöglicht (Bild siehe rechts oben).
Das hochtemperierte große Heizungsvolumen ermöglicht die Nachschaltung eines verhältnismäßig langen keramischen Zugsystems mit der Gesamt-Nennheizleistung bis 7 kW. Die tabellarische Zusammenstellung enthält technische Kenndaten der Powall-Grundofenfeuerungen. (siehe Tabelle S. 122)

Während bei der Powall-2000-Grundofenfeuerung die Nachverbrennungskammer nur rückseitig am Feuerraum angebaut werden konnte, kann beim Powall Vario die Nachbrennkammer auch rechts- oder linksseitig dem Feuerraum zugeordnet werden (Bild siehe unten). Damit wird die individuelle Gestaltung des Grundofens variabler. Beim Vario kommt noch der Einbau einer formschönen Heiztür mit Glasscheibe hinzu, um das Feuer sichtbar zu machen.
Die keramische Durchbranddüse beim Powall 2000 besteht beim Vario aus hochhitzebeständigem Edelstahl.
Verbrennungstechnisch wurden die Werte insbesondere bei Stickstoffoxiden, Kohlenwasserstoffen und Staub noch verbessert – sie übererfüllen die Grenzwerte von Stuttgart, Regensburg und der Steiermark.
Von den Wolfshöher Tonwerken wurde ein Holzbrand-Ofensystem entwickelt, das aus vorgefertigten Schamottesteinen besteht. Dem geräumigen Feuerraum werden Primär- und Sekundärluft getrennt zugeführt, einmal durch Luftdüsen in der Ofentür (primär) und zum andern durch Luftkanäle eines vorgefertigten Schamottebausatzes oberhalb des Feuerraums als vorgewärmte Verbrennungsluft (sekundär).
Über dem Feuerraum ist eine U-förmige Nachverbrennungskammer angeordnet. Diese beiden Teile rechnen zur eigentlichen Vebrennungszone. Danach kann ein Zugsystem in Abhängigkeit von der Ofenform und in seiner Länge entsprechend der Nennwärmeleistung des Ofens (nach Angaben des Herstellers) nachgeschaltet werden.
Die Nennwärmeleistung des Ofensystems wird mit 2 bis 4,5 kW angegeben.
Die Abmessungen des Schamotte-Bausatzes für Feuerraum und Nachbrennkammer sind im Bild 4.16. wiedergegeben.
Firma Rath, Wien, hat einen Bio-Feuerraum entwickelt, der sich bei Holzbrandöfen in jede Ofenform einbauen lässt, da er aus reihbaren Einzelelementen besteht und nicht starr an eine Größe gebunden ist (Bild 4.17.).
Der Formsteinsatz besteht aus Wand-, Sockel- und Ecksteinen und ist in einen herkömmlich gebauten Feuerraum lose einzusetzen. Dieser Schamotte-Bausatz dient der Zuführung von Verbrennungsluft rund um das Brenngut. Bedingung ist, dass unter dem Boden des Feuerraums ein kanalähnlicher Raum zur Heranführung der Verbrennungsluft geschaffen wird (Bild 4.18.a und b).

4.5.1.3. Feuerraumgröße

Man kann nicht sagen, dass eine bestimmte Ofengröße eine bestimmte Feuerraumhöhe haben muss, da für die nachfolgende Zuggestaltung bzw. die Zuglänge der vorhandene Schornsteinunterdruck maßgebend ist.

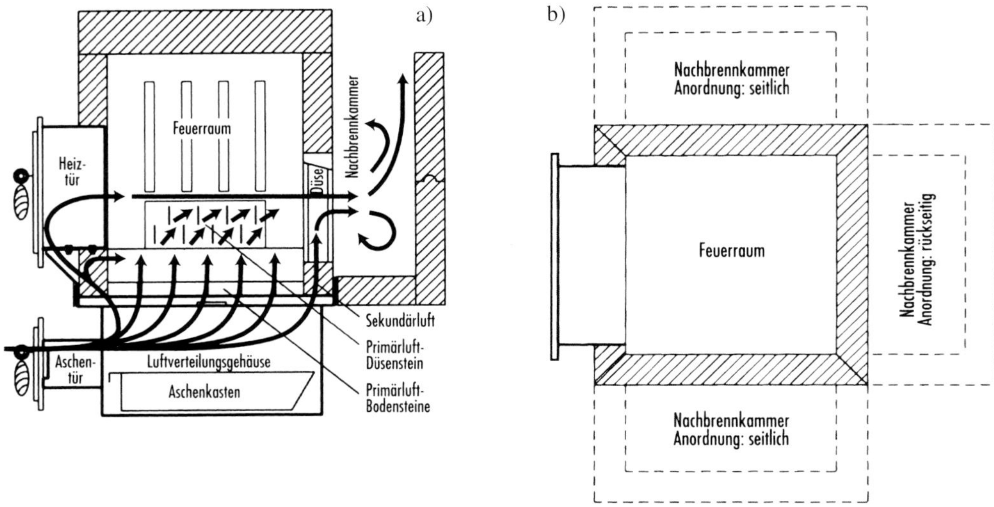

Technische Daten	Maßeinh.	G 25	G 33	Vario
heiztechnische Daten[1]				
geeignet für Heizflächengrößen von	ca. m²	3,5 - 4,5	4,5 - 6,0	**4,5 - 7,5**
mittlere stündliche Wärmeabgabe[2]	ca. kW	3,0 - 3,6	4,2 - 4,8	**4 - 7**
maximale Brennstoffaufgabe je Füllung	ca. kg/h	6	8	**5 - 12**
Nachheizfläche				
Zuglänge[3]	ca. m	3,8 - 4,5	4,0 - 5,7	**4,5 - 7,2**
Schornsteindurchmesser[4] (notwendiger Zug: 12-15 Pa)	cm	16	18	**20**
Außenmaß Feuerraum				
Höhe	ca. cm	51	51	**81**[5]
Breite	ca. cm	50	50	**53,5**
Tiefe (einschließlich Nachbrennkammer)	ca. cm	75	85	**84,5**[6]
maximale Holzscheitlänge	ca. cm	25	33	**33**
Außenmaß Nachbrennkammer				
Höhe	ca. cm	51	51	**50**
Breite	ca. cm	50	50	**50**
Tiefe (nur Nachbrennkammer)[7]	ca. cm	25	25	**25 - 50**
Gewicht Feuerraum-Schamotte mit Nachbrennkammer auf Einwegpalette verpackt	ca. kg	264	289	**205**
Gewicht Feuerraum-Metallteile	ca. kg	52	52	**56**[8]
Außenmaß Backfach				
Höhe	ca. cm	37	37	**29**[9]**/38,5**[10]
Breite	ca. cm	46	46	**46**
Tiefe	ca. cm	75	75	**75**
Gewicht Backfach auf Einwegpalette verpackt	ca. kg	133	133	**94**[9]
Gewicht Backfachtür	ca. kg	16	16	**16,5**

[1] bei einer mittelschweren Bauart des Grundofens
[2] je nach Bauart und Rohdichte der Zugsteine
[3] bei Zuglänge über 50 % der wirksamen Schornsteinhöhe ist eine Anheizklappe im ersten Heizgaszug erforderlich
[4] Anhaltswerte, gültig für Schornsteinausführungsart Typ 2 (zweischalig) und wirksamer Schornsteinhöhe von 7 - 9 m. **Wichtig:** der rechnerische Nachweis muß nach DIN 4705 erbracht werden.
[5] bei POWALL Vario einschließlich Luftverteilungsgehäuse
[6] Feuerraum mit bis zu 9 mm verschiebbarer Heiztüre im aufgesetzten Tragrahmen des Luftverteilungsgehäuses mit Standard-Nachbrennkammer
[7] die Nachbrennkammer kann mit zusätzlichen Spezial-Formsteinen in der Tiefe variabel, bis zum angegebenen Wert der Obertiefe angepaßt werden; im Lieferumfang ist die Standard-Nachbrennkammer enthalten.
[8] einschließlich Luftverteilungsgehäuse, Edelstahl-Durchbranddüse, Heiz- und Aschentür
[9] ohne Backfachboden- bzw. Feuerraum-Deckenstein
[10] einschließlich Backfachboden- bzw. Feuerraum-Deckenstein

Bild 4.15 3-Stufen-Verbrennungstechnik für Holzbrand, Powall-Vario; Kanderner Tonwarenfabrik
a) Längsschnitt;
b) mögliche Anordnungen der Nachbrennkammer;
c) technische Kenndaten der Powall-Grundofenfeuerungen

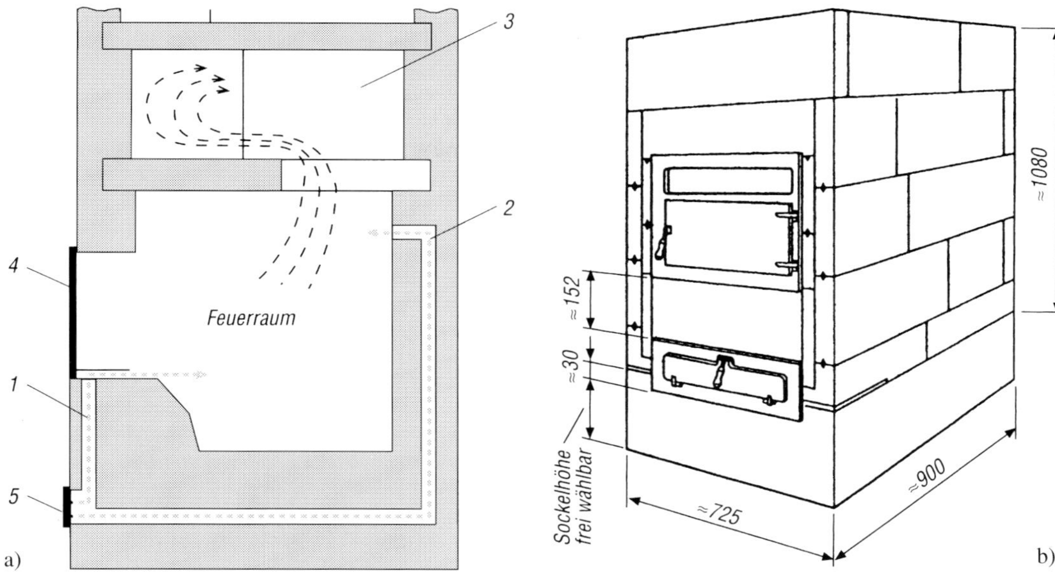

Bild 4.16. Holzbrand-Ofensystems der Wolfshöher Tonwerke
a) Längsschnitt durch Feuerraum und Nachbrennkammer; b) Ansicht mit Bemaßung
1 Primärluft; *2* Sekundärluft; *3* U-förmige Nachverbrennungszone; *4* Falltür; *5* Verbrennungslufttür

Bild 4.17. Modell des Bio-Feuerraums II aus reihbaren Schamotte-Elementen für jede Feuerraumgröße,
Fa. Aug. Rath jun. AG, Wien

► **Es soll jedoch immer beachtet werden, dass der Feuerraum so hoch gebaut wird, wie es die Konstruktion des Ofens zulässt (vorwiegend bei langflammigen Brennstoffen wie Braunkohlenbriketts).**

Trotzdem kann das nicht so absolut gelten. Grundsätzlich muss der Ausbau nach dem zur Verfügung stehenden Schornsteinunterdruck gewählt und ausgeführt werden.

Als Maßstab für die Größe des Schornsteinunterdrucks kann auch die Lage des Mietbereichs, in dem die Feuerstätte zu bauen ist, angenommen werden.

Mit zunehmender Größe der wirksamen Schornsteinhöhe, also in den unteren Etagen eines Gebäudes, ist der Unterdruck größer als in den oberen Etagen. Dieser Hinweis gilt für normal funktionierende Schornsteine.

Sonderbauarten und modern gestaltete Kachelöfen können von diesen Richtwerten der Feuerraumhöhen abweichen.

Mit dem hohen Feuerraum wird die Grundforderung erfüllt, dass zur Verbrennung *Raum und Zeit* gehören:

Raum, um die Wärmeübertragung durch intensive Flammenstrahlung wirksam werden zu lassen;

Zeit, um eine gute Mischung der aus dem Brennstoff ausströmenden Gase mit dem Sauerstoff der Verbrennungsluft zu ermöglichen und das Gas-Luft-Gemisch in Flammenbildung übergehen und ausbrennen zu lassen.

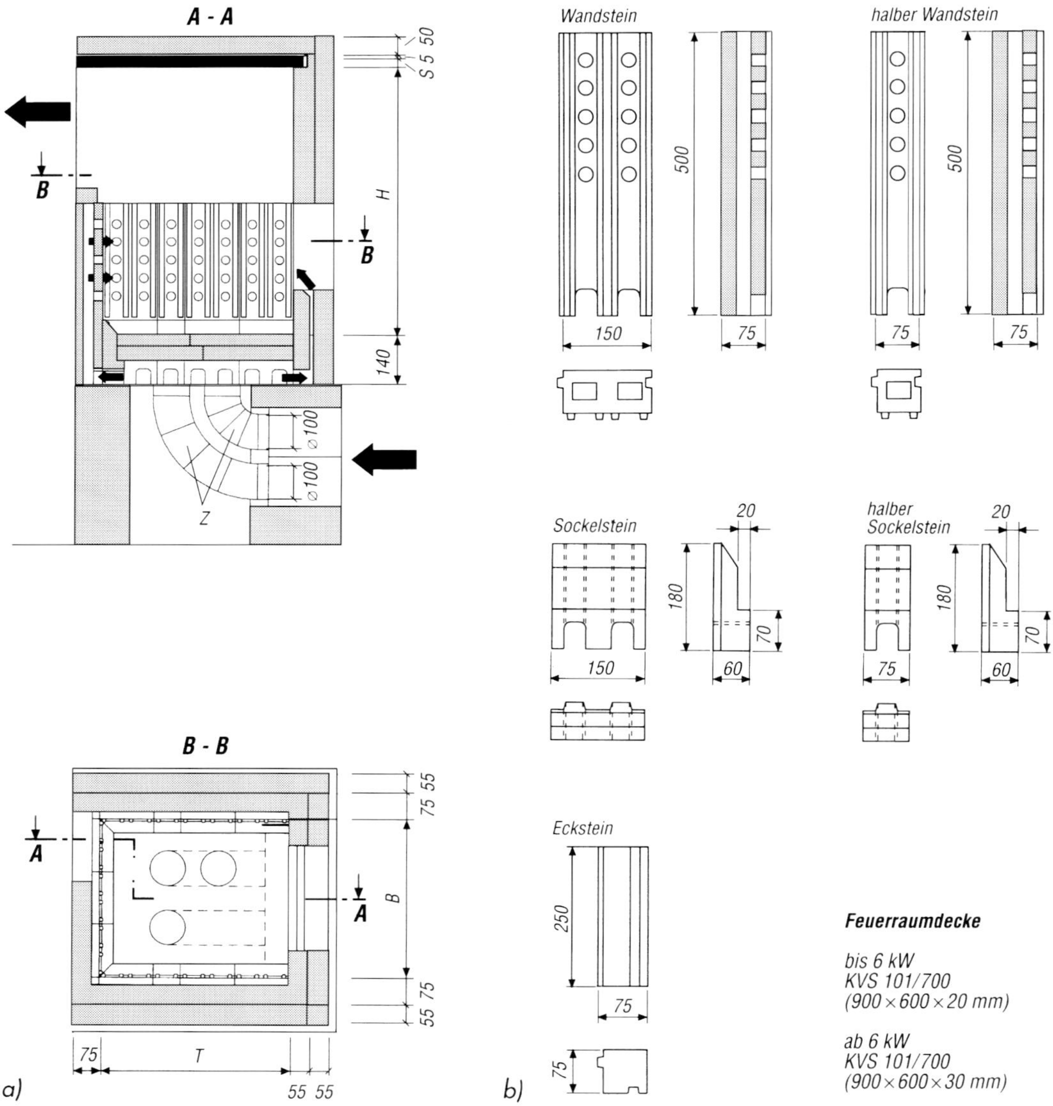

Bild 4.18. Bio-Feuerraum II: *a)* Schnitte; *b)* Bauteile

In zu niedrigen Feuerräumen verbrennen die sich bildenden Schwelgase durch Mangel an Raum und Zeit nur teilweise und ziehen unausgenutzt in den Schornstein. Die Folge davon sind verrußte Züge des Ofens, großer Brennstoffverbrauch und niedriger Wirkungsgrad.
Ein hoher Feuerraum ist auch in zeitgemäßen Kachelöfen möglich und sollte bei der Konstruktion wie auch beim Bau berücksichtigt werden, um den eben beschriebenen Effekt zu erreichen.
Die Länge eines nachfolgenden Zugsystems ist in hohem Maße vom Grad der Verbrennung abhängig, selbstverständlich auch von der zur Verfügung stehenden Schornsteinkraft.

4.5.2. Rostfeuerung

Der Rost hat die Aufgabe, die erforderliche Brennstoffmenge aufzunehmen und ihr die nötige Verbrennungsluftmenge zuzuführen sowie den Durchlass der Verbrennungsrückstände zu ermöglichen.

4.5.2.1. Rostarten

In den verschiedenen häuslichen Feuerstätten werden unterschiedliche Roste eingebaut. Ihre Art ist von der Art der Feuerstätte abhängig. Man muss zunächst zwischen zwei **Hauptgruppen** unterscheiden:

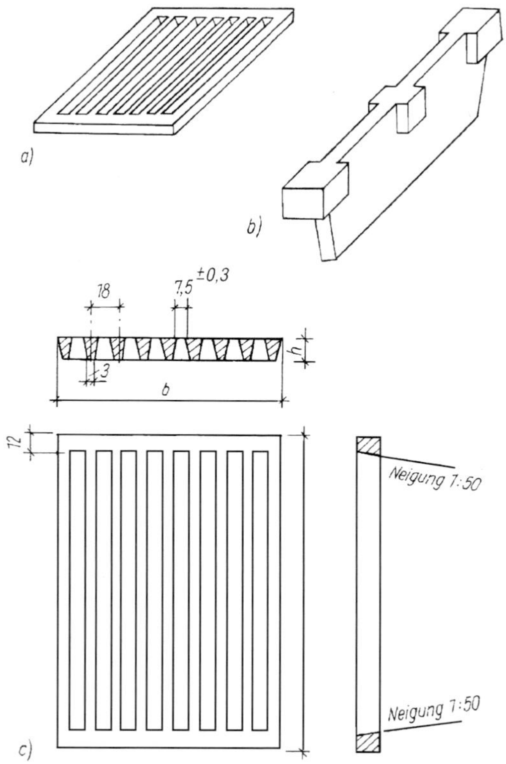

Bild 4.19. Starre Roste
a) Tafelrost;
b) Stabrost;
c) Tafelrostmaße

- starre Roste
- bewegliche Roste.

Zu den starren Rosten gehören die Tafelroste und die Stabroste (Bild 4.19.).

Tafelroste werden vorwiegend in Kachelgrundöfen verwendet. Aber auch in transportablen ortsbeweglichen Raumheizern, in Herden oder Feuerstätten mit Kesseln zur Warmwasserbereitung oder zu landwirtschaftlichen Zwecken, wie Futteraufbereitung, baut man sie ein.
Stabroste bestehen aus mehreren einzelnen Roststäben, die aneinander gereiht werden. Sie eignen sich hauptsächlich für größere Kesselfeuerungen und große Wirtschaftsherde.
Von den beweglichen Rosten werden in der Praxis vorwiegend der Drehrost und der Rüttelrost eingebaut. Alle beweglichen Roste liegen in einem Grauguss-Rostlager, das starr, aber mit genügend Dehnungsraum zum keramischen Material eingebaut wird.
Beim **Drehrost** ist ein Rundrost durch ein Gestänge drehbar eingelagert, wodurch die Asche und alle Schlackenansätze gut durchgesetzt werden können. Er

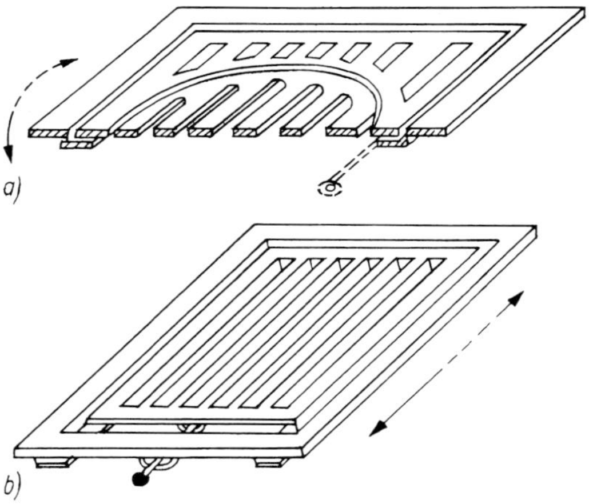

Bild 4.20. Bewegliche Roste
a) Drehrost; *b)* Rüttelrost

findet überwiegend bei Heizeinsätzen für feste Brennstoffe zum Bau von Kachelofen-Warmluftheizungen Verwendung. Auch wird er in so genannten eisernen Öfen, in Badeöfen und in transportablen keramischen Raumheizern eingebaut (Bild 4.20.).
Rüttelroste werden hauptsächlich für transportable Raumheizer aus Keramik oder aus Grauguss sowie in Haushaltherden aller Art verwendet.
Der **Rüttelrost** ist ein in seinem Rostlager gelagerter Tafelrost, der durch ein Gestänge waagerecht hin- und hergeschoben, eben gerüttelt werden kann.

4.5.2.2. Wahl des Rostes

Die richtige Wahl des Rosts ist von außerordentlicher Bedeutung.

► **Zu kleine oder zu große Roste können eine mangelhafte Verbrennung bewirken.**

Tritt zu viel Verbrennungsluft durch einen zu groß gewählten Rost, so werden die sich aus dem Brennstoff entwickelnden Gase zu stark abgekühlt. Bei zu klein gewählten Rosten kann zu wenig Verbrennungsluft zur Feuerstelle gelangen, sodass auch hier nur eine schlechte Verbrennung stattfindet. In beiden Fällen sind die Temperaturen des Gas-Luftgemischs zu niedrig, können nicht zünden und ausbrennen und strömen statt hochtemperierten Heizgases als Rauchgas mit niedrigen Temperaturen durch das Zugsystem. Dadurch werden die Züge des Ofens stark verrußt. Außerdem kann durch Rußablagerungen und möglicher Kondenswasserbildung eine Versottung des Schornsteins eintreten. Der Wirkungsgrad ist zu niedrig und der Brennstoffverbrauch zu hoch. Die Wirtschaftlichkeit der Öfen ist in beiden Fällen beeinträchtigt.

► **Auf die Wahl des Rosts hat neben der Heizflächengröße des Ofens noch die Brennstoffart Einfluss.**

Bei Verwendung gemischter Brennstoffe, d. h. Holz und Kohle etwa im gleichen Verhältnis, wie wir es in waldreichen und gebirgigen Gegenden immer noch finden, kann der Rost kleiner sein als bei Öfen, die ausschließlich mit Kohle gefeuert werden (ausgenommen sind selbstverständlich die geringen Mengen Holz als Zündmittel). Das trifft auch auf Öfen zu, die eine Rostfeuerung haben und ausschließlich mit Holz betrieben werden.
Holz hat einen hohen eigenen Sauerstoffgehalt und braucht deshalb weniger Verbrennungsluft im Vergleich zu Kohle.
Für Kachelöfen mit Kohlefeuerung gilt die Forderung, dass die Rostgröße den hundersten Teil seiner Heizfläche beträgt

$$R = \frac{A_K}{100} \quad \text{in cm}^2$$

Bei Öfen, in denen Holz und Kohle etwa 50:50 oder Holz überwiegend bzw. ausschließlich verfeuert wird, ist zu empfehlen, den Rost kleiner zu halten. Eine feste Formel lässt sich hier nicht aufstellen, da der Holzanteil verschieden groß sein kann und die Art des Holzes wechselt.

4.5.2.3. Berechnung der Rostgröße

Bei Kohlefeuerung soll der Rost also den einhundertsten Teil der Heizfläche betragen. Die genannte Formel ist aber noch nicht vollständig. Sie muss noch erweitert werden. Die Heizfläche wird in m^2 angegeben, der Rost aber in cm^2.
Da 1 m^2 = 10000 cm^2 hat, ist die Formel entsprechend zu ändern auf

$$R = \frac{A_K \cdot 10000}{100} \quad \text{in cm}^2$$

Beispiel

Für eine Ofengröße mit einer Heizfläche von $A_K = 4{,}9$ m^2 beträgt die Rostgröße

$$R = \frac{4{,}90 \cdot 10000}{100}$$

$$R = \underline{\underline{490 \text{ cm}^2}}$$

Die errechnete Rostgröße stimmt mit den in der Praxis erhältlichen Rosten meist nicht überein. Bei der Vielfalt der Heizflächengrößen kann man nicht für jede eine besondere Rostgröße haben. Es gibt den Abmessungen der Kachelöfen entsprechend eine gewisse Anzahl Roste, deren Größen der Tabelle 4.3. „Tafelroste" zu entnehmen sind.
Aus dieser Tabelle sucht man eine Rostgröße heraus, die der errechneten Rostfläche nahe kommt.
Liegt die errechnete Rostgröße einmal genau zwischen zwei in der Tabelle angegebenen Rostgrößen, so richtet man sich in der Praxis nach dem Schornsteinunterdruck und wird bei normalem bis starkem Unterdruck die nächstkleinere, bei schwachem Unterdruck die nächstgrößere Rostgröße wählen.

Tabelle 4.3. *Tafelroste*

Breite *b* in mm	**Länge** *l* in mm	**Rostfläche** *R* in cm^2	**Höhe** *h* in mm
154	210	323	
172	210	361	
190	210	399	
190	240	456	15
190	260	494	
190	280	532	
190	310	589	
210	260	546	
210	310	651	
240	260	624	20
240	310	744	

Für das vorangegangene Berechnungsbeispiel ist aus Tabelle 4.3. ein Rost in der Größe $R = 494$ cm^2 (190 × 260 mm) zu wählen. Diese gewählte Rostgröße ist das endgültige Ergebnis der Rostberechnung. Für die weitere Innenausbauberechnung bildet er die Grundlage.
Für große Wirtschaftsherde und für Kesselfeuerungen werden Rostgrößen benötigt, für die die Tafelroste nicht mehr ausreichen. In diesen Fällen werden Stabroste eingebaut. Durch Hinzufügen oder Weglassen eines oder mehrerer Stäbe sind beliebig veränderliche Rostgrößen möglich.

► **Die Rostgröße ist von der nutzbaren Kochplattenfläche abhängig und soll ein Zwölftel von ihr betragen.**

Wichtig für den Praktiker ist es zu wissen, wie viel **Roststäbe** er bei einer bestimmten Länge nebeneinander legen muss, um die notwendige Rostgröße zu erhalten. Tabelle 4.4. gibt Aufschluss über Länge, Breite und Fläche der Roststäbe. Für jede Länge sind zwei Breiten und damit auch zwei Flächen angegeben.
Bild 4.21.a zeigt den Kopf eines Roststabs mit einer Gesamtbreite von 15 mm. Die Stabbreite beträgt 9 mm, sodass beiderseits 3 mm für die Rostspalte frei bleiben.
Legt man nun die Roststäbe nebeneinander, so ergeben sich Rostspaltenbreiten von 6 mm. Bei Bild 4.21.b ist der Roststabkopf 20 mm breit, und die Stabbreite beträgt 12 mm, sodass beiderseits je 4 mm frei bleiben. Durch Zusammenlegen zweier dieser Stäbe entsteht 8 mm Rostspaltenbreite.
Diese Unterscheidung ist erforderlich, weil es verschiedenartige Brennstoffe gibt.

Tabelle 4.4. *Roststäbe*

Länge in mm	**Breite** in mm	**Fläche** in cm^2
200	15	30
	20	40
250	15	37,5
	20	50
280	15	42
	20	56
300	15	45
	20	60
340	15	51
	20	68
360	15	54
	20	72
400	15	60
	20	80

- Stabroste aus Roststäben mit 6 mm Spaltenbreite werden eingebaut, wenn der Brennstoff gasreich, kleinstückig und nichtbackend ist (Braunkohle, Torf, Holz; auch Braunkohlenbriketts).
- Stabroste aus Roststäben mit 8 mm Spaltenbreite werden eingebaut, wenn der Brennstoff gasarm, großstückig und backend ist (Koks, Steinkohle und Anthrazit).

Beispiel

Die Anzahl der Roststäbe für einen Wirtschaftsherd mit einer nutzbaren Kochplattenfläche von 850 mm × 1400 mm = 11 900 cm^2 ist zu berechnen. Die Formel lautet

$$R = \frac{K_n}{12} \quad \text{in cm}^2$$

$$R = \frac{11\,900}{12}$$

$$R = \underline{\underline{992\ \text{cm}^2}}$$

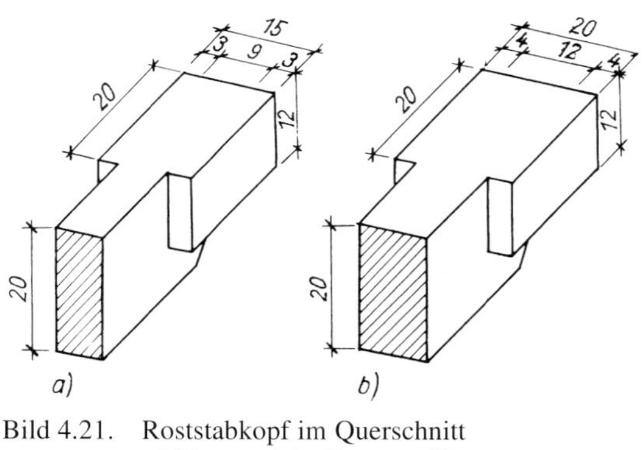

Bild 4.21. Roststabkopf im Querschnitt
a) für gasreiche Brennstoffe;
b) für gasarme Brennstoffe

Das ist zunächst die Rostgröße. Es muss nun noch die Anzahl der Roststäbe bestimmt werden.
Bei diesem Herd lassen sich Roststäbe mit einer Länge von 360 mm einbauen. Als Brennstoff dienen Braunkohlenbriketts. Damit können wir aus Tabelle 4.4. die Roststabfläche entnehmen und in die folgende Berechnung einsetzen:

$$\text{Roststabanzahl} = \frac{\text{errechnete Rostgröße in cm}^2}{\text{Roststabfläche in cm}^2}$$

$$R_a = \frac{R}{R_s} \quad \text{in Stück}$$

$$R_a = \frac{992}{54}$$

$$R = \underline{\underline{18{,}4\ \text{Stück}}}$$

Es werden also rd. 18 Roststäbe (360 mm × 15 mm) gebraucht.

4.5.2.4. Freie Rostfläche

Die Rostgröße in cm^2 ist ein Baumaß, das durch die Außenmaße des Rosts bestimmt wird. Baut man diesen Rost in eine Feuerstätte ein, so muss er zur Dehnung allseitig frei liegen, damit er das keramische Material nicht auseinander treibt oder zerstört.
Die Rostgröße mit ihrer allseitigen Dehnungsfuge zum keramischen Material nennt man **Rostfläche.**
Die Rostfläche ist die senkrechte Projektion der Brennfläche.
Je älter ein Brennstoff ist, desto größer ist der Gehalt an brennbaren Bestandteilen. Der eigene Sauerstoffgehalt wird damit kleiner. Daraus ergibt sich der unterschiedliche Verbrennungsluftbedarf der einzelnen Brennstoffarten.
Die Art des Rosts, die Dicke der Roststäbe und die Weiten der Rostspalten hängen von der Brennstoffart ab. Um die nötige Verbrennungsluftmenge gleichmäßig zuzuführen, hat der Rost eine bestimmte Anzahl Rostspalten. Die Summe dieser Spaltenflächen soll bei Kohlefeuerung etwa 31% der Rostgröße betragen; sie wird zusammen mit der allseitigen Dehnungsfuge um den Rost als **freie Rostfläche** bezeichnet.

► **Die freie Rostfläche ist der für den Durchtritt der Verbrennungsluft bestimmte freie Teil der Brennfläche.**

Da der Verbrennungsluftbedarf der Brennstoffe für die Größe der freien Rostfläche nicht allein bestimmend ist, sondern auch die Stückigkeit und das Verhalten während der Verbrennung in Bezug auf Zerfall, wird für die freie Rostfläche eine Toleranz von mindestens 33 % und höchstens 45 % der Brennfläche angegeben.

4.5.2.5. Einbau des Rosts

Die Funktion, aber auch die Leistung einer Feuerstätte sind vom fachgerechten Einbau des Rosts abhängig. Dafür gibt es vier wesentliche Merkmale:

- Der Rost muss allseitig zum keramischen Material eine **Dehnungsfuge von 5 mm** haben, da er sich bei Erwärmung um rd. 2,5 % seines Volumens ausdehnt. Diese allseitige Dehnungsfuge ermöglicht gleichzeitig ein leichteres Durchfallen der Asche, lässt eine Kühlung des Rosts sowie den Zutritt von Verbrennungsluft zu.
  Außerdem werden Treibungen sowohl beim Schamotte-Ausbaumaterial als auch beim Kachelmantel vermieden. Bei zu straff eingebauten Rosten bilden sich Fugen im Kachelmantel, durch die nach Ablauf des Verbrennungsprozesses Raumluft angesaugt wird, da der Ofen mit dem Schornstein verbunden im Unterdruck steht. Eine frühzeitige Abkühlung und Minderung der Leistung sind die Folge. Es kann aber auch zu einer Deformierung des Rostes kommen, bei der sich Roststäbe verziehen und größere Rostspalten bilden. Durchfallen von Brennstoff- und Glutteilchen erhöhen damit den Rostverlust und damit den Brennstoffbedarf.
- Bei Kachelöfen soll der Rost **60 mm tiefer als die untere Feuertürzarge** liegen. Damit wird eine Muldenfeuerung geschaffen, die verhindert, dass beim Öffnen der Feuertür bzw. der Innentür Glut herausfällt. Außerdem ist es möglich, eine größere Brennstoffmenge auf einmal anzulegen. Wird Normkachelmaterial verwendet und das geforderte Baumaß des Ascheraums von 130 mm eingehalten, so ergeben sich zwangsläufig die geforderten 60 mm (Bild 4.22.). Werden Rostvorlagen verwendet, so sind die 60 mm ebenfalls garantiert.
- Beim Einlegen des Rosts ist darauf zu achten, dass er **nicht seitenverkehrt** eingelegt wird. Die breitere Fläche der Roststäbe muss nach oben gekehrt sein. Dadurch ergeben sich schmale Rostspalten, die durch den trapezförmigen Querschnitt des Stabs nach unten weiter werden. Die Asche kann ungehindert durchfallen. Wird der Rost verkehrt eingelegt, so kann sich die Glut in den Rostspalten verklemmen, weil die breitere Öffnung jetzt nach oben gekehrt ist. Die Folge dieses Fehlers sind meist durchgebrannte und verzogene Roste (Bild 4.23.).
- **Als Rostunterlagen** für die hintere Auflage des Rosts sollen **nur** solche Stabprofile verwendet werden, die dem Rost eine geringe Fläche zukehren, um ausreichend Verbrennungsluft zuströmen zu lassen, die außerdem für eine Kühlung des Rosts sorgt. Die Idealform wären Rund- oder Dreikantprofile. Keinesfalls dürfen Flachprofile gewählt und eingebaut werden. Diese würden einen Teil des Rosts bzw. der Rostspalten verdecken und eine Minderung der Verbrennungsluftzufuhr bewirken. Zum anderen lagert sich Glut an diesen Stellen ab und ermöglicht ein Durchbrennen des Rosts (Bild 4.24.).
  Als vordere Auflage für den Rost hat sich die Rostvorlage aus Grauguss bewährt (Bild 4.25.). Durch ihre Luftschlitze ist eine Kühlung der unteren Feuertürzarge möglich. Obwohl der Rost hier auf einer Fläche liegt, kann er nicht schadhaft werden, da es nur der Rostkamm ist.

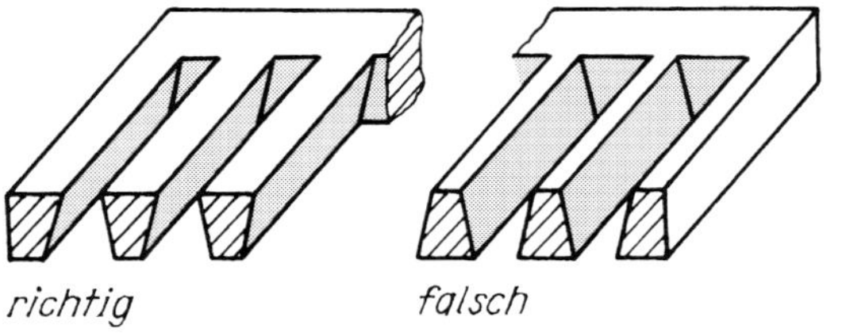

Bild 4.23. Einlegen von Rosten

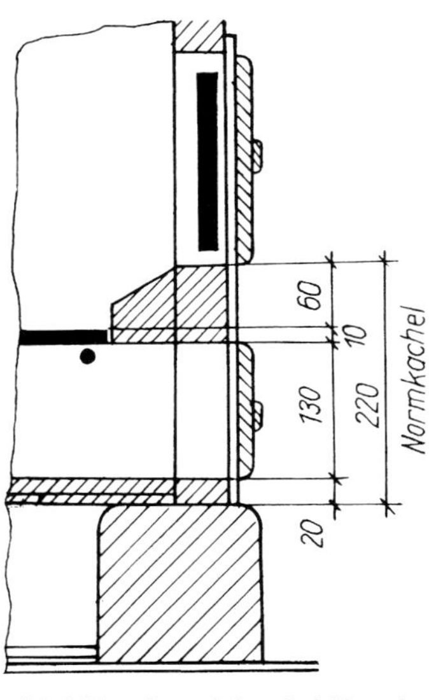

Bild 4.22. Rosteinbau bei Normkachelmaterial

4.5.3. Ofentüren

4.5.3.1. Feuergeschränk – Ofentüren

Für Kachelgrundöfen mit Rostfeuerung werden bei Verbrennung schwarzer Brennstoffe **zweiteilige Feuergeschränke** eingebaut, bestehend aus Feuer- und Aschetür (Bilder 4.26.a bis c).

Die Feuertür soll nur zum Beschicken der Feuerstätte mit Brennstoff dienen. Durch die Aschetür dagegen strömt einerseits die Verbrennungsluft ein, die durch den Rost zur Brennstoffschicht gelangt, andererseits wird durch sie die Feuerstätte entascht.

Bild 4.24. Rostunterlagen für Tafelroste

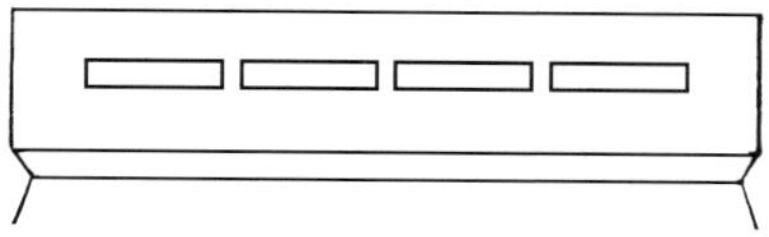

Bild 4.25. Rostvorlage für Tafelroste

Feuertüren mit Rosette oder ähnlichen Einrichtungen zum Zweck der Luftzufuhr sind bei Rostfeuerungen nicht geeignet, da der Anteil der durch Aschetür, Rost und Brennstoffschicht strömenden Verbrennungsluft gemindert wird. Diese Art der Luftzufuhr ermöglicht eine Vorwärmung am Rost – bei seiner gleichzeitigen Kühlung – und in der entzünden Brennstoffschicht.
Einströmende Luft durch die Rosette der Feuertür hat durch die temperierte Ofentür nur einen geringen Wärmeinhalt und ist deshalb in ihrer Wirkung fragwürdig. Bei der Feuertür (Bild 4.27.) erfolgt eine stärkere Vorwärmung der Luft. Derartige Türkonstruktionen sind zur Verbrennungsluftzufuhr als Teilstrom geeigneter als nur eine Rosette. Deshalb bleibt der Lufteintritt durch Aschetür und Rost dennoch die wirkungsvollste Art.
Bei Holzbrandöfen ohne Rost wird nur eine „Ofentür" eingebaut, durch die die Beschickung mit Brennmaterial erfolgt und die Entaschung vorgenommen werden kann.
Das **Feuergeschränk mit Rostlager und Rost** hat gegenüber den bisherigen Balkentüren sowohl gestalterische als auch funktionelle Vorteile (Bild 4.28.). Der Einbau bringt jedoch Veränderungen gegenüber anderen Türen mit sich.
Beide Türen sind gleichgroß und sitzen mit nur geringem Abstand aufeinander. Hier muss der Ofenbauer beim Einbau auf lotrechten Sitz achten, damit beide Türen, ohne sich gegenseitig zu behindern, geöffnet werden können.

Rost- und Aschekastenabmessungen

Benennungen	l_1 ±1	l_2 ±1	l_3 ±1	b ±1	h ±1
Rost	220	260	300	170	15
Aschekasten	320	360	400	170	70

Das Rostlager ist auf die entsprechende Rostlänge verstellbar.

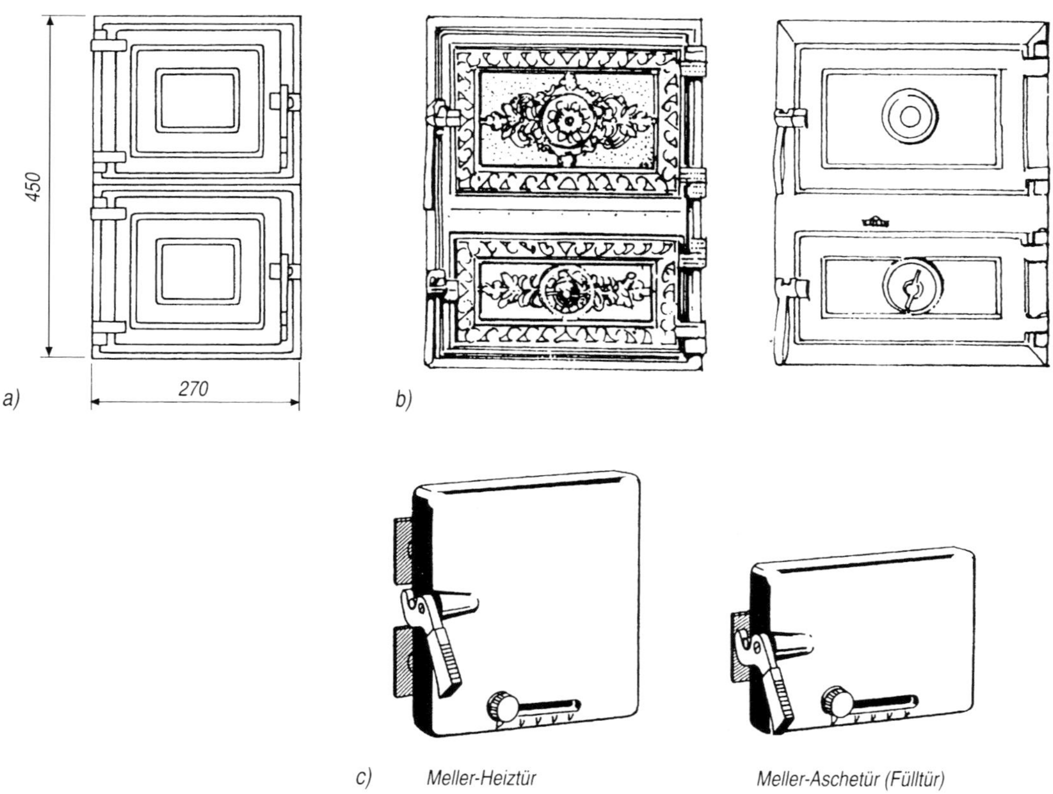

Bild 4.26. Kachelofentüren
a) Türgeschränk; *b)* Feuergeschränk aus alten Kachelöfen; *c)* Meller-Heiz- und Aschetür

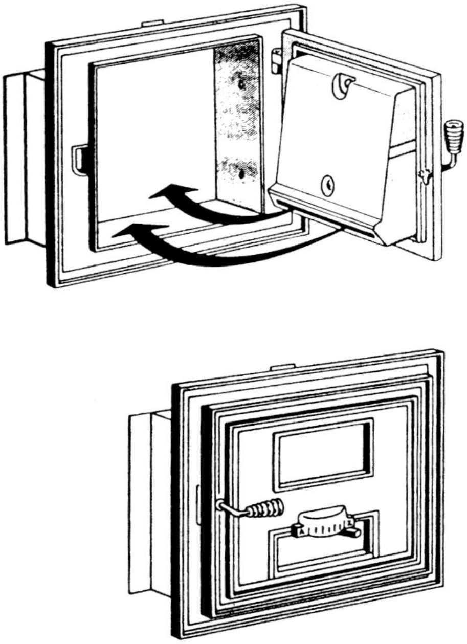

Bild 4.27. Geeignete Türkonstruktion zur Vorwärmung der Verbrennungsluft

4.5.3.2. Ofentüren und ihre Funktion

Das Sortiment der im Handel angebotenen Ofentüren ist groß. Da gibt es Türen mit aufgeschliffenen Dichtflächen, mit Weichdichtung und solche mit Kittfalz. Jede Tür kann die an sie gestellten Erwartungen erfüllen, wenn sie solid hergestellt ist, fachgerecht ausgewählt und eingebaut wurde und dem Geschmack des Bauherrn entspricht.

Die so genannten **Kittfalztüren** werden nur noch selten verwendet. Sie sind in ihren Abmessungen unvorteilhaft und fragwürdig in der Dichtung. Die Aschetür hat nur eine sehr geringe Höhe, sodass zwar für den Eintritt der Verbrennungsluft noch genügend freier Raum ist, der eingeschobene Aschekasten die an ihn gestellten Forderungen jedoch nicht immer erfüllt. Nur selten beträgt der Rauminhalt des Aschekastens 0,5 l je 1160 W stündlicher Heizleistung des Ofens. Die geringe Bauhöhe der Aschetür erfordert den Einbau eines Kachelstreifens zwischen ihr und der Feuertür – ein zusätzlicher Arbeitsgang, der vermieden werden kann.
Schließlich wäre die Kittfalzdichtung ideal, wenn der Kitt im Falz besser haften bliebe. Durch die ständige Erwärmung trocknet er aber aus, wird spröde und bröckelt heraus. Leider bleibt dann die Feuerstätte über Wochen oder gar Monate hinweg in diesem Zustand, und durch den entstandenen offenen Falz strömt Falschluft in den Ofen ein. Damit sind eine Minderung der Leistung des Ofens sowie eine Verringerung der Speicherfähigkeit verbunden.
Die **Türen mit aufgeschliffenen Dichtflächen** bzw. Weichdichtung haben Aschetüren, durch die ein ausreichend großer Aschekasten eingeschoben werden kann und ansonsten die verbrennungstechnischen Anforderungen erfüllen. Aschetür und Feuertür sitzen aufeinander und erfordern keinen Kachelstreifen und der Aufschliff bzw. die Weichdichtung ergeben über viele Jahre hinweg eine genügende Dichtheit.
Bei Kachelgrundöfen kommt es vor, dass nach dem Abbrand des Brennstoffs, wenn die Türen zur Neubeschickung des Ofens geöffnet werden, schwarze Kohlerückstände auf dem Rost vorzufinden sind. Das ist ein Zeichen für die völlige Dichtheit der Türen, sowie des Kachelmantels. Die Glut, die durch das Schließen der Türen möglichst lange gehalten werden soll, um dem Ofen eine lange Speicherfähigkeit zu geben, braucht zu ihrer restlosen Vergasung und Verbrennung

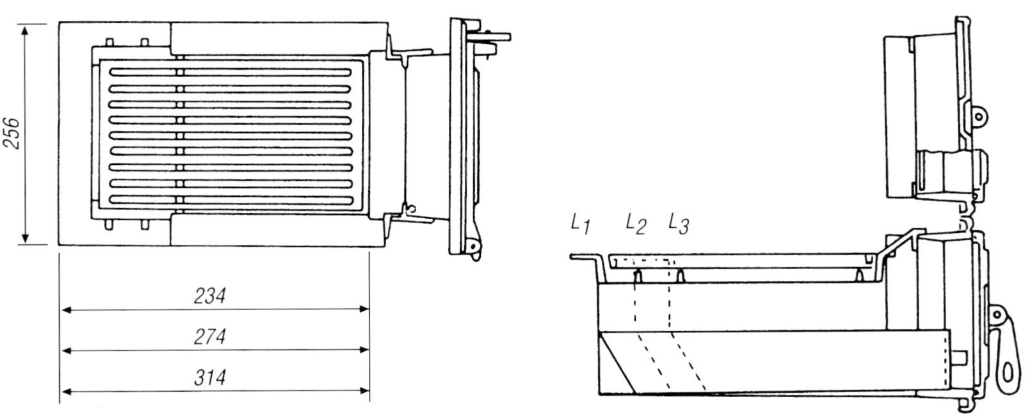

Bild 4.28. Tafelrost mit Rostlager
a) Draufsicht; *b)* Seitenansicht

Sauerstoff. Dieser dringt durch die feinen Undichtheiten der Tür in die Feuerstätte ein und lässt die Glut (Koks) bis zur völligen Aschebildung verbrennen.

$CO + {}^1/_2\,O_2 \rightarrow CO_2$ bzw. $C + O_2 \rightarrow CO_2$

Durch Einklemmen einer feinen Nadel – oft genügt auch schon eine Nadelspitze – zwischen die Dichtflächen der Tür und den Rahmen ergibt sich ein schmaler Spalt, der genügend Luft einströmen lässt. Verfährt man einige Tage so, dann verzieht sich die Feuertür etwas und behält eine bleibende Undichtheit. Bei dieser Selbsthilfe sollte man jedoch Fingerspitzengefühl walten lassen.

4.5.3.3. Einbau der Ofentüren

► **Beim Einbau der Füll-, Feuer- und Aschetüren muss beachtet werden, dass sie fest (haltbar) und elastisch dicht in den Kachelmantel eingefügt werden.**

Die einzelnen Türen müssen sich bei Erwärmung nach allen Seiten ausdehnen können, deshalb ist zwischen den anstoßenden Kacheln bzw. Kachelecken und dem Türrahmen eine **Dehnungsfuge** zu lassen. Diese soll mit Schlackenwolle, einem anderen geeigneten Dämmstoff oder auch mit Wellpappe ausgefüllt sein (Bild 4.29.). Dämmstoffe sind elastisch und geben bei Ausdehnung des Türrahmens nach, ohne zu treiben. Die Wellpappe (nur als Notbehelf verwendet!) trocknet beim Heizen des Ofens aus und verkohlt. Der dadurch entstandene freie Raum dient zur Dehnung des Feuergeschränks. Die Dichtheit des Kachelmantels um das Geschränk ist jeoch nicht so vollkommen wie bei Verwendung von Dämm-Material.
Es ist auch noch üblich, über der Feuertür von Eckkachel zu Eckkachel einen **Anker** aus 4 mm dickem Draht zu legen. Dieser soll hinter dem Rumpfbart der Kachel bzw. der Kachelecke anliegen.
Beim Abreißen von Öfen sieht man oftmals, dass der Anker falsch verlegt worden war. Die Kachelecken hatten in den Rundungen des Rumpfs ein kleines Loch, das zum Einhängen des Ankers benutzt wurde. Ein Reißen der Ecken war dann oft die Folge. Das kleine runde Loch ist vom Kachelformer lediglich zur besseren Trocknung angebracht worden, da an dieser Stelle das Werkstück sehr dick ist und schlechter trocknen kann als die dünnwandigen Teile.
Der Anker soll also nur hinter dem Rumpfbart leicht federnd verlegt werden. Wird dann fachgemäß verzwickt, so bekommt der Anker genügend Halt und erfüllt seinen Zweck.

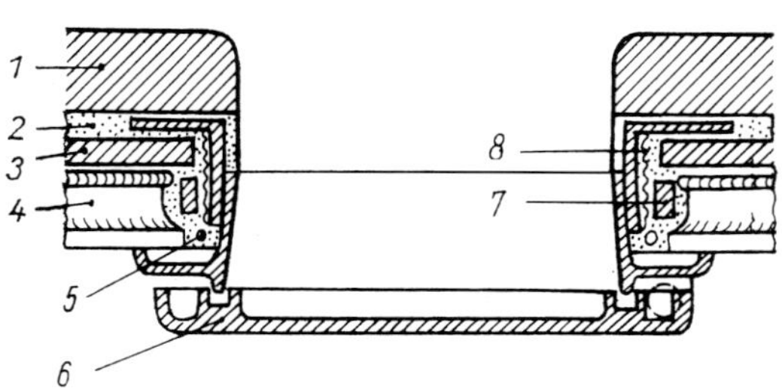

Bild 4.29. Querschnitt durch eine eingebaute Feuertür
1 Schamottevorschub; *2* Lehmfuge; *3* Schamotteplatte; *4* Kachel; *5* Dichtschnur; *6* Feuergeschränk; *7* Schamottestreifen; *8* Wellpappe bzw. Dämmstoff

► **Beim Einbau der Feuertür ist auch auf die Auswechselbarkeit der Innentür zu achten.**

4.6. Gasschlitz (Bypass)

In der Praxis bestehen unterschiedliche Meinungen über Funktion und Einbau eines Gasschlitzes. Diese reichen von der Ablehnung über Warnungen vor Überbewertung bis zur Befürwortung.

4.6.1. Funktion des Gasschlitzes

Geht man von der Verbrennung aus, so muss man den Weg von der einströmenden Verbrennungsluft, der Erwärmung und Entgasung des Brennstoffs, der Bildung des Gas-Luftgemischs und seiner Entzündung bis zur Flammenbildung verfolgen. Soweit der Normalfall bei ungestörten Verbrennungsverhältnissen.
Nicht jede Verbrennung verläuft aber so geradlinig.
Bei allen Teilprozessen können Störungen auftreten. So kann die Verbrennungsluftzufuhr gestört sein, weil z. B. der Schornsteinunterdruck nicht ausreicht, um die Feuerstätte mit der erforderlichen Verbrennungsluftmenge zu versorgen. Auch strömt zu wenig Luft ein, wenn die Rostgröße falsch bemessen und zu klein eingebaut wurde. Es kann aber auch die Dichte einer Brennstoffschicht sein, die den Luftdurchlass behindert.
Bei all diesen Fällen herrscht jedenfalls **Luftmangel.** Die dem Brennstoff ausgetriebenen brennbaren Gaskomponenten werden dann unzureichend mit Luftsauerstoff abgedeckt, bleiben unverbrannt und strömen als gebundene Wärme durch das Zugsystem des Ofens und den Schornstein ins Freie. Geschieht das so, sind Wärmeverluste zu verzeichnen.
Es kann aber auch sein, dass Rauchgase mit geringem Wärmeinhalt nicht den erforderlichen Auftrieb haben, um störungsfrei über Dach abströmen zu können.
Es ist nun einmal so, wenn dem Schornstein keine Leistung angeboten wird, die immer von der Temperatur abhängig ist, entstehen unzureichende Unterdruckverhältnisse. Die Folge ist Rauchgasstau im Schornstein, im Zugsystem der Feuerstätte oder im Feuerraum.

Anhand einer Schornsteinunterdruckberechnung wird augenfällig, dass die Rauchgastemperatur beim Eintritt in den freien Querschnitt des Schornsteins entscheidenden Einfluss auf die Auftriebskraft hat.

Beispiel

An einen Hausschornstein aus Ziegelmauerwerk mit 4 m wirksamer Schornsteinhöhe, als erforderliche Mindesthöhe (von Mitte Rauchrohr bis Schornsteinmündung über Dach), ist ein Grundkachelofen angeschlossen, dessen Rauchgastemperatur am Schornsteineintritt 110 °C beträgt. Die Außenlufttemperatur beträgt 5 °C. Welche Größe hat in diesem Fall der rechnerische Schornsteinunterdruck?
Die Formel lautet

$$H = h_W(\varrho_L - \varrho_R) f_S \cdot 10 \quad \text{in Pa}$$

h_W	wirksame Schornsteinhöhe	in m
ϱ_L	Dichte der Außenluft	in kg/m³
ϱ_R	Dichte der Rauchgase	in kg/m³
f_S	Strömungsfaktor (Widerstand)	–

Angewendet auf das Beispiel

h_W = 4,0 m
ϱ_L = 5 °C = 1,2699 kg/m³ (lt. Tabelle 5.1.)
ϱ_R = 110 °C = 0,936 kg/m³ (lt. Tabelle 5.2.)
f_S = 0,45 (bei Ziegelmauerwerk)
10 = gerundeter Umrechnungsfaktor (9,81) von mm WS auf Pa (Pascal)

$$H = 4{,}0\,(1{,}2699 - 0{,}936)\,0{,}45 \cdot 10$$
$$H = \underline{\underline{6{,}01}}\ \text{Pa}$$

Erhöht sich die Rauchgastemperatur am Schornsteineintritt auf 180 °C, beträgt der Unterdruck

$$H = 4{,}0\,(1{,}2699 - 0{,}793)\,0{,}45 \cdot 10$$
$$H = \underline{\underline{8{,}58}}\ \text{Pa}$$

Diese Auftriebskraft von rd. 8,6 Pa reicht selbst bei einer geringen wirksamen Schornsteinhöhe von 4,0 m und einer relativ milden Wintertemperatur von 5 °C aus, um die Funktion eines Grundkachelofens herzustellen.
Die Rauchgastemperatur ist es also, mit der die Auftriebskraft bei sonst gleichen Verhältnissen – wie das Beispiel zeigt – positiv beeinflusst werden kann.
Bei Kachelgrundöfen wird dem Feuerraum ein Fallfeuer, bestehend aus Fall- und Steigzug, nachgeschaltet. Dieses Zugsystem überwinden die nur unzureichend temperierten Rauchgase bei geringen Strömungsgeschwindigkeiten schwer oder gar nicht und reichern sich im Feuerraum an. Diesem Mangel kann man aber begegnen, wenn eine Möglichkeit geschaffen wird, die schweren Rauchgase auf kürzestem Weg dem Schornstein zuzuführen. Aus diesem zunächst einem Grund soll, oder besser muss beim Kachelgrundofen im Bereich der Feuerraumdecke oder in der Hängewange zwischen Fall- und Steigzug eine kleine Öffnung vorgesehen werden, die als Gasschlitz bezeichnet wird.
Es kann aber auch aus einem anderen Grund zu Rauchgasstau und Rückstrom bis in den Aufstellungsraum der Feuerstätte kommen. Gelegentlich werden, aus welchen Gründen auch immer, Feuer- und Aschetür zu zeitig geschlossen. Die Kohle oder das Holz, als langflammige Brennstoffe, sind noch nicht völlig entgast, also nicht restlos durchgebrannt. Das Schließen der Türen verhindert aber den Zustrom von Verbrennungsluft. Sind nun Kachelmantel und Feuergeschränk dicht, kommt es zu keiner Flammenbildung mehr. Durch den Wärmeinhalt der Glutmasse geht die Entgasung jedoch weiter. Diese Gasmassen, anfänglich noch mit dem nötigen Auftrieb, werden nun mit abnehmender Temperatur schwerer und reichern sich im Zugsystem und besonders im Feuerraum an. Durch die Komprimierung der Gase entsteht ein Überdruck, der den Rauchgasaustritt durch feinste Undichtheiten der Feuerstätte zum Raum hin zur Folge hat. Damit sind natürlich auch Geruchbelästigungen verbunden. Bemerkt jetzt der Nutzer der Feuerstätte seinen begangenen Fehler, die Türen zu zeitig geschlossen zu haben und öffnet diese, um den Brennstoff noch ausbrennen zu lassen, ist zumindest, je nach dem Grad des Rauchgasstaus, eine Verpuffung, wenn nicht gar eine Explosion die Folge. Um den Stau der schweren Gase zu verhindern, soll daher ein Gasschlitz eingebaut werden, der es ermöglicht, einen Teilgasstrom dem Schornstein auf kurzem Wege zuzuführen und damit Überdruck abzubauen.

4.6.2. Größe des Gasschlitzes

► **Die Größe des Gasschlitzes, d. h. seine freie Querschnittsfläche, soll $^1/_{30}$ der Rostgröße des Ofens betragen.**

Dieses Maß muss eingehalten werden. Bei größer gebauten Gasschlitzen können zu viel Gase abziehen. Dadurch würde der Kachelofen an seiner Wirtschaftlichkeit einbüßen. Zu klein gewählte Gasschlitze dagegen werden mit Ruß und Flugasche schnell versetzt und verfehlen ihren Zweck.

► **Deshalb soll die Bauhöhe des Gasschlitzes grundsätzlich 30 mm betragen.**

Die entsprechende Breite kann dann aus der Fläche ermittelt werden.

Berechnungsbeispiel

Bei einem Kachelofen mit einer Heizfläche von $A_K = 4{,}90\ \text{m}^2$ wurde ein Rost von 494 cm² Fläche errechnet. Der aus Tabelle 4.3. ausgewählte und in den Ofen einzubauende Rost hatte die Maße 190 mm × 260 mm = 494 cm² Fläche. Mit dieser

Rostgröße ist der Gasschlitz zu berechnen.

$$G = \frac{R}{30} \quad \text{in cm}^2 \quad G = \frac{494}{30}$$

$$G = 16{,}5 \text{ cm}^2$$

Bei 3 cm Bauhöhe ergibt sich eine Breite von $\frac{16{,}5}{3} = 5{,}5$ cm.

Bei rostloser Feuerung (Holzbrand) wird die Größe des Gasschlitzes bzw. Bypasses von der bei Nennwärmeleistung des Ofens berechneten Brennstoffmasse $\dot{m}_B$ abhängig gemacht.

$$A_{By} = 1 \cdot \dot{m}_B \quad \text{in cm}^2$$

Beträgt die errechnete Brennstoffmasse 12,5 kg, ist ein Bypass in der Größe von 12,5 cm^2 (3 × 4,2 cm) nötig.

4.6.3. Einbau des Gasschlitzes

Bei der Anordnung des Gasschlitzes im Ausbau der Feuerstätte gibt es einiges zu beachten (Bild 4.30.). Entweder wird der Gasschlitz in die Feuerraumdecke

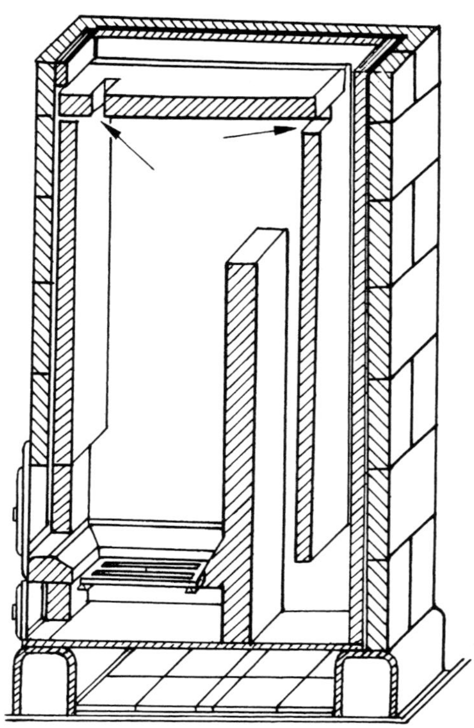

Bild 4.30. Möglichkeiten der Anordnung eines Gasschlitzes, entweder in der Feuerraumdecke oder in der Hängewange

eingearbeitet, dann ist der Weg zum Rauchgasrohr und zum Schornstein wirklich kurz. Er kann aber auch unter der Feuerraumdecke in die **Hängewange** eingebaut werden. Diese Stelle soll deshalb bevorzugt werden, weil ein mechanisch bearbeiteter Schamottestein (Gasschlitzöffnung) in seiner Festigkeit gemindert wird. Als stehender Stein in der Hängewange behält er aber langlebig seine Form und Funktion.

In einer **Feuerraumdecke,** in der der Schamottestein beiderseits nur eine geringe Auflage hat und freitragend ist, besteht die Gefahr, dass er im Laufe der Zeit durch ständige thermische Belastung, aber auch durch Druck von aufgesetzten Schamotten des über der Feuerraumdecke befindlichen Zugs brechen kann. Ein derartiger Schaden kann mit einer aufwendigen Reparatur verbunden sein.

Nun wird zum Teil die Meining vertreten, dass der Gasschlitz nicht in einen Stein eingearbeitet werden muss. Man könnte auch zwischen zwei Steinen die Mörtelfuge weglassen. Eine derartige Öffnung von 5 bis 10 mm Breite – wenn die Fläche eingehalten werden soll – erfüllt erfahrungsgemäß nur über eine kurze Zeit ihre Funktion. Zu leicht kann sich dieser Spalt mit Flugasche zusetzen und verkrusten und seine Funktion verlieren. Aus diesem Grund wird empfohlen, die eine Seite der Gasschlitzöffnung immer 3 cm breit bzw hoch zu wählen (siehe Berechnungsbeispiel). Eine Öffnung von z. B. 3 × 5,5 cm bleibt langlebig funktionsfähig.

Beim Reinigen des Ofens sollte die Öffnung des Gasschlitzes immer mit kontrolliert werden, ob sie etwa verschmutzt ist oder sich gar zugesetzt hat.

4.7. Zugführung

Die gesamte Oberfläche des Ofens soll möglichst keine großen Temperaturunterschiede in sich aufweisen.

► **Der Ausbau muss so gestaltet sein, dass die Heizgase, die die Züge durchströmen, ihre mitgeführte Wärmeenergie weitestgehend an die inneren Wandungen der Feuerstätte abgeben können.**

Durch den Einbau eines Fallfeuers, also Fall- und Steigzugs, wird im Unterbau von Kachelöfen dieser Forderung am besten Rechnung getragen. Über der Feuerraumdecke werden dann vorwiegend liegende Züge mit ein oder zwei Strömungsrichtungen angeordnet.

4.7.1. Strömung von Gasen

Die Wärmeabgabe durch die Heizgase erfolgt rechtwinklig zu ihrer Strömungsrichtung. Dabei muss eine **Grenzschicht** durchdrungen werden, die sich zwischen Wandung und den strömenden Rauchgasen bil-

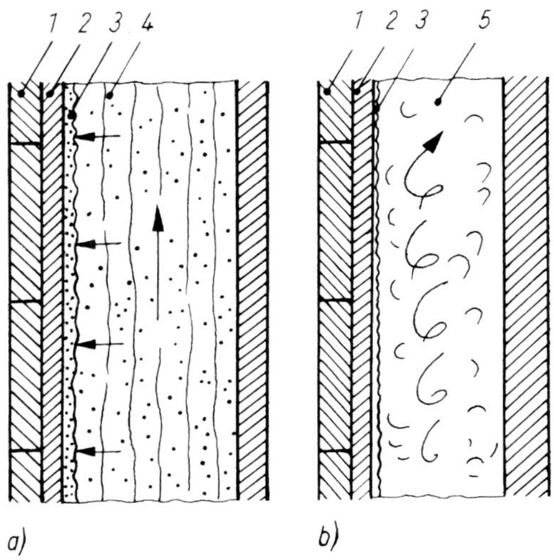

Bild 4.31. Strömung von Gasen
a) ruhig; *b)* turbulent
1 Kachelwand; *2* Vorschub;
3 Grenzschicht; *4* ruhige Strömung;
5 turbulente Strömung

det und die in ihrer Dicke von der Wirbelung (Turbulenz) der Gase abhängig ist.
Bei zu großen Zugquerschnitten strömen die Gase mit geringer Strömungsgeschwindigkeit ruhig, die Grenzschicht ist entsprechend dick. Wird der Querschnitt aber den Forderungen angepasst, so nimmt die Grenzschicht durch die eintretende Wirbelung der Gase ab. Da in den Grenzschichten keine oder nur laminare Strömung herrscht, wirkt sie auf den Wärmedurchgang hemmend. Eine Leistungsminderung des Ofens durch geringere Oberflächentemperauren ist die Folge (Bilder 4.31.a und b).

4.7.2. Strömungswiderstände

Bei der Strömung von Gasen muss man zwischen drei Widerständen unterscheiden:

- Widerstände durch Reibung
- Widerstände durch Richtungsänderung
- Widerstände durch Querschnittsänderung.

Die **Reibungswiderstände** sind von der Rauigkeit einer Fläche bzw. einer Kanal- oder Schachtwandung abhängig und nehmen mit ihr an Größe zu. Deshalb ist es unbedingt erforderlich, die Zugwandungen innen zu glätten. Überstehende Quetschfugen vom Schamotteausbau sind ebenfalls zu verstreichen und zu glätten.
Der Ausbau unserer Öfen ist technisch so gestaltet, dass die Richtungsänderungen überwiegend rechtwinklig sind. Durch kleine Rundungen in den Ecken der Züge lassen sich die Strömungsbedingungen etwas begünstigen.
Unterschiedliche **Richtungsänderungen** zeigt Bild 4.32.

Bei der dritten Art der Strömungswiderstände unterscheidet man

- Querschnittserweiterungen
- Querschnittsverengungen.

Beide Arten können nochmals unterteilt werden in

- plötzliche Querschnittsänderungen und
- allmähliche Querschnittsänderungen.

Um die Vielfalt der Möglichkeiten, die sich noch daraus ergeben, einzuengen, hat man in der Strömungslehre sechs Varianten festgelegt. Diese zeigt Bild 4.33.
Jede **plötzliche Querschnittserweiterung** setzt die Geschwindigkeit der strömenden Heizgase herab, wodurch sich auch die Wärmeabgabe derselben durch mangelhafte Berührung mit den Zugwandungen verringert. An diesen Stellen wird die Ruß- und Flugascheablagerung größer sein als in den anderen Zügen, weil sich durch die geringere Strömungsgeschwindigkeit die mitgeführten schweren festen Teilchen absetzen können.
Plötzliche Querschnittsverengungen verbrauchen zu viel Zugkraft, da sie sich stauend auf die strömenden Gase auswirken. Deshalb sind sie unbedingt zu vermeiden.

4.7.3. Betrachtungen zum Zugsystem und zu Zugquerschnitten in Grundkachelöfen

Die konservative Form eines Grundkachelofens als Quader ist weitgehenst von anderen, gefälligeren For-

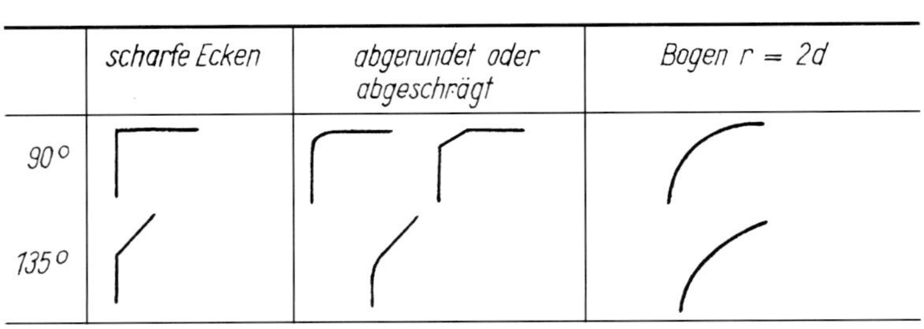

Bild 4.32.
Arten der Richtungsänderungen

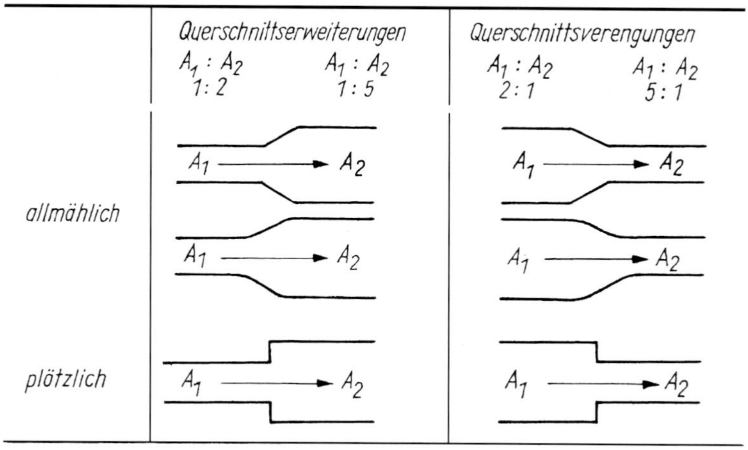

Bild 4.33.
Einteilung der Querschnittsänderungen

men abgelöst worden. Es herrschen nicht mehr sachlich geordnete ebene Flächen vor, die in ihrer vollen Größe beheizbar und leistungsstark wärmespendend waren. Stattdessen lagern Flächen unterschiedlicher Größe und Form neben- und übereinander, sind zurückgesetzt und durch Plattsimse unterbrochen und abgedeckt (Bild 4.34.), die dadurch nach innen Absetzungen von Flächen, Vorsprünge oder Nischen ergeben. Eine Anordnung des Feuerraums und eines Zugsystems sind zwar noch möglich, aber nicht mehr in der Lage, alle Flächen direkt zu erwärmen (Bild 4.35.). Damit kommt es zu direkt und indirekt erwärmten Heizflächen mit Temperaturunterschieden und verschiedenen Heizleistungen.

Mit den unterschiedlichen Temperaturen treten differenzierte Belastungen des keramischen Materials auf, die Spannungen hervorrufen können und zu Rissen führen können. Nun muss der „Ausbau", d. h. Feuerraum und Zugsystem, nicht unbedingt mit dem Kachelmantel Verbindung haben.

Es hat schon früher frei stehende Feuerräume gegeben und das Zugsystem mit Verbindung zum Feuerraum kann vom Kachelmantel einen Abstand haben. Damit ergeben sich bautechnische Veränderungen.

Die Dichtheit der Rauchgas führenden Bauteile muss aber gewährleistet sein, um keine Rauchgase ausströmen zu lassen, die in den Luftstrom geraten und Rauch- und Geruchsbelästigungen hervorrufen. Mit dieser Bauweise erfolgt aber nur eine indirekte Erwärmung des Kachelmantels mit niedrigeren Oberflächentemperaturen und geminderter Leistung.

Um den frei stehenden Ausbau bilden sich Luftschächte, für die eine Anordnung von Lufteintrittsöffnungen wie auch Luftaustritten für den Luftstrom unerlässlich sind.

Wird ein Kachelofen so gebaut, kann von einem Speicherofen keine Rede mehr sein, da er durch den fortwährenden Luftstrom früher entladen wird. Diese Anmerkungen ließen sich noch in vielerlei Hinsicht fortsetzen.

Bevor die Berechnung der Zugquerschnitte behandelt wird, gilt es noch einige Betrachtungen anzustellen zu einer Ansicht, alle Züge gleich groß bauen zu können. Wenn dazu noch die Meinung vertreten wird, alles über die Zuglänge lösen zu können, ist das ein folgenschwerer Trugschluss.

Ein hochtemperiertes Rauchgas, das den Feuerraum verlässt, gibt auf seinem Weg durch das Zugsystem ständig Wärme ab. Das ist auch der eigentliche Sinn.

Mit der Abkühlung des Rauchgases ist eine Volumenminderung verbunden und damit ein geringerer Raumbedarf. Schließlich wird ein solider Wärmeübergang vom Rauchgas zum Ausbaumaterial nur dann stattfinden, wenn das Rauchgas an die den Zug begrenzenden Flächen so nah wie möglich herangeführt wird. Wenn auch keine direkte Berührung erfolgt, da zwischen beiden eine gasförmige Grenzschicht vorhanden ist, ist der Wärmeübergang von der Dicke der Grenzschicht abhängig. Diese kann aber mit einer entsprechenden Strömungsgeschwindigkeit des Rauchgasstroms gering gehalten werden. Es ist also zwingend notwendig, den Zugquerschnitt auf das Rauchgasvolumen zu beziehen, d. h. mit abnehmender Rauchgastemperatur – Richtung Schornstein – und damit geringer werdendem Rauchgasvolumen muss der Zugquerschnitt abnehmen. Wird dieser Grundforderung entsprochen, besteht eine gleichmäßige Strömungsgeschwindigkeit im Zugsystem. Dem Schornstein wird eine entsprechend große Leistung angeboten, die Vor-

Bild 4.34. Kachelgrundofen (Entwurf MEZ Keramik)

Bild 4.35. Kachelgrundofen mit Feuerungsstelle von der Diele aus (Kachelmaterial und Entwurf Pöllmann)

aussetzung ist, das Rauchgas störungsfrei über Dach abströmen zu lassen.

Gehen wir noch einmal dem Gedanken nach, alle Züge gleichgroß bauen zu wollen, dann nimmt durch das kleiner werdende Volumen die Geschwindigkeit des Rauchgasstroms ab und dem Schornstein wird eine geringe Leistung angeboten. Bei derartigen Fällen kann durch weitere Entwärmung im Schornstein ein Auftriebsverlust die Rauchgassäule zum Stillstand bringen. Bedingt durch die fortlaufende Verbrennung bilden nachströmende Gasmengen eine Glocke im Schornstein, die sich nach unten fortsetzt und sich auf das Zugsystem und den Feuerraum des Ofens überträgt. Rauchgasaustritt aus der Feuerstätte und Einrauchung des Nutzungsraums mit allen nachteiligen Folgen ist schließlich das Ergebnis einer derart fehlerhaften Bauweise.

Nun bestehen zwei Möglichkeiten, die Grundlage für die Ausbauberechnung eines Grundkachelofens sein können.

Einmal ist es die Heizfläche bzw. der Rost nach alter Tradition, zum anderen nach den Fachregeln 4/96 bildet ein **spezifischer Kennwert** f_Z in Abhängigkeit von der berechneten Brennstoffmenge die Ausgangssituation.

Mit einer einfachen Formel kann ohne großen Aufwand ein Zugquerschnitt ermittelt werden

$$A_Z = f_Z \cdot \dot{m}_B \quad \text{in cm}^2$$

Das Ergebnis dieser Berechnung ist aber nur der Querschnitt für einen, den ersten Zug. Nun müssten alle weiteren Züge gleich groß gebaut werden. Damit sind wir bei dem Problem angelangt, dass mit folglich abnehmender Strömungsgeschwindigkeit nachteilige Folgen für die Funktion bestehen, zumindest nicht auszuschließen sind.

Sollen aber die Züge in Richtung Schornsteinanschluss mit abnehmendem Querschnitt durch die Volumenminderung des Rauchgasstroms gebaut werden, muss auf das traditionelle Berechnungsverfahren zurückgegriffen werden. Es sei denn, es erfolgt eine Nachbesserung beim „neuen" Berechnungsverfahren.

4.7.4. Größe der Züge

Die Größe des freien Querschnitts der Züge richtet sich nach der Menge der durch sie abziehenden Heizgase.

Das Heizgasvolumen ist von drei Faktoren abhängig:

- von der Art des Brennstoffs
- von der Menge des Brennstoffs
- von der Temperatur.

Tabelle 4.5. Spezifischer Kennwert zur Ermittlung eines Zugquerschnitts

Brennstoffmenge $\dot{m}_B$ in kg	**Spezifischer Kennwert** f_Z in cm^2/kg
<20	30 bis 35
20 bis 30	25 bis 30
31 bis 40	20 bis 25

Ist von jedem dieser drei Faktoren ein bestimmter Wert bekannt, so können das Heizgasvolumen und mit der Strömungsgeschwindigkeit der Zugquerschnitt errechnet werden. Für die Praxis genügen jedoch folgende **Erfahrungswerte,** die beim Bau eines Grundkachelofens angewendet werden können.

Beim traditionellen Berechnungsverfahren soll der erste (abfallende) Zugquerschnitt A_{H1} $^2/_3$ und der Querschnitt des letzten Zugs A_{Hn} $^1/_3$ der eingebauten Rostgröße entsprechen. Die dazwischenliegenden Züge, die in ihrer Anzahl je nach der Ofenkonstruktion verschieden sein können, müssen dann so gebaut werden, dass ihr Querschnitt von Zug zu Zug in Richtung Schornstein gleichmäßig abnimmt.

Die Zugübergänge müssen mindestens die Größe des vorhergehenden Zugs haben. Bei starkem Schornsteinunterdruck sind sie etwas kleiner und bei schwachem Unterdruck entsprechend größer zu bauen.

Der Fallzug erhält beim Unterbrand in den Steigzug für Flugascheablageung 25 % Querschnittszuschlag, alle übrigen liegenden Züge 15 %.

Ergibt sich in der Praxis durch die Eigenart der Konstruktion eines Kachelofens ein größerer Zugquerschnitt, als er errechnet war, so kann in der Mitte des Zugs ein Bock eingebaut werden. Böcke, die breiter als 60 mm sind, werden der Rauchgasströmung entgegen etwas angespitzt zur Verringerung der Widerstände. Die Heizgase werden gezwungen, an der Kachelinnenwand entlang zu strömen und ihre Wärme an sie abzugeben. Jedoch ist der ungeteilte Zug jedem geteilten vorzuziehen, da der eingebaute Bock die Reinigung des Ofens erschwert.

Der nach den Fachregeln 4/96 ermittelbare Zugquerschnitt A_Z ist abhängig von der berechneten Brennstoffmenge $\dot{m}_B$ des jeweiligen Ofens und einem spezifischen Kennwert f_Z (siehe Tabelle 4.5.)

4.7.5. Berechnung der Zugquerschnitte

Beispiel 1

Berechnung nach Fachregeln 4/96

Die Heizfläche eines Grundkachelofens mittelschwerer Bauart beträgt 5 m^2, die spezifische Wärmeleistung 0,75 kW/m^2, die Speicherdauer 8 Stunden und der Wirkungsgrad 78 %. Bei Verfeuerung von Holz mit

einem Heizwert $H_u = 4{,}0$ kWh/kg wurde eine Brennstoffmenge von 9,6 kg ermittelt.
Wie groß ist der Zugquerschnitt?

$$A_Z = f_Z \cdot \dot{m}_B$$

$$= 32{,}5 \cdot 9{,}6 \qquad (32{,}5 = \text{Mittelwert})$$

$$\underline{\underline{A_Z = 312\ \text{cm}^2}}$$

Damit endet die Zugquerschnittsberechnung nach Fachregeln 4/96

Beispiel 2

Nach der traditionellen Methode soll für den gleichgroßen Grundkachelofen mit einer Rostfläche von 494 cm² eine Zugquerschnittsberechnung vorgenommen werden, wenn die Zuganzahl 4 Stück beträgt.
Wenn der erste Zug $^2/_3$ der eingebauten Rostgröße betragen soll, so ergibt sich die Formel

$$A_{H1} = \frac{R}{3} \cdot 2 \quad \text{in cm}^2$$

Dann ist zu rechnen:

$$A_{H1} = \frac{494}{3} \cdot 2$$

$$= 165 \cdot 2$$

$$\underline{\underline{A_{H1} = 330\ \text{cm}^2}}$$

Der letzte Zug soll $^1/_3$ der eingebauten Rostgröße betragen. Die Formel lautet dann

$$A_{Hn} = \frac{R}{3} \quad \text{in cm}^2$$

$$A_{Hn} = \frac{494}{3}$$

$$\underline{\underline{A_{Hn} = 165\ \text{cm}^2}}$$

Da die dazwischenliegenden Züge in ihrem Querschnitt gleichmäßig abnehmen sollen, muss die Querschnittsdifferenz von Zug zu Zug ermittelt werden. Diese kann errechnet werden mit der Formel

$$\Delta A_H = \frac{A_{H1} - A_{Hn}}{n - 1} \quad \text{in cm}^2$$

$n - 1$ muss deshalb gesetzt werden, weil immer eine Querschnittsabnahme weniger vorhanden ist, als die Zugangszahl aussagt, d. h., bei 4 Zügen kann sich der Querschnitt nur 3-mal verjüngen. Bauen wir in unseren Ofen nun 4 Züge ein – Fallzug, Steigzug und einen Dreh- oder Wendezug, der als zwei Züge gerechnet wird, da die Gase in zwei verschiedenen Richtungen strömen –, dann ist zu rechnen:

$$\Delta A_H = \frac{330 - 165}{4 - 1}$$

$$= \frac{165}{3}$$

$$\underline{\underline{\Delta A_H = 55\ \text{cm}^2}}$$

Tabelle 4.6. Kennziffern von Grundkachelöfen

Heizfläche in m²	**Heizleistung** in W	**Rost** in cm² in cm	**Gasschlitz** in cm² in cm	**1. Zug** in cm²	**2. Zug** in cm²	**3. Zug** in cm²	**4. Zug** in cm²	**5. Zug** in cm²	**Rauchrohr** in cm	**Zuglänge min – max** in m
3,0	2790	323	10,8	215	180	144	108	–	12,0	2,4–3,6
		15,4 × 21	3 × 3,5	215	189	162	135	108		
3,5	3255	361	12,0	241	200	160	120	–	13,0	2,8–4,2
		17,2 × 21	3 × 4,0	241	210	180	150	120		
4,0	3720	399	13,3	266	221	177	133	–	13,0	3,2–4,8
		19 × 21	3 × 4,5	266	232	199	166	133		
4,5	4185	456	15,2	304	254	203	152	–	14,5	3,6–5,4
		19 × 24	3 × 5,0	304	266	228	190	152		
5,0	4650	494	16,5	329	275	220	165	–	14,5	4,0–6,0
		19 × 26	3 × 5,5	329	288	247	206	165		
5,5	5115	532	17,7	355	295	236	177	–	14,5	4,4–6,6
		19 × 28	3 × 6,0	355	310	265	221	177		
6,0	5580	589	19,6	393	327	261	196	–	16,0	4,8–7,2
		19 × 31	3 × 6,5	393	343	294	245	196		

Bei den Zugquerschnitten gilt die 1. Zeile, wenn 4 Züge und die 2. Zeile, wenn 5 Züge eingebaut werden!

Tabelle 4.7. Zugquerschnittsflächen und Baumaße für Grundkachelöfen

Zug-quer-schnitt in cm²	**Baumaße** (Größen-vorstellung) – gerundet – in cm	**Zug-quer-schnitt** in cm²	**Baumaße** (Größen-vorstellung) – gerundet – in cm
105	10 × 10	255	16 × 16
120	11 × 11	270	16 × 17
135	11 × 12	285	17 × 17
150	12 × 12	300	17 × 18
165	13 × 13	315	18 × 18
180	13 × 14	330	18 × 18
195	14 × 14	345	18 × 19
210	14 × 15	360	19 × 19
225	15 × 15	375	19 × 20
240	15 × 16	390	20 × 20

Diese Querschnittsdifferenz kann man nun vom ersten Zug abziehen und so weiter verfahren oder vom letzten Zug aus jeweils dazuzählen, bis alle Querschnittsflächen der Züge feststehen, also:

$$\begin{aligned} A_{H1} &= 330\ \text{cm}^2 \\ A_{H2} &= 275\ \text{cm}^2 \quad \uparrow +55\ \text{cm}^2 \\ A_{H3} &= 220\ \text{cm}^2 \quad \uparrow +55\ \text{cm}^2 \\ A_{Hn} \mathrel{\widehat{=}} A_{H4} &= 165\ \text{cm}^2 \quad \uparrow +55\ \text{cm}^2 \end{aligned}$$

Um dem rechnerischen Aufwand zu entgehen wird empfohlen, Tabelle 4.6. anzuwenden, die alle Größen für Grundkachelöfen zwischen 3,0 und 6,0 m² Heizfläche enthält.

Für den Rost, Gasschlitz, Rauchrohr und Zuglänge sind die Baumaße angegeben. Bei den Zügen können nur die Querschnittsflächen genannt und entnommen werden. Zur Orientierung, welche Querschnittsfläche welchem Baumaß entspricht, gilt Tabelle 4.7. Die in der Tabelle dem Quadrat entsprechenden Baumaße in eine Rechteckform umzuwandeln, die auf das jeweilige Zugsystem des zu bauenden Ofens zutrifft, bleibt nun dem Praktiker überlassen.

4.7.6. Zuggestaltung

In Kachelgrundöfen werden schwarze Brennstoffe, überwiegend Braunkohlenbriketts, und auch Holz ver-

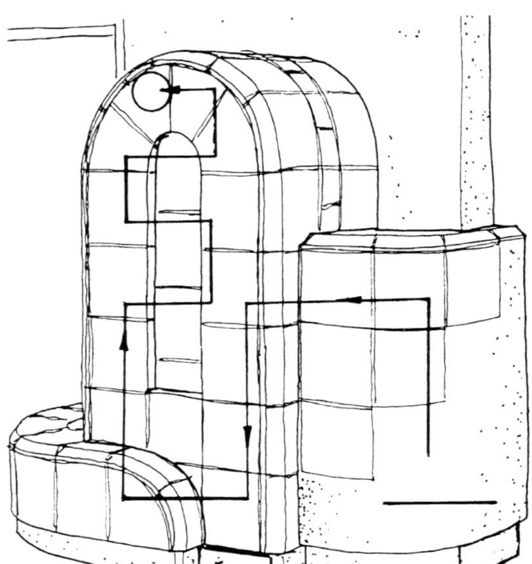

Bild 4.36. Zwei Möglichkeiten der Zuggestaltung in Grundkachelöfen (Entwurf Poli)

brannt. Beide Brennstoffarten sind langflammig und entgasen zügig. Der Anteil an flüchtigen Bestandteilen ist hoch. Bei Holz beträgt er bis zu 85%. Zur Speicherung dieser beim Abbrand anfallenden großen Wärmemengen wird der Kachelofen ausschamottiert.

Die Züge sind in ihrem Querschnitt dem Volumen der strömenden Gase anzupassen. Die Zuggestaltung kann jedoch unterschiedlich sein. Im **Unterbau eines Kachelofens** wird hinter oder neben dem Feuerraum entweder ein Fallfeuer, bestehend aus Fall- und Steigzug, nachgeschaltet mit über der Feuerraumdecke verlaufenden liegenden Zügen oder nach dem Fallzug beginnt gleich das Zugsystem mit liegenden Zügen übereinander, die geradlinig oder auch abgewinkelt angeordnet sein können.

Alle liegenden Züge sollen einen Querschnittszuschlag von 15% erhalten. Dieser wird gegeben, um die Verschmutzung der Züge durch Rußansatz und Flugasche und die damit verbundene Querschnittsminderung zu berücksichtigen.

Bei Kachelöfen moderner Gestaltung **mit aufgegliederter Heizfläche** sollen die keramischen Züge in eben beschriebener Art zur direkten Wärmeübertragung an die Kachelwand angebaut werden, soweit es technisch möglich ist (Bild 4.36.). Kalte Flächen sind weitestgehend zu vermeiden. Ersatzweise lässt sich, z. B. bei einer Sitzbank, eine Beheizung bzw. Temperierung mit Elektrowärme vornehmen.

Die Größe von Über-, Unter- und Umbränden sollte beim Bau des Zugsystems beachtet werden, um Rauchgasstau und mögliche Treiberscheinungen aber auch Funktionsstörungen zu vermeiden.

Der **Überbrand** ist der freie Querschnitt zwischen Feuerbock und Feuerraumdecke; er verbindet den Feuerraum mit dem Fallzug.

Der **Unterbrand** ist der freie Querschnitt zwischen Ofenboden und Hängewange; er verbindet Fall- und Steigzug.

Die **Umbrände** sind die freien Querschnitte zwischen der Kachelwand und einer eingebauten Decke zwischen zwei Zügen oder zwischen der Kachelwand und einer Trennzunge eines Drehzugs; sie stellen ebenfalls die Verbindung zwischen den Zügen her.

Der Überbrand vom Feuerraum zum Fallzug soll mindestens $^{1}/_{100}$ der Heizfläche des Ofens betragen, jedoch nicht unter 200 mm Höhe haben.

Der Unterbrand vom Fall- zum Steigzug soll dem Querschnitt des Fallzugs +25% entsprechen.

Alle weiteren Umbrände erhalten 20% Zuschlag auf den Querschnitt des vorhergehenden Zugs. Diese Festlegung kann bei Verwendung schwarzer Brennstoffe wie auch bei Holz angewendet werden.

Durch den unterschiedlichen Schornsteinunterdruck in den einzelnen Geschossen eines Gebäudes oder überhaupt, der im Wesentlichen von der wirksamen Schornsteinhöhe abhängt, macht es sich sowieso erforderlich, dass durch Verkleinern oder Vergrößern der Über-, Unter- und Umbrände eine Beeinflussung der Zuglänge und damit der Strömungsgeschwindigkeit der Rauchgase vorgenommen werden kann.

4.8. Rauchgasrohr

Das Rauchgasrohr, auch kurz „Rauchrohr“ genannt, ist die Verbindung zwischen Feuerstätte und Schornstein. Es kann aus keramischem Material oder aus Metall hergestellt und in seinem Querschnitt rund, quadratisch oder rechteckig sein.

Für Rohre, Rohrknie und Rohrbogen aus Metall zur Abführung von Rauch- und Abgasen gilt DIN 1298 „Verbindungsstücke für Feuerungsanlagen“.

„Verbindungsstücke“ ist der Oberbegriff. Werden durch sie Rauchgase von festen oder flüssigen Brennstoffen abgeführt, nennt man sie „Rauchgasrohre“. Bei Brenngasen ist das Verbrennungsprodukt ein Abgas. Folglich wird das Verbindungsstück zwischen Gasfeuerstätte und Schornstein als „Abgasrohr“ bezeichnet.

Die Auswahl des Materials für Verbindungsstücke ist in Abhängigkeit von der chemischen Zusammensetzung der abzuführenden Gase, deren Temperatur und der Raumtemperatur vorzunehmen.

Bei Massivdecken ist der Einbau des keramischen Rohrs möglich, da mit einem Platzen des Rohrs oder mit einem Abscheren durch Gebäudesetzungen oder Erschütterungen kaum zu rechnen ist.

Sind die Geschossdecken aus einer Holzkonstruktion, vorwiegend im Altbau, in Siedlungs- oder Einfamilienhäusern, so soll ein metallisches Rauchrohr verwendet werden.

Ein Nachteil des metallischen Rohrs ist die Korrosionsgefahr, die beim keramischen Rohr nicht besteht.

- **Die Öffnung für das Rauchrohr kann bei Schornsteinen aus Ziegeln ausgestemmt werden. Bei Leichtbeton-Formelementen darf die Rauchrohröffnung nur gefräst werden.**

4.8.1. Berechnung der Rauchrohrgröße

- **Das Rauchrohr soll in seiner freien Querschnittsfläche so groß sein wie der letzte Zug einer Feuerstätte.**

Daraus ergibt sich die Formel

$$R_r = \frac{R}{3} \quad \text{in cm}^2$$

Der Durchmesser des Rauchrohrs wird tabellarisch bestimmt.

Eine Rauchrohrberechnung erübrigt sich jedoch, da letzter Zug und Rauchrohr in ihrer Querschnittsfläche übereinstimmen. Bei unserem Berechnungsbeispiel wurde der letzte Zug mit 165 cm² errechnet. Das entspricht also auch dem Rauchrohrquerschnitt. Aus Tabelle 4.8. ist nur noch der Durchmesser des Rauchrohrs zu entnehmen.

Tabelle 4.8. Rauchrohre

Durchmesser in mm	**Querschnittsfläche** in cm^2	**Durchmesser** in mm	**Querschnittsfläche** in cm^2
80	50	120	113
90	64	130	133
100	79	145	165
110	95	160	201

Nicht in jedem Fall stimmen die Flächen des nötigen Rauchrohrquerschnitts mit denen der Tabelle überein. Dann wird der vorhandene Schornsteinunterdruck für die Wahl des Rauchrohrs bestimmend.
Bei starkem bis normalem Schornsteinunterdruck wird das nächstkleinere Rauchrohr und bei schwachem Schornsteinunterdruck das nächstgrößere Rauchrohr gewählt.

Beispiel

Zur Vervollständigung des Berechnungsbeispiels, bei dem der letzte Zug $A_{H4} = 165\ cm^2$ (Abschnitt 4.7.5.) betrug und dieses Ergebnis dem Rauchrohrquerschnitt gleichzusetzen ist, soll nun noch der Durchmesser des Rauchrohrs bestimmt werden. Dazu ist Tabelle 4.8. anzuwenden

$165\ cm^2 \mathrel{\hat{=}} \underline{\underline{145\ mm}}$ Durchmesser

4.8.2. Einbau von Rauchrohren

Die Länge des Rauchrohrs ist durch die örtlichen Verhältnisse bedingt.

► **Die kürzeste Verbindung zwischen Feuerstätte und Schornstein ist immer die Beste.**

Folgende konstruktive Forderungen gilt es einzuhalten, wenn die Funktion der Feuerstätte gewährleistet sein soll.

- Verbindungsstücke müssen die Verbrennungsprodukte auf dem kürzesten Weg im gleichen Geschoss in den Schornstein leiten. Sie dürfen jedoch nicht durch eine angrenzende Wohnung oder betriebsfremde Räume geführt werden.
  Verbindungsstücke sind so anzuordnen, dass sie gereinigt, überprüft und leicht ausgewechselt werden können. Sie sind strömungstechnisch günstig zu verlegen.
  Verbindungsstücke müssen so aufgehängt und befestigt werden, dass ein die Funktion beeinträchtigendes Durchbiegen ausgeschlossen ist.
  Verbindungsstücke sind so zusammenzufügen, dass Rauchgas, Abgas und Kondensate nicht austreten können.

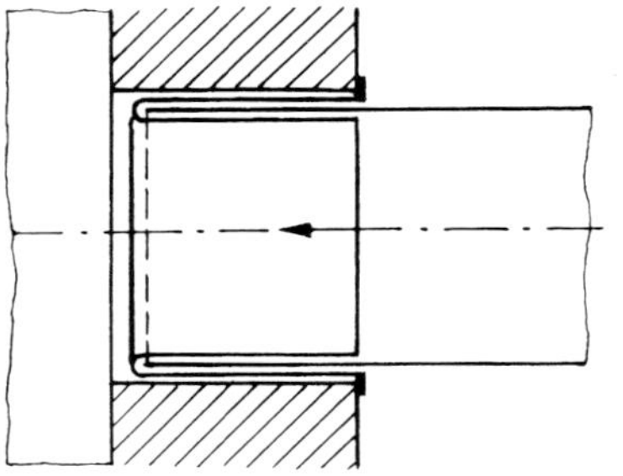

Bild 4.37. Doppeltes Wandfutter

- Die Anordnung von Verbindungsstücken in feuer- und explosionsgefährdeten Räumen, in Hänge- und Blindböden sowie zwischen Geschoss- und Unterdecken ist nicht zulässig.
- Rauchgas und Abgas dürfen nicht durch andere Feuerstätten in den Schornstein geleitet werden.
- Verbindungsstücke müssen in Strömungsrichtung mindestens 2% ansteigen.
- Die Einführung zusammengesteckter Verbindungsstücke aus Metall in die Schornsteinwange muss mit doppeltem Wandfutter erfolgen (Bild 4.37.).
- Bei Anschluss mehrerer Rauchrohre an einen Schornstein muss ein Abstand von Mitte Querschnitt zu Mitte Querschnitt von 250 mm eingehalten werden (Bild 4.38.).
  Bei der gemeinsamen Einführung von Rauchgasen und Abgasen (gemischte Belegung) muss das Abgasrohr mindestens 500 mm oberhalb des Rauchrohrs in den Schornstein münden. Dabei müssen die Gasfeuerstätten mit einer Zündsicherung ausgestattet sein.
- Der Abstand von der Schornsteinsohle bis zur Einmündung eines Verbindungsstücks muss mindestens 400 mm betragen; bei Verbundschornsteinen genügen 150 mm.
- Absperrvorrichtungen in Rauchrohren sind nicht zulässig.

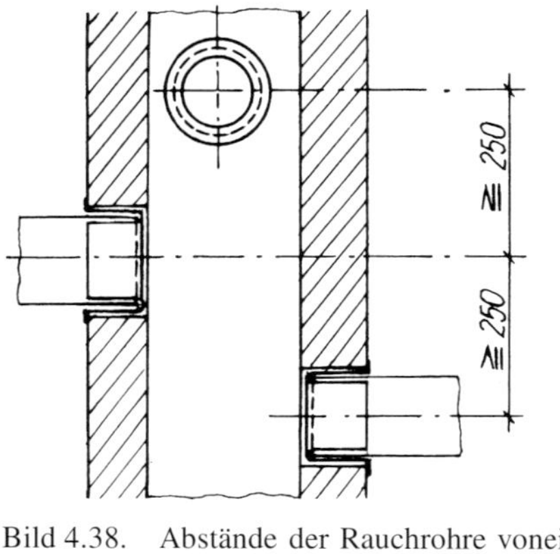

Bild 4.38. Abstände der Rauchrohre voneinander bei Einmündung in denselben Schornstein

Tabelle 4.9. Abstände von Bauteilen und Verkleidungen (DIN 18160 Blatt 2)

Bauteil	**Verkleidung oder dgl.**	**Abstände** in cm[1]		
		ohne Strahlungsschutz		mit
		Rauch-rohre	Abgas-rohre	Rauch-rohre
aus nichtbrennbaren Baustoffen	aus brennbaren oder schwer entflammbaren Baustoffen[2]	40	5	20
	ohne oder aus nichtbrennbaren Baustoffen	–	–	–
mit brennbaren oder schwer entflammbaren Baustoffen	ohne oder aus brennbaren oder aus schwer entflammbaren Baustoffen, die nicht feuerhemmende Bauart ergibt	40	5	20
	aus nichtbrennbaren Baustoffen, die mindestens feuerhemmende Bauart ergibt[3]	20	5	10
	Türbekleidungen aus brennbaren oder aus schwer entflammbaren Baustoffen sowie Tapeten und dgl.	20	5	10

[1]) Die Abstände rechnen zwischen Oberfläche Verkleidung, ohne eine solche von Oberfläche Bauteile und der dorthin gekehrten Rohraußenfläche.
[2]) z. B. Holztäfelung
[3]) z. B. Putz oder Putz auf Rohr- oder auf Holzstabgewebe (siehe DIN 4102)

- Verbindungsstücke müssen von Bauteilen Abstände nach Tabelle 4.9. haben.

Weiterhin ist beim **Einbau von Rauchrohren** zu beachten:

- Die Länge liegender Strecken von Rauchrohren darf höchstens 60% der wirksamen Schornsteinhöhe betragen, sie darf jedoch 3000 mm nicht überschreiten.
- Bei langen Rauchrohren sowie bei Rauchrohrführung durch unbeheizte Nebenräume besteht die Gefahr, dass die Rauchgase zu viel ihrer Wärme durch die dünnwandigen Rohre abgeben und dadurch Zugschwierigkeiten auftreten. Deshalb müssen alle derartigen Rauchrohre mit einem entsprechenden Wärmeschutz versehen sein. Als ausreichender Wärmeschutz gilt die Ummantelung des Rohrs mit 30 mm dicken temperaturbeständigen Dämmstoffmatten.
- Rauchrohre, die in die Kachelwand des Ofens oder in das Mauerwerk des Schornsteins nicht dicht genug eingepasst sind, lassen Kaltluft in beliebigen Mengen einströmen und stellen Falschluftquellen dar, die den Betrieb des Ofens ungünstig beeinflussen.
- Rauchrohre müssen mit Innenkante Schornsteinwange sowie mit Innenkante Kachelwand bündig sein (Bild 4.39.).

Überstehende Rohre verengen den freien Querschnitt des Schornsteins bzw. des Zugs der Feuerstätte und verursachen einen unnötigen Widerstand. Außerdem können in den Schornstein überstehende keramische Rohre vom Kehrgerät des Schornsteinfegers angeschlagen werden und platzen. Blechrohre werden eingebeult und dadurch in ihrem Querschnitt verengt.

- Rauchrohre über 1 m Länge sollen eine Reinigungsöffnung haben, die bequem zu erreichen ist und dicht und fest verschließbar sein muss.

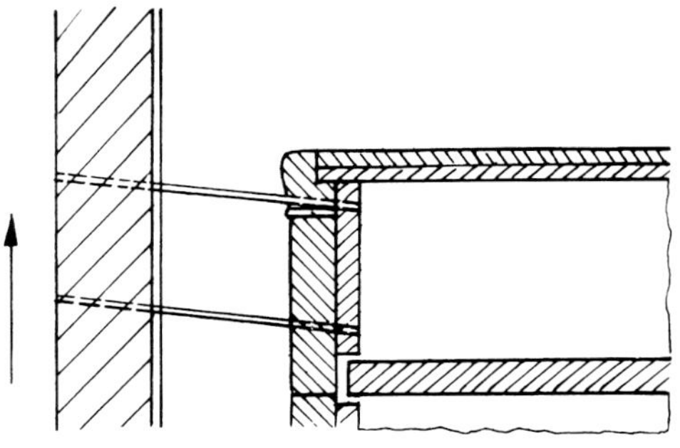

Bild 4.39. Einbau eines Rauchrohrs bündig mit den Innenkanten des Schornsteins und der Kachelwand

Tabelle 4.10. Heizleistung von Ofenrohren bei Raumheizern

Durchmesser in mm	Oberfläche in m^2	Heizleistung in W
80	0,25	233
90	0,28	260
100	0,31	288
110	0,35	326
120	0,38	354
130	0,41	381
145	0,46	428
160	0,50	465

Sind in Rauchrohren Richtungsänderungen enthalten, so ist an jeder eine Reinigungsöffnung anzubringen.

Kurz zusammengefasst:

- **Die Rauchrohröffnung ist vor dem Bau des Ofens in den Schornstein zu stemmen.**
- **Das kürzeste Rauchrohr ist das zweckmäßigste.**
- **Rauchrohre sind leicht steigend zu verlegen.**
- **Rauchrohre müssen mit der Innenkante des Schornsteins sowie mit der Kachelwand abschließen und dicht eingepasst sein.**
- **Rauchrohre, die durch unbeheizte Nebenräume führen, sind gegen Wärmeverlust ausreichend zu dämmen.**
- **Reinigungsöffnungen in Rauchrohren müssen bequem zu erreichen und dicht und fest verschließbar sein.**

Zum Abschluss noch einige Leistungsdaten:
1 m^2 metallisches Rauchrohr zwischen einem Raumheizer und dem Schornstein leistet durchschnittlich 930 W. Ein Bogen (Knie) entspricht rd. 0,3 m Rohrlänge des gleichen Durchmessers. Tabelle 4.10. kann die Heizleistung je Meter Rohrlänge bei verschiedenen Durchmessern entnommen werden.

4.9. Zuglänge

Bei Kachelgrundöfen muss die Zuglänge so bemessen sein, dass die in den Heizgasen enthaltene Wärmemenge bis auf die zum Auftrieb im Schornstein benötigte Wärme den Heizgasen entzogen und dem zu beheizenden Raum zugeführt wird.
In Fachkreisen gibt es darüber recht unterschiedliche Meinungen. Dabei dürfte es keine differenzierte Ansicht über die Länge eines Zugweges geben, wenn allerorts ausreichende fachliche Vorgaben gemacht werden und entsprechende Kenntnisse bestehen.
Die Grundforderung lautet:

- **Die Zuglänge beträgt pro m^2 Heizfläche des Ofens 1 m.**

Gleich eingangs sollen die Folgen genannt sein, wenn gegen wärmetechnische, strömungstechnische und auch bautechnische Grundsätze verstoßen wird.
Bei zu **gering bemessenen Zuglängen**, unabhängig von der Feuerstättenart, treten hohe Rauchgastemperaturen beim Eintritt in den Schornstein auf. Damit sind Wärmeverluste verbunden, die einerseits einen Energieverlust mit sich bringen und zum anderen die Heizkosten entsprechend erhöhen.
Beim **Ziegelschornstein** aus normalformatigen Mauerziegeln entstehen durch die hohen Rauchgastemperaturen keine Schäden, da die thermische Belastung der Wangen und Zungen durch die Vielfalt der Fugen und die Kleinheit der Elemente keine Materialsprünge auslöst, da sich die Dehnung gleichmäßig aufteilt. Selbst beim Direktanschluss eines Kohlebadeofens mit geradlinig verlaufendem Zugweg durch Flammrohr und Rauchrohr, bei dem die der Rauchrohreinmündung gegenüberliegende Schornsteinwange bzw. auch -zunge einer Punktbelastung unterliegt, sind langjährig keine nennenswerten Schäden festzustellen gewesen, obwohl Temperaturen bis 550 °C gemessen wurden.
Anders verhält es sich bei **Beton-Formelementen**, und mit zunehmender Unverträglichkeit, je großformatiger sie sind. Hierbei wird eine Grenztemperatur von 350 °C angegeben, wobei Angaben eines Herstellers jedenfalls Beachtung finden müssen. Nun darf nicht unerwähnt bleiben, dass bei hohen, jedoch noch verträglichen Rauchgastemperaturen beim Eintritt in den Schornstein normaler Länge und Querschnittsgröße der Wasserdampfkondensation entgegengewirkt wird und damit eine Bauwerksdurchfeuchtung unterbleibt mit all ihren nachteiligen Folgen.
Wird andererseits der **Zugweg zu lang** gewählt, findet eine zu starke Entwärmung der Rauchgase statt. Die Schornsteineintrittstemperatur, die bei Verbrennung von Festbrennstoffen mindestens 150 °C betragen muss – nach den Fachregeln sogar 180 °C –, liegt dann unterhalb der Mindestforderung.
Bei Absenkung der Rauchgastemperatur im Schornstein kann es zur Unterschreitung der **Taupunktgrenze** kommen. Damit ist eine Durchfeuchtung im Bereich des Schornsteins verbunden. Diese könnte bei Unterbrechnung des Heizbetriebs bei Zeitheizung, also in den Abend- und Nachtstunden bei einer Durchlüftung des Schornsteins wieder zu einer Austrocknung führen. Nun ist es aber nicht nur Wasserdampf, der an den Innenwandungen niedergeschlagen wird. Da keine Verbrennung wirklich vollkommen verläuft, werden die im Rauchgas enthaltenen Komponenten, wie z. B. schwere Kohlenwasserstoffe, herausgefällt und ergeben mit dem kondensierenden Wasserdampf eine bräunliche Flüssigkeit. Diese dringt in das Schorn-

steinmauerwerk, möglicher Weise auch angrenzendes Mauerwerk, ein und wird durch Kapillarwirkung an die äußere Oberfläche gefördert. Verfärbungen des Putzes, verbunden mit unangehmen Geruchbelästigungen, sind die Folge. Nicht unerwähnt soll bleiben, dass damit auch Gesundheitsschädigungen an Personen möglich sind. Dieser Schaden wird als **Versottung** bezeichnet und ist eine bleibende Schädigung des Bauwerks.

Nun soll der Vollständigkeit halber noch eine Betrachtung der wirksamen Schornsteinhöhe als auch des Schornsteinquerschnitts einbezogen werden:

Als wirksame Schornsteinhöhe gilt die Strecke zwischen Mitte Rauchgasrohr der angeschlossenen Feuerstätte für Festbrennstoffe und der Schornsteinmündung über Dach. Diese ist einmal von der Gebäudehöhe, zum anderen vom Standort der Feuerstätte innerhalb des Gebäudes abhängig und trägt, je länger sie ist, zum Wärmeentzug des Rauchgases bei. Wesentlichen Anteil an der Entwärmung hat die Größe des Querschnitts. Ein Schornstein der Größe 13,5 × 13,5 cm mit einem Umfang von 54 cm hat auf einen Meter Schornsteinhöhe z. B. eine Fläche von 0,54 m^2.

Beträgt das Innenmaß eines Schornsteins 19,5 × 19,5 cm, dann ergibt das pro Meter Höhe bereits 0,78 m^2 Fläche. Wobei jeder größere Querschnitt zu einer zunehmenden Abkühlung der Rauchgase führt. Schließlich ist in diesem Zusammenhang noch die Anzahl der angeschlossenen und betriebenen Feuerstätten in Art und Leistung einzubeziehen, wobei ein Einzelanschluss Probleme bringen kann.

Inzwischen ist die starre Forderung pro 1 m^2 Heizfläche = 1 m Zuglänge auf die bestehenden und eben erläuterten Verhältnisse abgewandelt worden, indem die Unterschiedlichkeit des Schornsteinunterdrucks einbezogen wird. Die derzeit geltende Forderung lautet:

► **Die Zuglänge darf 0,8 m je m^2 Heizfläche nicht unterschreiten und 1,2 m nicht überschreiten (bezogen auf den Kachelgrundofen).**

Für die **Berechnung der Zuglänge Z_l** ergeben sich daraus zwei Formeln

$$Z_l = A_K \cdot 0{,}8 \quad \text{in m}$$

$$Z_l = A_K \cdot 1{,}2 \quad \text{in m}$$

Angewendet auf die zur Verfügung stehende Schornsteinkraft im praktischen Fall ist bei normalem bis starkem Schornsteinunterdruck 1,0 bis 1,2 m Zuglänge pro m^2 Heizfläche zu wählen, während bei schwachem Unterdruck die Zuglänge bis auf 0,8 m pro m^2 Heizfläche zu mindern ist.

Beispiel

Beträgt die Heizfläche eines Grundkachelofens $A_K = 4{,}90\ m^2$,

dann betragen die Grenzwerte für die Zuglänge

$$\underline{\underline{Z_l}} = 4{,}90 \cdot 0{,}8 = \underline{\underline{3{,}92\ m}}\ \text{(minimal)}$$

$$\underline{\underline{Z_l}} = 4{,}90 \cdot 1{,}2 = \underline{\underline{5{,}88\ m}}\ \text{(maximal)}$$

In den Fachregeln 4/96 heißt es zur Zuglänge: „Die minimale Zuglänge ist die Länge, bei der ein Wirkungsgrad von mindestens 78 % im Bereich der Nennlast erreicht wird." Gegen diese fachliche Aussage ist nichts einzuwenden, nur nützt sie dem Praktiker wenig.

Bei der Schornsteineintrittstemperatur der Abgase sollen 180 °C nicht unterschritten werden. In Österreich dagegen werden 240 °C als Grenzwert gesetzt.

Nach den Fachregeln kann die minimale Zuglänge berechnet werden nach

$$L_{Z\,min} = 1{,}3 \cdot \sqrt{\dot{m}_B} \quad \text{in m}$$

Die Brennstoffmenge für einen Grundkachelofen mittelschwerer Bauart und einer Heizfläche von 5 m^2 be-

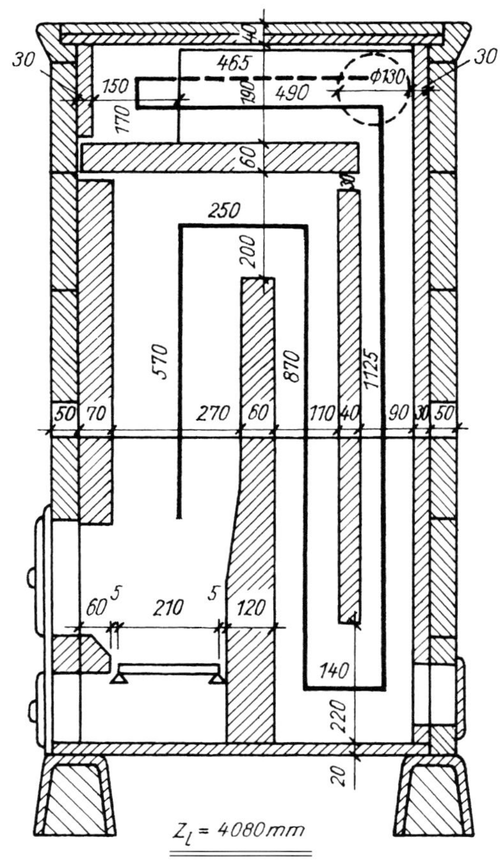

Bild 4.40. Ermittlung der Zuglänge bei Kachelöfen

trägt 9,6 kg. Setzt man diesen Wert für $\dot{m}_B$ in die Formel ein, erhält man eine Zuglänge von

$$L_{Z\,min} = 1{,}3 \cdot \sqrt{9{,}6} = \underline{\underline{4{,}02\ m}}$$

Im Vergleich mit der Minimalzuglänge der klassischen Berechnung ($5\ m^2 \cdot 0{,}8 = 4{,}0\ m$) ergibt sich eine Deckungsgleichheit. Leider gibt es aber bei den Fachregeln keine Angabe zur Maximalzuglänge.
Bild 4.40. zeigt, wie die Zuglänge einer Feuerstätte (alter Bauart) zeichnerisch ermittelt werden kann. Die Zuglänge wird gemessen von Oberkante Zargenschutz der Feuertür bis zum Eintritt des Rauchrohrs in den Schornstein. Dabei ist immer die Mitte des Querschnitts anzunehmen.

4.10. Reinigungsöffnungen

Jeder Kachelofen muss in ausreichender Anzahl leichtzugängliche Reinigungsöffnungen haben.
Ein starres Schema für die Anbringung lässt sich nicht aufstellen.
Da die Entfernung zwischen Kachelwand und Zimmerwand bei jedem frei stehenden Kachelofen 150 mm betragen soll, können die Reinigungsöffnungen in den oberen Schichten in den der Wand zugekehrten Heizflächen angebracht werden. Eine bequeme und gewissenhafte Reinigung ist dennoch möglich. Gegen die Anordnung einer Reinigungsöffnung in einer Sichtfläche ist jedoch nichts einzuwenden.
Die Reinigungsöffnung beim Unterbrand zwischen Fall- und Steigzug sollte bei Eckstellung grundsätzlich in der vorderen Breitseite des Ofens angeordnet werden.
Nicht nur beim Neubau eines Ofens, sondern auch nach jeder Reinigung sind die „Kehrdeckel", Fliesen oder Abdeckplatten wieder dicht und sauber einzupassen.

4.11. Komplexes Berechnungsbeispiel eines Kachelgrundofens

Kohlefeuerung
Heizfläche $5{,}0\ m^2$ Zuganzahl $n = 5$ Stück

Rost $$R = \frac{A_K \cdot 10000}{100} = \frac{5 \cdot 10000}{100} = \underline{\underline{500\ cm^2}}$$

eingebaute Rostfläche $= 494\ cm^2$ (19×26 cm)

Gasschlitz $$G = \frac{R}{30} = \frac{494}{30} = \underline{\underline{16{,}5\ cm^2}}\ (3 \times 5{,}5\ cm)$$

Erster Zug $$A_{H1} = \frac{R}{3} \cdot 2 = \frac{494}{3} \cdot 2 = \underline{\underline{330\ cm^2}}$$

Letzter Zug $$A_{H5} = \frac{R}{3} = \frac{494}{3} = \underline{\underline{165\ cm^2}}$$

Querschnittsdifferenz

$$\Delta A_H = \frac{A_{Hn}}{n-1} = \frac{165}{5-1} = \underline{\underline{41\ cm^2}}$$

Rauchrohr $$R_r = \frac{R}{3} = \frac{494}{3} = \underline{\underline{165\ cm^2}}\ (\varnothing\ 14{,}5\ cm)$$

Zugquerschnitte

$A_{H1} = 330\ cm^2$	↑ +Rest
$A_{H2} = 288\ cm^2$	$+41\ cm^2$
$A_{H3} = 247\ cm^2$	$+41\ cm^2$
$A_{H4} = 206\ cm^2$	$+41\ cm^2$
$A_{H5} = 165\ cm^2$	

$n - 1 \uparrow$

Zuglänge

$$Z_l = A_K \cdot 0{,}8 = 5{,}0 \cdot 0{,}8 = \underline{\underline{4{,}0\ m}}$$

$$Z_l = A_K \cdot 1{,}2 = 5{,}0 \cdot 1{,}2 = \underline{\underline{6{,}0\ m}}$$

4.12. Zugsysteme aus vorgefertigten Schamotte-Bauteilen

Statt des individuellen Ausbaues eines Kachelgrundofens mit Schamottesteinen und -platten, der verhältnismäßig zeitaufwendig ist, kann ein Baukastensystem aus vorgefertigten Schamotteelementen angewendet werden.
Ein Beispiel für ein komplettes System von Schamottebauteilen, mit dem sich Zugsysteme bauen lassen, die besonders für modern gestaltete Kachelöfen vielfältiger Formen geeignet sind zeigen die Bilder 4.41.a und b). Zugvarianten mit liegenden oder stehenden Zügen können mit 25 Steintypen aus Ecken, Winkeln oder Rundungen der jeweiligen Ofenform angepasst

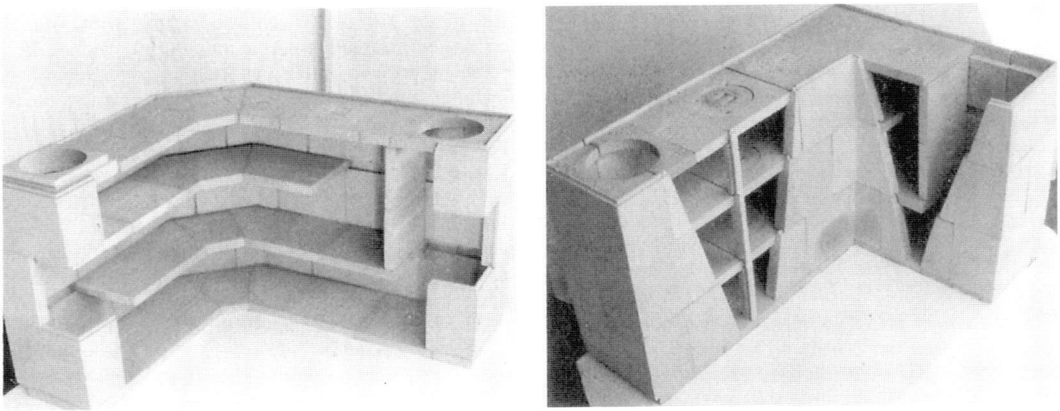

Bild 4.41. Bildbeispiel: Zugsystem 3-zügig mit Sturzzug, 2 × 190, 1 × 155 mm hoch, mit 135°-Winkel- bzw. Ecksteinen und Reinigungssteinen; Verschlußsteine zwecks Verdeutlichung angehoben (Tonwarenfabrik Kandern)
a) Zugsystem mit 135°-Winkelsteinen; *b)* Einblick ins Zugsystem mit Ecksteinen

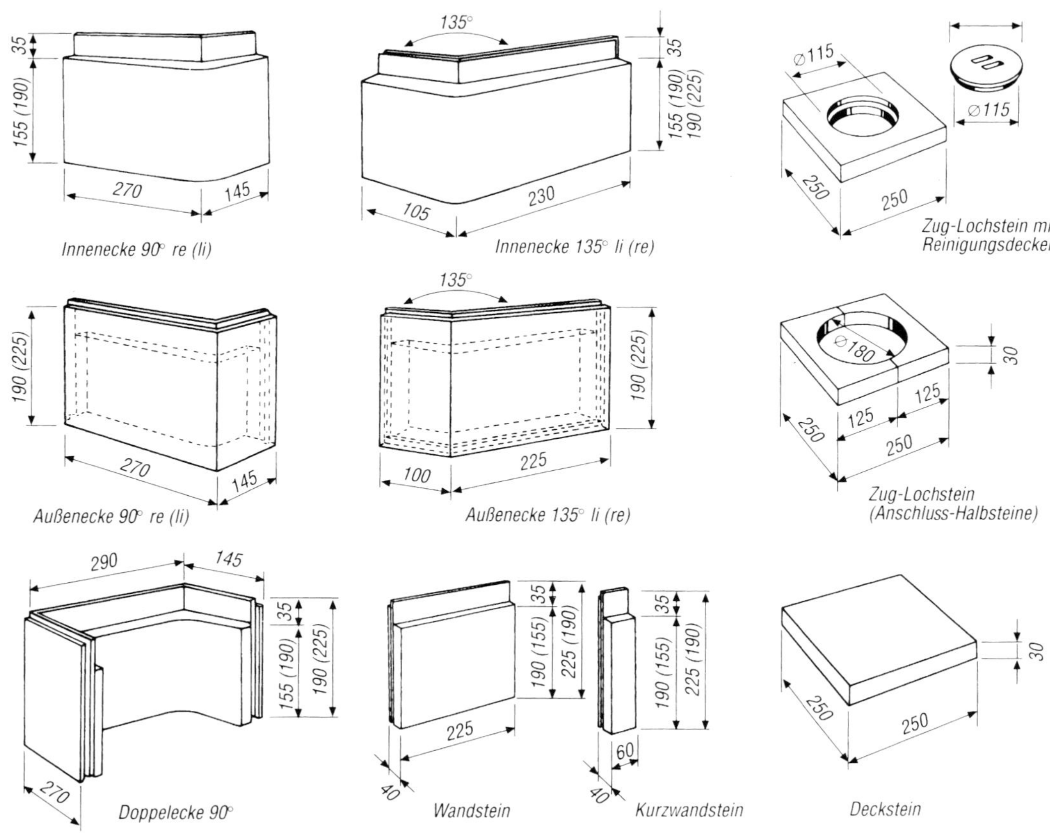

Bild 4.42. Bauelemente des vorgefertigten Schamotte-Bausatzes für Zugsysteme in Kachelöfen (Tonwarenfabrik Kandern)

werden. Dabei kann die Zughöhe zwischen 155 und 190 mm gewählt werden.
Das vorgestellte Sortiment der vorgefertigten Schamotteelemente beinhaltet Nut- und Federwandsteine, Innen- und Außenecken sowie 135°-Winkelsteine mit abgerundeten Kanten, Lochsteine für den Rauchrohranschluss und Reinigungsöffnung mit Deckel. Für beide Zughöhen gibt es passende Vorschubformate in jeweils 4 Materialdicken. Das Sortiment wird ergänzt durch Tragrahmelemente, Einlegebleche, Anschluss- und Reinigungsstutzen (Bild 4.42.).

4.13. H-ZWEI-O-Kachelofen

Das H-Zwei-O-Kachelofensystem ist keine Feuerstätte im eigentlichen Sinn, da es keinen feuerungstechnischen Ausbau, keinen Feuerraum und kein Zugsystem enthält. Damit bestehen andere Verhältnisse als bei herkömmlichen Kachelöfen

- Es wird kein Schornstein für dieses Ofensystem benötigt.
- Keine Anschaffung und Lagerung von Festbrennstoffen
- Bedienungsaufwand wie „Feuermachen", Nachlegen und Entaschung entfällt
- und damit gibt es keine Verschmutzung von Wohnräumen.

Der Wunsch nach milder Strahlungswärme von keramischen Flächen und entsprechende gestalterische Elemente in Form und Farbe lassen sich erfüllen.

Zum Aufbau des Kachelmantels durch den Kachelofenbauer gehört auch das Verlegen des flexiblen Wasserrohres mittels Klammern und Keilen (Bild 4.43.). Nach Fixierung des Rohrsystems werden die Innenflächen der Kachelwände mit so genanntem H-ZWEI-O-Mörtel verfüllt und Korkplatten angebracht. Diese haben die Aufgabe, die Wärme vom Warmwasser führenden Rohrschlauch weitestgehend auf die Kachelwände zu übertragen und diese zu erwärmen. Horizontale Flächen, z. B. Sitzflächen, werden mit Montageplatten abgedeckt, unter denen das Wasserrohr mit Schellen zu befestigen ist. Das Versetzen des Simses sowie der Abdeckplatten und das Verfugen der Kachelflächen bilden den Abschluss der Arbeiten des Ofenbauers. Das Wasserrohr ist bis in den Verteilerkasten zu verlegen.

Alle weiteren Arbeiten des Anschlusses an das Zentralheizungssystem und sämtlicher Folgearbeiten nimmt der Heizungsinstallateur vor.

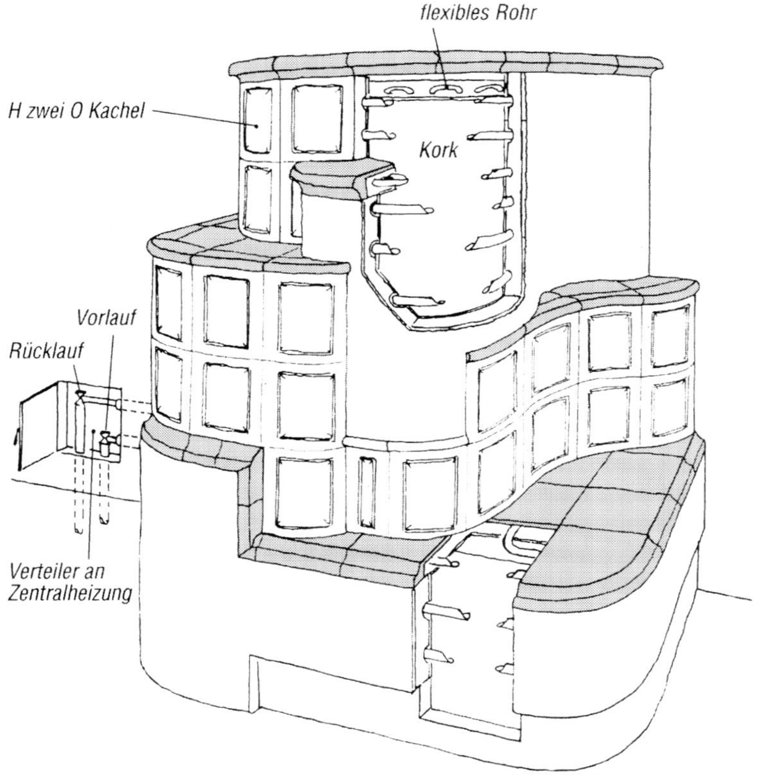

Bild 4.43.
Konstruktionsprinzip eines H-ZWEI-O-Kachelofens

Tabelle 4.11. Technische Kennwerte von H-ZWEI-O-Kachelöfen

Warmwasser-Vorlauftemperatur t_V in °C	**Kacheloberflächentemperatur** t_O in °C	**spezifische Nennwärmeleistung der Heizfläche** $\dot{q}_K$ in W/m² bei Raumlufttemperatur von		
		18 °C	20 °C	22 °C
40	30	122	100	80
45	32	144	122	100
50	34	165	144	122
55	36	187	165	144
60	38	210	187	165
65	40	232	210	187
70	42	255	232	210
75	44	279	255	232
80	46	303	279	255
85	48	327	303	279

Die eigentliche Wärmequelle bildet eine Kesselanlage, die energetisch betrieben werden kann mit

- Heizöl (EL)
- Brenngasen
- Festbrennstoffen.

Der Anschluss an ein Fernwärmenetz wie auch an ein Solarnetz bzw. an eine Wärmepumpe ist unter bestimmten Vorbedingungen möglich.

H-ZWEI-O-Öfen stellen wegen ihren relativ kleinen Heizleistungen in überwiegendem Maße Zusatzwärmequellen dar und sind im Wohnungsbau überall dort einsetzbar, wo eine Warmwasserheizungsanlage vorhanden ist.

Die Leistung eines H-ZWEI-O-Systems ist abhängig von der Vorlauftemperatur des Wärmeerzeugers und von der Größe der mit dem Rohrschlauch belegten keramischen Flächen. Tabelle 4.11. kann die spezifische Nennwärmeleistung in W/m² in Abhängigkeit von der Vorlauftemperatur und der gewünschten Raumlufttemperatur entnommen werden.

Die Gesamtwärmeabgabe des jeweiligen H-ZWEI-O-Systems errechnet sich aus der spezifischen Nennwärmeleistung mal der tatsächlichen Heizfläche.

Die Firma Sommerhuber gibt zum Aufheizverhalten des H-ZWEI-O-Ofens an, dass

- nach 1,5 Stunden 70 %,
- nach 3,0 Stunden 90 % und
- nach 4,0 Stunden 100 % (bei Höchsttemperatur)

der möglichen Heizleistung erreicht sind.

Bild 4.44.
Gestaltungsbeispiel eines H-ZWEI-O-Kachelofens
Fa. Sommerhuber GmbH

Zum Speicherverhalten wird nach Erreichen der Höchsttemperatur eine Absenkdauer von ca. 4 Stunden genannt.

Beispiel

Ein H-ZWEI-O-Kachelofen von 6,0 m^2 tatsächlicher Heizfläche ist in der Lage, bei einer Vorlauftemperatur von 70 °C und einer gewünschten Raumlufttemperatur von 20 °C eine spezifische Nennwärmeleistung von 232 W/m^2 (s. Tab.) zu bringen, sodass bei 6,0 m^2 die Gesamtwärmeleistung rd. 1400 W beträgt – bei einer Oberflächentemperatur der Kachelfläche von etwa 42 °C (Bild 4.44.).
Bei wärmegedämmten Gebäuden gemäß Wärmeschutzverordnung kann ein derartiger „Ofen" abhängig von der Heizlast des Raums in Übergangsjahreszeiten (Herbst/Frühjahr) bzw. milden Wintertemperaturen die Erwärmung des Raums allein übernehmen und Behaglichkeit schaffen.

4.14. Schäden im und am Kachelofen

Schäden an Kachelöfen können verschiedene Ursachen haben:

- Materialfehler
- bautechnische Fehler im Kachelmantel oder im Ausbau, die die Setzweise betreffen
- bautechnische Fehler, die konstruktiv bedingt sind
- heiztechnische Fehler (zu schnelles Trockenheizen)
- falsche Bedienung der Öfen.

Immer wieder kommt es vor, dass in oder an Kachelöfen Schäden auftreten, die reine Materialfehler sein können, aber auch von fehlerhafter Bauweise oder falscher Bedienung herrühren.
Schäden an der Kachelware haben verschiedene Ursachen. Einmal können sie beim Trocknen der geformten oder gegossenen Ware auftreten, im Brennprozess oder beim Kühlen. Werden sie beim Sortieren am Ende des Herstellungsprozesses oder sogar bei der Be- und Verarbeitung durch den Ofenbauer nicht erkannt, sind sie oft die Ursache für gerissene Kacheln oder Kachelecken, wenn die thermische Belastung des Ofens beginnt. Immerhin weisen Kacheln im Bereich des Feuerraums eine Oberflächentemperatur bis zu 180 °C auf. An einem nichtausgefütterten Kacheldeckel am Unterbrand zwischen Fall- und Steigzug wurden sogar einmal 220 °C gemessen. Eckenrisse über der Feuertür treten gelegentlich dann auf, wenn das Ausbaumaterial der vorderen Stirnwand des Ofens ohne Dehnung gegenüber der Breitseite eingebaut wurde, also eine starre Vermörtelung stattfand. Eckenrisse neben einer Feuertür sind auf Treiberscheinungen durch die Feuertür zurückzuführen, wenn die Tür nicht elastisch dicht in den Kachelmantel eingefügt und der Kachelmantel selbst straff verklammert wurde.
Abheben von Glasur kann ausgelöst werden, wenn die Schwindmaße von Masseton, Behautton und Glasur – als drei Schichten übereinander – nicht genau aufeinander abgestimmt wurden. Bei einem nur gelegentlich betriebenen Kachelofen, der in einem nichtunterkellerten Raum gebaut worden war, hob sich die Glasur im Sockel und an den unteren Kachelschichten durch Salpetereinwirkung ab. Nach dem Abriss des Ofens wurde erkannt, dass die Sperrung im Fußboden schadhaft war und durch ständig aufsteigende Feuchtigkeit den Schaden ausgelöst hatte.
Treten in der Glasur von Kachelware **Haarrisse** auf, so sind sie **kein Qualitätsmangel**, sie entstehen beim Kühlen des Materials nach dem Brand. Kachelware, die einmalig beim Verbauen nass wird, danach aber ständig trocken bleibt, darf haarrissig sein. Anders dagegen verhält es sich bei Wandfliesen, die auch oft in Feuchträumen Verwendung finden.
Ein Ofen soll, um die Kacheln sauber zu halten und ihnen einen Glanz zu geben, mit einem trockenen Tuch abgerieben werden, keinesfalls mit einem feuchten, da dadurch Schmutz durch die Haarrisse in den Scherben gelangt und diesen netzartig verfärbt.
Bei den **Schamottesteinen und -platten** treten hauptsächlich dann Schäden auf, wenn sie zu schwach gebrannt sind. Sie besitzen keine ausreichende Standfestigkeit bei thermischer Dauerbelastung. Auch kann es zum Bruch von Steinen kommen, wenn sie zum Beispiel als Deckensteine über dem Feuerraum oder zwischen zwei liegenden Zügen verlegt wurden.
Hat die Asche einen zu niedrigen Schmelzpunkt oder wird die Feuerführung zu rasch betrieben, kann es zu Schlackenbildung kommen, sodass die Schamotte mit der Schlacke verkrustet. Durch die unterschiedliche Dehnung dieser beiden Stoffe platzen die Schamottesteine aus. Schließlich wirken auch chemische Einflüsse von Rauchgaskomponenten auf das Material ein und zerstören es nach und nach.
Der Schamotteausbau im Kachelofen, insbesondere im Feuerraum, ist Verbrennungstemperaturen bis etwa 950 °C ausgesetzt. Durch die Wärmebelastung der Schamotte, die sich an ihrer Oberfläche zum Feuerraum auf ca. 550 °C erwärmt, wird eine Dehnung des Materials bewirkt. Deshalb ist beim Einbau besonders masseintensiver Steine an der vorderen Stirnwand des Ofens, beim Feuerbock und bei der Hängewange zwischen Fall- und Steigzug gegenüber der Kachelwand für Dehnungsmöglichkeit zu sorgen, damit der Kachelmantel nicht auseinander getrieben wird. Der Höhendehnung im Ofen wird entgegengewirkt, indem die Feuerraumdecke trocken auf den seitlichen Ausbau aufgelegt, zur Kachelwand nicht starr vermörtelt wird und der Vorschub des darüberliegenden Zugs nicht auf ihr aufsitzen darf. Etwaig eingebaute Zungen oder Böcke auf der Feuerraumdecke müssen nach oben be-

weglich bleiben, um die nachfolgende Decke nicht hochzuheben. Wird so gebaut, sind Abhebungen von Schichten und Öffnungen von Fugen nicht möglich. Der Kachelmantel bleibt geschlossen und dicht.

Eisenwerkstoffe widerstehen der thermischen Belastung im Wesentlichen besser als keramische. Und dennoch kommt es zu Schäden. Bei Feuertüren mit Balkenverschluss brechen gelegentlich die Gussbalken, wenn die Verschraubung durch den Nutzer zu fest erfolgt. Der Bruch entsteht meist an der Bohrung des Gewindes der Schraube, am so genannten gefährdeten Querschnitt. Schmiedeeiserne Balken sind dagegen weitaus stärker belastbar.

Roste sollen zum Ausbaumaterial allseitig 5 mm Dehnungsfuge haben. Werden sie starr eingebaut, treiben sie entweder den Schamotteausbau und schließlich auch die Kachelwand auseinander oder verformen sich selbst in den Roststäben. Beim letztgenannten Schaden werden die Rostspalten weiter, sodass Brennstoff und Glutteilchen durchfallen können und damit die Rostverluste erhöht werden. Auch kommt es vor, dass Roste etwa in der Mitte ihrer Fläche Löcher aufweisen. Diese entstehen, wenn die anfallende Aschemenge nicht täglich entfernt wird, sich allmählich im Aschekasten ein Aschekegel bis zum Rost bildet und dieser Teil nicht mehr von Verbrennungsluft gekühlt wird und durchbrennt.

Locker gewordene **Feuertüren** mindern in hohem Maße Speicherfähigkeit und Leistung, indem nach dem Schließen der Türen Nebenluft angesaugt wird, da der Ofen durch den Schornstein im Unterdruck (Sog) steht. Dieser Schaden kann entstanden sein, weil der Ofenbauer insbesondere an den seitlichen Zargen der Feuertür das keramische Material nicht genügend deckend und festsitzend eingebaut hat, die Zapfen der Zarge zu schmal waren oder dass sich der Nutzer beim Bedienen und Entaschen ständig auf die Tür stützt und sie dadurch gelockert hat.

Zu schnelles Trockenheizen birgt die größte Gefahr der Zerstörung des Ofens in sich. Die Wassermassen, die zum Bau des Ofens benötigt wurden, müssen durch ein schwaches Feuer mit relativ niedrigen Verbrennungstemperaturen allmählich verdampft werden. Es soll mehr ein Verdunsten sein. Übrigens müssen frisch gebaute Feuerstätten – auch in den Sommermonaten – sofort sorgsam trockengeheizt werden, um Stockbildung zu vermeiden. Wird aber in einem frisch gebauten Ofen ein flottes Feuer entfacht, bildet sich durch die hohen Temperaturen Wasserdampf. Dieser bläht den Lehmmörtel auf und treibt Kachelwand und Ausbau sowie die Steine und Platten in ihrem Verband auseinander. Auch werden durch die Dampfbildung die Schamotteausfutter in den Kacheln und Ecken gelöst. Bei extrem hohen Temperaturen können durch Dampf Kachel- und Eckenrisse auftreten, wenn die Verklammerung doppelt und zu straff erfolgte. Den Schaden des Ofens erkennt man an den Treibfugen zwischen den Kacheln, locker gewordenen Kacheln oder evtl. gerissenen Ecken. Beim Abklopfen des Kachelmantels hört man, dass die Ausfutter in den Kacheln klappern und sich der Ausbau vom Kachelmantel gelöst hat. Flammenproben zeigen deutlich, dass die an die offene Fuge zweier Kacheln gehaltene Flamme in den Ofen angesaugt wird (Bild 4.45.). Ein derartiger Kachelmantel ist undicht, lässt im Überdruckzustand beim Anheizen des Ofens Rauchgase austreten und saugt im Unterdruckzustand – nach Wirksamwerden des Schornsteinunterdrucks – Nebenluft in großen Mengen an. Die Folge ist wieder Minderung von Speicherfähigkeit und Leistung. Schließlich kann durch falsches Bedienen eine allmähliche, aber auch rasche Zerstörung des Ofens betrieben werden.

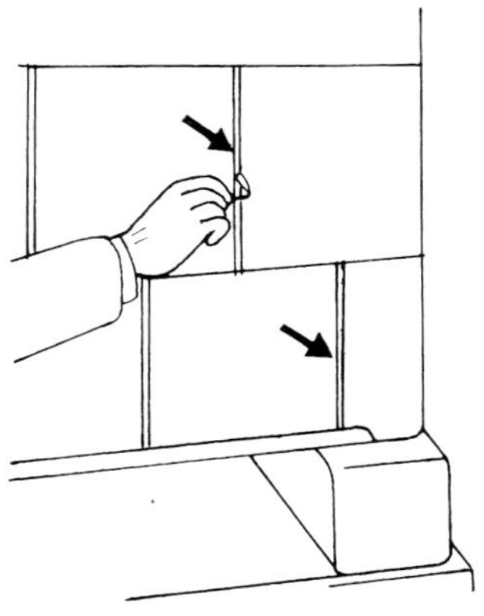

Bild 4.45. Flammprobe am Kachelmantel zum Auffinden von offenen durchgehenden Treibfugen

In einem Ofen, der sehr wenig benutzt worden war, wurde eine große Menge Holz verfeuert. Das Ergebnis davon war ein zerstörter Ofen. Die quarzhaltigen Schamottesteine waren vollkommen zertrieben und tief ausgeplatzt, sodass der Ofen umgesetzt werden musste. Der quarzhaltige Schamottestein, der infolge seiner günstigen Wärmeeigenschaften für den Kachelofeninnenausbau verwendet wird, zeigt bei etwa 580 °C, der Temperatur der Quarzumwandlung, eine plötzliche Ausdehnung und beim Absinken der Temperatur eine entsprechende Schrumpfung. Diese Temperaturstufe muss beim Heizen beachtet werden. Bei Verfeuerung von Braunkohlenbriketts wirkt sich der thermische Sprung nicht aus, weil die Wärme allmählich gesteigert wird und auch langsam zurückgeht. Anders ist es bei Holzfeuerung. Holz hat eine niedrige Entzündungstemperatur und verbrennt rasch mit langer Flamme bei starker Wärmeentwicklung. Diese rasche Erwärmung führt aber ebenso schnell wieder zur Abkühlung durch nachströmende Luft, wenn der Ofen nicht rechtzeitig geschlossen wird. Das Schamottematerial ist aber diesen raschen Temperaturschwankungen, die gerade zwischen 500 und 600 °C liegen, nicht gewachsen. Es entstehen Spannungen, die das Material in seinem Gefüge lockern und schließlich zertreiben.

Bild 4.46. Fehler und Schäden

In einem dieser Fälle wurden Lehmproben entnommen, um auch daran den Sachverhalt zu prüfen. Es zeigte sich, dass die Quarzkörner des Lehmmörtels an wenig beanspruchten Stellen vollkommen erhalten waren, während der Lehmmörtel, der von zersprungenen Schamottesteinen entnommen wurde, auch zersprungene und gerissene Quarze aufwies. Außerdem erkennt man Dampfbildung auch in der aufgekochten Mörtelfuge. Der Mörtel ist großporig geworden.
Alle Beispiele lassen erkennen, dass die Übergabe einer Bedienungsanleitung an die Nutzer unerlässlich ist.
Eine **Zusammenfassung der häufigsten Schäden und ihrer Ursachen** zeigt die Übersicht Bild 4.46.

4.15. Bedienung und Pflege kohlebeheizter Feuerstätten

4.15.1. Bedienung, Pflege und Reinigung von Kachelöfen

Die richtige Bedienung und sorgsame Behandlung eines Kachelofens macht ihn über viele Jahre hinweg zum wohl tuenden Wärmespender. Er wird bei geringem Brennstoffaufwand die mögliche Wärmeleistung bringen.
Ein neu gebauter oder umgebauter Kachelofen muss 10 bis 14 Tage langsam trockengeheizt werden. Das Trockenheizen ist unmittelbar nach seinem Bau, also auch in den Sommermonaten erforderlich.
Der sorgfältig langsam ausgetrocknete Kachelofen garantiert eine gute Bindung des Lehmmörtels mit den Kacheln und Schamotten.
Richtiges Heizen will verstanden sein!
Durch Verpuffungen oder Ofenexplosionen werden in jeder Heizperiode viele Kachelöfen schadhaft oder zerstört. Erhebliche Schäden am Hausrat durch Beschädigung, Brand und Verschmutzung sind die Folgen.
In den meisten Fällen wird als Schadensursache vom Fachmann festgestellt: „Falsches Heizen!“ Zur Verhütung solcher Schäden und Verluste ist es erforderlich, dass die nachstehenden Regeln über richtiges Heizen beachtet werden:

1. Erforderliche Brennstoffmenge in den Sommermonaten besorgen und trocken lagern. **Trockener Brennstoff** hat bessere Brenneigenschaften und einen höheren Heizwert.

2. **Vor dem Anheizen** muss der Rost gesäubert und der Aschekasten geleert werden. Das Zimmer ist gut zu durchlüften. Dabei soll nur die Raumluft erneuert werden, die Wände aber sollen nicht auskühlen. Öfteres kurzzeitiges Lüften ist besser als ein länger andauerndes.
3. **Anheizen:** Wenig zerknülltes Papier und trockenes kleingespaltenes Holz oder Kohlenanzünder auf den Rost legen, darauf regellos zerkleinerte Briketts oder stückige Siebbraunkohle, sodass der gesamte Rost gleichmäßig bedeckt wird. Feuertür schließen, aber nicht verschrauben!
   Aschetür bleibt zum Eintritt der Verbrennungsluft offen.
4. **Nachlegen:** Auf die vorhandene Grundglut wird die gesamte Tagesmenge, aber nicht mehr als acht große Briketts, aufgelegt. Die Türen bleiben wie beim Anheizen in ihrer Stellung. Achtung! Kohlengrus oder andere Abfälle, z. B. Papier, Textilien, Gummi, Kämme, Tannennadeln u. ä., gehören nicht in den Kachelofen! Explosionsgefahr!
5. **Schließen:** Asche- und Feuertür dicht schließen, wenn der gesamte Brennstoff sich in Glut befindet, also keine Flammen mehr sichtbar sind und sich auf den durchgeglühten Kohlen Asche zu bilden beginnt. Zu zeitig geschlossene Ofentüren ziehen einen Schwelprozess nach sich und verursachen meist Geruchbelästigungen. Keinesfalls die Türen nochmals öffnen, Explosionsgefahr! Nur Raum durchlüften.
   Bei zu spät geschlossenen Ofentüren ergibt sich ein Wärmeverlust. Schäden am Ofen sind damit nicht verbunden, nur höherer Brennstoffverbrauch.
   Die Dauer eines Verbrennungsvorgangs langflammiger Brennstoffe soll zwischen 45 und 75 Minuten liegen; sie ist von der Ofengröße und der Außentemperatur abhängig. Bei großer Kälte ist es besser, zweimal zu heizen. Dadurch kann ein Ofen nicht überlastet werden.

Bei Kachelöfen ohne Rost sind zu beiden Seiten des zum Anheizen benutzten Brennholzes zwei bis vier ganze Briketts hintereinander (je nach Ofengröße) und weitere Briketts in Flachschicht mit Zwischenräumen auf diese Erstschicht zu legen. Dadurch wird ein Brennkanal geschaffen, der schnelleres Durchbrennen und besseres Ausnutzen des Brennstoffs gewährleistet.
Besonders wichtig ist, die Feuerstätten zu pflegen und regelmäßig zu reinigen. Der Schamotteausbau muss immer gut instand und möglichst frei von Ruß und Flugasche sein, sonst ist der Brennstoffverbrauch zu groß bzw. die Leistung des Ofens ungenügend.
Jeder Ofen sollte mindestens einmal jährlich, zweckmäßig nach Schluss der Heizperiode gereinigt werden. Außerdem ist er gründlich nachzusehen, und kleine Mängel sind sofort zu beseitigen.
Die Türen, der Kachelmantel und der Einbau des Rauchrohrs in der Kachelwand sowie im Schornstein sind auf Dichtheit zu prüfen. Äußerlich nicht erkennbare Undichtheiten finden wir durch Anleuchten mit einer Kerzen- oder Streichholzflamme (vgl. Bild 4.45.). Wo die Flamme hineingezogen wird, ist eine Undichtheit vorhanden. Bei keramischen Bauteilen können Undichtheiten mit Lehm- oder Schamottemörtel, bei Grauguss mit Ofenkitt abgedichtet werden.

4.15.2. Ortsbewegliche Raumheizer

Feueranmachen wie nach Grundregeln bei Kachelöfen. Dieser Ofen ist kein ausgesprochener Wärmespeicher, deshalb Tagesmenge geteilt in zwei- bis dreistündigen Abständen aufgeben. Zehn Minuten nach dem Anheizen und bei jedem Nachlegen erfolgt die Verbrennungsluftzufuhr nur durch den Luftschieber. Vorhandene Anheizklappe kurz nach dem Feueranmachen sofort auf Dauerbrand umstellen. Wenn keine Flammenbildung mehr sichtbar, Luftschieber schließen.

4.15.3. Schadensfolge durch Verpuffung und Explosion

Im Bereich der Raumheizung treten immer noch Explosionen durch Feuerstätten auf, wenn auch ihre Häufigkeit rückläufig ist. Ursache derartiger Vorfälle sind oft Fehlverhalten bei der Bedienung, aber auch Verwendung brennbarer Stoffe und Mittel, die nicht zur Gruppe der Brennstoffe gehören.
Geringere oder mäßigere Schadenswirkung verursachen Verpuffungen. Die Art der „Raumexplosion" mit geringem Druck löst oftmals, wenn überhaupt, nur kleinere Zerstörungen aus. Der Verschmutzungsgrad durch Rauchentwicklung, angereichert mit Asche und Ruß kann dagegen erheblich sein.
Verpuffungen können z. B. ausgelöst werden, wenn auf die Glut heruntergebrannten Brennstoffs klarstückige Brennstoffmasse nachgeschüttet und dabei das gesamte Glutbett bedeckt wird. Der Wärmeinhalt der Glut bewirkt eine Entgasung des aufgelegten Brennstoffs. Diese Gase können aber infolge geringer Temperatur, die unter ihrer Zündtemperatur liegt, nicht in Flammenbildung übergehen und ausbrennen und reichern sich im Feuerraum evtl. auch im nachfolgenden Zugsystem an. Schreitet nun die Wärmewirkung der Glut weiter und überträgt sich auf die Oberfläche des nachgeschütteten Brennmaterials, besteht die Möglichkeit, den Zündpunkt des angereicherten Gases zu erreichen. Die nun folgende Zündung der Gasmasse ist mit einer plötzlichen Volumenvergrößerung verbunden.
Gase dehnen sich bei Temperaturzunahme um 1 °C um 1/273 ihres Volumens aus, d. h. bei Temperatursteigerung um 273 °C werden aus einem Kubikmeter Gas zwei Kubikmeter!

Wenn der Bypass vorher keine Gasansammlung verhindern konnte, weil die Entgasungswirkung zu intensiv war, nützt er jetzt keinesfalls, um das entsprechend große Gasvolumen ableiten zu können. Aufdrücken angelehnter Ofentüren, Herausdrücken von Kehrdeckeln oder Anheben von Deckenplatten der Ofendecke sind gewöhnlich die Folge. Rauch, Asche und Ruß verteilen sich im Raum und hinterlassen eine Verschmutzung, die von der Intensität der Verpuffung abhängt. Derartige Schäden ohne zerstörerische Schadenswirkung an den Feuerstätten selbst sind das kleinere Übel gegenüber einer direkten Ofenexplosion. Natürlich können auch andere Zusammenhänge Ursache einer Verpuffung sein.

Ich erinnere mich eines Falls einer Ofenexplosion. Es war Anfang Oktober und die Außentemperatur betrug etwa 12 °C. In einem viergeschossigen Wohnhaus waren in einer Wohnung des 1. Obergeschosses in einem Wohnraum Malerarbeiten nötig. Der Raum war vom Mobilar geräumt, von alten Tapeten befreit, Wände und Decken waren vom Maler mit Makulatur eingestrichen worden. Um die Trocknung zu beschleunigen, sollte der Ofen sein Nötiges tun.

Hier muss erst noch eine Anmerkung gemacht werden: Im Erdgeschoss des Hauses befand sich ein Schreibwarengeschäft. Der Nebenraum des Ladens diente als Lagerraum. Dort wollte der Schreibwarenhändler einige Arbeiten verrichten und begann, da die Raumtemperatur zu niedrig war, seinen Kachelofen anzuheizen. Die noch relativ günstige Außentemperatur und die geringe Anfangstemperatur beim Anheizen reichten aber nicht aus, die sich entwickelnden Gasmassen durch den Schornstein über Dach abströmen zu lassen. Anreicherung des Rauches in Schornstein und Ofen und auch Zurückdrücken des Rauches in den Lagerraum veranlassten dann den Schreibwarenhändler, seinen Ofen zu schließen und sich zu begnügen.

Im zu renovierenden Wohnraum darüber – beide Öfen, im Erdgeschoss und eben hier, waren am gleichen Schornstein angeschlossen – schickte sich die Hausfrau an, ihren Ofen anzuheizen. Sie öffnete Feuer- und Aschetür und ging zum Flur, Brennmaterial zu holen. Dabei wurde sie in ein kurzes Gespräch mit einer Nachbarin verwickelt. Danach nun legte sie auf den Rost des Ofens Holzwolle und kleingespaltenes Holz entzündete es. Gleich darauf ging sie nochmals zum Flur und wurde dort von einem Knall überrascht, der aus dem ausgeräumten Wohnraum kam. Beim Betreten des Raums traute sie ihren Augen nicht. Im völlig eingerauchten Raum standen die Reste des Ofens. Im Deckenputz, in den Wänden, im Fernsterrahmen ... und ... und ... und ... steckten Kachelsplitter. Die Scheiben des Fensters waren sämtlich zerborsten. Die Ofendecke und ein Teil der oberen Schichten der Vorderfront bestanden nicht mehr. Die Ecken der Rückwand des Ofens waren an beiden Seiten bis zur ersten Schicht gerissen, die Rückwand selbst lehnte an der Zimmerwand. Die Frau war mit dem Schrecken davon gekommen.

Wie war es möglich, dass sich diese relativ starke Explosion ereignen konnte?

Die sich im Schornstein angereicherten Gase vom nicht in Funktion gekommenen Ofen im Lagerraum des Erdgeschosses waren durch das Öffnen der Ofentüren des Ofens im ersten Obergeschoss in diesen eingeströmt. Die Verzögerung beim Anheizen ermöglichte die Bildung und Ansammlung eines Gas/Luftgemischs, das durch die rasche Wärmeentwicklung der entzündeten Anheizmittel gezündet wurde. Hier wie auch im vorangegangenen Beispiel der Verpuffung, bei der die Gasmasse sicher erheblich geringer war, entstand eine derart große Volumenvergrößerung bei der Zündung des angereicherten Gases, die durch hohen Druck zur Zerstörung des Ofens führte.

Die Druckwelle, auf den Schornstein übertragen, drückte Kehrdeckel und Ofendecke des Ofens im Lagerraum auf, wobei durch Verschmutzung doch erheblicher Sachschaden entstand.

Im zweiten Obergeschoss waren nur die Kehrdeckel des am Schornstein angeschlossenen Ofens herausgedrückt worden – mit allerdings geringerer Verschmutzung des Raums – weil seine Türen geschlossen waren und kaum Gase in den Ofen eindringen konnten. Glück im Unglück kann man hier sagen, der Frau war nichts passiert. Die ganze Angelegenheit wurde ein Versicherungsfall.

5. Schornstein

5.1. Einführung in die Thematik

In § 2(1) der Feuerungsverordnung (FeuVO) 1/80 wird die Forderung erhoben:
„Feuerstätten, Verbindungsstücke und Schornsteine müssen so aufeinander abgestimmt sein, dass Gefahren oder unzumutbare Belästigungen nicht entstehen."
In ähnlicher Form ist diese Forderung auch in der Neufassung der FeuVO 2/95 festgeschrieben.
Diese drei Elemente bilden also eine funktionelle Einheit. Tritt bei einem eine Unterfunktion ein, so arbeitet die gesamte Feuerungsanlage gestört. Deshalb ist es erforderlich, bei ihrer Berechnung und Projektierung sowie ihrem Bau bestehende Vorschriften zu beachten und anzuwenden.
Nachfolgende **Vorschriften** werden empfohlen:

DIN 1298 – Verbindungsstücke für Feuerungsanlagen; Rohre, Rohrknie und Rohrbogen aus Metall für Abgase

DIN 4133 – Schornsteine aus Stahl; Statische Berechnungen und Ausführung

DIN 4705 Teil 1 – Berechnung von Schornsteinabmessungen; Begriffe – ausführliches Berechnungsverfahren

DIN 4705 Teil 2 – Berechnung von Schornsteinabmessungen; Näherungsverfahren für einfach belegte Schornsteine

DIN 4705 Teil 3 – Berechnung von Schornsteinabmessungen; Näherungsverfahren für mehrfach belegte Schornsteine

DIN 4795 – Nebenluftvorrichtungen für Hausschornsteine; Begriffe, sicherheitstechnische Anforderungen, Prüfung, Kennzeichnung

DIN 18160 Teil 1 – Hausschornsteine; Anforderungen, Planung und Ausführung

DIN 18160 Teil 2 – Feuerungsanlagen; Verbindungsstücke, Anforderungen, Planung und Ausführung

DIN 18160 Teil 5 – Hausschornsteine; Einrichtungen für Schornsteinfegerarbeiten

DIN 18160 Teil 6 – Hausschornsteine; Prüfbedingungen und Beurteilungskriterien für Prüfungen an Prüfschornsteinen

VDI 3781 Blatt 4 – Bestimmung der Schornsteinhöhe für kleinere Feuerungsanlagen

(FeuVO) 2/95 – Musterverordnung über Feuerungsanlagen, Anlagen zur Verteilung von Wärme

Trotz aller technischen Unterlagen, die praxisnah erarbeitet wurden und ständig durch neue wissenschaftliche Erkenntnisse und praktische Erfahrungen auf den neuesten Stand gebracht und ergänzt werden, kommt es immer wieder zu Mängeln und Funktionsstörungen an Feuerstätten und Hausschornsteinen. Dies kann von unzureichender fachlicher Qualifikation des Ausführenden herrühren, von Nachlässigkeit, aber auch von witterungsbedingten Einflüssen, wie Wind und Staudruckverhältnissen, die vor dem Bau nicht restlos erkennbar waren.
Es sei gleich eingangs darauf hingewiesen, dass die **Wind- und Strömungsverhältnisse** um ein Gebäude abhängen von

- der Lage des Gebäudes innerhalb der Umgebung
- der Art der Bebauung, ob offen oder geschlossen
- der Höhe des Gebäudes, auch der Gebäude zueinander
- der Form des Gebäudes, vor allem seiner Dachausbildung.

Niemals wird es deshalb möglich sein, bei auftretenden Unterfunktionen von Feuerungsanlagen die Mängel mit einer einheitlichen Lösung, z. B. der generellen Schornsteinerhöhung, beseitigen zu können. Die Erfahrungen zeigen, dass selbst auf dem Dach eines Wohnblocks unterschiedlichste bauliche Maßnahmen notwendig waren, um die verschiedenartig auftretenden Fallwinde, Windwalzen oder Wirbel dem Schornstein gegenüber wirkungslos, sagen wir besser: wirkungsarm zu machen.
In den nachfolgenden Abschnitten der Schornsteinlehre werden die technischen Forderungen und ihre Zusammenhänge beim Bau von Feuerungsanlagen für feste Brennstoffe, Heizöl und Brenngase sowie die vielfältigen Einflüsse auf ihre Funktion behandelt.

5.2. Schornsteinunterdruck

Der Schornsteinunterdruck ist eine sich einstellende Größe in Abhängigkeit von der wirksamen Schornsteinhöhe, von der Dichte der Luft und der Rauchgase sowie von den wirksam werdenden Strömungswiderständen in der Feuerungsanlage. Er kann berechnet, aber auch gemessen werden.

5.2.1. Unter- und Überdruck im Feuerraum einer Feuerstätte

Wird in einer Feuerstätte ein Feuer entfacht, steigen die aus dem Brennstoff entweichenden Verbrennungsgase (Gas-Luftgemisch) infolge Temperaturerhöhung im Feuerraum nach oben, durchströmen die Rauchgaszüge und den Schornstein und gelangen danach in die freie Atmosphäre.

An Stelle der aus dem Feuerraum abströmenden Verbrennungsgase muss wieder ein Gas-Luftgemisch nachströmen, da sich kein luftleerer Raum, kein Vakuum, bilden kann. Diese Luft wird aus dem Aufstellungsraum der Feuerstätte angesaugt. Es entsteht also ein Sog; stattdessen kann man auch **Unterdruck** sagen. (Umgangssprachlich wird noch sehr oft fälschlich der Begriff „Schornsteinzug“ gebraucht.)

Physikalisch gesehen, handelt es sich um einen Unterdruck, der infolge der Dichtedifferenz zwischen den warmen, leichten Rauchgasen und der kalten, schweren Luft entsteht. Danach bilden sich im Feuerraum einer Feuerstätte

- ein Unterdruckbereich, ein Sog
- ein Überdruckbereich, ein Auftrieb.

Die Grenze zwischen beiden Bereichen wird durch eine so genannte Nulllinie gekennzeichnet, in deren Höhe der Druck $p = 0$ ist.

Die **Dichte eines Gases** kann mit der Gleichung

$$\varrho = \varrho_0 \frac{1}{1 + \alpha \cdot t} \quad \text{in kg/m}^3$$

berechnet werden.

Da bei Erwärmung um 1 K sich jedes Gas bzw. jedes Gas-Luftgemisch um 1/273 seines Volumens ausdehnt, kann in der Formel für $1/273 = 0{,}00367$ gesetzt werden. Dieser Wert entspricht dem Formelzeichen α. Daraus ergibt sich

$$\varrho = \varrho_0 \frac{1}{1 + 0{,}00367 \cdot t} \quad \text{in kg/m}^3$$

Beträgt die Dichte der Luft bei 0 °C $\varrho_0 = 1{,}293\ \text{kg/m}^3$, so ist die Dichte der Raumluft von 10 °C

$$\varrho_{L10} = 1{,}293 \frac{1}{1 + 0{,}00367 \cdot 10} = \underline{\underline{1{,}248\ \text{kg/m}^3}}$$

Bei einer Feuerraumtemperatur von 900 °C ist die Dichte des Rauchgases, wenn sie bei 0 °C $\varrho_{R0} = 1.315\ \text{kg/m}^3$ beträgt:

$$\varrho_{R900} = 1{,}315 \frac{1}{1 + 0{,}00367 \cdot 900} = \underline{\underline{0{,}307\ \text{kg/m}^3}}$$

Schließlich kann die Dichte des Rauchgases beim Eintritt in den Fallzug nach derselben Beziehung berechnet werden. Sie beträgt bei einer Rauchgastemperatur von 850 °C:

$$\varrho_{R850} = \frac{1}{1 + 0{,}00367 \cdot 850} = \underline{\underline{0{,}319\ \text{kg/m}^3}}$$

Sind die Dichte der Luft und die des Rauchgases ermittelt worden, können Unter- und Überdruck unterhalb und oberhalb der Nulllinie berechnet werden. Bei der Berechnung der Drücke ist die Höhe der Druckzonen bedeutsam, wie die nachfolgende Gleichung erkennen lässt:

$$p = h(\varrho_L - \varrho_R) \quad \text{in mm WS}$$

Die Maßeinheit für die Berechnung bzw. Messung des Unter- und des Überdrucks im Feuerraum und auch des Schornsteinunterdrucks war bisher Millimeter Wassersäule (mm WS). Unter 1 mm WS versteht man den Druck von 1 kg Wasser auf 1 m² Fläche. Die Druckeinheit von 1 kg/m² entspricht also dem Druck, den eine Wassersäule von 1 mm Höhe auf ihre Unterlage von 1 m² hervorruft.

In dem nunmehr verbindlichen Internationalen System (SI) der Maßeinheiten wird der Druck in Pascal (Pa) angegeben.

$$\begin{aligned}
1\ \text{Pa} &= 1\ \text{N/m}^2 \\
1\ \text{kp} &= 9{,}80665\ \text{N (Newton)} \approx 9{,}81\ \text{N} \\
1\ \text{mm WS} &= 1\ \text{kg/m}^2 \text{ bzw. } 1\ \text{kp/m}^2 \\
1\ \text{kp/m}^2 &= 9{,}81\ \text{N/m}^2 \\
1\ \text{mm WS} &= 9{,}81\ \text{Pa}
\end{aligned}$$

In der Technik, also auch in der Praxis des Schornstein- und Ofenbaus, werden der einfachen Rechnung wegen 9,81 Pa auf 10 Pa gerundet. Diese Ungenauigkeit macht nur etwa 2% aus.

Somit gilt folgende Gleichung zur Berechnung der **Drücke im Feuerraum** einer Feuerstätte:

$$p = h(\varrho_L - \varrho_R)\, 10 \quad \text{in Pa}$$

Die Höhe h muss gewählt werden, sie ist nicht feststehend. Sie hat aber später Einfluss auf die Größe der sich einstellenden Strömungsgeschwindigkeit der Verbrennungsluft bzw. der Rauchgase und damit auch auf den jeweiligen Querschnitt zur Heranführung der Verbrennungsluft und zur Abströmung der Rauchgase. Eine falsch gewählte Höhe kann zur Über- oder Unterdimensionierung der Querschnitte führen und Funktionsstörungen auslösen. Umgekehrt kann die Höhe h durch die Vorbestimmung der Querschnitte für Verbrennungsluft und Rauchgase festgelegt werden.

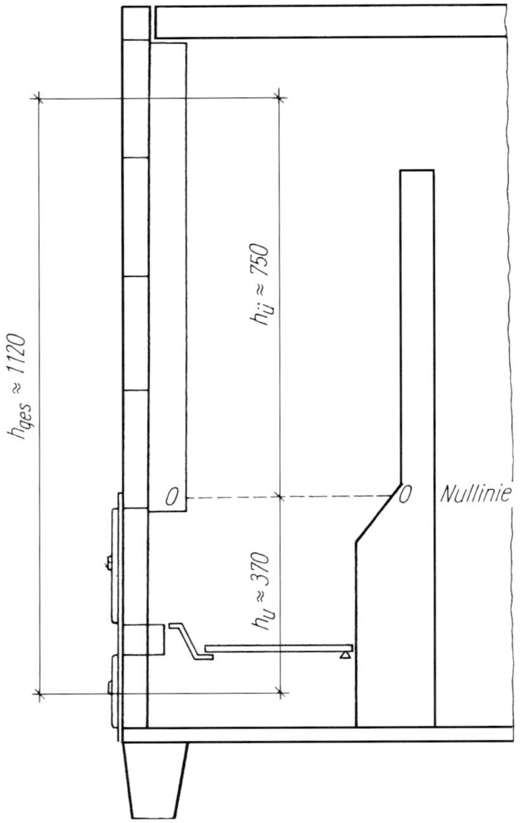

Bild 5.1. Bestimmung der Gesamthöhe des Unter- und Überdruckbereichs im Feuerraum eines Grundkachelofens

► **Die Gesamthöhe von Unter- und Überdruckbereich wird gemessen zwischen Mitte Querschnitt des Verbrennungslufteintritts und Mitte des Querschnitts, durch den die Rauchgase den Feuerraum verlassen.**

Beim Grundkachelofen mit 6 Schichten Feuerraum beträgt diese Höhe (nach Bild 5.1.) 1,12 m. Drittelt man diese Höhe, sodass die Nulllinie etwa oberhalb der Brennstoffschicht angenommen wird, dann ist $h_u = 0{,}37$ m für den Unterdruckbereich und $h_ü = 0{,}75$ m für den Überdruckbereich.
Nun lassen sich die Drücke berechnen, wenn für die Dichte der Luft bei 10 °C $\varrho_L = 1{,}248$ kg/m³ und für das Rauchgas bei 900 °C $\varrho_R = 0{,}307$ kg/m³ gesetzt werden.

$$p_u = h_u(\varrho_L - \varrho_R) \cdot 10 \quad \text{in Pa}$$
$$= 0{,}37\,(1{,}248 - 0{,}307) \cdot 10$$
$$p_u = \underline{\underline{3{,}49 \text{ Pa}}} \text{ Unterdruck}$$

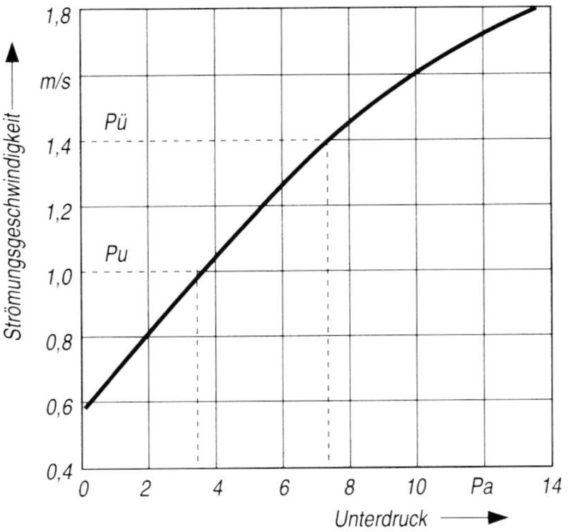

Bild 5.2. Umwertung einer Druckeinheit (in Pa) in eine Strömungseinheit (in m/s)

Bei der Berechnung des Überdrucks $p_ü$ ist für die Dichte des Rauchgases bei 850 °C $\varrho_R = 0{,}319$ kg/m³ einzusetzen.

$$p_ü = 0{,}75\,(1{,}248 - 0{,}319) \cdot 10 = \underline{\underline{6{,}97 \text{ Pa}}}$$

Diese errechneten Drücke sind in das Diagramm (Bild 5.2.) einzusetzen.
Damit ergibt sich eine Strömungsgeschwindigkeit für die angesaugte Verbrennungsluft von 1,0 m/s und für die im Feuerraum abströmenden Rauchgase ins Zugsystem von 1,4 m/s. Soweit zu den Strömungsverhältnissen im Feuerraum einer Feuerstätte ohne Berücksichtigung der Querschnitte.

5.2.2. Berechnung des Schornsteinunterdrucks

Zur Funktion einer Feuerstätte gehören:

- Heranführung der Verbrennungsluft
- Fortführung der Rauchgase.

Diese Aufgaben kann weder die Feuerstätte noch der Schornstein allein übernehmen. Bietet die Feuerstätte dem Schornstein keine Energie an, kann im Schornstein keine Rauchgasfortführung vonstatten gehen. Eins aber bewirkt der Schornstein von sich aus: Er fördert den Auftrieb der Rauchgase in Abhängigkeit von seiner Höhe.

► **In die Berechnung darf immer nur die wirksame Schornsteinhöhe eingesetzt werden.**

Die Berechnung des Schornsteinunterdrucks wird nach der gleichen Beziehung vorgenommen wie die Ermittlung des Unter- und des Überdrucks im Feuerraum.

Die bereits bekannte Gleichung wird aber noch um einen Faktor erweitert, der die Strömungswiderstände im Schornstein infolge Reibung sowie Richtungs- und Querschnittsänderung pauschal berücksichtigt.

$$H = h_w(\varrho_L - \varrho_R) f_s \cdot 10 \quad \text{in Pa}$$

Darin bedeuten

H Schornsteinunterdruck in Pa
h_w wirksame Schornsteinhöhe in m, gerechnet als senkrechtes Maß von Rauchrohrmitte der Feuerstätte bis Schornsteinmündung über Dach
ϱ_L Dichte der Außenluft in kg/m^3
ϱ_R Dichte der Rauchgase in kg/m^3
f_s Faktor für Strömungswiderstände
10 Multiplikationszahl (gerundet gegenüber 9,81) zur Umrechnung der Druckeinheit in Pascal

Man unterscheidet bei f_s zwei Größen:
Bei Schornsteinen aus Ziegelmauerwerk ist der Strömungswiderstand auf Grund der großen Anzahl von Fugen größer als bei vorgefertigten Beton-Schornsteinelementen. Eigentlich müsste auch hier nochmals unterschieden werden, weil bei Verwendung hoher Elemente abermals weniger Fugen auftreten als bei Elementen geringerer Höhe.
Die Faktoren betragen

– für gemauerte Ziegelschornsteine $f_s = 0{,}45$
– für Betonelemente $f_s = 0{,}55$

Die Faktoren drücken die Wirksamkeit aus, d. h., dass bei Ziegelschornsteinen 55% und bei Betonelementen nur 45% Strömungswiderstand auftritt.
Die Rechengrößen werden als absolute Zahlen in die Gleichung eingesetzt. Ihr Ergebnis berücksichtigt allerdings nicht alle Einflüsse, die auf die Größe des Unterdrucks einwirken. Nennt man sämtliche Beeinflussungselemente, so gelangt man schließlich zu folgender Feststellung:
Der **Schornsteinunterdruck** ist abhängig von

– den Abmessungen des Schornsteins in Höhe und Querschnitt
– der Temperatur und dem Feuchtigkeitsgehalt der Außenluft
– der Temperatur und der Zusammensetzung der Rauchgase
– der Güte und der baulichen Ausführung des Schornsteins
– der Stärke und Richtung des Windes.

5.2.3. Berechnungsbeispiele

Es ist der Schornsteinunterdruck H in Pa für einen gemauerten Ziegelschornstein zu berechnen, dessen wirksame Schornsteinhöhe $h_w = 8$ m beträgt. Die Außentemperatur wurde mit $t_e = 5\,°C$ und die Rauchgastemperatur beim Eintritt in den Schornstein mit $t_r = 160\,°C$ gemessen.
Während h_w mit 8 m und der Faktor f_s mit 0,45 für Ziegelschornsteine ohne weiteres in die Gleichung ein-

Tabelle 5.1. Dichte der Luft ϱ_L bei 1013 mbar

t in °C	ϱ_L in kg/m^3	t in °C	ϱ_L in kg/m^3	t in °C	ϱ_L in kg/m^3	t in °C	ϱ_L in kg/m^3
−20	1,3955	±0	1,2932	20	1,2049	40	1,1279
−19	1,3901	+1	1,2884	21	1,2008	41	1,1243
−18	1,3845	2	1,2838	22	1,1967	42	1,1208
−17	1,3791	3	1,2791	23	1,1927	43	1,1172
−16	1,3738	4	1,2748	24	1,1888	44	1,1136
−15	1,3683	5	1,2699	25	1,1847	45	1,1101
−14	1,3631	6	1,2654	26	1,1807	46	1,1066
−13	1,3579	7	1,2611	27	1,1768	47	1,1032
−12	1,3527	8	1,2564	28	1,1728	48	1,0997
−11	1,3475	9	1,2519	29	1,1689	49	1,0964
−10	1,3424	10	1,2475	30	1,1650	50	1,0929
− 9	1,3373	11	1,2431	31	1,1613	55	1,0762
− 8	1,3323	12	1,2387	32	1,1574	60	1,0600
− 7	1,3272	13	1,2347	33	1,1537	65	1,0444
− 6	1,3223	14	1,2301	34	1,1497	70	1,0291
− 5	1,3173	15	1,2258	35	1,1462	75	1,0144
− 4	1,3124	16	1,2216	36	1,1424	80	1,0000
− 3	1,3076	17	1,2173	37	1,1388	85	0,9861
− 2	1,3027	18	1,2131	38	1,1352	90	0,9725
− 1	1,2979	19	1,2090	39	1,1315	100	0,9464

Tabelle 5.2. Dichte der Rauchgase ϱ_R

t in °C	ϱ_R in kg/m³	t in °C	ϱ_R in kg/m³
± 0	1,315	225	0,721
+50	1,111	250	0,686
100	0,961	275	0,655
110	0,936	300	0,626
120	0,917	350	0,576
130	0,890	400	0,533
140	0,869	450	0,497
150	0,848	500	0,464
160	0,828	550	0,437
170	0,810	600	0,411
180	0,793	650	0,388
190	0,775	700	0,370
200	0,759	750	0,351

setzbar sind, müssen die Dichten der Luft und der Rauchgase erst mit den angegebenen Temperaturen tabellarisch ermittelt werden (Tabellen 5.1. und 5.2.).
Bei einer Außenlufttemperatur von $t_e = 5\,°C$ wird der Tabelle 5.1. eine Dichte von $\varrho_L = 1{,}270\ kg/m^3$ entnommen. Die Dichte der Rauchgase beträgt bei einer Temperatur von $t_r = 160\,°C$ lt. Tabelle 5.2. $\varrho_R = 0{,}828\ kg/m^3$.
Mit den ermittelten Werten kann die Berechnung des Schornsteinunterdrucks durchgeführt werden.

$$H = h_w(\varrho_L - \varrho_R) f_s \cdot 10 \quad \text{in Pa}$$

$$= 8\,(1{,}270 - 0{,}828) \cdot 0{,}45 \cdot 10$$

$$\underline{\underline{H = 16\ \text{Pa}\ (1{,}6\ \text{mm WS})}}$$

Wie sind diese 16 Pa in Bezug zu bringen zum erforderlichen Schornsteinunterdruck, den eine Feuerstätte benötigt?
Die Forderungen für den Mindestunterdruck lauten:

- bei Grundkachelöfen 8 Pa
- bei Kachelofen-Warmluftheizungen 12 Pa
- bei Dauerbrandöfen mit Durchbrand 6 Pa

Wenn im Herbst erstmals angeheizt wird oder im Frühjahr noch geheizt werden muss, weil die Behaglichkeit im Wohnraum bei einer Außentemperatur von 10 °C ohne Heizung nicht vorhanden ist, muss der erforderliche Schornsteinunterdruck für jede Feuerstätte – gleich welchen Standorts, also ob im Erdgeschoss, in einem Zwischengeschoss oder im letzten Obergeschoss – vorhanden sein, um Funktionsstörungen bzw. Rauchgasbelästigungen im Nutzungsbereich der Feuerstätte auszuschließen. Da der Unterdruck mit zunehmender wirksamer Schornsteinhöhe an Größe zunimmt bzw. im letzten Obergeschoss am geringsten ist, soll eine Berechnung für einen Grundkachelofen im letzten Obergeschoss eines Wohngebäudes durchgeführt werden, in dem gerade noch etwa 4 m wirksame Schornsteinhöhe bei einem Ziegelschornstein vorhanden ist. Die Rauchgastemperatur beim Eintritt in den Schornstein soll 150 °C betragen.
Gegeben sind also:

$$h_w = 4\ \text{m}$$
$$f_s = 0{,}45 \mathrel{\widehat{=}} 55\%\ \text{Widerstände}$$
$$t_e = 10\,°C;\ \varrho_L = 1{,}248\ kg/m^3$$
$$t_r = 150\,°C;\ \varrho_R = 0{,}848\ kg/m^3$$
$$H = 4(1{,}248 - 0{,}848) \cdot 0{,}45 \cdot 10$$
$$\underline{\underline{H = 7{,}2\ \text{Pa}\ (0{,}7\ \text{mm WS})}}$$

Dieser Unterdruck ist zu gering, um selbst beim Grundkachelofen eine ausreichende Funktion zu gewährleisten, der von allen kohlebeheizten stationären Feuerstätten mit 8 Pa mit dem geringsten Unterdruck auskommt. In der Praxis sind solche Verhältnisse oft vorhanden. In Eigenheimen, Wochenendhäusern und anderen Flachbauten kommen manchmal noch geringere wirksame Schornsteinhöhen vor. Trotzdem sollen diese Bauten beheizbar sein. Wie kann darauf Einfluss genommen werden?
Zunächst einmal mit höheren Schornsteinen.
Das ist aber nicht immer möglich. Außerdem bringt 1 m Schornsteinerhöhung bei den im letzten Beispiel angegebenen Temperaturverhältnissen nur 2 Pa Aufbesserung; oft zu wenig, um die Funktion einer Feuerstätte sicherzustellen.
Der Faktor für Widerstände f_s ist auch keine beeinflussbare, zumindest nur eine gering veränderliche Größe. Betrachtet man in Tabelle 5.1. die Zahlenwerte für die Dichte der Luft, so erkennt man, dass diese mit sinkender Temperatur größer werden. Es bildet sich also eine größere Differenz zwischen Luft- und Rauchgasdichte heraus und damit eine Aufbesserung des Schornsteinunterdrucks. Nun kann man die Außenlufttemperatur nicht beeinflussen. Es bliebe nur der Trost, dass wenigstens bei winterlichen Außenlufttemperaturen unter 0 °C die Feuerstätte funktionieren kann.
Schließlich nimmt mit steigender Rauchgastemperatur die Dichte ab (siehe Tabelle 5.2.), sodass von dieser Seite her die Dichtedifferenz beeinflussbar ist.
Der Ofenbauer muss also in solchen Fällen, wenn nur eine geringe wirksame Schornsteinhöhe vorhanden ist, das Zugsystem der Feuerstätte so gestalten, dass höhere Rauchgastemperaturen beim Eintritt in den Schornstein auftreten. Nur so kann die Funktion einer Feuerstätte beeinflusst und sichergestellt werden. Eine aus der Praxis abgeleitete Forderung lautet: „Jeder Schornstein für feste und flüssige Brennstoffe muss einen Leistungsdruck erreichen, der einer wirksamen Schornsteinhöhe von mindestens 4000 mm (10 Pa im Normalfall) entspricht." (Vgl. DIN 18160 Teil 1, Abschn. 4.2.f.) Die Nachrechnung mit einer Rauchgastemperatur $t_r = 250\,°C$ soll den Beweis liefern:

$$t_r = 250\,°C \mathrel{\widehat{=}} \varrho_R = 0{,}686\ kg/m^3$$
$$H = 4(1{,}248 - 0{,}686) \cdot 0{,}45 \cdot 10$$
$$\underline{\underline{H = 10\ \text{Pa}}}$$

Dieser Unterdruck reicht für Grundkachelöfen und für transportable Dauerbrandöfen aus. Kachelofen-Warm-Luftheizungen, die an diesen Schornstein angeschlossen würden, müssten eine Anheizklappe im Abwärmeofen erhalten, dann wären auch sie funktionsfähig.
Wenn aber nun nach der anderen Seite hin durch sehr hohe Schornsteine bzw. große wirksame Schornsteinhöhen auch zu hohe Unterdrücke auftreten mit 40, 50 oder gar 60 Pa, und das ist in der Praxis nicht selten, so darf man sich nicht umgekehrt verhalten, indem man die Rauchgastemperatur durch ein langes Zugsystem niedrig hält.
In diesem Fall würde die geringe Energiemenge, die dem Schornstein dadurch nur angeboten würde, nicht ausreichen, um die Rauchgase sicher über Dach ins Freie zu führen. Rauchgas- und Geruchsbelästigungen, möglicherweise schon im eigenen Wohnbereich, jedenfalls aber in den darüberliegenden Wohnungen, würden auftreten.
Wenn also bei hohem barometrischen Luftdruck und niedriger Außentemperatur der Schornsteinunterdruck besonders hoch ist und auch größere Schwankungen insbesondere durch Windverhältnisse, die auf den Schornstein einwirken, auftreten, kann ein Zugbegrenzer Abhilfe schaffen.
Der Zugbegrenzer als Nebenluftvorrichtung in der Schornsteinwange bildet mit der Feuerstätte, dem Verbindungsstück und dem Schornstein selbst eine Funktionseinheit. Er sollte bei modernen öl- und gasbefeuerten Heizungsanlagen – bedingt nur bei Verwendung von Festbrennstoffen – Bestandteil der Feuerungsanlage sein.
Nebenluftvorrichtungen haben die Aufgabe, dem Abgasweg von Feuerungsanlagen zusätzlich Luft zuzuführen. Ihre Funktion beruht auf dem jeweiligen Druckunterschied des Druckes im Verbindungsstück bzw. Schornstein zum Druck im Aufstellungsraum der Feuerstätte. Steigt der Schornsteinunterdruck über den am Zugbegrenzer eingestellten Pascal-Wert (Zugbedarf der Feuerstätte) an, wird die Regelscheibe kraft der herrschenden Druckdifferenz geöffnet, um Luft aus dem Aufstellungsraum der Feuerstätte zu den Abgasen im Verbindungsstück bzw. Schornstein einströmen zu lassen. In Regelstellung ergibt sich dabei jeweils ein Gleichgewicht zwischen dem Unterdruck im Verbindungsstück bzw. Schornstein (Öffnungskraft) und dem Gegengewicht der Regelscheibe (Schließkraft). Wie weit sich die Regelscheibe öffnet, ist vom eingestellten Pa-Wert am Zugbegrenzer abhängig.
Festlegungen für den **Einbau eines Zugbegrenzers** treffen DIN 4795 und DIN 18160 Teil 1. Ein Zugbegrenzer darf eingebaut werden beim Anschluss einer Feuerstätte an einen eigenen Schornstein. Dabei muss sicher gestellt sein

- eine einwandfreie Ableitung der Abgase der angeschlossenen Feuerstätte
- eine unbehinderte Prüfung und Reinigung von Verbindungsstück und Schornstein
- die unbehinderte Beweglichkeit der Innenschale von mehrschaligen Schornsteinen.

Nebenluftvorrichtungen dürfen nur im Aufstellungsraum einer Feuerstätte angeordnet werden. Sie sind unzulässig für Feuerstätten in verschiedenen Räumen mit gemeinsamen Schornstein.
Für Kleinfeuerungsanlagen eignen sich selbsttätig arbeitende Zugbremser. Sie dienen in erster Linie zur Erzielung konstanter Druckverhältnisse und zur Vermeidung von Durchfeuchtungen im Schornstein. Durch den Zustrom von Nebenluft wird erreicht

- eine Senkung der Taupunkttemperatur der Abgase
- eine Erhöhung der Abgasgeschwindigkeit
- eine Durchlüftung des Schornsteins zur Austrocknung während der Stillstandszeit des Brenners.

Besonders wirksam sind Zugbegrenzer bei Feuerstätten mit Ein/Aus-Betrieb. Die Wirksamkeit kann vom Bezirksschornsteinfegermeister durch Taupunktmessung an der Schornsteinmündung festgestellt werden, aber auch durch Berechnung vor dem Einbau. Die Einregulierung eines Zugbegrenzers sollte nur von einem erfahrenen Fachmann unter Zuhilfenahme von Messinstrumenten erfolgen.
Schornsteinzugbegrenzer sind kein Allheilmittel, können aber zur Verbesserung des Verbrennungsvorgangs, überhaupt der Funktion einer Feuerungsanlage beitragen.

5.2.4. Messung des Schornsteinunterdrucks

Berechnet wird der Schornsteinunterdruck vor der Errichtung von Schornsteinen oder für den Anschluss von Feuerstätten an vorhandene Schornsteine. Um feststellen zu können, wie groß der wirkliche Schornsteinunterdruck in einem Schornstein ist, kann man eine Messung durchführen.
Der Praktiker hält gelegentlich die Hand an die Reinigungsöffnung oder an ein bereits in der Schornsteinwange befindliches Loch zum späteren Anschluss einer Feuerstätte, oder er hält ein brennendes Streichholz davor, um zu prüfen, ob im Schornstein ein Unterdruck besteht. Das ist jedoch eine sehr grobe und ungenaue Bestimmung. Wenn am Schornstein noch keine Feuerstätte angeschlossen ist, also kein Betriebszustand herrscht, sind meist nur geringe Druckkräfte vorhanden. Es kann auch vorkommen, dass die Strömung im Schornstein rückläufig ist. Entweder geschieht das durch Windeinflüsse, oft aber, wenn die Außenlufttemperatur verhältnismäßig hoch ist, jedenfalls höher als die Raumtempratur.
Gemessen werden sollte mit einem eigens für derartige Druckmessungen entwickelten **Messgerät**.
Das einfache Messgerät ist ein **U-Rohr-Manometer** (Bild 5.3.), an dem eine Skala mit Millimetereintei-

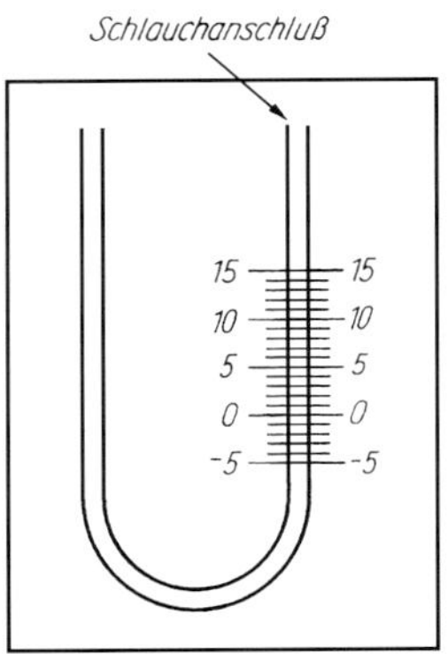

Bild 5.3. U-Rohr-Manometer

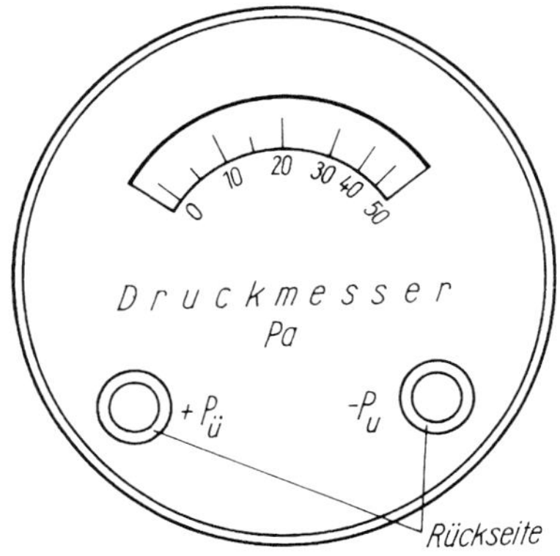

Bild 5.5. Zeigerdruckmesser

lung befestigt ist. Dieses Gerät ist aber nur für große Unterdrücke und auch dort nur zur Grobbestimmung geeignet.

Zur Messung kleinster Druckkräfte, sogar in Zehntelmillimeter, hat sich das **Schrägrohrmanometer** „System Krell" bewährt (Bild 5.4.). Die Schräglage des Rohrs bestimmt den Messbereich. Es wird in der Praxis für Drücke bis zu 100 Pa, maximal 150 Pa angewandt. Außer durch die Schräglage des Rohrs kann der Messbereich noch durch die Dichte der Messflüssigkeit beeinflusst werden. Als Messflüssigkeit können Wasser, Toluol, Alkohol oder Petroleum Verwendung finden. Der unterschiedlichen Dichte wegen müssen Neigung und Querschnitt des Röhrchens sowie die Skale auf die verwendete Messflüssigkeit abgestimmt werden. Das Schrägrohrmanometer hat zwei Anschlussstutzen. Zur Messung des Unterdrucks wird der Messschlauch am Ende des Röhrchens, also am Skalenende, angebracht und bei Überdruck am Flüssigkeitsbehälter.

Die Handhabung des Geräts ist einfach. Es lässt sich sowohl auf Baustellen als auch in bewohnten Räumen benutzen, ohne Schaden zu verursachen, obwohl es an der Wand zu befestigen ist. Voraussetzung für eine genaue Messung ist die Aufhängung in Waage, die durch eine am Gerät angeordnete Libelle und eine verstellbare Hängelasche ermöglicht wird.

Der **Zeigerdruckmesser** ist ein Gerät, das keiner Aufhängung bedarf (Bild 5.5.). Das Taschengerät hat einen Messbereich von -50 bis $+50$ Pa und lässt sich demzufolge für Unter- und für Überdrücke einsetzen. Auf der Rückseite des Geräts befinden sich zwei Anschlussbohrungen, die für den Unterdruckbereich mit $-p_u$ und für den Überdruckbereich mit $+p_ü$ gekennzeichnet sind. Beide Bohrungen führen zu einem miteinander verbundenen Strömungskanal, in dessen Querschnitt sich ein Metallplättchen befindet, das von der durch den Kanal strömenden Luft je nach Geschwindigkeit mehr oder weniger weit mitgenommen wird. Das Plättchen ist mit dem Zeiger verbunden und bringt diesen zum Ausschlag. Der erforderliche Gegendruck zur Zeigerstellung Null wird durch eine Spiralfeder bewirkt.

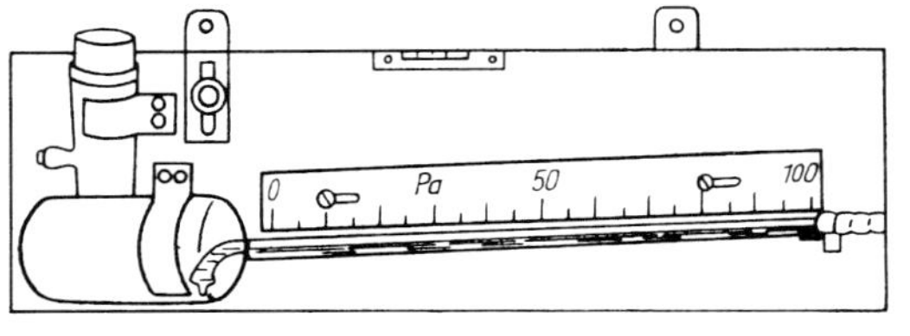

Bild 5.4. Schrägrohr-Manometer

Bei diesem Gerät wird der Druck über die Strömungsgeschwindigkeit gemessen. Deshalb darf das Metallröhrchen nicht durch einen Schlauch oder anderes verlängert werden, um Messfehler zu vermeiden.

Der Messbereich transportabler Zeigerdruckmesser liegt zwischen -50 und $+250$ Pa. Messgeräte mit größerem Messbereich sind fast immer stationär (auf Prüfständen) und mit größeren Anlagen verbunden.

Ein weiterer Vorteil des Zeigerdruckmessers ist, dass er ohne Auffüllen von Flüssigkeit sofort einsetzbar ist. Er wird bei der kleinen Ausführung durch ein Messröhrchen mit dem Schornstein oder dem Rauchrohr verbunden, beim größeren Gerät durch einen bis zu 3 m langen Gummischlauch.

Plötzliche Rückstromschwankungen sind durch sofortiges Anschlagen des Zeigers erkennbar.

Bei allen Messgeräten ist Grundbedingung, dass sie am Schornstein oder am Rauchgasrohr **dicht** angeschlossen werden; sonst treten Druckverluste auf, und die Messungen werden ungenau.

Der Messwert wird bei den genannten Messgeräten optisch genommen, also abgelesen. Außer diesen gibt es automatisch arbeitende Messgeräte mit selbsttätigem Schreiber. Für die Praxis des Ofenbaus sind sie zu aufwendig, für Prüfstände jedoch Bedingung.

5.3. Schornsteinlage im Gebäudegrundriss

Schornsteine sollen möglichst in der Mitte eines Gebäudes angeordnet werden, zwischen bewohnten Räumen. Dies lässt sich folgendermaßen begründen:

- Der die Dachhaut am First durchdringende Schornstein hat nur eine geringe Schornsteinkopfhöhe. Damit ist nur ein kleiner Teil der Außenluft ausgesetzt. Bauliche Schäden als Folge von Witterungseinflüssen bleiben ebenso gering wie die Abkühlung der den Schornsteinkopf durchströmenden Rauchgase.
- Wartung und Reinigung des Schornsteins sind am First oder in Firstnähe einfacher und ungefährlicher.
- Spitze Winkel zwischen Schornsteinkopf und schräger Dachfläche bilden so genannte Schneesäcke und begünstigen Durchfeuchtungsschäden.
- Eine zentrale Anordnung des Schornsteins zwischen bewohnten Räumen, die auch mit Feuerstätten ausgerüstet sind, erfordert nur kurze Rauchgasrohre oder Rauchrohrleitungen, die sowohl funktionell als auch vom Aussehen her günstiger sind.
- Die Schornsteine kühlen einerseits nicht so schnell ab, wodurch der Auftrieb der Rauchgase erhalten bleibt; andererseits können sie ihre Speicherwärme an die bewohnten Räume abgeben.
- Schornsteine müssen nach DIN 18160 Teil 1 in und an Gebäuden so angeordnet sein, dass die Schornsteinmündungen nicht in unmittelbarer Nähe von Fenstern und Balkonen liegen; insbesondere müssen die Schornsteine von terrassenförmigen Gebäuden aus dem Dach des höchsten Gebäudeteils austreten.
- Schornsteinmündungen dürfen über Dachflächen mit allseitig geschlossener Brüstung von mehr als 50 cm Höhe nur liegen, wenn die Brüstungen Öffnungen haben, die ein gefährliches Ansammeln von Abgasen verhindern. Schornsteine in oder an Gebäuden mit Dächern, die eine größere Neigung als 20° haben, sollen so angeordnet werden, dass die Schornsteinmündungen in der Nähe der höchsten Dachkante liegt.

Beim Flachdach, ob im Alt- oder im Neubau, braucht die Dachdurchdringung nicht unbedingt in der Mitte zu liegen. Es wird aber auch hierfür gefordert, Schornsteine nicht in die Umfassungskonstruktion eines Gebäudes zu projektieren. Schornsteine in Außenmauern eines Gebäudes oder nach kalten Hausfluren oder Durchfahrten hin anzuordnen, ist – wärmetechnisch gesehen – eine schlechte Lösung. Die Rauchgase erfahren eine zu starke Abkühlung, wodurch Funktionsstörungen ausgelöst werden. Lässt sich die Schornsteinlage in Außenmauern nicht umgehen, müssen besondere Schutzmaßnahmen gegen Abkühlung ge-

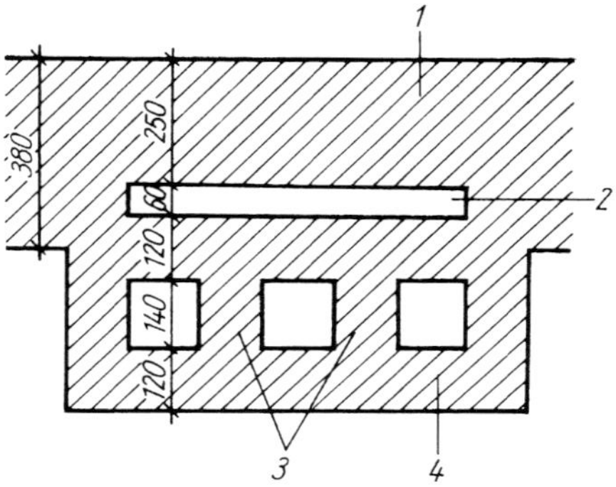

Bild 5.6. Erhöhung der Wärmedämmung durch Anordnung eines Hohlraums vor Schornsteinen in Außenmauern eines Gebäudes
1 Außenmauer; *2* Hohlraum; *3* Zungen; *4* Wange

troffen werden. Gewöhnlich versucht man durch eine 1 Stein dicke Wange (250 oder 240 mm) als Außenmauer, die Abkühlung der Rauchgase im Schornstein zu verhindern. Es hat sich aber schon sehr oft erwiesen, dass dies kein ausreichender Schutz ist. Dagegen ist das Anordnen einer Hohlschicht vor den freien Querschnitten der Schornsteine, wie es Bild 5.6. zeigt, eine mögliche und auch gute Lösung.

In Fällen zu starker Abkühlung der Rauchgase ist mit einer **Versottung** des Schornsteins zu rechnen. Durch die Kondensation des Wasserdampfs bzw. erreichen des Säuretaupunkts tritt in Verbindung mit anderen Komponenten der Rauchgase ein Niederschlag teerartiger Flüssigkeiten im Innern des Schornsteins auf, der an den Innenwänden herunterläuft und sich an Quetschfugen oder anderen vorstehenden Teilen festsetzt und dadurch ein allmähliches Zuwachsen, zumindest eine Querschnittsverengung, bewirken kann. Außerdem tritt die teerartige Flüssigkeit infolge Kapillarwirkung durch das Mauerwerk oder bei Schornsteinen aus vorgefertigten Leichtbetonelementen durch die Wange und bildet an den dem Raum zugekehrten Putzflächen gelbliche bis bräunliche Verfärbungen. Derartige Schäden sind bleibende Schäden. Sobald sich die Schornsteinwangen durch die Rauchgase erwärmen, gehen von den versotteten Stellen Geruchsbelästigungen aus. Man sagt, der Schornstein dunstet ab. Außerdem kann noch eine Diffusionswirkung durch die Schornsteinwange die Geruchsbelästigungen begünstigen bzw. verstärken. Als Gegenmaßnahme hat sich das Überkleben mit glasfaserverstärkter Aluminiumfolie gut bewährt. Auf Dauer hilft jedoch nur das Abbrechen und Neuaufmauern des Schornsteins, wenn die Ursache der Versottung gefunden und beseitigt wurde. Deshalb sollen Schornsteine keinesfalls an West- oder Südwest-Außenwänden liegen (Wetterseiten), da dort die Durchfeuchtung eine noch größere Abkühlung mit sich bringt.

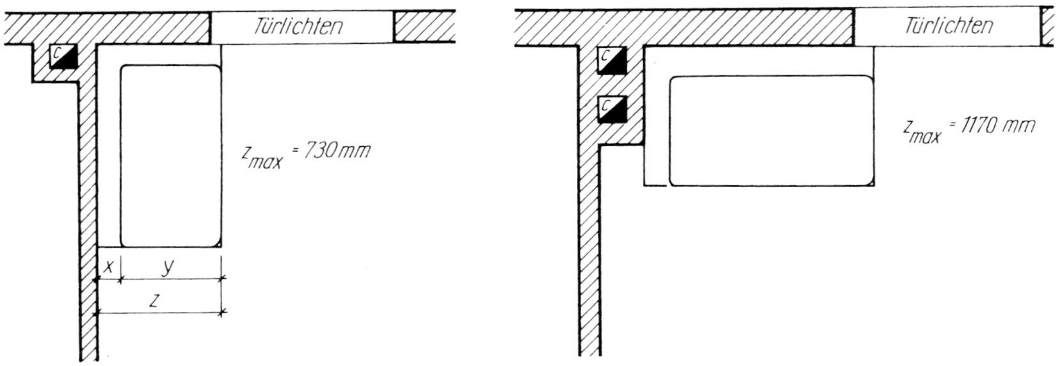

Bild 5.7. Ungenügender Platz zur Stellung eines ortsfesten Kachelofens Wandabstand x + Ofenmaß y = Fundamentgröße z

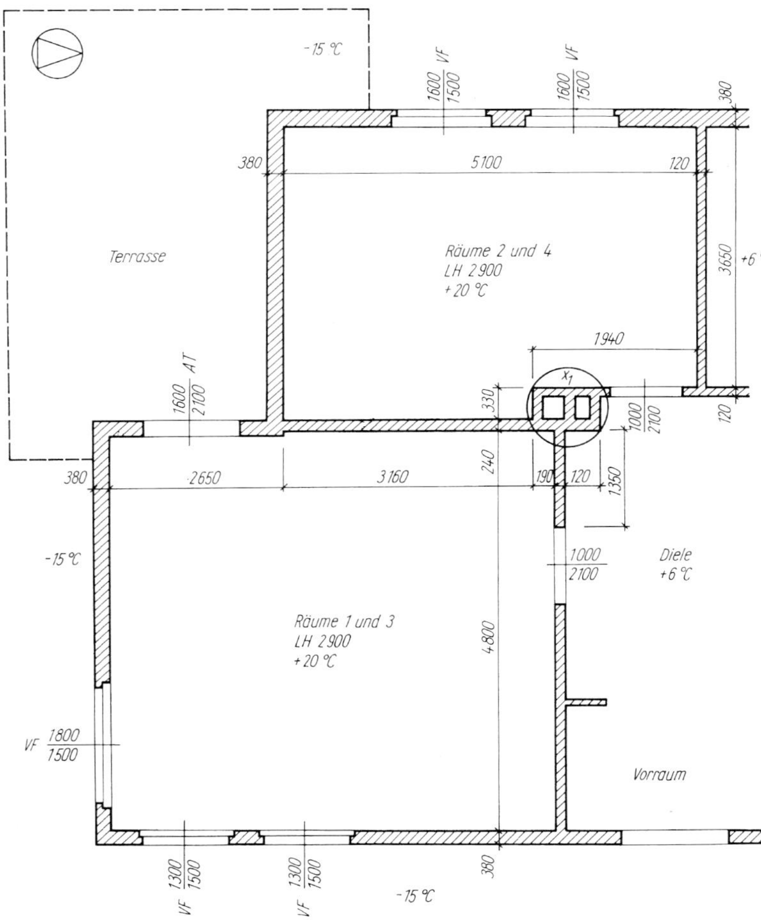

Bild 5.8. Günstige Grundrisslösung eines Eigenheims zum Einbau einer Kachelofen-Warmluftheizung für je zwei Räume im Erdgeschoss und im Obergeschoss

Die **gruppenweise Vereinigung von Schornsteinen** bietet mehrfache Vorteile. Die Schornsteine haben nur zwei, höchstens drei Außenflächen (Wangen) und damit durch gegenseitige Erwärmung nur eine geringe Abkühlung. Außerdem wirkt sich die geringe Anzahl der Dachdurchdringungen bei Schornsteingruppen auf die Dichtheit und Vereinfachung in der Deckung des Dachs günstig aus.
Trotzdem sollen die Schornsteine zweckmäßig angeordnet sein, damit lange Rauchrohrleitungen vermieden werden. Es darf also nicht so sein, dass um jeden Preis Schornsteingruppen gebildet werden, selbst wenn die Rauchrohrleitungen dann durch benachbarte Räume geführt werden müssen.
Bei Neubauten, besonders im Einfamilien- oder Eigenheimbau, wird gefordert, dass der Planer rechtzeitig Fachleute des Ofenbaus konsultiert, um die **Anordnung des Schornsteins** zweckmäßig zu wählen. Oftmals sind die Türen so nahe an der Raumecke, dass für die Stellung des Ofens nicht genügend Platz bleibt (Bild 5.7.). Auch Schornsteine in Raumecken können die Stellung des Ofens erschweren.
Werden zur Beheizung eines Hauses Kachelofen-Warmluftheizungen als **Mehrraumheizungsanlage** geplant, so sollten die zu beheizenden Räume möglichst nebeneinander gelegen sein, da bei Schwerkraftheizungen nicht genügend Kraft zur Verfügung steht, um die Warmluft durch längere waagerechte Rohrleitungen strömen zu lassen. Hier ist das Zusammenwirken zwischen dem Planer und Ofenbauer unerlässlich. Nachträglich notwendig werdende Änderungen bedingen Verzögerungen im Bauablauf, erhöhen die Baukosten und binden Arbeitskräfte länger als notwendig. Bild 5.8. zeigt einen Eigenheimgrundriss, der zum Einbau einer Kachelofen-Warmluftheizung günstig ist. Leider ist die Schornsteinlage nicht immer so, dass von einer Raumheizungsanlage mehrere Räume beheizt werden können.

5.4. Gemauerte Schornsteine

Die funktionellen, bautechnischen und brandschutztechnischen Forderungen an gemauerte Hausschornsteine von Feuerstätten für feste und flüssige Brennstoffe enthält DIN 18160 Teil 1.
Für einschalige Schornsteine dürfen verwendet werden:

- Mauerziegel – außer Hochlochziegel B und Langlochziegel – nach DIN 105
- Kalksandvollsteine nach DIN 106 Teil 1
- Hüttenvollsteine nach DIN 398
- Formstücke aus Leichtbeton nach DIN 18150 Teil 1.

Forderungen an Materialien für mehrschalige Schornsteine enthält DIN 18160 Teil 1.

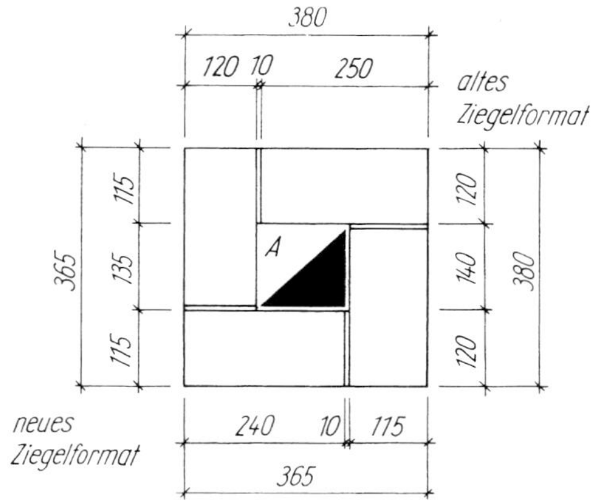

Bild 5.9. Gemauerter Schornstein der Gruppe A

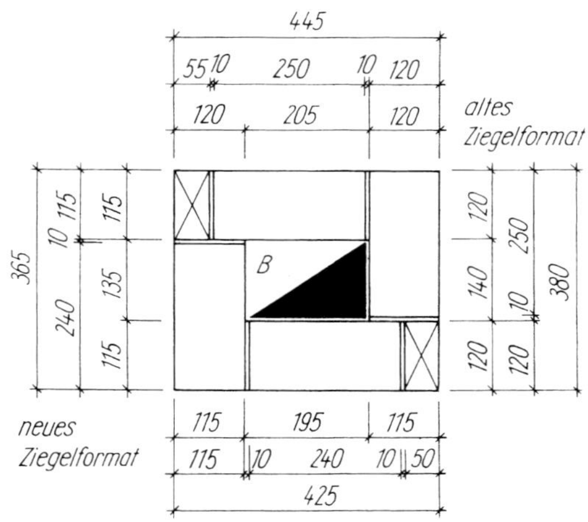

Bild 5.10. Gemauerter Schornstein der Gruppe B

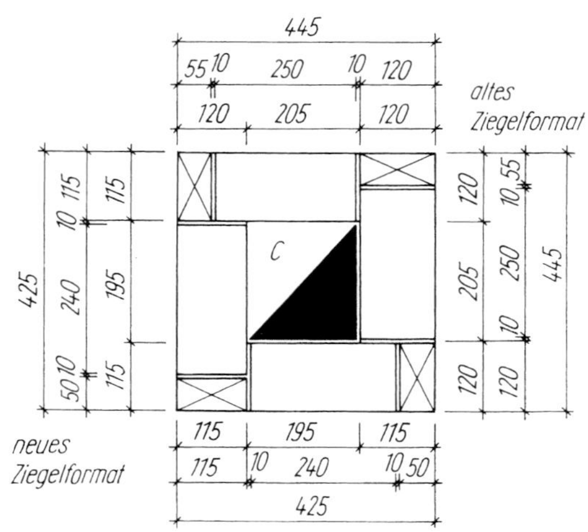

Bild 5.11. Gemauerter Schornstein der Gruppe C

Tabelle 5.3. Maße gemauerter Schornsteine

Ziegelformat	Schornsteingruppe		A	B	C
Alt	lichtes Maß	in mm	140 × 140	140 × 205	205 × 205
	Querschnittsfläche	in cm^2	196	287	420
Neu	lichtes Maß	in mm	135 × 135	135 × 195	195 × 195
	Querschnittsfläche	in cm^2	~180	263	380

Schornsteine müssen gegen Rußbrände beständig sein und in Gebäuden eine Feuerwiderstandsdauer von mindestens 90 Minuten haben.
Für Schornsteine aus Mauersteinen oder Formstücken darf zum Versetzen Mörtel der Gruppe II oder IIa nach DIN 1053 Teil 1 verwendet werden.
Einschalige Schornsteine aus Mauersteinen sind in fachgerechtem Verband zu mauern; Zungen müssen eingebunden sein. Die Mauersteine sind an den Schornsteininnenflächen bündig zu legen. Die Fugendicke muss DIN 1053 Teil 1 entsprechen. Die Wangendicke muss mindestens 115 mm, bei lichten Querschnitten von mehr als 400 cm^2 mindestens 240 mm betragen; Zungen müssen mindestens 115 mm dick sein. Zur Herstellung von runden Öffnungen, insbesondere von Anschlussöffnungen, sind Abzweigstutzen (Doppelwandfutter oder Rohrhälse) ringsum dicht in den Schornstein einzusetzen. Rechteckige Öffnungen dürfen ohne Abzweigstutzen hergestellt werden.
Wie sich die **Abmessungen** gemauerter Schornsteine im Lichten und auch in den Außenmaßen errechnen, kann den Bildern 5.9. bis 5.11. entnommen werden. Tabelle 5.3. enthält die lichten Maße und Querschnittsflächen von Hausschornsteinen, die zu ihrer Unterscheidung und Kennzeichnung in Gruppen von A bis E in altem und neuem Ziegelformat eingeteilt wurden.
Wenn auch der Ofenbauer selbst keine Schornsteine baut, sondern sie lediglich anstemmt oder alte Rauchrohrlöcher wieder zusetzt, soll er doch Kenntnis von den Mauerverbänden der Schornsteine haben (Bilder 5.12. und 5.13.).
Der Mauerverband ist vollfugig herzustellen. Undichte oder offene Fugen können im Unterdruckzustand des Schornsteins Falschlufteintritt bewirken oder bei Überdruck zu Rauchgasaustritt und Belästigungen führen. Die Fugen der Innenflächen sind glatt zu verstreichen. Schornsteinköpfe müssen verfugt werden.
Überflüssig gewordene Rauchrohröffnungen von abgerissenen oder entfernten Feuerstätten sind in der vollen Wangendicke mit dem gleichen Material zu schlie-

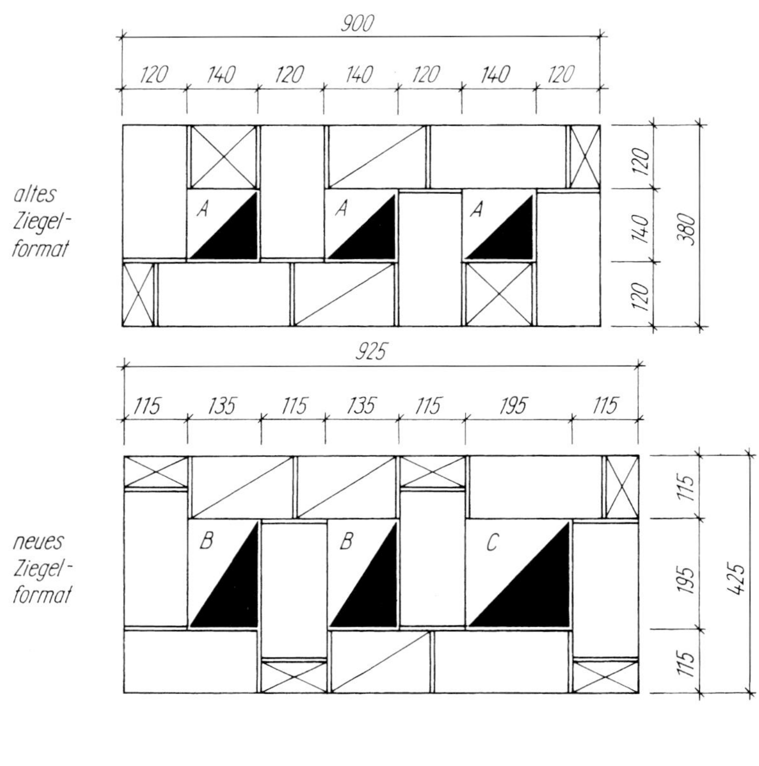

Bild 5.12. Mauerverband von Schornsteingruppen

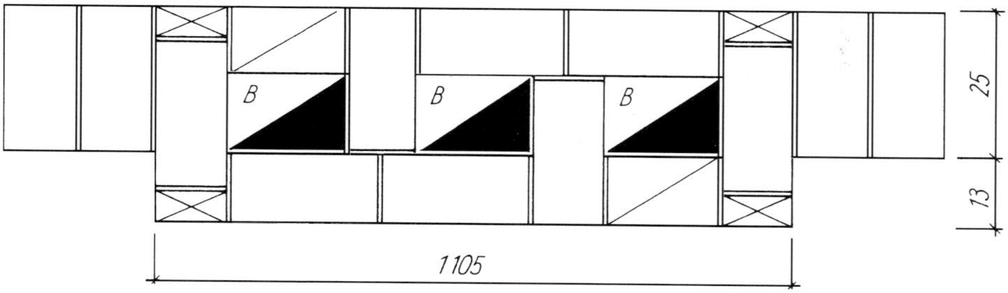

Bild 5.13. In die Wand eingebaute Schornsteine

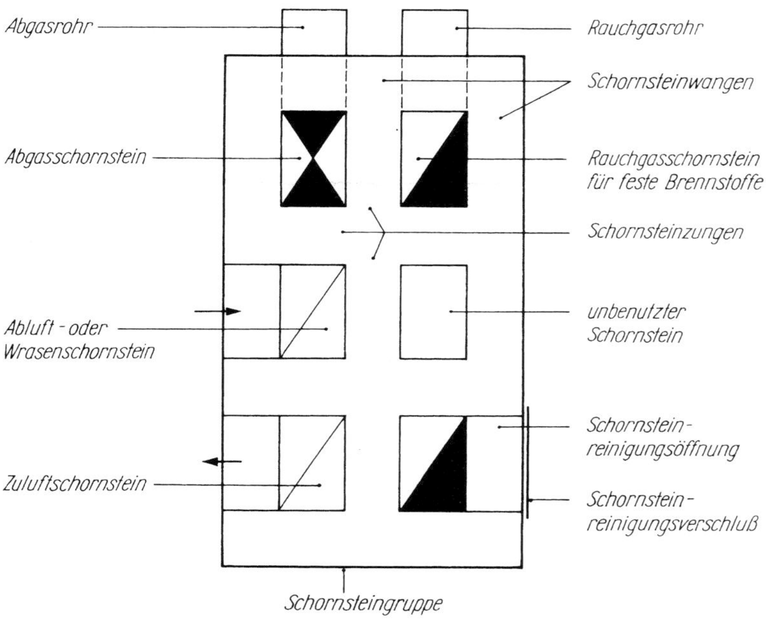

Bild 5.14. Fachgerechte Bezeichnungen und Schornsteinsymbole

ßen, aus dem die Schornsteinwange besteht. Um derartige Stellen wieder verputzen zu können, muss der Stein um die Putzdicke zurückgesetzt werden.
Bild 5.14. zeigt Symbole, mit denen Schornsteine nach ihrer unterschiedlichen Verwendung gekennzeichnet werden. Mit ihnen lässt sich auf Bauzeichnungen oder anderen zeichnerischen Unterlagen erkennen, welche Nutzung den Schornsteinen zugedacht ist. Missbrauch kann damit vermieden werden.

5.5. Vorgefertigte Schornsteinelemente

Vorgefertigte Schornsteinelemente sind Formstücke aus Leichtbeton, die aus Zuschlag mit porigem Gefüge (Leichtzuschlag) und Zement hergestellt sind (Bild 5.15.).
Nach DIN 18160 Teil 1 werden als **Formstücke** solche Bauteile bezeichnet, die einzeln mindestens einen lichten Schornsteinquerschnitt vollständig umschließen. Dagegen gelten als **Formsteine** Bauteile, die keinen lichten Querschnitt vollständig umschließen.
DIN 18150 Teil 1 „Baustoffe und Bauteile für Hausschornsteine, Formstücke aus Leichtbeton; Einschalige Schornsteine, Anforderungen" gilt für die werkmäßige Herstellung von Formstücken aus Leichtbeton. Einschalige Schornsteine aus Leichtbeton-Formstükken sind aus Formstücken desselben Herstellers mit derselben Artikelnummer nach DIN 18150 Teil 1 zu errichten.
Leichtbeton-Formelemente bis 400 cm^2 lichten Schornsteinquerschnitt bestehen aus Zement als Bindemittel mit Zuschlägen aus porigem Gefüge, wie

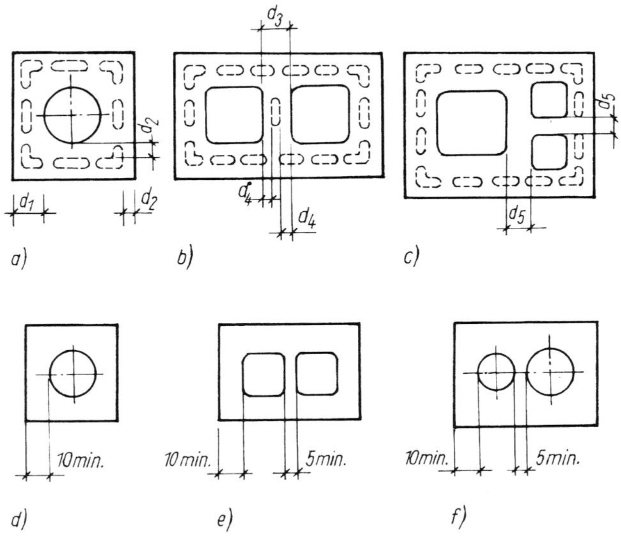

Bild 5.15. Formstücke aus Leichtbeton
a) Zellenformstück für Einzelschornsteine;
b) und *c)* Zellenformstücke für Schornsteingruppen;
d) vollwandiges Formstück für Einzelschornsteine;
e) und *f)* vollwandige Formstücke für Schornsteingruppen

z. B. Naturbims, Blähton, Hüttenbims u. a. Bei Querschnitten über 400 cm^2 muss der Ziegelslittzuschlag wenigstens 85 Gew.-% betragen.

Fugen dürfen nicht dicker als 10 mm sein.

Zur Herstellung von Anschlussöffnungen, Reinigungsöffnungen und Öffnungen für Nebenluftvorrichtungen dürfen nur hierfür bestimmte, zweckmäßig hergestellte Formstücke verwendet werden. Schornsteine aus Leichtbeton-Formstücken sind zum Anschluss von Feuerstätten für die Brennstoffe Nusskohle, Koks, Briketts, Holzkohle, Holzstücke, Torf, Heizöl oder Gas bestimmt, die im Allgemeinen keine Abgase mit höheren Temperaturen als 400 °C und in Schornsteinen keine gefährliche Ansammlung brennbarer oder explosionsfähiger Stoffe erzeugen. Diese Begrenzung der Schornsteineintrittstemperatur der Rauchgase hat im Ofenbau gewisse Probleme ausgelöst. Die Höchstbelastbarkeit gilt für die tiefste Außentemperatur, gewöhnlich −15 °C, in einigen Gebirgsgegenden bis −18 °C. Dementsprechend muss eine Feuerstätte in ihrem Zugsystem vom Feuerraum bis zum Rauchgasrohr konstruiert und gebaut werden. Wie in Abschn. „Schornsteinunterdruck" nachzulesen ist, nimmt der Unterdruck mit steigender Außentemperatur ebenso ab wie mit einer geringer werdenden wirksamen Schornsteinhöhe. Das kann bis zur Unterfunktion einer Feuerstätte führen. Um aber die Funktion zu erhalten, kann man bei Ziegelschornsteinen, die praktisch keiner thermischen Belastungsgrenze unterliegen, die Rauchgastemperatur am Schornsteineintritt entsprechend beliebig erhöhen. Bei Betonschornsteinen sind dieser Erhöhung Grenzen gesetzt. Deshalb kommt es gelegentlich in den Übergangsjahreszeiten Herbst und Frühjahr oder an Tagen mit milden Wintertemperaturen zu Funktionsstörungen und Rauchbelästigungen. Davon können alle Feuerstätten – ob ortsfest als Kachelofen-Warmluftheizung gebaut oder transportable Feuerstätten als Dauerbrandöfen – betroffen sein.

Die lichte Querschnittsfläche eines Schornsteins darf nicht weniger als 100 cm^2 und nicht mehr als 4500 cm^2, die Seitenlängen rechteckiger lichter Querschnitte müssen mindestens 10 cm betragen.

Die lichte Querschnittsfläche eines Lüftungsschachts darf nicht weniger als 180 cm^2, die kleinste Seitenlänge eines rechteckigen lichten Querschnitts nicht weniger als 10 cm groß sein.

Die Höhe von Formstücken beträgt 240, 320 oder 490 mm.

Die Wangen- und die Zungendicke müssen Tabelle 5.4. entsprechen, sie sind geringer als bei Ziegelschornsteinen. Deshalb wird eine bestimmte Gasdichtheit gefordert. Die Gasdurchlässigkeit eines Formstücks darf bei einem Überdruck von 100 Pa im Innern 0,003 m^3 je Sekunde (Luftvolumenstrom bei 20 °C) und je Quadratmeter innerer Schornsteinoberfläche nicht überschreiten. Bei Schornsteingruppen gilt diese Anforderung für jeden einzelnen Querschnitt.

Für die Anschlüsse von Feuerstätten und für Reinigungsöffnungen müssen besondere Formstücke hergestellt werden. Die Leibungen der Öffnungen in den Wangen müssen möglichst glatt und widerstandsfähig, die Zellen dicht geschlossen sein. Werden für Anschlüsse werkseitige Rohrstutzen eingesetzt, so müssen diese einen äußeren Anschlag haben. Die Stutzen dürfen aus Leichtbeton, gebranntem Ton oder Schamotte bestehen. Die Anschlussstutzen müssen fest sitzen und dicht schließen. Anschlussformstücke für Feuerstätten, die Anschlüsse mit einer Steigung – in Strömungsrichtung gesehen – von 30° oder 45° gegenüber der Waagerechten ermöglichen, sollten bevorzugt werden.

Tabelle 5.4. Mindestdicken von Schornsteinwangen und -zungen sowie ihrer Schalen

Lichter Querschnitt des Schornsteins in cm^2	**Wangendicke von Wangen mit Zellen** d_1 in cm	**Schalendicke der Wangen** d_2 in cm	**Zungendicke von Zungen mit Zellen** d_3 in cm	**Schalendicke der Zungen** d_4 in cm	**Zungendicke vollwandiger Zungen** d_5 in cm
bis 400	10,0	3,5	10,0	3,5	5,0
über 400 bis 1500	12,5	4,0	12,0	4,0	6,0
über 1500 bis 3000	15,0	5,0	12,0	4,0	7,0
über 3000 bis 4500	17,0	5,5	13,5	4,5	8,0

Standsicherheit und Funktionstüchtigkeit müssen bei jedem Schornstein vorhanden sein.

► **Bei Fertigteilschornsteinen ist die freie Beweglichkeit der Schornsteinsäule über die gesamte Gebäudehöhe zu gewährleisten.**

Deshalb werden die Schornsteine Wänden oder Wandecken mit 10 bis 20 mm Abstand vorgelagert.
Baufehler können die Freibeweglichkeit der Schornsteinsäule in Frage stellen oder einschränken. Gelegentlich kommt es vor, dass die Schornsteinelemente im Querschnitt der Deckenaussparung eingeklemmt werden, entweder durch Elementverschiebungen oder durch zu geringe Toleranzen hervorgerufen oder ausgelöst durch nachträgliches starres Verfüllen zwischen Deckenelement und Schornstein. Durch seine Erwärmung beim Heizen der angeschlossenen Feuerstätten dehnt sich der Schornstein aus und wird nach oben geschoben. Beim Erkalten bleiben die Schornsteinelemente im Deckenelement hängen, sodass sich eine offene Fuge zum Schornsteinelement darunter bildet. Derartige Fugen befinden sich zwischen vorletztem und letzten Element unter der Geschossdecke, wogegen die anderen Fugen auf Grund der Eigenmasse des Schornsteinelements geschlossen bleiben. Solche Mängel können sich im Extremfall über die gesamte Gebäudehöhe hinziehen; sie verursachen Rauchgas- und Geruchsbelästigungen in den Wohnungen.
Um derartige Schäden zu beseitigen, müssen die Fugen tief ausgekratzt, mit Dämmstoff (Mineral- oder Glasfasern) verstopft und vermörtelt werden. Ein zusätzliches Überkleben mit glasfaserverstärkter Aluminiumfolie wird empfohlen (Bild 5.16.). Darüber kann tapeziert werden. So ist jedenfalls den zum Raum hin offenen Fugen zu begegnen.
Nicht nachdichtbar sind die Fugen, die sich zu den Wänden hin im 10 bis 20 mm breiten Hohlraum gebildet haben. An diesen Stellen kann nur eine Dichtung der gesamten vertikalen Fugen von Oberfläche Fußboden bis Unterseite Decke den Missstand beseitigen.
Außer der Undichtheit von Elementfugen treten bei montierten Schornsteinen aus Fertigteilen noch andere Mängel auf, die die Funktionstüchtigkeit der angeschlossenen Feuerstätten in Frage stellen, zumindest beeinträchtigen. Solche Mängel sind:

- Undichtheit der Zunge zwischen zwei oder mehreren Schornsteinquerschnitten
- Querschnittsverengung durch Elementverschiebung oder Quetschfugen.

Undichtheiten in der schmalen Zunge von 50 mm Breite (das betrifft die Bauweise des industriellen Wohnungsbaues in den neuen Bundesländern), die sich oft nur unvollkommen dicht vermörteln ließen, heben den Schornsteinunterdruck teilweise oder auch gänzlich auf.
Zur Vermeidung eines derartigen Mangels fordert DIN 18150 Teil 1, dass die Dicke der Zungen bei Formelementen bis 400 cm^2 lichter Querschnitt des Schornsteins mit Zellen mindestens 10 cm beträgt. Leider ist aber bei vollwandigen Formstücken nach DIN 18150 auch eine Zungendicke von 5 cm zugelassen. Die Lagerflächen der Wangen können mit Falz hergestellt werden, wodurch eine bessere Rauchgasdichtheit ermöglicht wird.
Verbindung zwischen den Querschnitten von Schornsteingruppen kann auch bestehen, wenn beim Einbau der Reinigungsverschlüsse im Sockelelement die Zunge dahinter nicht abgedichtet wurde. Treten solche Mängel auf, ist damit ein Versagen der Feuerstätte ver-

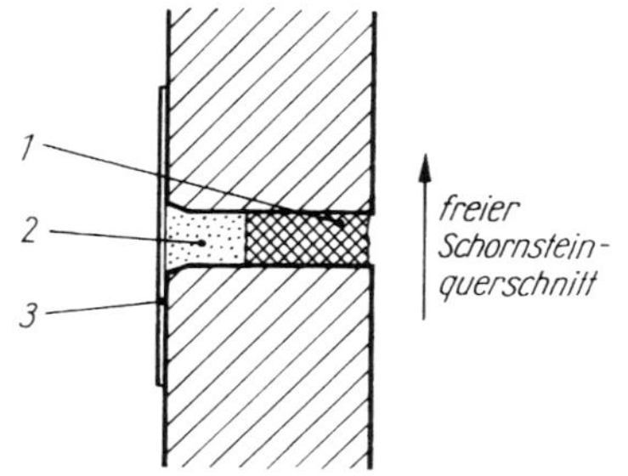

Bild 5.16. Verstopfen, Vermörteln und Überkleben von offenen Elementfugen
1 Dämmstoff; *2* Vermörtelung; *3* Aluminiumfolie

bunden. Als Folge von mangelhaftem Unterdruck kommt es zu schleppenden Verbrennungen mit langer Abbranddauer, entsprechend geringen Temperaturen und Rußansatz schon im Feuerraum einer Feuerstätte oder auch zu Rauchbelästigungen im Aufstellungsraum der Feuerstätte.
Um derartige Folgeschäden zu beseitigen, ist der ursächliche Mangel zu beheben. Da man nachträglich nicht mehr an die Zungen herankommt, kann nur durch Ausschlämmen der Schornsteinquerschnitte vom Dach des Gebäudes her versucht werden, die undichten Stellen zu schließen.
Sogenannte **Quetschfugen** im Schornstein sind Mängel der Bauausführung. Für den gemauerten Schornstein gilt, dass die Fugen im freien Querschnitt zu verstreichen sind; bei montierten Elementen muss die Quetschfuge unmittelbar nach dem Versetzen mit einer Latte abgestoßen werden, solange der Mörtel noch frisch ist. Erhärtete Mörtelvorsprünge verengen den Querschnitt und mindern die Belastbarkeit des Schornsteins von der Rauchgasmenge her. Des Weiteren verengen sich an solchen Stellen die Querschnitte durch Rußablagerungen noch mehr, im Extremfall „wachsen" sie zu. Zur Beseitigung von Quetschfugen haben die Schornsteinfeger einen „Schornsteinhobel" entwickelt; das ist ein dem Querschnitt angepasster unten angeschliffener Hohlkörper, der – mit der Kehrleine geführt – auf die harten Mörtelreste fallen gelassen wird und so den Querschnitt freischlägt.
Querschnittsverengungen können auch eintreten, wenn die freien Querschnitte der einzelnen Elemente nicht passgerecht übereinander sitzen (Bild 5.17.). Verursacht werden sie durch Elementverschiebungen bei der Montage oder schon bei der Herstellung der Elemente im Betonwerk infolge Kernverschiebungen. Leider kann dieser Mangel nachträglich kaum beseitigt werden.
Alle die geschilderten, von Baufehlern herrührenden Maßnahmen zur Schädenbeseitigung sind sehr zeit- und kostenaufwendig; die von der Funktionstüchtigkeit ihrer Feuerstätten Betroffenen sind verärgert, in krassen Fällen traten sogar Gesundheitsschädigungen ein. Daraus ist der Schluss zu ziehen, dass alle Bauausführungen an Schornsteinen einschließlich Reparaturen ganz vorschriftsmäßig und mit größter Sorgfalt zu erfolgen haben.

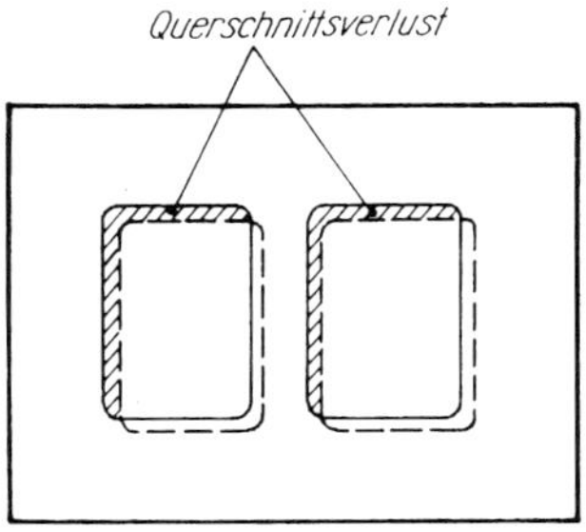

Bild 5.17. Minderung des freien Querschnitts bei Beton-Schornsteinelementen durch Querschnittsverschiebung übereinanderstehender Elemente. Bei 10 mm Verschiebung 8,7 % Querschnittsminderung!

Stellen wir noch einige Betrachtungen zu mehrschaligen montagefähigen Schornsteinsystemen an.
Die traditionelle Bauweise **einschaliger Schornsteine** aus Mauerwerk wurde zunächst ergänzt durch einschalige Schornsteine aus Formelementen, die den Bauablauf günstig beeinflussten. Mit der Fortentwicklung der Wärmeerzeuger bis hin zum Brennwertkessel mit wesentlich höherem feuerungstechnischen Wirkungsgrad durch den Wunsch nach Energieeinsparung und Umweltschutz wurde auch eine Veränderung im Schornsteinbau zwingend nötig.
Die zwischenzeitliche Lösung des **zweischaligen Schornsteins** aus Mantelformsteinen und einem gezogenen Innenfutter brachte wärmetechnische wie auch funktionelle Vorteile. Um aber der Bandbreite des Abgastemperaturbereichs zwischen 40° und 400 °C wirkungsvoll zu entsprechen, wurde der dreischalige „Universalschornstein" entwickelt.
Aber auch der Umstieg vom Festbrennstoff zum **Heizöl und Erdgas**, mit größerem Anteil an Wasser im Abgas, höheren Wasserdampftaupunkttemperaturen, geringeren Abgasmasseströmen u. a. erforderte eine Veränderung.
Außer den erforderlich, feuchteunempfindlicheren Schornsteinen z. B. bei der Brennwerttechnik bleibt es Ziel, eine Kondensation der Abgase zu vermeiden. Der Schornstein soll trocken bleiben!
Um eine möglichst schnelle trockene Betriebsweise der Rauch- und Abgasführung, auch bei niedrigen Abgastemperaturen, zu erreichen, muss der Wärmeentzug aus den Abgasen so gering wie möglich sein. Deshalb sind **dünnwandige Edelstahlrohre** der Systemreihe Fa. Raab, Rohrelemente mit passgerechter Steckverbindung, einer gewindegängigen Drehverbindung (Fa. Schiedel) oder einer Verbindung mit Auftulpung einschließlich eines außen aufzubringenden Klemmbands (Fa. Selkirk), die sich schnell aufheizen und bereits nach kurzer Zeit über dem Wasserdampftaupunkt liegen, nachträglich eingebaut in einen gemauerten Schornstein oder auch einen Schornstein aus Formelementen, eine mögliche gute Lösung und relativ weit verbreitet in der Anwendung.
Entscheidend für eine optimale Betriebsweise des Schornsteins ist neben der geringen Wärmeaufnahme eine ausreichende Wärmedämmung zur Minderung des Wärmeüber- und Wärmedurchgangs sowie der Abstrahlverluste.
Inzwischen werden auf dem Markt eine Reihe hochwertiger **Systeme dreischaliger Schornsteinbauweisen** angeboten. „Schwendilator" z. B. bietet Hochleistungsschornsteine der Wärmedämmgruppe I für moderne Heizungsanlagen in den Abgastemperaturbereichen von 80° bis 100 °C, 110° bis 140 °C und 150°

bis 180 °C als dreischalige Konstruktion an, bestehend aus

- Außenmantelformstücken aus Leichtbeton,
- Mineralfaserplatten nach DIN 4102, Klasse A1,
- Schamotterohre mit und ohne Glasur.

Beim Schornsteinprogramm von „Schiedel“ wie auch der „Hart-Keramik“ werden dreischalige Schornsteine mit Hinterlüftung angeboten, die sich aber in der Temperaturbelastbarkeit unterscheiden.
Schiedel nennt für die Energieträger Gas und Öl Belastbarkeitsbereiche in der Abgastemperatur zwischen 80° und 190 °C, für Festbrennstoffe bis 250 °C.
Dagegen liegt bei den Hart-Schornsteinsystemen die Belastbarkeitsgrenze für hinterlüftete Elemente mit glasierten wie auch unglasierten Keramikrohren zwischen 40° und 400 °C, wenn Öl oder Gas als Energieträger zum Einsatz kommen. Werden Festbrennstoffe verwendet, beginnt die Abgastemperaturgrenze erst bei 150 °C und endet auch bei 400 °C.
Bild 5.18. zeigt ein Schema der Funktionsweise der Hinterlüftung bei Schornsteinelementen.
Die Systemvielfalt der modernen mehrschaligen Schornsteinsysteme, feuchteunempfindlich, ohne und mit Hinterlüftung, als LAS-System, bei dem die Verbrennungsluft durch den Schornstein im Gegenstromverfahren der Feuerstätte zugeleitet wird (raumunabhängig) usw., wurde noch vergrößert durch Kunststoff-Abgasleitungen aus Polymerwerkstoffen, PVDF-Spezial-Kunststoff bis schließlich zum Schornstein aus Spezialglas „Recusist“. Hierzu wird auf Spezialliteratur verwiesen.

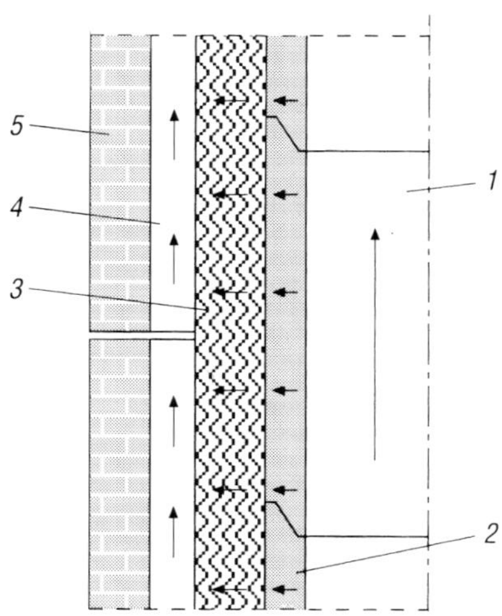

Bild 5.18. Funktionsweise des Feuchtigkeitstransports infolge Hinterlüftung von Schornsteinelementen
1 Abgasrohr (innen); *2* Schamotterohr; *3* Wärmedämmung; *4* Luftschicht (Hohlraum); *5* Mantelstein

5.6. Schornsteine für Kamine

DIN 18895 Teil 1 – Feuerstätten für feste Brennstoffe zum Betrieb mit offenem Feuerraum (offene Kamine) – nennt als Grundforderung, dass jeder Kamin einen eigenen Schornstein erhält. Nur so ist gewährleistet, dass man vor unliebsamen Rauchbelästigungen durch andere am Schornstein angeschlossene Feuerstätten verschont bleibt. Diese Vorschrift muss beim nachträglichen Einbau eines Kamins in ein bestehendes Gebäude genauso beachtet werden wie bei der Planung eines Neubaus. Diese Forderung bezieht sich aber nur auf Kamine mit offenem Feuerraum. Kamine mit einem Kamin-Heizeinsatz und Kamine mit Kassette, beide mit geschlossenem Feuerraum, benötigen keinen eigenen Schornstein, sondern dürfen bis zu drei Stück an einen Querschnitt angeschlossen werden, sofern die Querschnittsgröße ausreicht. Die Einbeziehung des zuständigen Bezirksschornsteinfegermeisters ist jedenfalls nötig.
Die den Kamin zum Raum hin begrenzende Strahlungsöffnung darf nicht beliebig groß gebaut werden, sondern ist vom Schornsteinquerschnitt abhängig. Dieses Verhältnis lässt sich bei einem neu zu bauenden Gebäude am besten gestalten, zumal hierbei auch noch Einfluss auf die wirksame Schornsteinhöhe genommen werden kann.
Den **lichten Schornsteinquerschnitt** errechnet man aus

$$A_S = \frac{A_ö \cdot e}{\sqrt{h_w}} \quad \text{in cm}^2$$

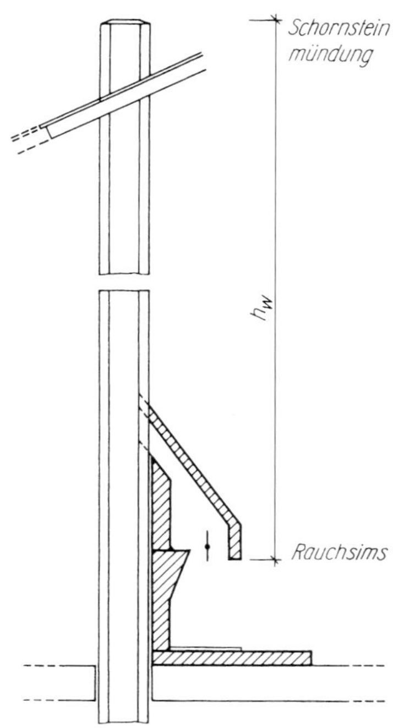

Bild 5.19. Wirksame Schornsteinhöhe beim Kamin

Tabelle 5.5. Größe des Einflussfaktors e bei Kaminen

Lage und Führung des Schornsteins		Einflussfaktor *e* bei einer Lage des Schornsteins	
		über dem Feuerraum	hinter dem Feuerraum
Senkrechte Führung	in Innenwand	0,2	0,4
	Außenwand	0,3	0,5
Gezogen	in Innenwand	0,3	0,5
	Außenwand	0,4	0,6

Darin bedeuten

A_S lichter Schornsteinquerschnitt in cm^2
$A_ö$ Fläche der Kaminöffnung, auch Strahlungsöffnung genannt, in cm^2
h_w wirksame Schornsteinhöhe in m, gemessen von Unterkante Rauchsims bis Schornsteinmündung über Dach (Bild 5.19.)
e Einflussfaktor, der die Lage des Kamins zum Schornstein berücksichtigt (Tabelle 5.5.).

Für bestehende Bauten, in denen also der Schornstein mit seinem Querschnitt eine feste Größe bildet, kann die Gleichung umgestellt werden, da in diesem Fall die Größe der Kaminöffnung benötigt wird:

$$A_ö = \frac{A_S \cdot \sqrt{h_w}}{e} \quad \text{in cm}^2$$

1. Berechnungsbeispiel

In einem Gebäude befindet sich ein freier Schornsteinquerschnitt (205 mm × 205 mm = 420 cm^2) zum Anschluss eines Kamins. Die wirksame Schornsteinhöhe beträgt nach dem Einbau des Kamins 8,5 m. Der Standort des Kamins wird an einer Innenwand vor einem senkrecht geführten Schornstein sein. Wie groß darf die Kaminöffnung gebaut werden?

$$A_ö = \frac{420 \cdot \sqrt{8{,}5}}{0{,}4} = \underline{\underline{3066\ \text{cm}^2}}$$

Umgewertet sind 3066 cm^2 etwa 500 mm × 600 mm. Selbstverständlich könnte man die Abmessungen der Kaminöffnung in Höhe und Breite anders festlegen; die Flächengröße aber muss eingehalten werden.

In einem anderen Beispiel soll von der Strahlungsöffnung ausgegangen werden.

2. Berechnungsbeispiel

Für einen eingeschossigen Eigenheimbau besteht der Wunsch des Nutzers nach einem Kamin mit einer etwa 600 mm × 850 mm großen Kaminöffnung. Der Schornstein wird an einer Außenwand angebaut. Der Kamin steht also vor dem Schornstein, der nur 6,0 m hoch errichtet werden kann, sodass die wirksame Schornsteinhöhe rd. 5,0 m beträgt. Wie groß muss der Schornsteinquerschnitt sein?

$$A_S = \frac{5100 \cdot 0{,}5}{\sqrt{5}} = \underline{\underline{1138\ \text{cm}^2}}$$

Die ungünstige Lage an der Außenwand, die große Kaminöffnung und vor allem die geringe wirksame Schornsteinhöhe erfordern in diesem Fall einen Schornstein von rd. 300 mm × 400 mm lichtes Maß.

Aus den Beispielen kann abgeleitet werden, dass sich unnötig große Schornsteinquerschnitte vermeiden lassen, wenn die Kaminöffnung den Verhältnissen angepasst wird. Bei einer Öffnung von 450 mm × 600 mm wäre nur ein Querschnitt von rd. 600 cm^2 erforderlich, rd. 250 mm × 250 mm lichtes Maß.
Schornsteine in und an Außenwänden sind gegen Wärmeverlust zu dämmen, da sich sonst die Rauchgase zu stark abkühlen und der Auftrieb abnimmt. Rauchbelästigungen im Raum durch den Kamin könnten damit verbunden sein. Hierfür gibt es eine Anzahl dreischaliger, wärmegedämmter Schornsteinsystemlösungen (→ Abschn. 5.5.), die auch von der Montagebauweise her gut geeignet sind

5.7. Schornsteingründung und Reinigungsöffnungen

5.7.1. Gründung von Schornsteinen

Die Gründung von Schornsteinen muss im untersten Geschoss eines Gebäudes, gewöhnlich im Keller, erfolgen. Eine Ausnahme bilden Abgasschornsteine aus dünnwandigen Fertigteilen, die auch in anderen Geschossen angelegt werden dürfen.
Bei nichtunterkellerten Räumen darf ein Schornstein nur auf gewachsenem Boden gegründet werden. Aufgefüllte Böden sind bis zum gewachsenen Boden abzuschachten.
Diese grundlegenden Forderungen werden erhoben, um dem Schornstein seine **statische Festigkeit** zu verleihen, ihm Standsicherheit zu geben.

Gemauerte Schornsteine aus Ziegeln werden in den Verband des Mauerwerks einbezogen; dagegen dürfen Schornsteine aus vorgefertigten Betonelementen nicht mit Wandkonstruktionen verbunden sein. Ihre Freibeweglichkeit wird über die gesamte Gebäudehöhe gefordert.
Nachträglich ein- oder angebaute Schornsteine müssen ohne Verbund mit der sie umgebenden Baukonstruktion als selbständige Baukörper ausgeführt werden.
Schornsteine sind so anzuordnen, dass die Gebäude und deren Umgebung nicht durch Funken, Rauch oder Ruß gefährdet oder belästigt werden.
Vor **Inbetriebnahme** müssen Schornsteine ausgetrocknet sein, um das Entstehen von Treibrissen infolge Wasserdampfbildung auszuschließen.

5.7.2. Anordnung von Reinigungsöffnungen

Für Größe, Anzahl und Anordnung von Reinigungsöffnungen und deren Verschlüsse wird in DIN 18160 Teil 1 sowie in DIN 18160 Teil 5 gefordert:

- Jeder Schornstein muss an seiner Sohle in Höhe von 500 bis 800 mm über Oberfläche Fußboden
  - bei Rauchgasen eine Reinigungsöffnung, mindestens 100 mm × 180 mm groß,
  - bei Abgasen eine Prüföffnung,
  - bei besteigbaren Schornsteinen eine Einstiegöffnung von mindestens 400 mm Breite und 600 mm Höhe haben (Bild 5.20.). Diese Mindesthöhe ist erforderlich, damit nach dem Kehren zur Entnahme des Rußes der Rußsack angehalten werden kann. Es sind bis zu drei Öffnungen übereinander zulässig, wenn die Sohle der obersten Reinigungsöffnung nicht höher als 1400 mm über OF Fußboden liegt. Dabei müssen die Schornsteinsohlen gegen Durchschlagen gesichert sein, um Falschluft und damit verbundene Funktionsstörungen zu vermeiden (Bild 5.21.).

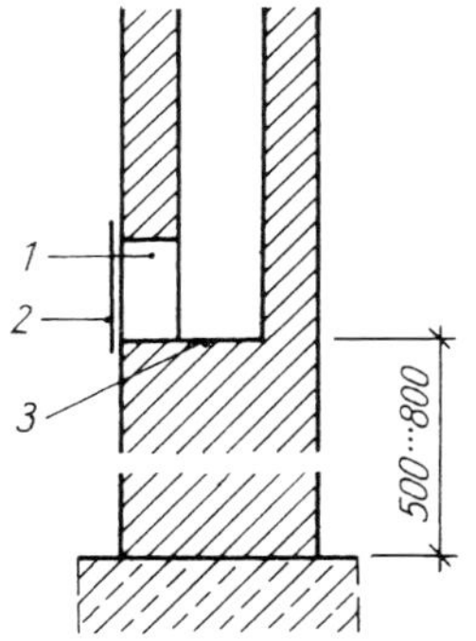

Bild 5.20. Anordnung einer Reinigungsöffnung
1 Reinigungsöffnung; *2* Verschlussklappe; *3* Schornsteinsohle

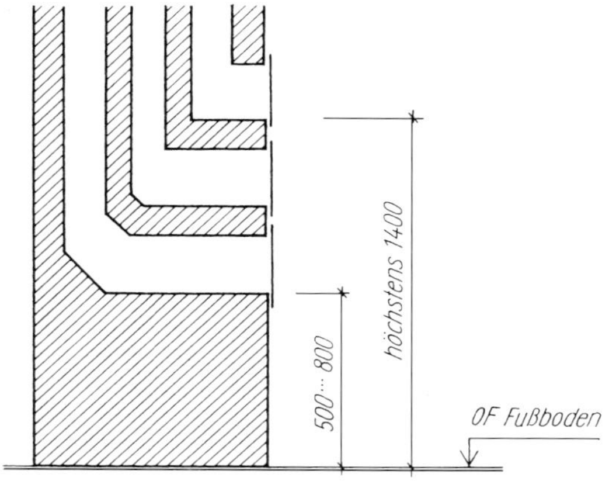

Bild 5.21. Anordnung von Reinigungsöffnungen bei Lage der Schornsteinquerschnitte hintereinander

- Reinigungs- und Prüföffnungen müssen tiefer liegen als die Einmündungen der Verbindungsstücke zu den Feuerstätten. Bei Schornsteinen für Heizungs- und Warmwasserbereitungskessel sowie für gewerbliche Feuerstätten (auch Waschkesselöfen in tiefliegenden Waschhäusern bzw. -küchen) muss die Öffnung mindestens 200 mm tiefer als die Unterkante der Einmündung des Verbindungsstücks angebracht werden (auch bei angebauten Feuerstätten mit direktem Anschluss).
- Reinigungs- und Prüföffnungen sind nur in allgemein zugänglichen Fluren oder Räumen anzuordnen.
  Sie dürfen nicht in Wohn- und Schlafräumen, Garagen, Ställen und Räumen mit besonderer Brand- und Explosionsgefahr und nicht in Aufzugs-, Lüftungs- und Müllabwurfschächten angeordnet werden. Sie müssen jedenfalls leicht und sicher zugänglich sein. Die Bewegungsfläche vor der Öffnung soll nach einer Seite mindestens 500 mm und nach vorn 800 mm betragen.
- Schornsteine, die nicht von der Mündung aus gereinigt werden sollen, müssen im Dachraum oder über Dach eine weitere Reinigungsöffnung erhalten. Diese soll nicht mehr als 4,00 m unterhalb der Schornsteinmündung liegen. Erforderlichenfalls sind bei schräggeführten Schornsteinen unterhalb der Knickstelle Reinigungsöffnungen herzustellen.
- Verschlüsse für Reinigungsöffnungen bedürfen auf Grund der Prüfzeichenverordnung zu den Landesbauordnungen eines Prüfzeichens. Die Verschlüsse sind entsprechend den besonderen Bestimmungen der Prüfbescheide des Instituts für Bautechnik, mit denen die Prüfzeichen zugeteilt wurden, auszuwählen und einzubauen.
- Bauteile aus brennbaren Baustoffen sowie Einbaumöbel müssen mindestens 400 mm von den Reini-

gungsöffnungen entfernt sein; es genügt ein Abstand von 200 mm, wenn ein Schutz gegen Wärmestrahlung vorhanden ist. Fußböden aus brennbaren Baustoffen unter Reinigungsöffnungen sind durch nichtbrennbare Baustoffe zu schützen, die nach vorn mindestens 500 mm und seitlich mindestens je 200 mm über die Öffnungen vorspringen.

Metallische Reinigungsverschlüsse aus Stahlblech sind zugelassen. Allerdings besteht hierbei die Gefahr, dass im Fall des Durchrostens Falschluft in den Schornstein eintreten kann. Graugussschieber hingegen sind vorteilhafter, weil bei ihnen kein Durchrosten zu befürchten ist.

5.8. Schornsteinwangen und -zungen

Für den Bau von Schornsteinwangen und -zungen einschließlich der Schornsteinfutter sind solche Baustoffe zu verwenden, die der Brennstoffart, den Rauch- oder Abgastemperaturen sowie der Art, der Lage und den statischen Erfordernissen des Schornsteins entsprechen.
Stahlblech darf für Schornsteine, an die Feuerstätten für feste und flüssige Brennstoffe anzuschließen sind, nur dann verwendet werden, wenn

- eine dauerhafte Korrosionsschutzschicht und bei Aggressivität der Rauch- oder Abgase, z. B. bei Räucherkammern, ein Säureschutzbelag aufgebracht werden kann;
- infolge starker Rissbildung in den Wangen die Gefahr des Austretens von Rauch und Ruß besteht und ein nachträgliches Auskleiden mit Metallrohren erforderlich wird;
- der Betrieb der Feuerstätten und die Abführung der Rauchgase zeitlich und maximal auf 3 Jahre begrenzt ist.

Für **Stahlschornsteine mit verminderten Anforderungen** sind Baustähle St 37 mit Korrosionsschutz (feuerverbleit oder feuerverzinkt) zugelassen. Einfache Baustähle St 37 sind weder für Erdgas noch für Heizöl geeignet.
Für eine **Querschnittsanpassung** d. h. nachträglicher Einbau von Edelstahlrohren in Schornsteine aus Mauerwerk oder Beton-Formelementen werden folgende Werkstoffqualitäten eingesetzt

- einwandig, Edelstahl 1.4571 (V 4A)
- doppelwandig, für die Außenschale 1.4301 (V 2A)
  für die Innenschale 1.4404 mit
  mindestens 2,0 Masse-% Molybdän
  11,0 Masse-% Nickel
  maximal 0,03 Masse-% Kohlenstoff.

Der abgesenkte Kohlenstoffgehalt verhindert eine Chromkarbidbildung und die interkristalline Korrosion, auch bei hohen Temperaturen (kein Ausbrennen). Für Sonderausführungen können auch Edelstähle der Werkstoffqualität 1.4539 Anwendung finden.
Die **Mindestdicke** von Schornsteinwangen und -zungen der Schornsteinquerschnitte A bis E beträgt im Gebäudeinnern

bei Mauerziegeln alten Formats	120 mm
bei Mauerziegeln neuen Formats	115 mm
bei Betonelementen für die Wange bis zu einem lichten Schornsteinquerschnitt von 400 cm^2	100 mm
bei Betonelementen für die vollwandige Zunge	50 mm

An diese Schornsteine können angeschlossen sein

- transportable Raumheizer
- Kaminöfen
- Kamine
- Grundkachelöfen
- Kachelofen-Warmluftheizungen
- Kohleherde, Waschkesselöfen und Badeöfen bis zu einer Nennwärmeleistung von 15 kW

Die geringe Dicke der Wangen und Zungen erfordert ihre sorgfältige Ausführung im Mauerverband und vor allem bei vorgefertigten Betonelementen eine gewissenhafte Vermörtelung der Fugen.
Bei Ziegelschornsteinen sollen möglichst nur ganze Steine verwendet werden, soweit es der Mauerverband zulässt. Das Mauerwerk muss vollfugig ausgeführt werden, um Undichtheiten und den Eintritt von Falschluft zu vermeiden. Die Innenflächen des Schornsteins sind glatt zu verstreichen, da so genannte Quetschfugen zu Ablagerungen von Ruß und teerartigen Niederschlägen Anlass geben. Der geeignetste Mauerverband ist immer der, der zum freien Schornsteinquerschnitt hin die wenigsten Fugen zeigt. Zungen müssen abwechselnd in den Mauerverband einbinden.
Keinesfalls darf in Schornsteinen ein Innenputz aufgebracht werden. Er könnte sich durch den häufigen Temperaturwechsel und durch das Anschlagen der Kugel des Kehrgeräts in Schalen lösen, sich quer zur Schornsteinrichtung verklemmen und dadurch Funktionsstörungen bewirken. Ebenfalls ist ein Außenputz an Schornsteinen oberhalb der Dachhaut wegen seiner geringen Haltbarkeit unzweckmäßig.
Für Ummantelungen und Verkleidungen von Schornsteinoberflächen, die ans Freie grenzen, dürfen bis zu einem Abstand von 1 m von der Schornsteinmündung nur Baustoffe der Baustoffklasse A1 nach DIN 4102 Teil 1 verwendet werden.
Für Ummantelungen und Verkleidungen kommen z. B. in Betracht:

- Mauersteine
- Schieferplatten, Schieferschindeln
- Zinkblech und Kupferblech

Für die Unterstützung der Ummantelung von Schornsteinköpfen sind Auskragungen aus Leichtbeton oder Mauerwerk zu verwenden.
Für Unterkonstruktionen von Verkleidungen der Köpfe von Schornsteinen und Schornsteingruppen dürfen Holzlatten verwendet werden, wenn die Unterkonstruktion zum Schutz gegen Entflammen durch Flugfeuer oder strahlende Wärme dicht mit mineralischen Baustoffen abgedeckt ist. Andernfalls muss die Unterkonstruktion aus nichtbrennbaren Baustoffen bestehen. Frei liegende Wangen in Außenwänden müssen mindestens 240 mm dick sein.
Gemauerte Schornsteine in Gebäuden **mit brennbarer Dachdeckung** müssen eine Mindestwangendicke von 240 mm haben. Dabei muss diese Wangendicke mindestens 500 mm unterhalb der Dachkonstruktion beginnen und bis zur Schornsteinmündung beibehalten werden.
Bei Schornsteinelementen aus Beton müssen die **Lagerfugen** zwischen den Fertigteilen eine Dicke von 7 bis 10 mm haben. Sie dürfen aber keinesfalls im Bereich von Decken oder Fußböden liegen. Alle weiteren Forderungen, z. B. Quetschfugen betreffend, entsprechen denen bei Ziegelschornsteinen.
Zum Anschluss von Feuerstätten an Betonfertigteil-Schornsteine sollen vorgefertigte **Öffnungen** vorhanden sein. Sind diese nicht vorhanden oder befinden sich diese für eine anzuschließende Feuerstätte nicht in der richtigen Höhe, so darf die nötige Anschlussöffnung nur gefräst werden.
Für Fertigteil-Schornsteine aus anderen Baustoffen werden folgende Wangendicken gefordert:

- bei Stahlblech mindestens 1/200 des Durchmessers,
- jedoch mindestens 1 mm für korrosionsgeschützte und mindestens 2 mm für ungeschützte Bleche und Rohre.
- Als korrosionsgeschützt gelten: feuerverbleite (bis 200 °C), feuerverzinkte (bis 300 °C) sowie aluminiumplattierte, feueraluminierte und emaillierte (bis 400 °C) Bleche und Rohre (Belastung durch Rauch- oder Abgastempraturen). Nähere Angaben hierzu enthält DIN 18160 Teil 1, Tabelle 3.

Werden Schornsteine durch Räume geführt, deren Nutzung in die Brandgefahrklassen einzuordnen ist oder in denen sich leicht entzündliche Stoffe wie Heu, Stroh, Sägespäne usw. befinden, so müssen sie um die Wangen zusätzlich eine mindestens 50 mm dicke Verkleidung aus nichtbrennbaren Baustoffen erhalten.
Auf Schornsteinen sowie innerhalb ihrer Wangen und ihrer lichten Querschnitte dürfen keine Bauteile (z. B. Installationen, Holzdübel, Bankeisen, Mauerhaken und Anker) und keine Einrichtungen angebracht werden, die nicht bestimmungsgemäß Bestandteil des Schornsteins sind. Dies gilt nicht für Bauteile und Einrichtungen, die zum Zweck der Reinigung oder Prüfung der Schornsteine anzubringen sind, und nicht für besondere Einrichtungen des Schornsteins, die für den

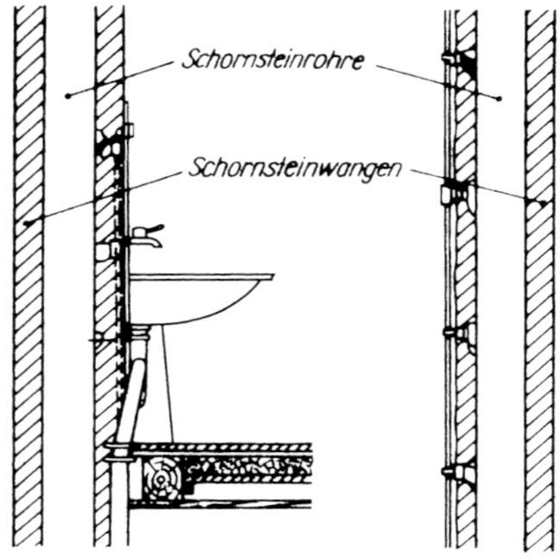

Bild 5.22. Schwächung der Schornsteinwange durch Installation

ordnungsgemäßen Betrieb einer Feuerungsanlage notwendig sind. **Schwächung der Schornsteinwangen** durch Installation von Wasser-, Gas- oder Elektrorohren ist nicht zulässig (Bild 5.22.). Es entsteht dadurch die Gefahr des Einströmens von Falschluft, weil beim Einsetzen von Holzdübeln die Schornsteinwange wegen ihrer geringen Dicke meist durchschlagen wird und die in Gips eingesetzten Dübel nur mäßig dicht sind. Außerdem bedeuten diese Stellen bei Undichtheit der Wange eine Brandgefahr.
Kachelofen-Warmluftheizungen werden fast ausschließlich an Wände angebaut, damit eine geschlossene Heizkammer entsteht. Metallische Unterrahmen für den Kachelmantel dürfen, sofern die Kachelwand an den Schornstein grenzt, nicht in der Schornsteinwange befestigt werden (Bild 5.23.). An dieser Stelle ist das Aufstellen eines Fußes erforderlich. Auch bei Wanddurchbrüchen zur Fortführung der Warmluft zum mitbeheizten Nebenraum bzw. zur Rückführung der Kaltluft vom Nebenraum dürfen Überlagseisen über den Wanddurchbrüchen nicht in der Schornsteinwange aufliegen (Bild 5.24.). Ein mindestens 50 mm langes Wandteil neben dem Schornstein muss zum Auflegen der Eisen stehen bleiben.

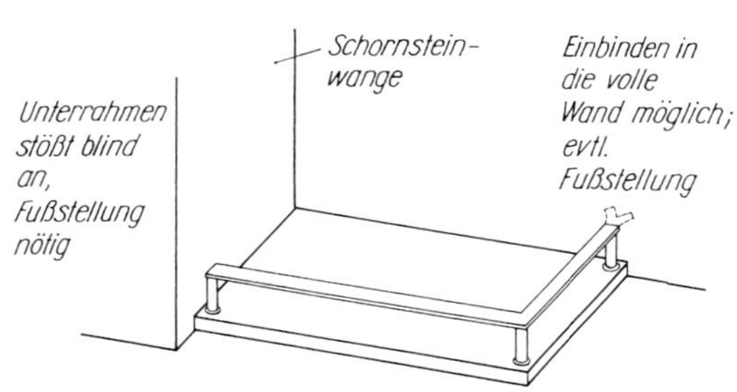

Bild 5.23. Anordnung eines Fußes am Unterrahmen beim Anschluss von Kachelwänden an Schornsteinwangen

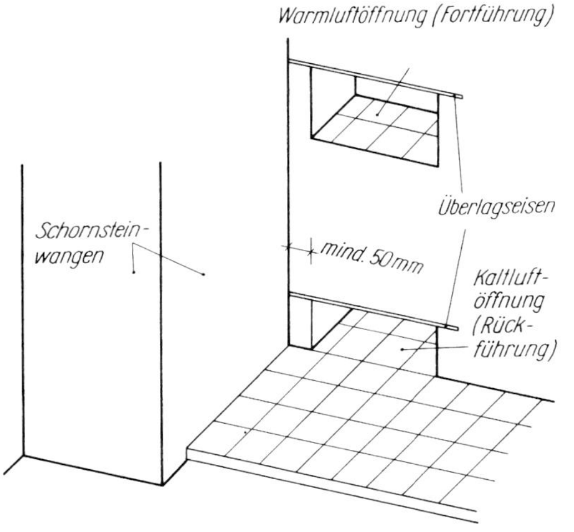

Bild 5.24. Fachgerechter Einbau von Überlagseisen über Wanddurchbrüchen neben Schornsteinwangen

Notwendige Stützkonstruktionen sowie Steigeisen oder Steigleitern dürfen als Einzige an Schornsteinwangen angebracht werden, allerdings nur mit Zementmörtel außerhalb der Dachdeckung. Die Montage von Blitzschutz- oder Antennenanlagen an Steigeisen, Steigleitern oder Schutzgeländern ist nicht zulässig.

► **Unbenutzte Öffnungen für Verbindungsstücke müssen mit dem für den Schornstein verwendeten Baustoff in Wangendicke vollfugig geschlossen werden.**

Schornsteinwangen dürfen durch Decken, Unterzüge und andere Bauteile grundsätzlich nicht unterbrochen, nicht belastet – auch nicht unplanmäßig, wie durch ungleichmäßige Setzungen – und nicht auf sonstige Weise gefährlich beansprucht werden. Ans Freie grenzende Schornsteinwangen, die durch Witterungseinflüsse durchfeuchtet oder zerstört werden können, dürfen nicht ungeschützt der Witterung ausgesetzt werden. Die **Außenflächen von Schornsteinen** müssen von Bauteilen mit brennbaren oder schwer entflammbaren Baustoffen (z. B. Konstruktionshölzern und Balken) mindestens 50 mm entfernt bleiben. Stoßen nichttragende Bauteile aus brennbaren oder schwer entflammbaren Baustoffen nur mit einer geringen Flächenausdehnung an den Schornstein, lassen sie ihn aber frei und sonst zugänglich (z. B. Fußböden, Fußleisten und Dachlatten), so können sie bis auf 10 mm an die Schornsteinaußenfläche geführt werden, wobei die Dicke des Putzes nicht berücksichtigt wird.
Die Außenflächen der Schornsteine dürfen an Bauteile aus nichtbrennbaren Baustoffen unmittelbar anstoßen; bei nicht im Verband gemauerten Schornsteinen müssen sie mindestens 20 mm entfernt bleiben.

Zwischenräume bis zu 100 mm und Zwischenräume in den Deckendurchbrüchen sind mit nichtbrennbaren, dichten und aureichend wärmedämmenden Baustoffen voll auszumauern oder auszufüllen; das gilt auch für Zwischenräume gegenüber Bauteilen aus nichtbrennbaren Baustoffen. Bei nicht im Verband gemauerten Schornsteinen sind die Zwischenräume z. B. mit mineralischen Faserdämmstoffen nach DIN 18165 fest und so auszustopfen, dass insbesondere Höhenänderungen der Schornsteine nicht behindert werden, die Aussteifung aber wirksam bleibt. Die Fugen zwischen der Dachhaut und dem Schornstein sind so zu dichten, dass Durchfeuchtungen vermieden werden.

5.9. Schornsteinquerschnitt

Schornsteine haben viereckige oder auch runde lichte Querschnitte. Die **Mindestgröße** eines lichten Querschnitts muss 100 cm^2 betragen. Schornsteine aus Mauerwerk haben als kleinste Seitenlänge ihres lichten Querschnitts 135 mm. Bei rechteckigen Querschnitten darf die längere Seite das 1,5fache der kürzeren nicht überschreiten.
Die runde Form hat sich am günstigsten erwiesen, weil bei ihr die Reibungswiderstände, die insbesondere bei kleineren Schornsteinquerschnitten ins Gewicht fallen, am geringsten sind. Sie ist jedoch bei gemauerten Hausschornsteinen nicht zu finden, da der Querschnitt der Schornsteine durch das Ziegelformat bzw. den Mauerverband bestimmt wird.
Von den viereckigen Schornsteinquerschnitten ist der quadratische aus den erwähnten strömungstechnischen Gründen vorzuziehen.
Die Formgebung der Querschnitte bei Beton-Schornsteinelementen ist nur von der Form des Kerns abhängig. Runde Querschnitte können genau so einfach hergestellt werden wie viereckige. Bei der Produktion der Betonelemente hat man sich auf den rechteckigen Querschnitt mit gerundeten Ecken festgelegt.
Die gebräuchlichsten Querschnitte für normale Hausschornsteine sind in Tabelle 5.6. zusammengestellt und wieder als Schornsteingruppen mit Buchstaben gekennzeichnet worden.
In Hinblick auf die Montagebauweise wurden auch die Schornsteine als Fertigteile entwickelt. Diese ha-

Tabelle 5.6. Schornsteine aus Ziegeln und Formstücken mit viereckigem Querschnitt

Schornstein-gruppe	**Lichte Maße** in mm	**Querschnittsfläche** in cm^2
A	100 × 100	100
B	135 × 135	~180
C	135 × 195	270
D	195 × 195	400

Tabelle 5.7. Schornsteine aus Formstücken mit rundem Querschnitt

Schornstein-gruppe	**Durchmesser** in mm	**Querschnittsfläche** in cm^2
A	100	~ 80
B	135	~140
C	165	~210
D	200	~310

ben Querschnitte in viereckiger und runder Form, deren lichte Maße und Querschnittsflächen den Tabellen 5.6. und 5.7. zu entnehmen sind.

Die **Querschnittsgröße** eines Schornsteins ist nicht beliebig, sondern hängt von der Anzahl der zu erwartenden Anschlüsse von Feuerstättenart und -größe sowie von folgenden sich daraus ergebenden weiteren drei Bedingungen ab:

- Der Menge der abströmenden Rauchgase
- der Geschwindigkeit des Rauchgasstroms
- der mittleren Temperatur der Rauchgase.

Die abziehende Rauchgasmenge aus einer Feuerstätte ist abhängig von der zur Verbrennung gelangten Brennstoffmenge $\dot{m}_B$ und der angesaugten Verbrennungsluftmenge V_L.

Eigene Schornsteine mit dem Anschluss nur einer Feuerstätte dürfen im Querschnitt nur so groß sein, dass der Rauch- bzw. Abgasstrom mindestens 0,5 m/s beträgt. Der Querschnitt muss aber über die gesamte Länge des Schornsteins gleich bleibend sein in Größe und Form und verläuft im Regelfall senkrecht. Auch bei gezogenen Schornsteinen darf keine Querschnittsveränderung auftreten.

Der Mindestquerschnitt eines besteigbaren Schornsteins beträgt 40 × 50 cm.

5.9.1. Verbrennungsluftmenge

Der zur Verbrennung erforderliche Luftbedarf ist bei den einzelnen Brennstoffarten unterschiedlich; er lässt sich nach der jeweiligen Zusammensetzung (der Elementaranalyse) oder einfacher nach dem Heizwert theoretisch ermitteln. Kohlenstoffreiche Brennstoffe (Koks, Steinkohlen und Anthrazit) benötigen sauerstoffreicheren Brennstoffen (Holz, Torf, Braunkohlen) gegenüber größere Verbrennungsluftmengen, d. h., dass mit zunehmendem Heizwert, also mit wachsendem Gehalt an brennbaren Bestandteilen, mehr Luft erforderlich ist.

Dieser errechnete theoretische Luftbedarf reicht jedoch nicht aus, weil sich im praktischen Ablauf der Verbrennung nicht jedes brennbare Gasteilchen mit jedem Sauerstoffteilchen der Verbrennungsluft verbindet. Es muss ein Luftüberschuss gegeben werden, damit eine vollständige Verbrennung erreicht wird.

Flüssige und gasförmige Brennstoffe, auch staubförmiges Brennmaterial lassen sich bei geeigneten Vorrichtungen (Gebläse usw.) sehr innig mit der Verbrennungsluft mischen, sodass hier der Luftüberschuss nur gering zu sein braucht, damit eine wirtschaftliche Verbrennung erreicht wird. Es genügt in diesen Fällen ein 1,1- bis 1,3facher Luftüberschuss.

Feste Brennstoffe dagegen verhalten sich bei der Verbrennung träger. Sie benötigen das 1,3- bis 2fache der theoretischen Verbrennungsluftmenge.

Zu viel Luftüberschuss wirkt sich auf die Verbrennung ungünstig aus, da ein Teil der erzeugten Wärme zur Erwärmung der überschüssigen Luft gebraucht wird. Eine Herabsetzung der Verbrennungstemperatur ist die Folge.

Beim **Verbrennungsprozess** unterscheidet man:

- vollkommene Verbrennung, wenn die theoretisch notwendige Luftmenge zur Verbrennung ausreicht (Idealfall).
- vollständige Verbrennung, wenn ein Luftüberschuss vorhanden ist, der die Gewähr bietet, dass der Brennstoff oder das Brenngas restlos verbrennen kann. Die Verbrennungsprodukte (Rauchgas oder Abgas) enthalten dann noch freien Sauerstoff.
- unvollkommene Verbrennung, wenn nicht genügend Verbrennungsluft vorhanden ist (Luftmangel). Die Verbrennung erfolgt dann nur zum Teil auf der niedrigsten Oxydationsstufe. In den Rauch- oder Abgasen befinden sich noch brennbare Gasbestandteile. Eine unvollkommene Verbrennung ist immer mit einem Wärmeverlust verbunden.

Der Luftüberschuss der vollständigen Verbrennung wird durch die Luftzahl λ (lambda) ausgedrückt. Sie ist der Quotient aus praktischer Luftmenge, V_L und theoretischem Luftbedarf $V_{L\,min}$.

$$\lambda = \frac{V_L}{V_{L\,min}} \quad \text{in \%}$$

Die Luftzahl beträgt somit

bei vollkommener Verbrennung	$\lambda = 1$
bei vollständiger Verbrennung	$\lambda > 1$
bei unvollkommener Verbrennung	$\lambda < 1$

In der Praxis gelten für die Verbrennung fester Brennstoffe in häuslichen Feuerstätten mit Planrosten die Luftzahlen

für Braunkohlenbrikettes	$\lambda = 1{,}4$
für Holz, Torf, Braunkohlen	$\lambda = 1{,}5$
für Koks, Steinkohlen, Anthrazit	$\lambda = 2{,}0$

Die **praktische Verbrennungsluftmenge** ergibt sich schließlich aus

$$V_L = V_{L\,min} \cdot \lambda \quad \text{in } m^3/kg \text{ (Luft/Brennstoff)}$$

5.9.2. Rauchgasmenge

Mit dem Heizwert H_u eines Brennstoffs kann **das kalte Rauchgasvolumen** am einfachsten berechnet werden. Dafür gilt die Näherungsgleichung (für feste Brennstoffe)

$$V_{A\,min} \approx 0{,}2125 \cdot \frac{H_u}{1000} + 1{,}65 \quad \text{in m}^3\ \text{Rauchgas/kg Brennstoff}$$

Aus Abschnitt 6.3.5. können für die einzelnen Brennstoffarten differenzierte Formeln entnommen werden. $V_{A\,min}$ bezeichnet das theoretische, kalte Gasvolumen. Berücksichtigt werden muss noch die Verbrennungsluftmenge V_L, die sich aus theoretischer Luftmenge $V_{L\,min}$ und der Luftzahl λ ergibt. Die wirkliche, aber immer noch kalte Rauchgasmenge ist dann

$$V_A = V_{A\,min} + (\lambda - 1) \cdot V_{L\,min} \quad \text{in m}^3\ \text{Rauchgas/kg Brennstoff}$$

Bei allen angegebenen Gleichungen beziehen sich die Werte der Gasvolumina auf den Normzustand.
Berücksichtigt man nun noch die Verbrennungstemperatur, deren Größe nach der Art der Feuerstätte, der Brennstoffart und den vorhandenen Verbrennungsbedingungen verschieden sein kann, so ist die Berechnung der **warmen Rauchgasmenge** nach folgender Gleichung möglich:

$$V_{At} = V_A + \frac{V_A \cdot t}{273} \quad \text{in m}^3\ \text{Rauchgas/kg Brennstoff}$$

Für t wird die jeweilige Rauchgastemperatur in °C eingesetzt.
Die ermittelte wirkliche, warme Rauchgasmenge ist jedoch immer noch auf 1 kg Brennstoff bezogen. Für den praktischen Betrieb, bei dem größere Brennstoffmengen durchgesetzt werden, ist das Ergebnis entsprechend zu vervielfachen. Damit steht dann die Menge der abziehenden Rauchgase fest.

5.9.3. Strömungsgeschwindigkeit und Temperatur der Rauchgase

Die Geschwindigkeit der Rauchgase im Schornstein nimmt in Richtung Schornsteinmündung ab, weil trotz Abkühlung und Volumenminderung der Rauchgase der Schornsteinquerschnitt konstant bleibt. Bei normalen Verhältnissen beträgt die Strömungsgeschwindigkeit im Mittel 1,2 m/s. Umgerechnet sind das 4320 m/h. Diese Zahl wird als **Schornsteinzahl** bezeichnet.
Die Strömungsgeschwindigkeit der Rauchgase wird jedoch von verschiedenen Faktoren beeinflusst, wie Anzahl und Art der angeschlossenen Feuerstätten im Verhältnis zum Querschnitt, Zusammensetzung und Menge der Rauchgase, Länge der wirksamen Schornsteinhöhe u. a. Schließlich ist die Temperatur der Rauchgase deshalb von Einfluss, weil sich alle Körper bei zunehmender Erwärmung ausdehnen. Gase dehnen sich bei Temperaturzunahme von 1 K um 1/273 ihres Volumens aus.
Der Berechnung ist die mittlere Temperatur zwischen Rauchgastemperatur beim Eintritt in den Schornstein (die mindestens 150 °C betragen muss, um Wasserdampfkondensation im Schornstein möglichst zu vermeiden) und der Temperatur an der Schornsteinmündung beim Austritt der Rauchgase in die freie Atmosphäre zugrunde zu legen.
Letztlich steht die Größe des Schornsteinquerschnitts im Zusammenhang mit der wirksamen Schornsteinhöhe h_w. Bei Öfen, ob ortsfest oder transportabel, rechnet man die wirksame Schornsteinhöhe von Mitte Rauchrohrquerschnitt der Feuerstätte bis Schornsteinmündung über Dach.

5.9.4. Berechnung des Schornsteinquerschnitts

Für die Berechnung des Schornsteinquerschnitts ergibt sich folgende Gleichung:

$$Q_u = \frac{V_{At}}{4320 \cdot \sqrt{\frac{h_w}{4}}} \quad \text{in m}^2$$

V_{At} ist das praktische, warme Rauchgasvolumen und setzt sich zusammen aus

$$V_{At} = V_A + \frac{V_A \cdot t}{273} \quad \text{in m}^3/\text{kg}$$

V_A ist das wirkliche, kalte Rauchgasvolumen bei 0 °C, in diesem Fall für eine bestimmte Brennstoffart und -menge. Dafür ist in die obige Formel einzusetzen

$$V_A = V_{A\,min} + (\lambda - 1) \cdot V_{L\,min} \quad \text{in m}^3/\text{kg}$$

Beispiel

Der durchschnittliche tägliche Brennstoffbedarf (für 10 Stunden Heizdauer eines Grundkachelofens) beträgt $\dot{m}_B = 5{,}0$ kg Braunkohlenbriketts. Das theoretische, kalte Rauchgasvolumen $V_{A\,min}$ ist für Braunkohlenbriketts (BB) bei einem Heizwert $H_u = 20{,}1$ kJ/kg mit 5,92 m³/kg errechnet worden. Die theoretische Verbrennungsluftmenge für BB ist $V_{L\,min} = 5{,}27$ m³/kg und die Luftzahl $\lambda = 1{,}4$. Als mittlere Rauchgastemperatur können 110 °C angenommen werden (Rauchgastemperatur beim Eintritt in den Schornstein 160 °C, an der Schornsteinmündung 60 °C).
Welchen Schornsteinquerschnitt benötigen die Rauchgase dieses Grundkachelofens, wenn die wirksame Schornsteinhöhe 8,0 m beträgt und die Brennstoffmenge etwa in einer Stunde abbrennt?

$$Q_u = \frac{V_A + \frac{V_A \cdot 110}{273}}{4320 \cdot \sqrt{\frac{8}{4}}} \quad \text{in m}^2$$

für V_A ist einzusetzen

$$V_A = [5{,}92 + (1{,}4 - 1) \cdot 5{,}27] \cdot 5 = 40{,}14\ m^3/kg$$

dann ist $Q_u = 0{,}0092\ m^2 = \underline{\underline{92\ cm^2}}$.

Welche Relation haben nun diese 92 cm² erforderlicher Schornsteinquerschnitt?

An den kleinsten Schornstein mit rd. 182 cm² Querschnittsfläche bei neuem Ziegelformat (135 × 135 mm lichte Baumaße) bzw. 196 cm² Querschnittsfläche bei altem Ziegelformat (140 × 140 mm Baumaße) könnten zwei Grundkachelöfen der im Beispiel genannten Größe angeschlossen werden mit einwandfreier Funktion.

Der nächstgrößere Querschnitt mit 135 × 195 mm = 263 cm² bei neuem Ziegelformat bzw. 140 × 205 mm = 287 cm² bei altem Ziegelformat wird aber mit einem Anschlusswert von 5 Grundkachelöfen obiger Leistungsgröße angegeben. 5 Öfen mit einem Schornsteinquerschnittsbedarf von je 92 cm² würden aber zusammen 460 cm² brauchen.

Hier spielt der „Gleichzeitigkeitsfaktor" eine Rolle. Aus der Erfahrung geht hervor, dass die Wahrscheinlichkeit, alle Öfen zu gleicher Zeit zu betreiben, gering ist, auch wohl selten zutreffen würde.

Diese zulässige Belastbarkeit eines Schornsteins ist aber nur für Feuerstätten möglich, die im Zeitbrand betrieben werden mit Abbrandzeiten zwischen 50 bis max. 80 Minuten. Bei Feuerstätten mit Dauerbrand käme es jedenfalls zur Überlastung des Schornsteins mit möglichen Funktionsstörungen der oberen am Schornstein angeschlossenen Öfen (→ Abschn. 5.15.4.).

Statt der eben durchgeführten Handrechnung des erforderlichen Schornsteinquerschnitts für eine Feuerstätte kann DIN 4705 Teil 1 bis 3 herangezogen werden.

Der lichte Querschnitt eigener Schornsteine soll höchstens so groß sein, dass das Abgas bei der kleinsten planmäßigen Wärmeleistung der angeschlossenen Feuerstätten mit einer Geschwindigkeit von mindestens 0,5 m/s strömt. Für Schornsteine mit größeren lichten Querschnitten sind Durchfeuchtung und betriebsstörende Kaltlufteinbrüche an der Mündung zu befürchten. Deshalb dürfen Schornsteine mit größeren lichten Querschnitten nur ausgeführt werden, wenn nachweisbar ist, dass vorgenannte Missstände nicht auftreten können.

5.10. Schornsteinquerschnittsänderungen

Änderungen des Schornsteinquerschnitts können als Erweiterung oder als Verengung des Querschnitts auftreten.

Querschnittserweiterungen innerhalb von Schornsteinen sind verhältnismäßig selten. Der gegenüber dem Schornsteinquerschnitt unterschiedliche Querschnitt eines Rauchgaskanals kommt zwar in der Praxis oft vor, kann aber nicht unmittelbar als Querschnittserweiterung des Schornsteins gewertet werden. Trotzdem wird die Strömungsgeschwindigkeit der Rauchgase dadurch verringert und damit negativ beeinflusst.

Eine wirkliche Querschnittserweiterung im Schornstein ist z. B. das Ineinanderleiten zweier gezogener Schornsteine in einen Schornsteinkopf, wenn die Zunge nicht bis zur Mündung weitergeführt wurde.

Häufiger ist die **Querschnittsverengung**. Jedes in den freien Schornsteinquerschnitt vor- oder überstehende Bauteil stellt eine Verengung dar. Deshalb muss beim Einbau des Rauchgasrohrs darauf geachtet werden, dass es bündig mit der Schornsteininnenkante abschließt.

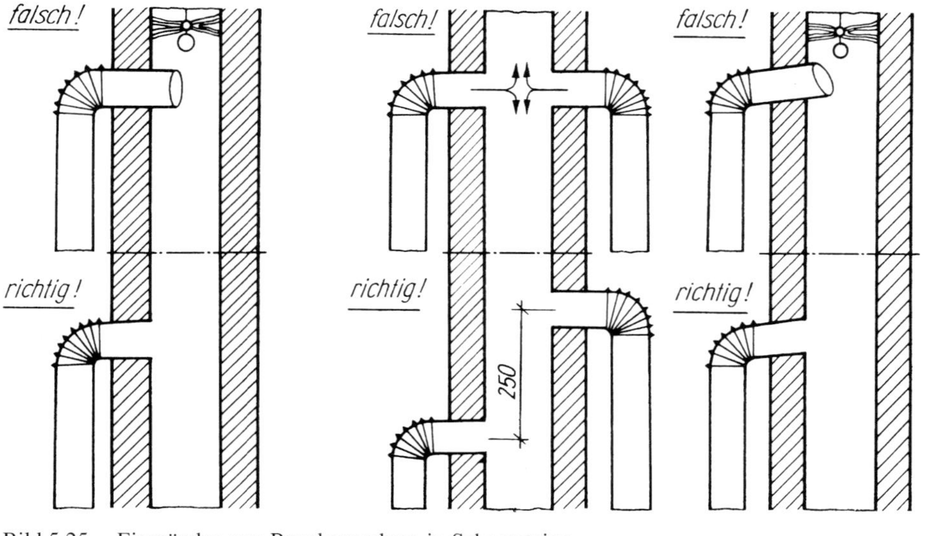

Bild 5.25. Einmünden von Rauchgasrohren in Schornsteine

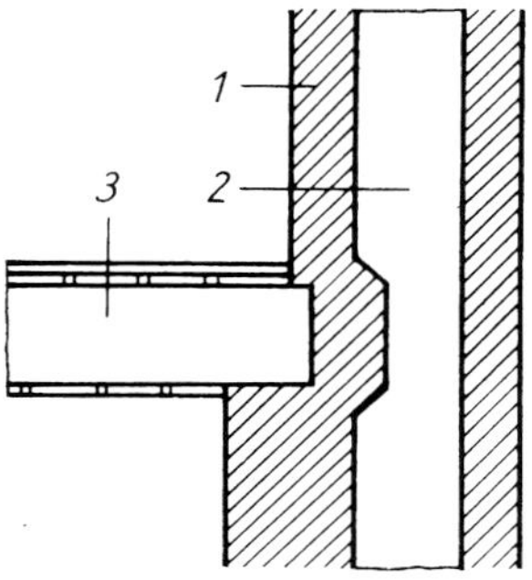

Bild 5.26. Querschnittsverengende Balkenauflage in einer Schornsteinwange
1 Schornsteinwange; *2* Querschnittsverengung; *3* Balken

Bild 5.25. zeigt den richtigen und den falschen Einbau von Rauchgasrohren. Vorstehende Rohre lösen durch Querschnittsverengungen Unterdruckstörungen aus, geben Anlass zu Ruß- und Flugaschenablagerung und versperren dem Kehrgerät des Schornsteinfegers den Weg. Außerdem kann bei Blechrohren der Querschnitt des Ofenrohrs durch die Kugel des Kehrgeräts eingebeult und somit verengt werden. Quetschfugen sowohl im gemauerten Schornstein als auch zwischen Betonelementen wirken querschnittsmindernd. Darüber sowie über den Querschnittsverlust bei nicht passgerechten freien Querschnitten von Betonelementen kann in Abschn. 5.5. nachgelesen werden.

In den freien Querschnitt eines Schornsteins vorstehende Balkenauflagen, die gelegentlich in Altbauten anzutreffen waren und möglicherweise da und dort auch noch bestehen, sind gleichbedeutend mit Querschnittsverengungen; sie sind deshalb für Neubauten unzulässig (Bild 5.26.).

Eine Querschnittsverengung tritt ein, wenn auf den Schornsteinkopf nachträglich ein Tonrohr gesetzt wird, um die Schornsteinhöhe zu vergrößern. Dieser Fall ist gegeben, wenn ein Schornstein im Stau hoher Flächen liegt und Funktionsstörungen zeigt. Der lichte Querschnitt des Tonrohrs ist kleiner als der des Schornsteins, sodass durch Stauungen an der Verengung der erhoffte bessere Schornsteinunterdruck ausbleibt (Bild 5.27.). Außerdem werden die Rauchgase durch das dünnwandige Tonrohr stark abgekühlt und verlieren nochmals an Auftrieb. Auch kann (sofern nicht bereits eingetreten) nun eine Wasserdampfkondensation der Rauchgase eine Versottung verursachen.

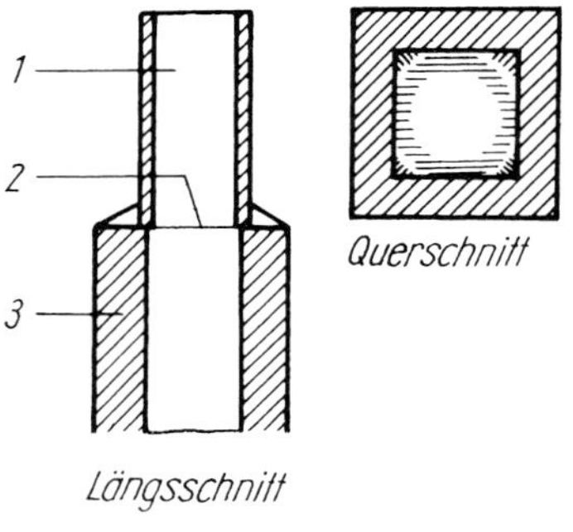

Bild 5.27. Querschnittsmindernde Schornsteinerhöhung
1 Tonrohr; *2* Querschnittsverengung; *3* Schornsteinwange

5.11. Schornsteinschleifung

Lässt man einen gasgefüllten Ballon steigen, so wird seine Aufstiegsrichtung (bei Windstille) lotrecht sein. Das gleiche Bestreben haben die Rauchgase. Deshalb kommt die senkrechte Schornsteinführung den physikalischen Gesetzen der Strömung am nächsten, sie ist damit die Beste. Muss jedoch ein Schornstein gezogen werden, weil der Grundriss des Hauses eine derartige Anordnung erfordert, so müssen die dafür geltenden Bestimmungen genauestens beachtet werden. Grundsätzlich bleibt die Lösung der Schornsteinschleifung ein Notbehelf.

Für den **Bau eines gezogenen Schornsteins** sind folgende **Bedingungen** zu beachten:

- Die Schornsteinhöhe darf bis zur Schleifung bzw. Schrägführung nicht mehr als 10,0 m und der lichte Querschnitt des Schornsteins nicht mehr als 400 cm^2 betragen.
- Die gezogenen Teile des Schornsteins dürfen nur aus Vollziegeln hergestellt werden. Die Verwendung von Hochlochziegeln, die sonst für den Schornsteinbau verwendet werden dürfen, sind im gezogenen Teil unzulässig.
- Die Schräge gemauerter Schornsteine darf erst oberhalb der Decke des obersten Vollgeschosses beginnen. Der Winkel des schrägliegenden Schornsteinteils darf höchstens 30° von der Lotrechten betragen, weil sonst die Gefahr der Ruß- und Flugascheablagerung zu groß wird und eine Querschnittsverengung die Folge ist, die zu Funktionsstörungen der Feuerungsanlage führt.
- Die nach innen vorstehenden Knickpunkte der Schornsteinwangen bzw. -zungen müssen mit Rundeisen geschützt werden, deren Mindestdurchmesser 12 mm betragen soll. Wird diese Forderung nicht beachtet, so ist die Gefahr des Einschleifens der Leine vom Kehrgerät gegeben. Schwächung der Wange, Minderung der statischen Festigkeit des Schornsteins und Falschluftstellen wären die Folge.
- Die schrägliegenden Schornsteinwangen und -zungen müssen rechtwinklig zur Neigung gemauert werden (Bild 5.28.). Damit wird ein gleichmäßiger Querschnitt geschaffen. Bei horizontaler Vermaue-

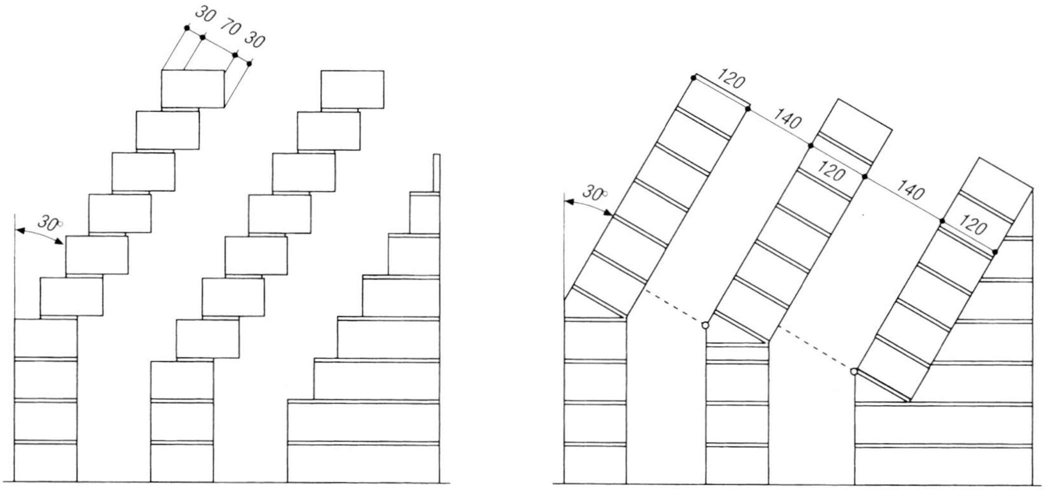

Bild 5.28. Gezogene Schornsteine
a) Fehlerhafter Mauerverband; *b)* Rechtwinklig zur Neigung verlaufende Fugen eines gezogenen Schornsteins – fachgerechte Ausführung –

rung der Ziegel würden die überstehenden Steinecken bald von der Kugel des Kehrgeräts abgeschlagen und die Wange oder die Zunge dadurch geschwächt werden. Weiterhin würden infolge falscher Bauweise große Strömungswiderstände durch Wirbelung der Rauchgase sowie starke Rußablagerungen mit baldiger Querschnittsverengung eintreten.

- Schornsteine dürfen im senkrechten Teil bis in den Schornsteinkopf nicht ineinander geleitet werden, weil dadurch Querschnittsverengungen entstünden. Außerdem würden sich die Unterdruckverhältnisse in beiden Querschnitten auf die angeschlossenen Feuerstätten nachhaltig auswirken. Ebenso ist in Hinblick auf eine Querschnittserweiterung das Weglassen der Schornsteinzunge nicht zulässig (Bild 5.29.).
- An jedem Knickpunkt muss eine Reinigungsöffnung angebracht werden, denn die Reinigung bei dieser Art von Schornsteinen ist meist schwierig. Die in dem schrägliegenden Teil möglich werdenden Verstopfungen können somit leichter beseitigt werden.
- Für die Schrägführung von Schornsteinen aus Fertigteilen oder solche mit Futter, deren Schrägführung bisher nicht zugelassen war, besteht jetzt die Möglichkeit, wenn folgende Bedingungen erfüllt sind:
  Zur einmaligen Schrägführung, d. h. eine zweifache Knickung in beliebiger Richtung, dreischaliger Schornsteinsysteme ist ein Zulassungsbescheid erforderlich.
  Die Schrägführungsformstücke können nur nach Vorlage einer Grundrissskizze hergestellt werden, aus der ersichtlich ist, nach welcher Seite schräg geführt wird (Bild 5.30). Die Innenschalen sind im Bereich der Schrägführung mit Säurekitt zu versetzen. Neben dem Schreyer-System bietet PLEWA eine unglasierte keramische Rohrsäule an, bestehend aus Schamotte-Innenformstücken, die im schräg geführten Teil mit Zwischenplatten beginnt und endet und aus Winkelformstücken besteht (Bild 5.31).

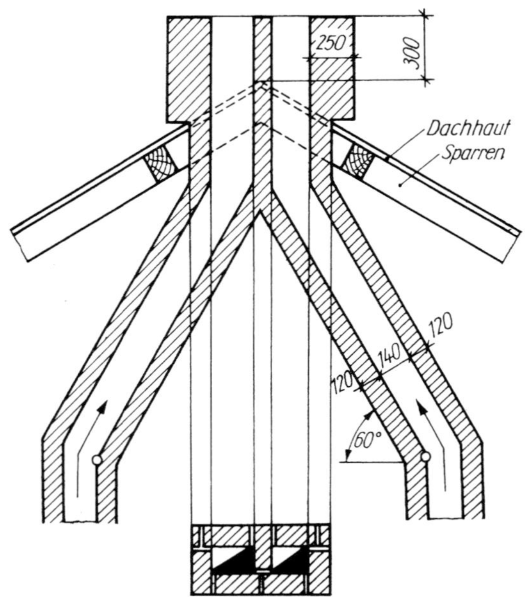

Bild 5.29. Fachgerechte Ausführung von gezogenen Schornsteinen

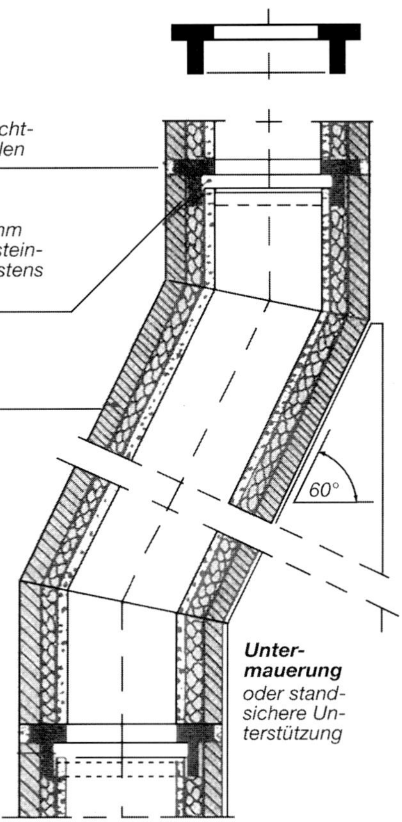

Bild 5.30. Schrägführung dreischaliger Hausschornsteine (Schreyer)

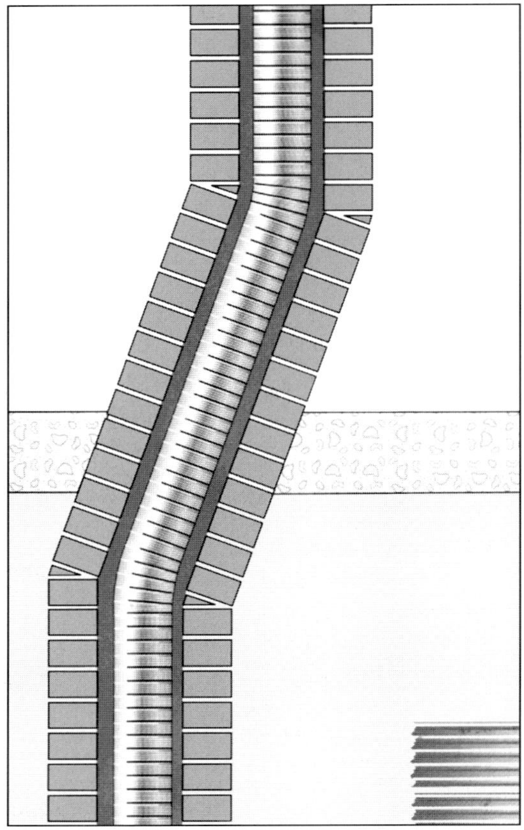

Bild. 5.32. Flexibles Edelstahl-Rohrsystem (Raab)

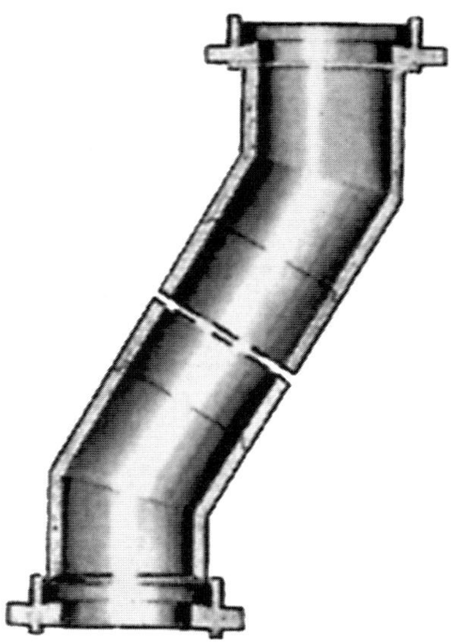

Bild 5.31. Schrägführung aus unglasierten Schamotte-Formstücken – Plewa

Schließlich besteht bei Raab die Möglichkeit, ein flexibles Edelstahl-Rohrsystem einzubauen, bestehend aus

- Flex-L mit einer Mindestdicke von 0,12 mm
- Flex-S für Nennweiten von 100 bis 200 mm und Materialdicken
  bis 140 mm Durchmesser von 0,3 mm
  bis 160 mm Durchmesser von 0,4 mm.

Beim Flex-L-System betragen die Nennweiten 100 bis 250 mm. Das flexible Rohr in Längen bis zu 50 m eignet sich nahtlos für alle Schrägführungen (Bild 5.32.). Durch die gering aufzuheizende Masse liegt nur eine kurzzeitige Taupunktunterschreitung vor. Jedoch ist eine Dämmung aus Dämmschalen oder mineralisch gebundenen Dämmschüttungen möglich. Gegen Feuchte empfindliche Schornsteine können nicht schräg geführt werden.

■ Gezogene Abgasschornsteine aus dünnwandigen Formstücken dürfen im Dachgeschoss nur dann an der Dachkonstruktion befestigt oder aufgehängt werden, wenn sie unverschiebbar gehalten und gestützt werden, und wenn die Tragfähigkeit der Dachkonstruktion dadurch nicht beeinträchtigt wird.

5.12. Schornsteinführung über Dach

Schornsteinmündungen sollen weder von höheren Hausgiebeln und steilen Dachflächen noch von hohen Bäumen, Baumgruppen oder Wäldern überragt werden. Der über einen frei stehenden Schornstein strömende Wind fördert den Schornsteinunterdruck, indem er die Rauchgase mit sich fortreißt. Stehen einem Schornstein aber irgendwelche Flächen in kurzer Entfernung gegenüber oder ist er gar an eine solche Fläche angebaut, ohne sie selbst zu überragen, dann strömt der Wind, der sich an der hohen Fläche in beliebig viel Einzelkräfte aufteilt, in den Schornstein ein und wirkt dem Unterdruck entgegen. Oft ist darauf das Versagen einer Heizungsanlage oder die Rauchbelästigung durch eine Feuerstätte zurückzuführen.

Wie Bild 5.33. zeigt, muss die Schornsteinmündung stets außerhalb des Staubs hoher Flächen liegen, mindestens jedoch den sich bildenden Windkegel übertragen, der – in etwa 10° fallend – von jeder höheren Fläche anzunehmen ist.

► **Die Dachform spielt hinsichtlich der Windeinwirkung auf den Schornsteinunterdruck eine außerordentliche Rolle.**

Nähere Untersuchungen darüber, welche Dachform geeignet ist und welche Störungen durch sie ausgelöst werden können, sind für den industriellen Wohnungsbau bei Wohnbauten mit Flachdächern und mit nach innen geneigten Dächern, so genannten Schmetterlingsdächern, angestellt worden.

Beim Steildach wird der angreifende Wind (Luv-Seite) auf der schrägen Dachfläche in eine aufwärts strebende Kraft abgelenkt, die auf den Schornstein günstig einwirkt. Die Rauchgase werden mitgerissen. Um Wirbelungen um die Schornsteinmündung zu vermeiden, dürfen am Schornsteinkopf keine überstehenden Bauelemente vorhanden sein (Bild 5.34.).

Die Windströmung kann jedoch beim Steildach hinter dem First (Lee-Seite) umschlagen in einen Fallwind, der dann die in diesem Bereich befindlichen Schornsteine negativ beeinflussen würde (Bild 5.35.).

Wechselnd auf die Strömungsverhältnisse können sich Dachformen auswirken, die gewalmt sind, Dachgaupen haben oder Nischen bilden. Meist sind auf solchen Dächern die Einwirkungen auf den Schornstein so kurzzeitig wechselnd, dass gelegentliche Fallwinde, die den Unterdruck stören, auf die angeschlossenen Feuerstätten am Schornstein nur kurzzeitig oder gar nicht wirksam werden. Die Störungen können kurzzeitige Rauchgasaustritte in den Aufstellungsraum zur Folge haben.

Bei Wohnbauten mit Flachdach, vorwiegend fünfgeschossig, wurden Windgeschwindigkeitsmessungen mit Flügelrad- und Schalenkreuzanemometern durchgeführt; sie ergaben in geringen Zeitabständen sehr un-

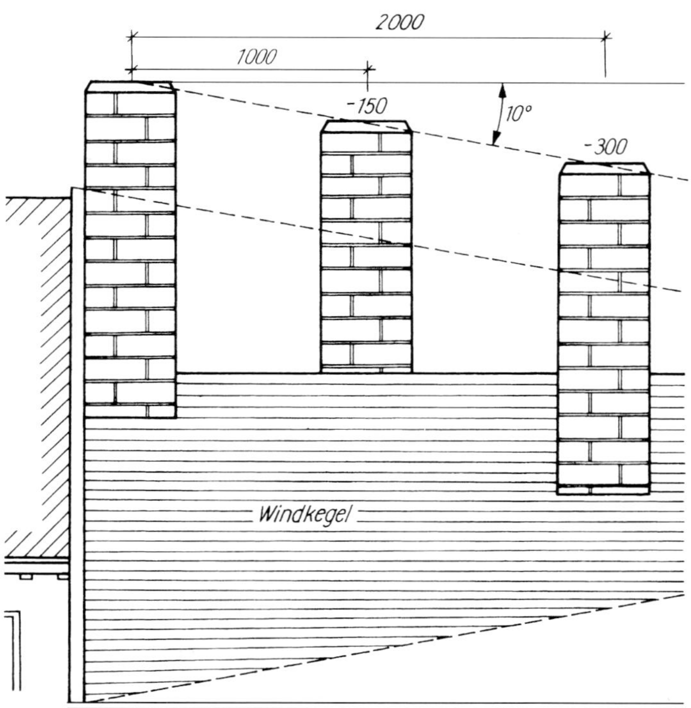

Bild 5.33. Schornsteinführung bis außerhalb des Staus hoher Flächen

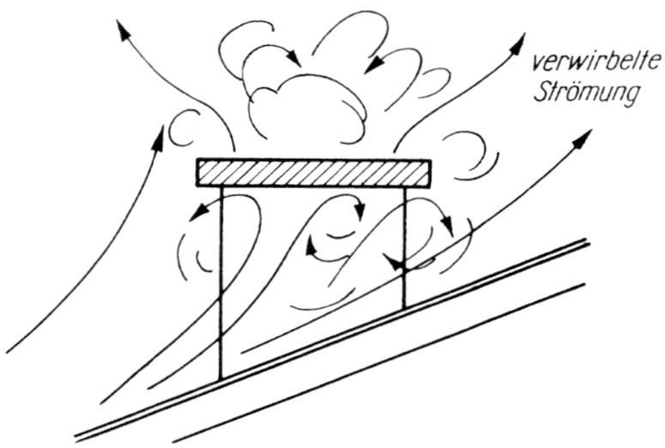

Bild 5.34. Ableitung der Aufwinde durch überstehende Bauteile (Schornsteinabdeckung)

terschiedliche und auch wechselnde Werte. Durch die Anwendung von Rauchpatronen, deren Rauch die Windströmung sichtbar machte, konnten Erkenntnisse gesammelt werden, welche Windverhältnisse sich an einem Flachdach herausbilden, insbesondere durch überstehende Traufen.

Aufwinde am Giebel von Wohnbauten mit Flachdach zeigen völlig unterschiedliche Wirkungen. Einmal fördern sie die Funktion der am Giebel oder in Giebelnähe gelegenen Schornsteine, ein anderes Mal umwirbeln sie die Schornsteinköpfe und wirken störend. Auch bilden sich Aufwärtswinde vom Giebel in Fallwinde über dem Flachdach um und wirken dem Schornsteinunterdruck entgegen.

Mit Hilfe von Rauchpatronen konnten auf Flachdächern langer Wohnblocks auch Windwalzen erkannt werden, die Störungen bei den Schornsteinen und nachwirkend bei den Feuerstätten auslösten.

Stark wechselnde Windverhältnisse bewirken die Schmetterlingsdächer, wodurch die Feuerstätten – gleich welcher Art und Leistungsgröße – funktionsgestört arbeiten.

Um die negativen Windeinflüsse auf die Schornsteine auszuschalten, wurden Schornsteinerhöhungen vorgenommen, Schornsteinaufsätze mit Injektorwirkung und auch drehbare Aufsätze montiert, so genannte Schafhütten aufgestellt und Meidinger Scheiben angebracht. Daraus ergaben sich folgende **Erkenntnisse**:

- Wenn bei Feuerstätten Funktionsstörungen durch Windeinflüsse feststellbar sind, wäre es falsch, diese durch eine generelle Erhöhung *aller* Schornsteine beseitigen zu wollen. Nur bei einigen wird dadurch Abhilfe geschaffen und oftmals auch nur zeitweise oder wechselnd von Tag zu Tag, bzw. von Stunde zu Stunde.
- Vielmehr muss genau geprüft werden, unter welchen Windeinflüssen ein Schornstein an der Mündung steht. Je nach dem Prüfergebnis ist eine der folgenden Maßnahmen vorzusehen:
  - Erhöhung des Schornsteinkopfs
  - Aufbau eines drehbaren Aufsatzes
  - Aufbau eines Aufsatzes mit Injektoren
  - Montage einer Meidinger Scheibe.

  Es sei aber noch hinzugefügt: Trotz dieser starren oder beweglichen Windleiteinrichtungen kann es nirgendwo ein „Allheilmittel" geben. Dazu sind die Windrichtungen, Windstärken und Strömungsarten zu vielgestaltig und wechselnd.

Bezüglich des Zusammenhangs der Dachform mit der Möglichkeit von Ofenheizung ist erkannt worden:

- Gebäude mit Steildach sind geeignet.
- Gebäude mit Flachdach sind bedingt geeignet.
- Gebäude mit Schmetterlingsdach sind ungeeignet.

Durch die offene Bauweise in Neubaugebieten bilden sich auf Grund ihrer Länge und der Anordnung der Wohnblocks Windgassen heraus, die die Windanfälligkeit noch verstärken. Diese Erkenntnisse müssten künftig bereits bei der konkreten Projektierung von Neubaugebieten besser genutzt werden.

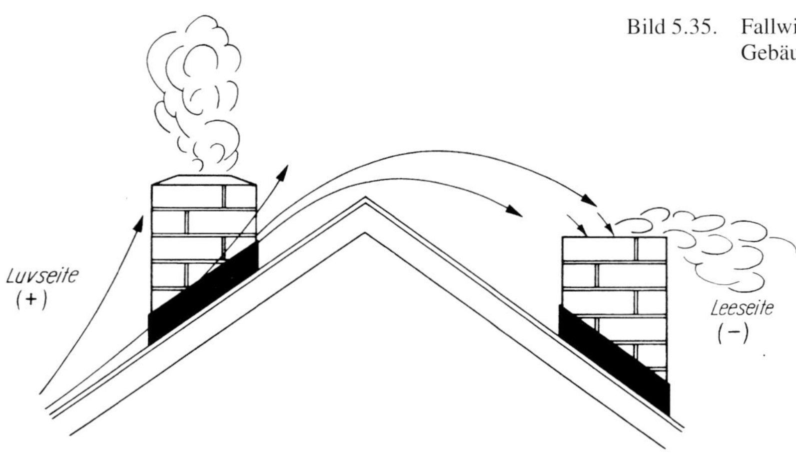

Bild 5.35. Fallwinde auf der Lee-Seite eines Gebäudes mit Satteldach

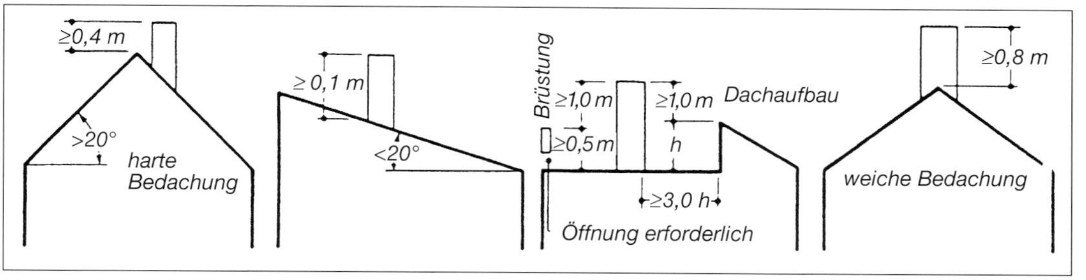

Bild 5.36. Abstände der Schornsteinmündungen von Dachflächen und Aufbauten

5.13. Schornsteinkopf

Der Schornsteinkopf – das ist der über Dach geführte Teil des Schornsteins – soll aus folgenden Gründen möglichst kurz sein:

- Hohe Schornsteine schwanken bei starkem Wind und verursachen Undichtheiten in der Dachhaut sowie in sich selbst.
- Die Wangen des Schornsteinkopfs haben bei nichtbrennbarer Dachhaut nur 115 mm Dicke und bilden bei größerer Höhe ungenügenden Wärmeschutz. Die Rauchgase könnten zu stark abgekühlt und in ihrer Strömungsgeschwindigkeit gehemmt werden. Kondensation von Wasserdampf und Säuren mit anschließender Versottung wäre eine weitere Folgeerscheinung.
- Hohe Schornsteine erschweren die Reinigungsarbeiten.

Wenn auch aus den genannten Gründen ein kurzer Schornstein anstrebenswert ist, muss er doch eine Mindesthöhe haben, die vom First aus gemessen wird. Schornsteinmündungen müssen mindestens 400 mm über den höchsten Kanten von Dächern mit einer Neigung von mehr als 20° liegen. Schornsteinmündungen müssen von Dachflächen, die 20° oder weniger geneigt sind, mindestens 1 m Abstand haben. Schornsteine, die Dachaufbauten näher liegen, als deren 1,5fache Höhe über Dach beträgt, müssen die Dachaufbauten mindestens 1 m überragen (Bild 5.36.). Schornsteinmündungen über Dächern mit einer Brüstung, die nicht allseitig geschlossen ist, müssen stets mindestens 1 m über der Brüstung liegen.

Die Schornsteinmündung muss ungeschützte Bauteile aus brennbaren oder schwer entflammbaren Baustoffen mindestens 1000 mm überragen oder von ihnen – waagerecht gemessen – mindestens 1500 mm entfernt sein; dies gilt nicht für die Dachhaut.

Die Mündung der Schornsteine darf nicht in unmittelbarer Nähe von Fenstern und Balkonen liegen.

► **Die Schornsteinmündung darf für je 1000 mm Abstand vom First um 150 mm tiefer liegen als gefordert, jedoch nicht tiefer als Oberkante First bzw. obere Dachkante** (Bild 5.37.).

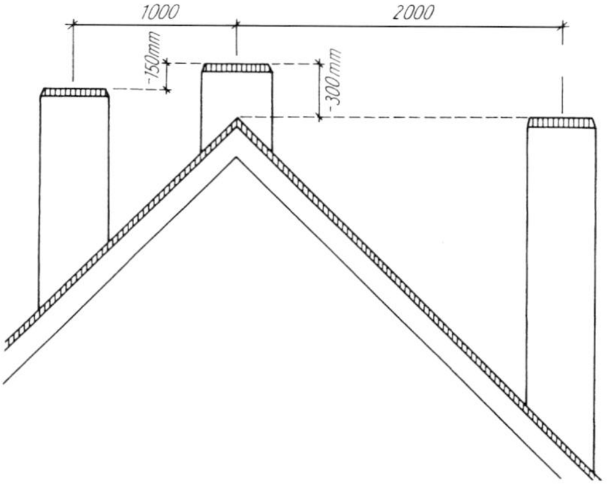

Bild 5.37. Höhe der Schornsteinmündung über Dachfirst

Diese Festlegung gilt nicht für Schornsteine auf Schmetterlingsdächern (negativer Dachneigung).
Größere Höhen können bei ungünstigem Windanfall, bei erhöhtem Funkenflug oder erschwerten Zug- und Strömungsverhältnissen gefordert werden. Das gilt insbesondere für Flach- und Schmetterlingsdächer.

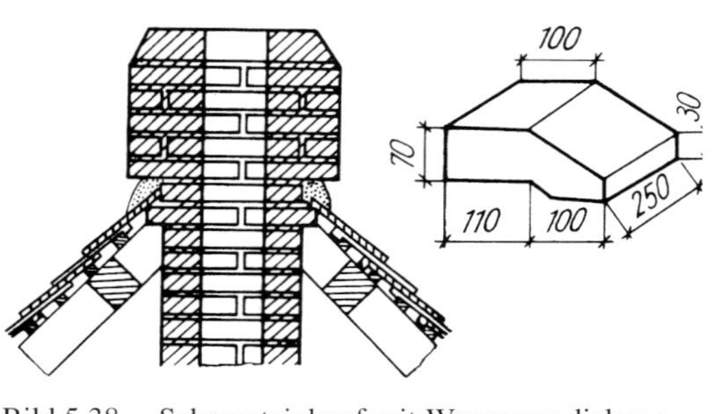

Bild 5.38. Schornsteinkopf mit Wangenverdickung und Abdichtung zur Dachhaut durch Formsteine

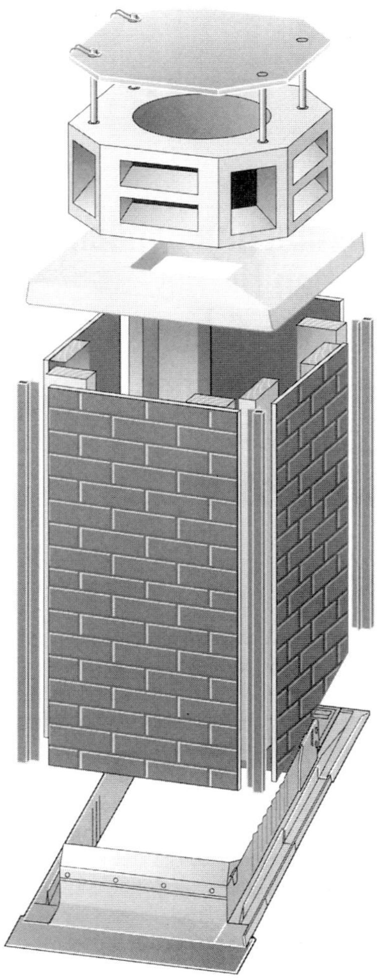

Bild 5.39. Eine Art einer Stülpkonstruktion zur Verkleidung eines Schornsteinkopfs

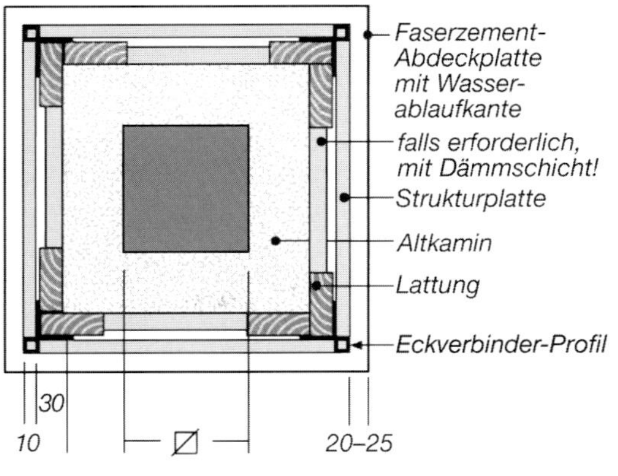

Bild 5.40. Querschnitt einer Stülpkonstruktion

Schornsteine, die mehr als 1750 mm über Dach hinausragen, sind zu verankern, sofern ihre Standsicherheit nicht durch einen statischen Nachweis erbracht ist.

Aus wärmetechnischen Gründen, aber auch aus Gründen der Dauerhaftigkeit ist die Verstärkung der über Dach geführten Schornsteinwangen auf 240 mm Dicke günstig. Der dadurch entstehende Mauerübersprung erspart gleichzeitig Zinkblech, das in industriereichen Gegenden infolge des hohen Bestands schwefelhaltiger Abgase in der Luft sowieso nur kurze Lebensdauer hat. Die Abdichtung kann stattdessen mit Formsteinen oder durch einfachen Zementmörtelverstrich erfolgen (Bild 5.38.).

Mündungen gemauerter Schornsteine müssen eine mindestens 80 mm dicke, trittfeste Abdeckung aus frostbeständigem Beton mit Bewehrung erhalten. Sie müssen eine Neigung von 5%, bei Schornsteinen mit Geländern bis zu 15% zur Außenkante haben, damit das Regenwasser ablaufen kann. Für den Schutz der Schornsteinwangen gegen Eindringen von Niederschlagswasser an der Schornsteinmündung fordert DIN 18160 Teil 1 Abdeckplatten aus Leichtbeton oder Normalbeton; Bauteile aus anderen nichtbrennbaren, witterungsbeständigen und abgasbeständigen Baustoffen sind zulässig. Mündungen von Schornsteinen, die zum Reinigen nicht betreten werden, z. B. Abgasschornsteine, dürfen eine Neigung bis zu 25% haben. Trittflächen müssen mindestens 130 mm breit und 140 mm tief sein und seitlich einen Schutz gegen Ausgleiten, z. B. eine Abkantung, von 20 mm Höhe haben. Abgasschornsteine und Schornsteine mit Gemischbelegung (Gas/Kohle) müssen in Nähe der Schornsteinmündung für den Schornsteinfeger gut sichtbar und witterungsbeständig gekennzeichnet sein.

Schornsteinköpfe aus Mauerwerk müssen aus frostbeständigen Baustoffen (z. B. Klinker) bestehen und mit Mörtel der Gruppe II vollfugig ausgeführt und verfugt sein. Außenputz ist nicht zulässig.

Schadhaft gewordene Schornsteinköpfe können durch locker gewordene Steine oder Mörtelstücke Gefahren auslösen. Um diese Folgen, herrührend aus Verwitterung und Temperaturschwankungen, zu beseitigen, besser noch nicht erst aufkommen zu lassen, ist eine Verkleidung des Schornsteinkopfs – so genannten Stülpkonstruktionen – möglich (Bild 5.39). Bevor die Verkleidung vorgenommen wird, muss der Schornstein gesäubert, nötigenfalls ausgebessert und gefugt werden.

Zum Befestigen der Stülpkonstruktion dient eine Unterkonstruktion aus Holzlatten, die selbst mit Plastdübeln und nichtkorrodierenden Schrauben am Schornsteinkopf zu befestigen sind. Dadurch ist eine Hinterlüftung geschaffen, die eine Austrocknung anfallender Feuchte ermöglicht. Bild 5.40. zeigt den Querschnitt einer Stülpkonstruktion.

Die Stülpkonstruktionen dürfen bestehen aus

- Schieferplatten oder -schindeln
- Faserzementplatten oder
- Zink- oder Kupferblech.

5.14. Schornsteinaufsatz

Bei unzureichendem Schornsteinunterdruck durch eine geringe wirksame Schornsteinhöhe, zu milde Außenlufttemperaturen oder auch stark geminderte Rauchgastemperaturen beim Eintritt in den Schornstein oder sich an Flächen bildenden Luftwirbelungen über der Schornsteinmündung, die die Funktion des Schornsteins und die an ihm angeschlossenen Feuerstätten beeinträchtigen, können zur Behebung, mindestens aber zur Minderung des Mangels Schornsteinaufsätze angebracht werden. Jedoch soll die Wirkung dieser Aufsätze – gleich welcher Art – nicht überschätzt werden.
Dort, wo eine Anlage versagt, sei es wegen der die Schornsteinmündung überragenden Flächen oder anderer Fehler, wird auch durch Anbringen eines Schornsteinaufsatzes der zur Betriebsfähigkeit der Raumheizungsanlage nötige Unterdruck nicht herbeigeführt werden können, wenn dieser Schornstein trotzdem im Stau hoher Flächen bleibt.
Hausschornsteine sind im Alt- und Altneubau fast ausschließlich aus Ziegeln gemauert. Im industriellen Wohnungsbau hat sich dagegen der Betonschornstein aus Formelementen durchgesetzt. Für diese Schornsteine sollen die Aufsätze möglichst aus dem gleichen Baustoff hergestellt werden, also aus Leichtbeton. Die Querschnitte der freien Öffnungen im Aufsatz müssen dem jeweiligen Schornsteinquerschnitt größenmäßig angepasst sein. Die Austritte der injektorartigen Öffnungen zum Schornsteinquerschnitt wirken auf Grund ihrer Querschnittsverjüngung wie Düsen. Bei Wind wird die Saugwirkung des Schornsteins dadurch noch erhöht.
Sehr wirkungsvolle Aufsätze, die allseitig am Schornsteinkopf angeordnet werden können, zeigen die Bilder 5.41. a bis c.
Metallische Schornsteinaufsätze – gleich welcher Art – müssen korrosionsgeschützt und fest mit dem Schornstein verbunden sein. Sie dürfen die Reinigung der Schornsteine nicht behindern. Durch den Gehalt der Rauchgase an schwefliger Säure (H_2SO_3) werden nichtkorrosionsgeschützte metallische Aufsätze allmählich zersetzt; sie üben ihre Funktion bald nicht mehr aus. Die drehbaren Aufsätze aus Stahlblech können ebenfalls rosten und werden dann eines Tages unbeweglich, wodurch bei entsprechender Windrichtung die entgegengesetzte Wirkung ihres ursprünglichen Zwecks erreicht wird.
Bei Kaminschornsteinen ist als Windschutz vorzugsweise die **Meidinger Scheibe** anzuwenden (Bild 5.42.). (Siehe hierzu auch Bild 2.31.).

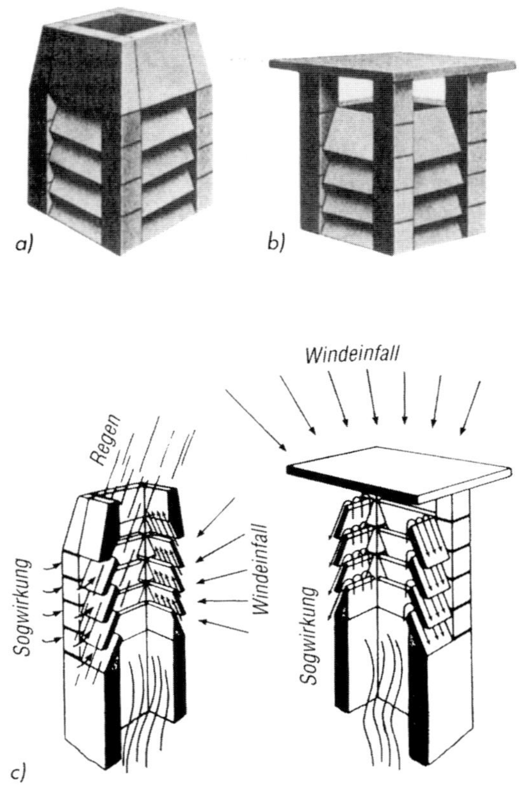

Bild 5.41. „Schwendilator" – Schornsteinaufsätze *a)* mit freier Mündung; *b)* mit Abdeckplatte gegen Fallwinde; *c)* Funktionsschemen

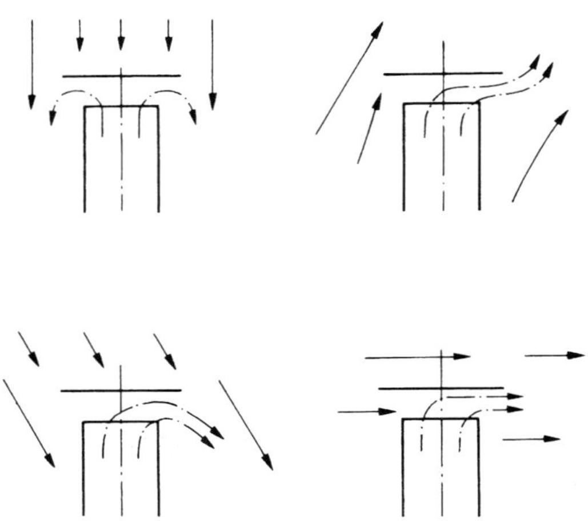

Bild 5.42. Meidinger Scheibe, Schema

5.15. Falschluft und Überlastung

Schlechte Unterdruckverhältnisse, schleppender Abbrand und geminderte Heiz- und Kochleistung bei Öfen, Herden und Kesselöfen sind oft auf Falschluftstellen in der Feuerungsanlage zurückzuführen. Das betrifft sowohl die Feuerstätten als auch das Verbindungsstück und den Schornstein.

5.15.1. Undichtheiten bei Feuerstätten

Undichtheiten bei Öfen können auftreten

- beim Feuergeschränk. Es ist im Kachelmantel locker geworden, oder die aufgeschliffenen Dichtflächen sind durch verzogene Türen undicht.
- beim Bodenblech. Bei Verwendung von Streifenblechen und auch bei Bodenblechen mit einem Ausschnitt für den Einbau eines Luftwärmkastens müssen die Schamotteplatten zur feuersicheren Abdeckung des Bodens gewissenhaft vollfugig eingebaut werden. Bleiben offene Fugen, so wird einerseits Falschluft angesaugt, andererseits kann durch das Herausziehen und Einschieben des Aschekastens Asche durch die offenen Fugen fallen, was vom Nutzer als Funktionsschaden des Ofens gewertet wird.
- im Kachelmantel. Durch das tägliche Hochheizen und durch die unterschiedliche Temperaturverteilung zwischen Ausbau und Kachelwand im Anheizprozess dehnen sich die Materialien nicht gleichmäßig und auch nicht zur gleichen Zeit aus. Kachelwand und Ausbau werden dadurch allmählich voneinander gelöst und undicht.
- in der Ofendecke. Besonders bei einfach eingelegten Deckenplatten (20 mm Plattendicke) sind die Lehmmörtelfugen bald undicht, wodurch eine Falschluftquelle entsteht. Aber auch Rauchgasaustritt ist möglich, der zunächst zur Verschmutzung der Zimmerdecke über dem Ofen und nachfolgend zu weiteren Verschmutzungen im Raum führt.

Jede Undichtheit, durch die Falschluft, also kalte Raumluft, angesaugt wird, trägt zur Minderung der Heizleistung und der Speicherfähigkeit bei. Die im Schamotteausbau gespeicherte Wärme wird von der nachströmenden Luft aufgenommen und durch den Schornstein ins Freie geführt. Derartig undicht gewordene Öfen sind umsetzreif oder müssen durch einen neuen Ofen ersetzt werden.

Undichtheiten bei Herden können auftreten

- am Feuergeschränk, im Kachelmantel oder am Rauchgasrohr
- besonders aber bei den Herd- und Einlegeplatten. Durch Einstreuen von feinem Sand in die Plattenrillen können die Dichtheit und die Kochleistung des Herds erhöht werden.

Undichtheiten bei Kachelofen-Warmluftheizungen treten auf

- bei der Rohrverbindung zwischen Heizeinsatz und Abwärmeofen, bei Verwendung von Bögen und Manschetten an deren Verbindungsstellen und zwischen Abwärmeofen und Schornstein. Diesen störanfälligen Stellen ist nicht nur beim Neubau einer Anlage besondere Beachtung zu schenken; auch bei der Reinigung (beim Kehren) sind Anschlussstellen von Rohren sowie die Fugen zwischen Rohrbogen und Manschette auf Dichtheit zu prüfen und gegebenenfalls nachzudichten. Bloßer Mörtelverstrich langt nicht aus, um auf längere Dauer eine Dichtheit herzustellen.
- bei Türverschlüssen und am Luftschieber. Die Weichdichtungen der Türen bestehen aus verschiedenartigen Materialien. Manche Dichtung der Feuer- oder Fülltür weist den Nachteil aus, bei nicht völlig geschlossenen Türen den Sommer über bei hoher Luftfeuchtigkeit zu quellen. Dagegen erhärtet die Glasvliesschnur, die überwiegend in der Tür des Ascheraums verwendet wird. Beide Weichdichtungen erfüllen dann ihren Zweck nicht mehr und müssen ausgewechselt werden.

5.15.2. Undichtheiten bei Verbindungsstücken

Die Verbindungsstücke werden bei Verbrennung fester und flüssiger Brennstoffe als Rauchgasrohre und bei Brenngasen als Abgasrohre bezeichnet.

Eine Falschluftquelle an Rauchgasrohren bei Grundkachelöfen tritt auf durch Undichtheiten zwischen Rohr und Kachelmantel oder zwischen Rohr und Schornstein. Festzustellen ist sie meist bei Öfen ohne ausreichende Standsicherheit, verursacht durch unzureichende Tragfähigkeit der Balkenlage und Vernachlässigung der Herstellung einer tragfähigen Unterlage oder durch Erschütterungen bei starkem Fahrverkehr. Der Einbau eines flexiblen Ofenrohrs schafft hier Abhilfe. Bei Raumheizern und Kaminöfen ist oftmals der Anschluss des Rohrs am Stutzen der Feuerstätte nicht dicht, gelegentlich aber sogar im Doppelfutter, wenn es zu viel Spiel hat.

Schließlich ist darauf zu achen, dass metallische Rohre nicht korrodieren. Sie müssen jedenfalls so eingebaut werden, dass sie kontrolliert werden können. Das trifft besonders auf die Kachelofen-Warmluftheizung zu. Deshalb wird bei dieser Raumheizungsanlage empfohlen, statt des seitlichen Abgangs auf den Abwärmeofen einen Rohrbogen mit Reinigungsklappe aufzusetzen, der eindeutig kontrollierbar ist und die Reinigung des Schornsteinanschlusses erleichtert.

Rußabsperrer in Verbindungsstücken zum dichten Absperren des Abgasweges während der Reinigung des Schornsteins sind nur zulässig bei Feuerstätten für feste Brennstoffe und Heizöle. Sind diese Feuerstätten an gemeinsame Schornsteine angeschlossen, sollten sie jedenfalls einen Rußabsperrer haben.

Der Rußabsperrer muss im Verbindungsstück wie auch im Schornstein so eingebaut sein, dass Prüfung und Reinigung nicht behindert werden. Er darf nur von Hand betätigt werden können und seine Stellung muss am Bedienungsgriff erkennbar sein.

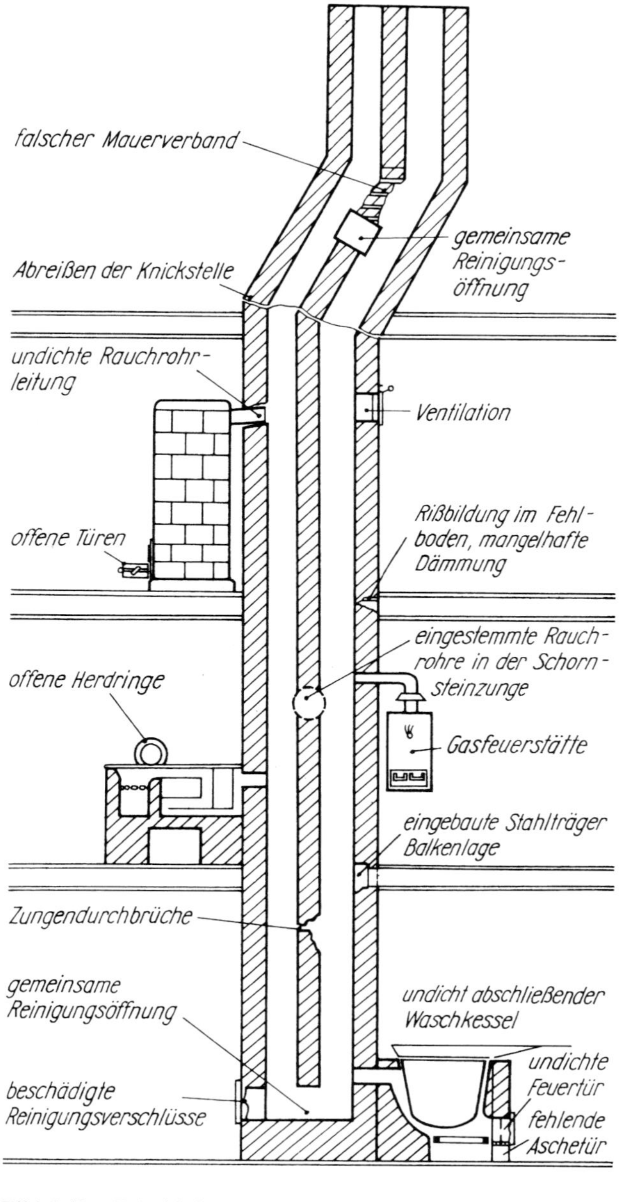

Bild 5.43. Falschluftquellen bei Hausschornsteinen

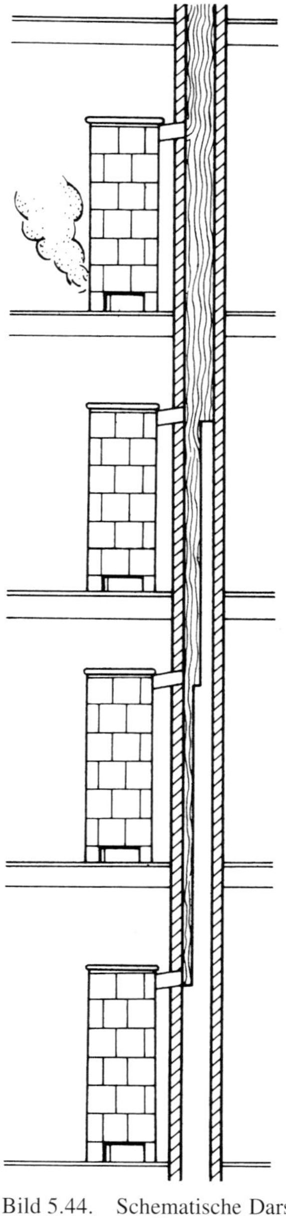

Bild 5.44. Schematische Darstellung der Überlastung eines Schornsteins

Rußabsperrer dürfen gemäß Landesbauordnung nur eingebaut werden, wenn sie ein bauaufsichtliches Prüfzeichen haben.

5.15.3. Undichtheiten bei Schornsteinen

Die Möglichkeiten des Falschlufteintritts bei Schornsteinen sind sehr vielfältig. Eine einzige Undichtheit kann die Funktion aller am Schornstein bzw. an der Schornsteingruppe angeschlossenen Feuerstätten beeinträchtigen, im Extremfall bis zum Versagen bringen. Welche Quellen dafür in Frage kommen, zeigt Bild 5.43.
Jede Falschluftquelle, ob an einer Feuerstätte, am Verbindungsstück oder am Schornstein selbst, mindert den Unterdruck im Schornstein durch Druckverlust. Diese Kraftminderung kann zumindest zeitweilige Funktionsstörungen bei den Feuerungsanlagen auslösen, aber auch bis zum Versagen führen.

5.15.4. Überlastung von Schornsteinen

Überlastungen von Schornsteinen wirken sich nachteilig auf die Funktion von Feuerstätten aus, besonders in den letzten Wohngeschossen eines Hauses.
Soll eine Feuerstätte in gleicher Größe, Art und Leistung dort errichtet werden, wo bereits eine gestanden hat, dann ist es nicht nötig, den zuständigen Bezirks-Schornsteinfegermeister zu befragen. Vor jedem Neuanschluss aber und vor einer Vergrößerung – z. B. statt eines Grundkachelofens eine Kachelofen-Warmluftheizung – muss der zuständige Schornsteinfeger hinzugezogen werden. Nur er weiß genau über die Belegung des Schornsteins Bescheid, d. h. über das, was bereits angeschlossen ist, und welche Feuerstätte noch aufgestellt und angeschlossen werden kann.
Überlastungen von Schornsteinen können auch eintreten, wenn transportable Öfen oder Herde selbständig aufgestellt und angeschlossen werden. Allen diesen Gebrauchsnehmern kann nur geraten werden, in jedem Fall vorher den Schornsteinfeger zu befragen.
Bild 5.44. zeigt eine schematische Darstellung der Überlastung von Schornsteinen. Die Rauchgasmengen der in den unteren Geschossen angeschlossenen Feuerstätten können (selbstverständlich nur im Gleichzeitigkeitszustand) so viel Schornsteinquerschnitt benötigen, dass die Rauchgase des Ofens im obersten Geschoss keinen Raum mehr finden, um ins Freie abströmen zu können. Der Ofen raucht als Folge der Überlastung des Schornsteins. Solche Fälle können gelegentlich an Wochenenden auftreten, wenn die Öfen etwa zur gleichen Zeit in allen Wohnbereichen angeheizt werden.

5.16. Behelfsschornsteine

Bei beweglichen Bauten oder Verkaufskiosken, die nur begrenzte Zeit aufgestellt werden, und bei Bauten mit weniger als 5 m^2 Grundfläche dürfen die Rauchgas- oder Abgasrohre als Behelfsschornsteine aus dünnwandigen Baustoffen direkt durch das Dach ins Freie geführt werden.
Bei Durchführung durch brennbare Konstruktionen müssen sie mit einem Schutzrohr aus Schamotte oder ähnlichen mitbrennbaren, rissfesten Baustoffen umgeben sein.
In DIN 18160 Teil 1 „Feuerungsanlagen, Verbindungsstücke“ wird dazu gefordert:
Bei Durchführung durch Wände mit brennbaren oder schwer entflammbaren Stoffen ist für Rauchrohre ein Abstand von 200 mm, für Abgasrohre ein Abstand von 100 mm einzuhalten. Innerhalb dieser Abstände (einschließlich der Hohlräume) sind nichtbrennbare, formbeständige Baustoffe anzuordnen. Die Rohre sollen mit einer Rohrhülse oder Doppelwandfutter durch die Wand geführt werden. (Das bezieht sich analog auch auf brennbare Dächer – Bild 5.45.).

5.17. Neutralisation von sauren Rauch- und Abgaskondensaten

Einbauvorbedingungen
Örtliche Installationsvorschriften, allgemeine Richtlinien (z. B. WVU, EVU, VDE, DIN, DVG bzw. ÖVGW oder SVGW) und die vom Hersteller vorgegebenen technischen Daten sind zu beachten.
Bei modernen Niedertemperatur- oder Brennwertkesseln, bei denen in der Abgasanlage jedenfalls eine Taupunktunterschreitung erfolgt und saure Kondensate anfallen, muss deren fachgerechte Entsorgung sichergestellt sein. Dafür bestehen systemgerechte Neutralisationsanlagen.
Im Vergleich der von verschiedenen Firmen angebotenen Neutralisationsboxen bestehen in ihrer Art als auch im Verfahren nur geringe Unterschiede, um die im Kondensat enthaltenen Schwefel- und Kohlenwasserstoffe, Metallionen, Ruße und Ölderivate herauszufiltern: Das saure Kondensat wird in der Box eingangs durch einen vorgeschalteten Aktivkohlefilter geleitet und durchläuft danach den Austauscherharz, der noch die Schwermetallionen zurückhält. Das „gewaschene“ Kondensat wird dadurch in ein umweltverträgliches Abwasser umgewandelt, das nun dem Kanalsystem zugeleitet werden kann und darf. Für die Ableitung des Kondesats muss ein Kanalanschluss vorhanden sein (Bild 5.46.). Die Ableitung erfolgt drucklos. Die Abwasserleitung darf nicht über die Gerätehöhe geführt und muss ohne Ablaufwiderstand (z. B. Knickbildung) verlegt werden.

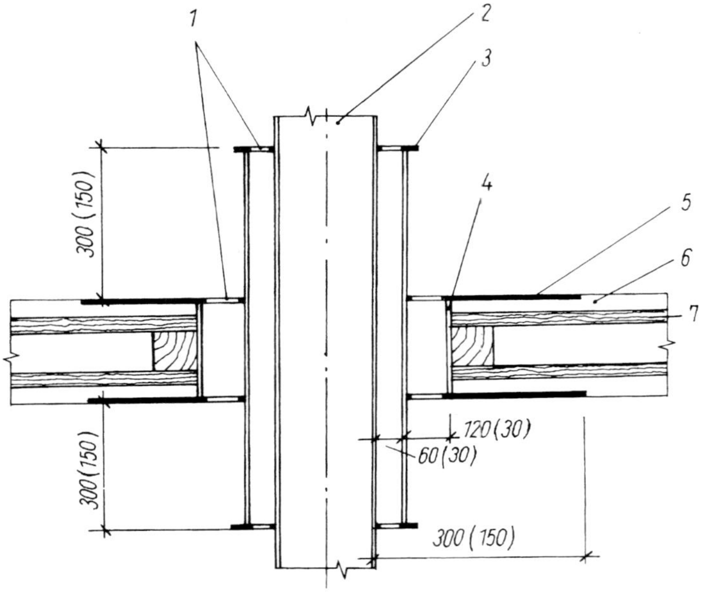

Bild 5.45. Durchführung von Rauch- und Abgasrohren durch Wände oder Dächer aus brennbaren oder schwer entflammbaren Baustoffen mit Überrohren als Strahlungsschutz
Die Abstände sind Mindestmaße; die eingeklammerten Werte gelten für Abgasrohre
1 Durchlüftungsöffnungen (50 % der freien Querschnitte); *2* Rauch- und Abgasrohr; *3* Überrohr; *4* Dämmung; *5* Blechverkleidung; *6* feuerfeste Unterlage mit dämmender Wirkung; *7* Wand (Dach) aus brennbaren Baustoffen

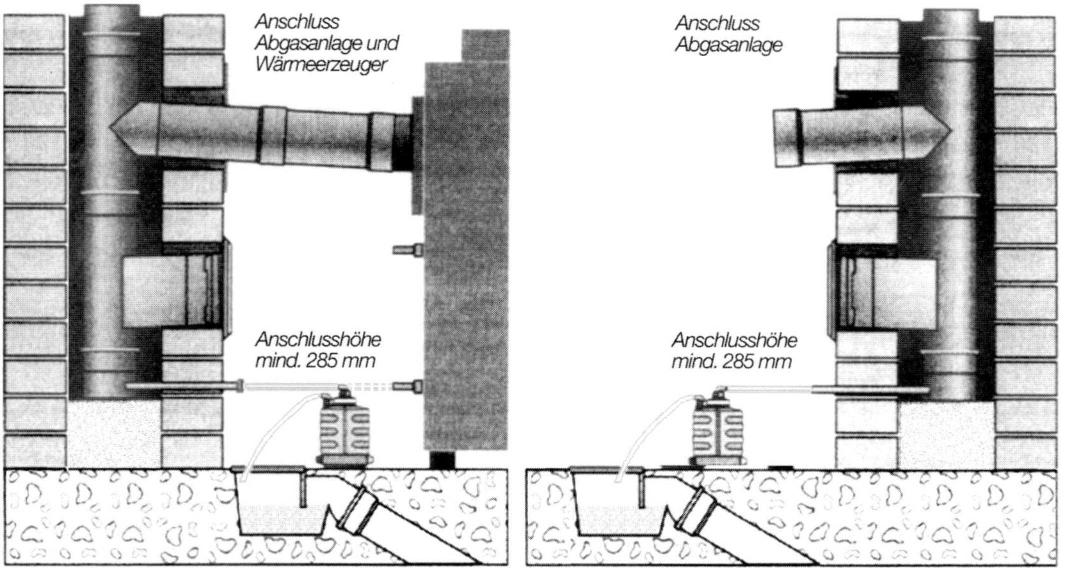

Bild 5.46. Aufstellung und Anschluss einer Neutra-Box – Raab

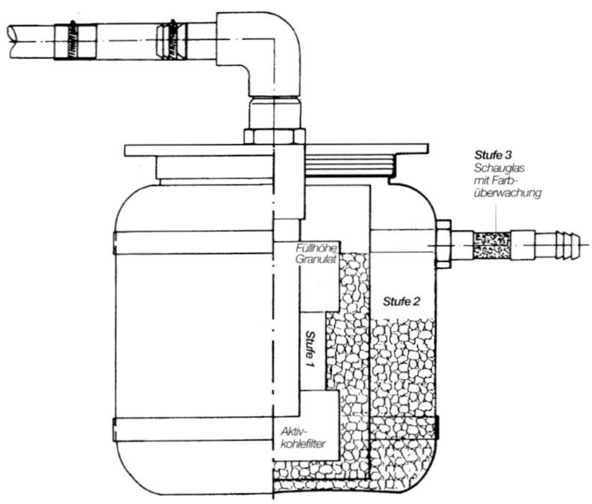

Neutralisationsgeräte Typ NEUTRA-BOX

Größe	mm	I	II	III	IV	V
Breite	mm	204	274	318	410	410
Höhe	mm	255	287	430	415	520
Füllmenge	mm	6	12	24	42	54
Zugeordnete Kessel-leistung	kW	bis 25	26–59	60–99	100 bis 149	150 bis 199
Brennstoffe		Öl/Gas				

Bild 5.47. Ansichts- und Schnittdarstellung einer Neutra-Box – Selkirk

Der Einbauort muss frostsicher sein und den Schutz der Anlage vor Chemikalien, Farbstoffen, Lösungsmitteln und Dämpfen gewährleisten.
Eine Box mit einer 4-Literfüllung reicht zur Aufbereitung bzw. Neutralisation von maximal 4000 Litern. (Bild 5.47.)

Die Funktionsfähigkeit der Neutralisationsmittel kann überprüft werden mit

- Teststäbchen (PLEWA)
- pH-Messstreifen (Raab)
- einer Überwachungseinrichtung mit Schauglas (Selkirk)

6. Verbrennung

Für den Bau von Feuerstätten ist es wichtig zu wissen, welche Vorgänge sich während der Verbrennung vollziehen. Daraus leiten sich Lösungen für den technischen Auf- und Ausbau der jeweiligen Feuerstätte ab. Die Kenntnis der einzelnen Stadien des Verbrennungsprozesses bildet eine wesentliche Grundlage.
Zuvor einige Betrachtungen über die Brennstoffe, ihre Zusammensetzung und einige wichtige Kenndaten.

6.1. Brennstoffe

Vom **Gesamtvorrat** an fossilen Rohenergieträgern der Erde sind etwa 35 Prozent Erdöl und Erdgas sowie 65 Prozent feste Brennstoffe. Beim Einsatz der einzelnen Energieträger für Energieprozesse unterschiedlichster Art verhält es sich jedoch gerade umgekehrt – die leicht zu behandelnden „edlen Energieträger" Gas und Öl decken rd. 65 Prozent des Weltenergiebedarfs.
In Deutschland verteilte sich der **Primärenergieverbrauch** an Gas und Öl in der ersten Hälfte 1992 auf die alten Bundesländer mit 59 Prozent und auf die neuen Bundesländer immerhin schon 41 Prozent (gegenüber 23 Prozent im Jahr 1989, noch DDR).
Der Griff nach den edlen Energieträgern ist dann verständlich, wenn man bedenkt, dass Heizöl mit seiner hohen Energiekapazität sich sauber und bequem lagern lässt, Erdgas problemlos per Rohrleitung geliefert wird und die Verbrennung bei beiden gut verläuft und automatisch regelbar ist. Besteht aber der enorme Verbrauch fort, dann ist mit dem Versiegen der Quellen bei Erdöl in etwa 45 Jahren und bei Erdgas in etwa 66 Jahren zu rechnen. Der Erschöpfungszeitraum wird durch Neuentdeckungen von Lagerstätten nach unserer heutigen Erkenntnis nur unwesentlich hinausgeschoben. Eher könnte der berechtigte zunehmende Bedarf in Entwicklungsländern die Vorräte noch schneller schrumpfen lassen. In der Literatur gibt es jedoch sehr unterschiedliche Angaben über die Erdölreserven und Welterdgasvorkommen, die in gewinnbare Reserven und zusätzlich förderbare Ressourcen gegliedert sind.
Aus diesen Gründen sollte den festen Brennstoffen weiter oder besser wieder mehr Beachtung und Einsatz bei Energieprozessen geschenkt werden. Schwarze Brennstoffe können vorrangig sinnvoll in Heizkraftwerken, die gegenwärtig Höchststand an Wirtschaftlichkeit und Umweltfreundlichkeit besitzen, eingesetzt werden und Holz in erhöhtem Maß in Kleinfeuerstätten als Brennstoff Anwendung finden.
Wenden wir uns zunächst den festen Brennstoffen zu, da sie in den vom Ofenbauer gebauen Kleinfeuerstätten überwiegend verbrannt werden.

6.1.1. Feste Brennstoffe

Die in der Natur vorkommenden Arten sind:

Anthrazit – Steinkohle – Braunkohle – Torf – Holz

genannt in der Reihenfolge ihres Alters.
Diese festen Brennstoffe, so wie sie in der Natur vorgefunden werden, enthalten jedoch je nach Art noch zu viel Wasser, sind in ihrer Körnung unterschiedlich und oft sehr fein, oder sie haben ein zu lockeres Gefüge. Das sind Eigenschaften, die sich auf ihre Verbrennung negativ auswirken.
Durch **Veredlungsverfahren** ist es aber möglich, diese wertmindernden Eigenschaften günstig zu beeinflussen. Man unterscheidet dabei

– die mechanische Veredlung (Brikettierung) und
– die chemische Veredlung (Verkokung).

Die Veredlung der natürlichen festen Brennstoffe wird nicht nur zur Gewinnung hochwertiger Brennstoffarten vorgenommen, vielmehr erhält man bei der Verkokung Schwelgas, Schwelwasser und Teer, die für die Chemie wertvolle Rohstoffe darstellen. Aus ihnen werden viele Tausend andere Produkte für die Industrie, das Gewerbe, den Verkehr, den Handel und den Haushalt hergestellt.

6.1.1.1. Holz

Die Bedeutung von Holz als Festbrennstoff wächst zunehmend, stellt es doch eine echte Alternative gegenüber den fossilen Energieträgern dar. Deshalb soll auf dieses Thema umfassender eingegangen werden.
Holz ist der älteste Brennstoff der Welt, eine Energiequelle die erneuerbar ist, die nachwächst. Im Durchschnitt braucht ein Baum 100 Jahre, ehe er „reif" ist, geerntet zu werden. Die Ausbeute ergibt 3 bis 5 Festmeter Holz. 1 Festmeter entspricht etwa 1,3 bis 1,5 Raummetern.
Wenn Holz hier als Brennstoff genannt wird, so spielt es als Nutzholz im Bauwesen z. B. als Fachwerk, Dachstühle, Dielen und Parkettboden, Verkleidungen und Möbel, aber auch in anderen Gewerken sowie Indu-

striebereichen eine wichtige Rolle. Nur der Anteil, der nach der Verarbeitung zu Nutzzwecken übrig bleibt oder Holz aus Ästen, Wipfeln und krummen Stämmen ist Brennholz. Übrigens sorgsame Holznutzung beeinträchtigt den Wald keineswegs, die Holzernte ist unentbehrlich für Verjüngung und Pflege des Waldes.

Bei der Verbrennung von Holz wird nur so viel CO_2 an die Atmosphäre abgegeben, wie es zuvor in seinen Zellen gespeichert hat. Der Baum absorbiert das CO_2 aus der Luft und gibt an sie O_2 ab. Eine ausgewachsene Buche im Alter von etwa 100 Jahren nimmt jährlich rd. 6,3 Tonnen CO_2 auf und gibt rd. 4,6 Tonnen O_2 ab. Es besteht also ein ausgeglichener Kreislauf zwischen dem Wachstum des Holzes und seiner Verbrennung. Damit ist die Holzverbrennung nicht am Treibhauseffekt beteiligt, denn sie produziert kein zusätzliches CO_2, auch nicht mehr als beim Fäulnisprozess des Holzes im Wald.

Im frisch geschlagenen Zustand beträgt der Wassergehalt des Holzes ca. 50 Gewichts-%. Bevor es als Brennstoff genutzt wird, muss es luftgetrocknet werden. Nach zweijähriger Lagerung enthält es immer noch 15 bis 20 Gewichtsprozente Wasser. Anscheinend trockenes Holz kann noch einen hohen Prozentsatz (bis max. 30%) Quellungswasser enthalten. Die Trocknung ist mit Schwinden und Spaltenbildung verbunden.

Im nassen Zustand eignet sich Holz nicht zur Verbrennung. Die Wärmeausbeute von Holz mit einem Wassergehalt von 50 Prozent ist etwa um die Hälfte geringer als bei trockenem Holz mit 15 Gewichtsprozenten H_2O, da zur Verdampfung des Wassers Wärme verbraucht wird. Außerdem wird durch die Minderung der Verbrennungstemperatur die Ruß- und Teerbildung verstärkt. Der Heizwert von Holz steht also in unmittelbarem Zusammenhang mit seinem Wassergehalt (Bild 6.1.).

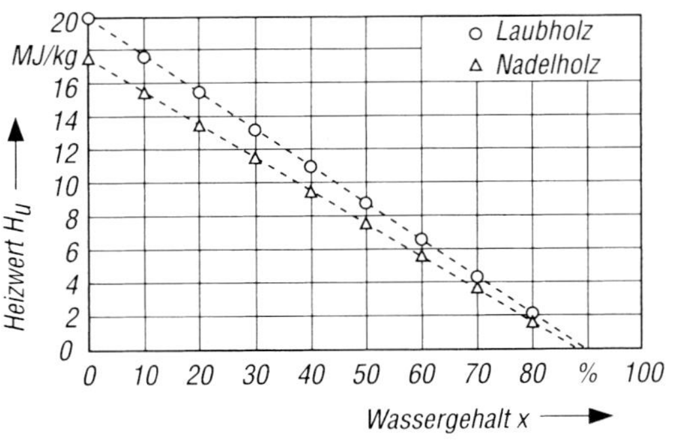

Bild 6.1. Abhängigkeit des Heizwertes H_u vom Wassergehalt x

Die Verbrennungsrückstände sind im Vergleich zu anderen festen Brennstoffen verhältnismäßig gering und liegen bei ca. 0,6 bis 1,0 Gew.-%.

Nass eingelagertes Holz in geschlossenen Räumen trocknet nur langsam und meist auch ungenügend. Dabei ist vielfach mit Fäulnisprozessen zu rechnen. Auch Pilzbildung, die auf das Bauwerk übergehen kann, verursacht Bauschäden mit oft nachhaltigen Folgen. Wer also eine Holzfeuerung betreiben will, soll von vornherein dafür sorgen, dass ein ausreichend großer und gegen Regen geschützter Holztrocknungsplatz zur Verfügung steht.

Die erste Verordnung zur Durchführung des Bundes-Immissionsschutzgesetzes (Verordnung über Kleinfeuerungsanlagen – 1. BimSchV) fordert, dass Holz in jedweder zugelassenen Art nur im lufttrockenen Zustand verfeuert wird. Bei fachgerechter Trocknung nach etwa 2 Jahren mit einem Restfeuchtegehalt von 15 bis 20% beträgt sein Heizwert um 4,0 kWh/kg (noch differenziert je nach Holzart Tabelle 6.1.).

Tabelle 6.1. Durchschnittliche Heizwerte von lufttrockenem Holz (15% Holzfeuchte) auf 100 kWh gerundet

	Baumart	Heizwert je Festmeter [kWh]	Heizwert je Raummeter [kWh]	Heizwert je Kilogramm [kWh]
Laubholz:	Ahorn	2600	1900	4,1
	Birke	2700	1900	4,3
	Rot- und Weißbuche	2800	2100	4,0
	Eiche	2900	2100	4,2
	Erle	2100	1500	4,1
	Esche	2900	2100	4,2
	Pappel	1700	1200	4,1
	Robinie	3000	2100	4,1
	Ulme	2800	1900	4,1
	Weide	2000	1400	4,1
Nadelholz:	Douglasie	2200	1700	4,4
	Fichte	2100	1500	4,5
	Kiefer und Lärche	2300	1700	4,4
	Tanne	2000	1400	4,5

Nach der 1. BimSchV (Änderung zur BimSchV berücksichtigt) dürfen in handbeschickten Feuerungsanlagen nach § 3 folgende Brennstoffe verbrannt werden

- (4) naturbelassenes stückiges Holz, einschließlich anhaftender Rinde, beispielsweise in Form von Scheitholz, Hackschnitzeln sowie Reisig und Zapfen
- (5) naturbelassenes nicht stückiges Holz in Form von Sägemehl, Spänen, Schleifstaub oder Rinde
- (5a) Presslinge aus naturbelassenem Holz in Form von Holzbriketts entsprechend DIN 51731, Ausgabe Mai 1993, oder vergleichbare Holzpellets oder andere Presslinge aus naturbelassenem Holz mit gleichwertiger Qualität
- (6) gestrichenes, lackiertes oder beschichtetes Holz sowie daraus anfallende Reste, soweit keine Holzschutzmittel aufgetragen oder enthalten sind und Beschichtungen nicht aus halogenorganischen Verbindungen bestehen
- (7) Sperrholz, Spanplatten, Faserplatten oder sonst verleimtes Holz sowie daraus anfallende Reste unter wie eben angegebenen Bindungen
- (8) Stroh oder ähnliche pflanzliche Stoffe.

Voraussetzung für eine gute Verbrennung von Holz:

- genügend hohe Temperaturen zur Zündung aller Gas-Luft-Gemisch-Komponenten, mindestens 800 °C,
- ausreichende Verweilzeit im heißen Bereich (Forderung nach Raum und Zeit = großer Brennraum,
- gute Turbulenz (Wirbelung) zur Mischung der brennbaren Gase mit der Verbrennungsluft.

Die Verbrennungsluftmenge muss >1 sein (theoretische Verbrennungsluftmenge $= 1$). Es reicht nicht aus, nur so viel Luft zuzuführen, wie die brennbaren Gasbestandteile zu ihrer vollständigen Verbrennung benötigen, weil es sich um einen stückigen Brennstoff handelt. Zur Erzielung einer guten Verbrennung muss ein **Luftüberschuss** gegeben sein, der in seiner Größe von der Verbrennungstemperatur und der Feuchte des Holzes abhängt.

In Kleinfeuerungsanlagen ist eine ideale Durchmischung des Gas-Luftgemisches kaum möglich, deshalb muss der Luftüberschuss mindestens das 1,5 bis 2,0fache betragen, da sonst mit einer unvollständigen Verbrennung infolge Luftmangel zu rechnen ist.

Technische Kenndaten des Holzes

Holzzusammensetzung im wasser- und aschefreien Zustand (**Hauptbestandteile**):

- 40 bis 50% Kohlenstoff (C)
- 4,5 bis 6% Wasserstoff (H_2)
- 35 bis 50% Sauerstoff (O_2)

Bei der Entgasung des Holzes werden ca. 85 % der Holzmasse als flüchtige Stoffe freigesetzt, nur 15 % verbleiben als Holzkohle.

Die Brenngeschwindigkeit ist abhängig von der Dichte und ist gering bei Hölzern mit geringem Porenvolumen, dagegen brennen großporige Hölzer schneller ab.

Die **Wärmeleitfähigkeit** ist bei Holz relativ gering und beträgt:

- bei Nadelhölzern (Fichte, Kiefer, Tanne) $= 0{,}13$ W/(m · K) bei einer Dichte $\varrho \approx 600$ kg/m^3
- bei Laubhölzern (Eiche, Buche u. a.) $= 0{,}20$ W/(m · K) bei einer Dichte $\varrho \approx 800$ kg/m^3
- bei Sperrholz $= 0{,}15$ W/(m · K) bei einer Dichte $\varrho \approx 800$ kg/m^3

Die **Wärmeleitfähigkeit** ist quer zur Faser halb so hoch wie längs zur Faser.

Der **Heizwert** lufttrockenen Holzes kann Tabelle 6.1. entnommen werden. Die Heizwerte von Laubhölzern liegen durchschnittlich höher als bei Nadelhölzern. Nadelhölzer neigen wegen ihres Harzgehaltes zum Funkensprühen, Vorsicht bei offenen Feuerungen!

Die **Zündtemperatur** lufttrockenen Holzes beträgt je nach Härtegrad 200 bis 400 °C.

1 Raummeter Holz hat eine **Masse** von 400 bis 700 kg,

1 Festmeter Holz von 500 bis 900 kg.

6.1.1.2. Braunkohle

Die **Bildung** von Braunkohle, die Inkohlung durch Gebirgsdruck, wird dem Tertiär zugeschrieben, eine Periode der Erdgeschichte vor ca. 60 Millionen Jahren. Abgeschlossen wurde die Kohlebildung mit dem Beginn der Eiszeit, also etwa vor einer Million Jahren.

Während Steinkohlen in festes Gebirge eingebettet sind, werden Braunkohlen nur durch lose Massen bedeckt. Das Deckgebirge beträgt gewöhnlich 8 bis 30 Meter, wobei es auch Tagebaue bis maximal 100 Meter Tiefe gibt.

Die **Flözhöhen** betragen bei Steinkohlen nur 1,5 bis 2,5 Meter, in Ausnahmefällen bei den ehemaligen oberschlesischen Kohlen 16 bis 20 Meter. Die Mächtigkeiten der Braunkohlenflöze werden bis zu 120 Meter angegeben.

Die Haupttypen der **Braunkohle** sind:

- die „gemeine Braunkohle“, auch Knabben- oder Knorpelkohle genannt
- und die erdige Braunkohle, oft auch als Rieseloder Klarkohle bezeichnet.

Unter „Lignit“ versteht man Braunkohle, die noch Holzstruktur zeigt.

Als Schwelkohle bezeichnet man eine besonders harzige und wachshaltige (bituminöse) erdige Braunkohle.

Während Holz als der älteste Brennstoff der Welt bezeichnet wird, weist eine Urkunde von 1571 das erste Kohlevorkommen am Meißner bei Kassel aus. Eine Abbauerlaubnis wurde einem Bürger aus Könnern

vom Administrator des Erzbistums Magdeburg 1598 erteilt. 1670 fand der Altenburger Stadtphysikus im Meuselwitz-Rositzer Revier „brennende Erde“ (pechhaltiges versteinertes Holz).
Um 1700 gibt es reichhaltige Nachrichtenquellen von Kohlevorkommen, jedoch immer noch regional. Überlokale Bedeutung erlangt die Braunkohle erst Ende des 18. Jahrhunderts.
Die Pioniere *Riebeck*, *Werminghoff* und später *v. Delius* (Erbauer der ersten Abraumförderbrücke) verhalfen der Braunkohle in der zweiten Hälfte des 19. Jahrhunderts zu ihrer eigentlichen Bedeutung. Der großindustrielle Abbau von Braunkohle begann im westelbischen Mitteldeutschland.
Als Rohkohle wird Braunkohle in Heizkraft- und Großkraftwerken eingesetzt. Für den Hausbrand in Kleinfeuerstätten hat sie keinerlei Bedeutung mehr, es sei denn durch mechanische Verdichtung als Brikett.

6.1.1.3. Braunkohlenbrikett

Die erste Stunde der Herstellung von Braunkohlenbriketts wird mit dem Jahr 1858 angegeben. In der Brikettfabrik in Ammendorf bei Halle (Sachsen-Anhalt) wurde mit einer Maschinenart, die bis dahin zum Torfpressen verwendet worden war, erstmals Braunkohlenbriketts hergestellt.
Die handliche Form, die Möglichkeit Briketts auf kleinstem Raum – etwa 1000 kg auf 1 m^3 – zu stapeln, vor allem aber seine hervorragenden Brenneigenschaften bei geringem feinkörnigen, schlackefreien Rückstand, ließen das Braunkohlenbrikett seinen Siegeszug antreten und damit eine rasche Entwicklung und Technisierung der Brikettherstellung.
Die Brikettierung der Braunkohle als eine Technik der Verfestigung und Formgebung stellt eine hohe Wertsteigerung dar, wobei der H_2O-Gehalt von 50 bis 60% im Gewinnungszustand auf rd. 17% gemindert wird. Eine wesentliche Erhöhung des Heizwerts ist die Folge.
Das **Herstellungsverfahren** umfasst 3 Stationen

- den Nassdienst
- den Trockendienst
- den Pressdienst.

Im **Nassdienst** erfolgt die Aufbereitung der Rohkohle auf eine gewünschte Stück- oder Korngröße durch Stachel- oder Glattwalzwerke. Lignitbestandteile werden nur zerquetscht und bleiben auf den Sieben liegen und können entfernt werden.
Die Zerkleinerung der Kohle wird in Hammer- oder Schleudermühlen fortgesetzt, denen Siebe verschiedener Bauart vor-, zwischen- oder nachgeschaltet sind. Die relativ gleichmäßige Korngröße beträgt unter 10 mm.
Beim **Trockendienst** erfolgt ein weiterer Zerfall der Kohle auf 0 bis 6 mm Korngröße, wobei das Wasser bis auf etwa 15% entzogen wird. Für die gleichmäßige Trocknung ist eine gleichmäßige Korngröße nötig.
Die Trocknung erfolgt in Teller- oder Röhrentrocknern.
Der Röhrentrockner ist eine schräg gelagerte Hohltrommel von etwa 3,6 Meter Durchmesser und 8,0 Meter Länge, in der ca. 700 Röhren von 11 cm Durchmesser parallel zueinander angeordnet sind. Durch die Rotation des Trockners wandert die Kohle durch die Röhren nach unten. Die Trocknung erfolgt, indem die Röhren von außen her mit Wasserdampf erwärmt werden. Die getrocknete Kohle verlässt den Trockner mit einer Temperatur von etwa 80° bis 90 °C und wird durch Förderschnecken, in denen sie auf etwa 40 °C gekühlt wird, dem Pressdienst zugeleitet.
Die Brikettpressen im **Pressdienst** arbeiten mit einem Druck von 900 bis 1200 N/cm^2 bzw. 90 bis 120 at (kp/cm^2). Ohne jeglichen Zusatz oder ein Bindemittel wird die getrocknete Kohle zum Brikett verfestigt.
Die Leistung einer Presse beträgt durchschnittlich 100 Briketts pro Minute. Der Pressstempel trägt das Markenzeichen. Durch den Pressdruck erwärmt sich das Brikett auf 60° bis 70 °C, die beim Durchlaufen von Kühlrinnen zum Transportmittel entzogen werden.
Seit Mitte 1988 gelten verschärfte Umwelt-Vorschriften zur Senkung von Schadstoff-Emissionen. Im Bundesgesetzblatt Teil 1 vom 26. 7. 1988 wird das Braunkohlenbrikett für Kleinfeuerungsanlagen bis zu einer Nennwärmeleistung von 15 kW zugelassen und darf in Dauerbrandöfen, Herden, Grundkachelöfen, Kaminöfen, Heizeinsätzen von Kachelofen-Warmluftheizungen und Heizkesseln eingesetzt werden. In Kaminen mit geschlossenem Feuerraum, also in Kamin-Heizeinsätzen und Kaminkassetten mit selbstschließenden Türen, dürfen Braunkohlenbriketts als Brennstoff genutzt werden.
Die Umweltfreundlichkeit lässt sich beispielsweise am rheinischen Braunkohlenbrikett nachweisen, dessen Schwefelgehalt nur 0,35% beträgt und davon noch ca. 70% in der Asche gebunden wird. Die Analysenwerte des Braunkohlenbriketts aus dem rheinischen Revier betragen:

- Wasser 19 Gew.-%
- Asche 4 Gew.-%
- flüchtige Bestandteile 40 Gew.-%
- Schwefel 0,35 Gew.-%
- fixer Kohlenstoff 37 Gew.-%

Der Heizwert wird mit 4,65 kWh/kg (19,5 MJ/kg) angegeben. Nach der Qualität der Brikettierungskohle und den technischen Einrichtungen der Brikettfabriken schwankt der Heizwert zwischen 4,2 und 4,8 kWh/kg (17,6 und 20,1 MJ/kg).
Als Formate werden im Wesentlichen unterschieden

- Ganzsteine (Salonformat) 182 mm lang
- Halbsteine 91 mm lang
- Semmelformat 52 mm lang.

Ganzsteine benötigen pro Tonne 1 m^3 Raum, wenn sie gestapelt werden, geschüttet nehmen nur 0,7 Tonnen 1 m^3 Raum ein. Bei geschütteten Halbsteinen erhöht sich die Masse auf 0,8 t/m^3.

6.1.1.4. Steinkohle

Die Entstehung der Steinkohle wird dem geologischen Alter des Paläozän vor 280 bis 240 Millionen Jahren zugeschrieben.
Steinkohle ist ein Naturprodukt. Ihre chemischen, physikalischen und technologischen Eigenschaften hängen von den pflanzlichen Ausgangsstoffen ab und den geologischen Bedingungen während der Inkohlung. Selbst die Eigenschaften der Kohle eines Flözes unterliegen Schwankungen.
Die Eigenschaften von Kohle und Koks sind für ihre Verwendung als Rohstoff oder als Brennstoff entscheidend. Handelsüblich werden Kohlen nach dem Gehalt an flüchtigen Bestandteilen, bezogen auf wasser- und aschefreie Kohle, in Kohlenarten eingeteilt (Tabelle 6.2.). Eine Kohleart lässt sich noch in Kohlensorten nach ihrer jeweiligen Körnung, dem Wasser- und dem Aschegehalt unterteilen (Tabelle 6.3.).
Die Qualität der Kohlenarten bestimmt den Heizwert, der als $H_{u\,(roh)}$ zwischen 6,5 und 7,9 kWh/kg (27,4 und 33,0 MJ/kg) liegt.
Die Heizwerte $H_{u\,(waf)}$, also wasser- und aschefrei, liegen entsprechend höher bei 7,8 und 8,5 kWh/kg (32,8 und 35,6 MJ/kg).
Der Abbau der Lagerstätten erfolgt überwiegend im Tiefbau (untertage), im Aachener Revier in einer Tiefe von 1200 bis 1400 Metern. In den USA, GUS und China wird Steinkohle auch im Tagebau gewonnen.
Die Gewinnungsverfahren können sein

- schneidende Gewinnung mit trommel- oder spiralförmiger, mit Meißeln besetzter Walze

Tabelle 6.2. Handelsübliche Einteilung der Steinkohlenarten

Kohlenart	**Gehalt an flüchtigen Bestandteilen (waf)** in Gew.-%	**Beschaffenheit des Tiegelkokses**
Gasflammkohlen	>35	leicht gebacken
Gaskohlen	35 bis 30	gebacken, grobporig
Fettkohlen	30 bis 20	stark gebacken, fest
Eßkohlen	20 bis 14	leicht gebacken bis gesintert
Magerkohlen	14 bis 10	pulvrig, leicht gesintert
Anthrazit	<10	pulvrig

Tabelle 6.3. Kohlensorten für Hausbrand und Kleinverbrauch, Körnung, Wasser- und Aschegehalt

Sorte	**Korngrenzen** in mm	**Wassergehalt** in Gew.-%	**Aschegehalt** (roh) in Gew.-%
Eß-, Fett-, Gas- und Gasflammkohlen			
Nuß 1	80 bis 50		
Nuß 2	50 bis 30		
Nuß 3	30 bis 18	3 bis 6	3 bis 5
Nuß 4	18 bis 10		
Nuß 5	10 bis 6		
Ruhr-Koks 1	100 bis 60	2 bis 5	
Ruhr-Koks 2	60 bis 40	5 bis 8	
Ruhr-Koks 3	40 bis 25	8 bis 12	
Ruhr-Koks 4	25 bis 10	12 bis 16	
Ruhr-Koks 5	10 bis 6	12 bis 16	
Koksgrus	6 bis 0	12 bis 18	

- schälende Gewinnung durch einen Kohlenhobel, der die Kohle in Spänen von wenigen Zentimetern Dicke abschält
- Sprengarbeit mit Methan-Luftgemisch bei schwierigen geologischen Bedingungen. Dabei ist eine Zündung von Kohlenstaub und explosiblen Gasen nicht möglich
- Gewinnung von Hand mit luftdruckbetriebenen Abbauhämmern, jedoch nur noch mit geringer Bedeutung.

Der größte Teil der in der Welt geförderten Kohle wird für energetische Zwecke eingesetzt, als Brennstoff. Steinkohle mit einem Schwefelgehalt <3 Prozent dient als Kokskohle und zur Weiterverwendung in der chemischen Industrie. Bei der Verkokung entstehen Kohlenwasserstoffe (Stadtgas, Ammoniak, Teer) und Koks. Bei Destillation von Teer werden verschiedene Öle und Pech gewonnen. Produkte der Kohleverflüssigung (Hochdruckhydrierung nach Verfahren von Bergius bzw. Fischer-Tropsch) sind Treibstoffe und Schmieröle.

6.1.1.5. Steinkohlenkoks

Steinkohlenkoks wird durch einen Entgasungsprozess der Steinkohle (Hochtemperatur-Verkokung von Kokskohle) bei Temperaturen um 1000 °C hergestellt. Unter dem Einfluss der Wärme zersetzt sich die Steinkohle, und es entweichen die flüchtigen Bestandteile der Kohle, wie Wasserstoff, Methan sowie einige schwere Kohlenwasserstoffe, Kohlenmonoxid, Stickstoff, Ammoniak, Schwefelwasserstoff und Wasser. Der Rückstand, der Koks, wird mit Wasser gelöscht. Je nach dem Verwendungszweck der durch Entgasung gewonnenen Bestandteile der Kohle bezeichnet man ihn als Gas- oder Zechenkoks. Ist die Stadtgasgewin-

nung das Primäre, so bezeichnet man den Rückstand des Prozesses als Gaskoks. Wird der Koks als Hauptprodukt hergestellt, nennt man ihn Zechen- oder Hüttenkoks.
Der größte Teil des Zechenkokses wird in der Metallurgie verwendet. Sein Heizwert H_u liegt etwa bei 6,7 kWh/kg (28,0 MJ/kg). Er hat eine Entzündungstemperatur von 640 °C bis 700 °C. Der geringwertigere Gaskoks mit einem Heizwert $H_u = 6{,}0$ kWh/kg (25,0 MJ/kg) wird vorwiegend für Heizzwecke eingesetzt. In der Korngröße III (18 bis 30 mm) ist Gaskoks für Heizeinsätze von Kachelofen-Warmluftheizungen sehr gut geeignet, da er bei etwa 500 °C leichter zündet als Zechenkoks.
Der Aschegehalt von Ruhr-Kokssorten beträgt 8 bis 10 Gew.-%. Der Wassergehalt ist körnungsabhängig und nimmt mit kleiner werdender Körnung zu. Der Gehalt des Kokses an flüchtigen Bestandteilen ist geringer als 1,0 Gew.-%, da er ein entgaster Brennstoff ist.

6.1.1.6. Anthrazit

Anthrazit ist mit weniger als 10 Gew.-% an flüchtigen Bestandteilen der gasärmste natürliche Brennstoff. Er verbrennt mit kurzer Flamme, ähnlich wie Koks, und ist für Heizkessel besonders gut geeignet. Sein Zündpunkt liegt zwischen 460 und 500 °C, der Heizwert H_u zwischen 6,8 und 7,9 kWh/kg (28,6 und 33,0 MJ/kg). Wasser- und Aschegehalt kann Tabelle 6.4. entnommen werden.

6.1.2. Flüssige Brennstoffe (Heizöle)

Die flüssigen Brennstoffe, Heizöle genannt, werden aus Erdöl und Steinkohlen- oder Braunkohlenteeren hergestellt (Hydrierung). Danach unterscheidet man sie in zwei Hauptgruppen

- Mineralische Heizöle
- Teeröle.

Mineralische Heizöle bestehen im Wesentlichen aus Kohlenstoff (C), Wasserstoff (H_2) und Kohlenwasserstoffen (C_mH_n). Die wichtigsten in Erdölen vorkommenden Kohlenwasserstoffgruppen sind

- Paraffine, besonders wasserstoffreich (C_3H_8), hoher Heizwert
- Naphthene, kohlenstoff- und wasserstoffreich (C_6H_{12}), hohe Dichte
- Aromaten, kohlenstoff- und wasserstoffreich, aber niedriger Heizwert
- Olefine, kommen im Mineralöl nicht vor, entstehen erst bei der Erdölaufbereitung (C_3H_6 Monoolefine, C_4H_6 Diolefine).

Der unterschiedliche molekulare Aufbau mit verschiedenen Eigenschaften beeinflusst den Charakter des Heizöls.
Herkunft und Zusammensetzung der Erdöle können Tabelle 6.5. entnommen werden.
Dem Destillationsgrad nach werden folgende Gruppen unterschieden

- Heizöl EL (extra leicht)
- Heizöl S (schwer).

In DIN 51603 sind die wichtigsten physikalischen Eigenschaften der Heizöle EL und S zusammengefasst. In Heizungsanlagen kleiner und mittlerer Leistungsbereiche wird extra leichtes Heizöl (EL) eingesetzt, da es dünnflüssig ist und ohne Vorwärmung einwandfrei verbrannt werden kann.
Heizöle der Gruppe (S) haben für den Ofen- und Luftheizungsbauer keine Bedeutung, da sie als Rückstandsprodukt aus der Rohöldestillation für den Transport als auch zur Verbrennung eine Vorwärmung benötigen.
Heizöle haben folgende Zusammensetzung (Elementaranalyse)

- Kohlenstoff C 80 bis 88 %
- Wasserstoff H_2 10 bis 14 %
- Schwefel S 0,01 bis 5 %
- Stickstoff N_2 0,02 bis 1,1 %
- Sauerstoff O_2 0,1 bis 7 %.

Teeröle fallen bei der Verkokung oder Verschwelung von Steinkohlen und Braunkohlen an. Da ihr Anteil gegenüber den mineralischen Heizölen gering ist, haben sie für den Verbraucher wenig Bedeutung. Sie besitzen z. B. keine Schmierfähigkeit.
Der **Flammpunkt** eines Heizöls ist die Temperatur, bei der sich die an der Oberfläche entwickelten Dämpfe eines mit Öl gefüllten Gefäßes (Öl-Luftgemisch) bei Luftzutritt und Annäherung einer Zündflamme

Tabelle 6.4. Körnung, Wasser- und Aschegehalt von Anthrazit

Sorte	**Korngrenzen** in mm	**Wassergehalt** in Gew.-%	**Aschegehalt** (roh) in Gew.-%
Nuß 1	80 bis 55		
Nuß 2	55 bis 35		
Nuß 3	35 bis 22	3 bis 6	3 bis 5
Nuß 4	22 bis 12		
Nuß 5	12 bis 8		
Nuß 6	8 bis 4		

Tabelle 6.5. Herkunft und technische Kennwerte von Erdölsorten

Herkunft	**Paraffine, Aliphate** in %	**Hydro-aromate, Naphtene** in %	**Aromate, Benzole** in %	**Asphaltene, Harze, Asphalt** in %	**Dichte** in kg/dm³	**Siede-beginn** in °C	**Schwefel-gehalt** in %
Pennsylvanien, Texas, Westvirginia, Kanada, Irak, Elsaß, Arabien	ca. 75	–	–	–	0,811	45	0,08
Iran, Kaukasus, Argentinien, Kansas, Neumexiko, Colorado, Oklahoma, Niedersachsen, Rumänien	60 ... 70	20	–	–	0,845	30	1,42
Venezuela, Südural, Slowakei, Baku, Kalifornien, Louisiana, Texas, Rumänien, Galizien, Österreich, Borneo, Java	–	70	–	–	0,850	58	0,70
Texas, Burma, Kalifornien	–	35	35	25	0,975	60	0,79
Mexiko, Ural	–	–	35	35	0,988	125	5,15

erstmalig und kurzzeitig entflammen. Er stellt auch eine Größe für die Explosions- und Feuergefährlichkeit eines Öls dar. Der Flammpunkt von EL liegt >55 °C und von S >65 °C. Ferner betragen die Flammpunkte von Petroleum >30 °C und von Kerosin >53 °C.
Bei der Einteilung brennbarer Flüssigkeiten in verschiedene Gefahrenklassen, die von der Höhe des Flammpunkts abhängig sind, fallen alle handelsüblichen Heizölsorten unter die Gefahrenklasse A III. Bei ihr liegt der Flammpunkt über 55 °C. Diese Sicherheitsvorschriften gelten für den Transport und die Lagerung.
Der **Zündpunkt** gibt die niedrigste Temperatur an, bei der ein Öldampf-Luftgemisch sich selbst entzündet und die Verbrennung durch die dabei entwickelte Wärmemenge weiter aufrecht erhalten bleibt.
Unter dem **Brennpunkt** eines Öls versteht man die niedrigste Temperatur, bei der die sich entwickelten Öldämpfe bei Fremdzündung entflammen und von selbst weiterbrennen. Im Allgemeinen liegt er 60 K über dem Flammpunkt und stellt die obere Explosionsgrenze dar.
Beim **Stockpunkt** eines Öls wird die Temperatur angegeben, bei der abgekühltes Öl aufhört zu fließen. Hingegen bezeichnet der **Fließpunkt** die Temperatur, bei dem Öl infolge Erwärmung wieder zu fließen beginnt. Dieser liegt etwa 5 K über dem Stockpunkt.
Unter **kinematischer Zähigkeit** (Viskosität) wird die innere Reibung bei Verschieben zweier benachbarter Flüssigkeitsschichten in einer Strömung verstanden. Sie ist temperaturabhängig. Die Viskosität wird immer mit einer Temperatur angegeben und beträgt bei Heizöl (EL) 6,0 mm^2/s bei 20 °C. Sinkt die Temperatur unter 20 °C, muss auch EL vorgewärmt werden. Die Vorwärmung darf max. 60° bis 70 °C betragen.
Der **Heizwert** H_u von extra leicht flüssigem Öl wird mit 11,86 kWh/kg bzw. 42,7 MJ/kg angegeben.
Die **Dichte** ϱ ist seine in der Raumeinheit V enthaltene Masse m und liegt bei Heizöl (EL) zwischen 0,82 und 0,86 g/ml bei 15 °C. Sie ist von der Temperatur, dem Druck und der Feuchte abhängig und jeweils auf die Betriebsverhältnisse umzurechnen.

$$\varrho = \frac{m}{V} \quad \text{in kg/m}^3 \text{ bzw. g/ml}$$

Der Aschegehalt bei EL ist sehr gering und beträgt max. 0,01 Gew.-%. Er schlägt sich als rotbraune Substanz im Feuerraum nieder oder ist in den Abgasen enthalten.
Der Schwefelgehalt des Heizöls ist je nach Sorte und Herkunft verschieden groß. Nach DIN 51603 (Ausg. 3/95) beträgt er bei EL max. 0,2 Gew.-% oder niedriger, bei S liegt er um 1,0 bis 1,8 Gew.-%, max. bis 2,8 Gew.-%.
Die Heizölkennzeichnung dient der Unterscheidung von Dieselkraftstoff. Es ist rötlich gefärbt und zusätzlich mit einem Indikator versehen.

6.1.3. Gasförmige Brennstoffe (Brenngase)

Der Begriff „gasförmige Brennstoffe" hat sich gewandelt in den Oberbegriff „Brenngase", da diese im gasförmigen, aber auch im flüssigen Zustand vorkommen, aus Kohlenwasserstoffverbindungen bestehen und in den verschiedensten Zusammensetzungen auf dem Markt angeboten werden. In die Vielfalt greift ordnend die Einteilung in Gasfamilien ein, man unterscheidet

1. Gasfamilie (S)
Diese Familie umfasst Stadt- und Ferngase. Sie weisen einen hohen Wasserstoffgehalt auf. Durch ihren Gehalt an Kohlenmonoxid (CO) sind diese Gase giftig. Das Stadtgas-Gemisch aus 70% Steinkohlengas und 30% Wassergas sicherte ursprünglich die öffentliche Gasversorgung. Heute verliert es mehr und mehr an Bedeutung.

2. Gasfamilie (N)
Zu dieser Familie gehören Naturgase wie Erdgas und Erdölgas, also Gase aus natürlichen Vorkommen. Sie tragen heute den größten Teil der öffentlichen Gasversorgung. Ihr Hauptbestandteil ist Methan (CH_4), ein hochwertiger Kohlenwasserstoff. Im Gegensatz zur 1. Gasfamilie enthalten sie kein CO. Erdgas ist also grundsätzlich ungiftig. Sie sind unterteilt in die Gruppen L (low = niedrig) und H (High = hoch).

3. Gasfamilie (F)
Hierzu zählen die Kohlenwasserstoffe Propan (C_3H_8) und Butan (C_4H_{10}) sowie die Gemische aus beiden. Sie können unter einem Druck von 4 bis 6 bar bei Raumtemperatur verflüssigt werden. Deshalb bezeichnet man sie als Flüssiggase.

4. Gasfamilie
Hierin verbleiben noch Flüssiggas- und Erdgas-Luftgemische

Definition der Gasarten
Als **Stadtgas** bezeichnet man das in den städtischen Gaswerken auf Steinkohlengrundlage erzeugte Gas. Es hat etwa folgende Zusammensetzung:

- 51 Vol.-% Wasserstoff H_2
- 19 Vol.-% Methan CH_4
- 18 Vol.-% Kohlenmonoxid CO
- 6 Vol.-% Stickstoff N_2
- 4 Vol.-% Kohlendioxid CO_2
- 2 Vol.-% schwere Kohlenwasserstoffe C_mH_n

Das auf gleicher Basis entstehende **Kokereigas** als Nebenprodukt der Koksherstellung setzt sich zusammen aus:

- 54,5 Vol.-% Wasserstoff H_2
- 25,3 Vol.-% Methan CH_4
- 9,6 Vol.-% Stickstoff N_2
- 5,5 Vol.-% Kohlenmonoxid CO
- 2,3 Vol.-% Kohlendioxid CO_2
- 2,3 Vol.-% schwere Kohlenwasserstoffe C_mH_n
- 0,5 Vol.-% Sauerstoff O_2

In Generatoren hergestellte Brenngase werden als **Generatorgas** bezeichnet. Es setzt sich zusammen aus:

- 54,5 Vol.-% Stickstoff N_2
- 28,0 Vol.-% Kohlenmonoxid CO
- 12,0 Vol.-% Wasserstoff H_2
- 5,0 Vol.-% Kohlendioxid CO_2
- 0,5 Vol.-% Methan CH_4

Erdgas, ein in der Natur in unterirdischer Speicherung vorkommendes Brenngas, besteht in überwiegendem Maße aus Methan CH_4, dessen Anteil bei der Gruppe L ca. 82 Vol.-% und bei der Gruppe H ca. 93 Vol.-% beträgt. Die übrigen Gasanteile Ethan C_2H_6, Propan C_3H_8 und Butan C_4H_{10} sowie Kohlen-

Tabelle 6.6. Kennwerte technischer Brenngase

Gas	**Dichte** im Normzustand	**Relative Dichte**	**Brennwert** im Normzustand	**Heizwert** im Normzustand	**Wobbeindex** im Normzustand		**Zündtemperatur**	**Max. Flammengeschwindigkeit** laminar. Luft	**CO_2 max.**
			$H_{o,n}$	$H_{u,n}$	$W_{o,n}$	$W_{u,n}$	t_Z		
	in kg/m³		in kWh/m³	in kWh/m³	in kWh/m³		in °C	in cm/s	in %
Wasserstoff	0,08988	0,0695	3,540	2,995	13,43	11,36	530	346	–
Methan	0,7175	0,555	11,061	9,968	14,84	13,38	645	43	11,7
Propan	2,011	1,555	28,120	25,891	22,55	20,76	510	47	13,8
n-Butan	2,708	2,094	37,239	34,392	25,73	23,76	490	45	14,1
Hochofengas	1,36	1,05	0,90	0,88	0,87	0,87	630	14	30,2
Generatorgas	1,14	0,88	1,46	1,39	1,55	1,48	600	33	20,1
Stadtgas	0,60	0,46	5,06	4,54	7,44	6,69	560	104	13,1
Kokereigas	0,51	0,40	5,47	4,86	8,64	7,67	560	95	10,2
Erdgas L	0,83	0,64	9,77	8,82	12,21	11,02	640	41	11,7
Erdgas H	0,79	0,61	11,48	10,38	14,70	13,28	640	43	12,0
Biogas	1,096	0,85	7,90	7,00	8,58	7,59	–	20	11,7

dioxid CO_2 haben prozentual nur geringe Bedeutung. Lediglich Erdgas L hat einen Anteil an Stickstoff N_2 von erwähnenswerten 14,0 Vol.-%.

Biogas wird durch biologische Umwandlung von Pflanzen, Abfällen aus der Landwirtschaft, der Nahrungsmittelindustrie, dem Haushalt wie auch aus Kläranlagen gewonnen und hat als Hauptbestandteile ca. 60 Vol.-% Methan CH_4, 30 Vol.-% Kohlendioxid CO_2, 3 Vol.-% Wasserstoff H_2, 0,3 Vol.-% Schwefelwasserstoff H_2S u. a.

Restgase aus der Aufbereitung von Erdölen tragen die Bezeichnung **Raffineriegas** und bestehen hauptsächlich aus Kohlenwasserstoffen C_mH_n und Wasserstoff H_2 unterschiedlichster Mengenverhältnisse.

Die Kohlenwasserstoffe **Propan** C_3H_8 und **Butan** C_4H_{10} sind bei normalen Temperatur- und Druckverhältnissen gasförmig und lassen sich schon bei Raumtemperatur und geringem Druck zwischen 0,5 und 0,7 MPa (5...7 at) verflüssigen. Dann nehmen sie nur noch 1/260 ihres vorherigen Volumens ein. Damit kann man große Energiemengen in verhältnismäßig kleinen und leichten Druckgefäßen transportieren und auch lagern. Flüssiggas ist daher als „mobile Energie" überall einsatzbereit.

Die **Zündtemperatur** von Gasen ist die unterste Temperatur, bei der sich Gase in der Mischung mit Luft entzünden. Sie ist abhängig von der Zusammensetzung des Gases als auch dessen Konzentration im Gas-Luftgemisch.

Die **Zündgrenzen** geben die obere und untere Konzentration von Gasen in Luft an, in deren Bereich ein Gas noch zündfähig ist.

Die **Zünd-Flammengeschwindigkeit** gibt die Geschwindigkeit der Verbrennung des Gas-Luftgemisches an. Bei zu niedriger Geschwindigkeit wandert die Flamme ab, bei zu hoher schlägt sie zurück.

Dichte, Brenn- und Heizwert sowie andere Kenndaten können für die einzelnen Gasarten Tabelle 6.6. entnommen werden.

6.1.4. Zusammensetzung fester Brennstoffe

Physikalisch muss man zwischen erdigen, harten, grobstückigen, feinkörnigen oder staubartigen festen Brennstoffen unterscheiden. Neben dieser Einteilung gibt es noch eine Anzahl anderer Eigenschaften, die für den Verbrennungsvorgang ausschlaggebend sind, wie Zündwilligkeit, Brenngeschwindigkeit usw.

Der chemische Aufbau der einzelnen Brennstoffe ist anteilmäßig sehr verschieden. Er wird unterteilt in brennbare und nichtbrennbare Bestandteile, wobei die brennbaren als flüchtig bezeichnet werden.

In den festen Brennstoffen sind enthalten:

- Kohlenstoff C
- Wasserstoff H_2
- Schwefel S

} brennbar (flüchtig)

- Sauerstoff O_2
- Stickstoff N_2
- Wasser H_2O

} nichtbrennbar

- Asche (A) Rückstand

Sauerstoff ist der zur Verbrennung notwendige Bestandteil, die ohne ihn nicht möglich ist.

Stickstoff wird bei der Verbrennung als Ballaststoff bezeichnet, da er mit erwärmt und durch den Schornstein ins Freie befördert werden muss. Er ist aber auch Wärmeträger.

Auch Wasser ist ein Ballaststoff. Es wirkt sich auf die Verbrennung ungünstig aus, denn es benötigt zu seiner Verdampfung Wärme. Um einen Liter Wasser zu verdampfen, werden etwa 2500 kJ (600 kcal) Wärme benötigt. Bei der Heizwertberechnung muss demzufolge der Wassergehalt eines Brennstoffs als negativer Wert eingesetzt werden.

Je mehr Wasser in einem Brennstoff enthalten ist, desto niedriger wird sein Heizwert sein.

Asche bildet den so genannten Rückstand einer Verbrennung. Sie bildet sich im Verbrennungsprozess durch chemische Umwandlung der Mineralstoffe. Wird nach dem Abbrand in einer Feuerstätte auf dem Rost Schlacke vorgefunden, so ist das ein Zeichen, dass hohe Temperaturen geherrscht haben; auch ein Zeichen für beschleunigten Abbrand. Schlacke ist geschmolzene Asche. Der Schmelzpunkt der Asche liegt zwischen 1200° und 1500 °C, wobei salzhaltige Kohle einen niedrigeren Ascheschmelzpunkt hat.

6.1.5. Heizwert fester Brennstoffe

Die Höhe des Heizwertes ist von der Zusammensetzung der jeweiligen Brennstoffart, insbesondere abhängig vom Kohlenstoff- und vom Wasserstoffgehalt. Dabei stellt der Kohlenstoff das Grundelement aller technischen Brennstoffe mit etwa 30 bis 86 Prozent anteilig dar. Da bei der Heizwertberechnung die Brennwerte der brennbaren Bestandteile einzusetzen sind, müssen diese zunächst genannt werden. Reiner Kohlenstoff hat einen Brennwert von 33 800 kJ/kg (8080 kcal/kg).

Wasserstoff, der auf die Verbrennung von großem Einfluss ist, hat einen Brennwert von rd. 121 000 kJ/kg (29 000 kcal/kg). Der Brennwert reinen Schwefels beträgt 10 450 kJ/kg (2500 kcal/kg). Im festen Brennstoff kann sein Gehalt bis zu 1,5 % betragen, gelegentlich auch darüber. Da Schwefel bei Bildung von aggressivem Schwefeldioxid recht nachteilige Folgen auf verschiedene Baumaterialien – als auch Menschen – ausüben kann, ist er deshalb unerwünscht. Metalle und Bauteile aus schwefelsaurem Kalk (Gips) werden von ihm zerstört bzw. zersetzt und verlieren ihre Festigkeit.

Sind also feste Brennstoffe kohlenstoff- und wasserstoffreich, so liegt ihr Heizwert entsprechend hoch.

Begriffe

Unter dem **Heizwert** eines festen Brennstoffs versteht man die Summe der Wärmemengen der brennbaren Bestandteile ($C + H_2 + S$) abzüglich der zur Verdampfung des Wassers benötigten Wärmemenge (V_d = Verdampfungswärme). Er wird bei festen und flüssigen Brennstoffen auf 1 kg und bei Brenngasen auf 1 m^3 bezogen. Das Kurzzeichen für Heizwert ist H_u (früher „unterer Heizwert").

Das technische Kurzzeichen für den **Brennwert** – bisher Verbrennungswärme – ist H_o (früher „oberer Heizwert"). Er nennt die Summe der Wärmemengen der brennbaren Bestandteile eines festen Brennstoffs ohne Berücksichtigung der zur Verdampfung des Wassers benötigten Wärmemenge.

Man kann also sagen:

$$H_o = C\text{-Gehalt} + H_2\text{-Gehalt} + S\text{-Gehalt}$$

bzw.

$$H_u = H_o - V_d$$

Nach DIN 51900 (441) wird als Brennwert H_o der Quotient aus der bei vollständiger Verbrennung eines festen Brennstoffs frei werdenden Wärmemenge und dem Gewicht dieser Brennstoffmenge bezeichnet, wenn das vor dem Verbrennen der wasserstoffhaltigen Verbindungen des Brennstoffs gebildete Wasser nach der Verbrennung in **flüssigem** Zustand vorliegen.

Der Heizwert H_u unterscheidet sich nach der gleichen DIN vom Brennwert dadurch, dass das vor dem Verbrennen im Brennstoff vorhandene Wasser und das beim Verbrennen der wasserstoffhaltigen Verbindungen des Brennstoffs gebildete Wasser nach der Verbrennung in **dampfförmigem** Zustand vorliegen.

Mit einem Kalorimeter kann der Heizwert durch Versuche bestimmt werden. Liegt eine chemische Analyse des Brennstoffs vor, lässt sich der Heizwert auch berechnen, und zwar nach der Verbandsformel.

$$H_u = 33800 \cdot C + 121000 \left(H_2 - \frac{O_2}{8} \right) + 10450 \cdot S - 2500 \cdot H_2O \quad \text{in kJ/kg}$$

Hierin bedeuten

33 800 = Brennwert von 1 kg reinem Kohlenstoff
121 000 = Brennwert von 1 kg reinem Wasserstoff
10 450 = Brennwert von 1 kg reinem Schwefel
2 500 = Verdampfungswärme von 1 Liter Wasser.

Da der Wert des Gehalts im Brennstoff an C, H_2, S und O_2 bei der Berechnung mit dieser Formel in Dezimalwerten eingesetzt werden muss – als Teil vom Hundert (Prozent) – kann man zur Vereinfachung die Gleichung umstellen:

$$H_u = 338 \cdot C + 1210 \left(H_2 - \frac{O_2}{8} \right) + 105 \cdot S - 25 \cdot H_2O \quad \text{in kJ/kg}$$

In diese Gleichung können die Werte des Brennstoffgehalts nun als ganze Zahlen eingesetzt werden. Die Berechnung ist einfacher geworden.

Tabelle 6.7. enthält die Brennstoffanalysen verschiedener fester Brennstoffe. Da die Werte einer Brennstoffanalyse immer vom Tageswert abhängen, sind von der Tabelle abweichende Werte durchaus möglich.

Die Zusammensetzung der Westfälischen Steinkohle ist

C	H_2	S	O_2/N_2	H_2O
79	4,5	1	7	2,5

Tabelle 6.7. Brennstoffanalysen und Heizwerte fester Brennstoffe

Brennstoffe	**C** in %	**H_2** in %	**S** in %	**$O_2 + N_2$** in %	**H_2O** in %	**Asche** in %	**Heizwert** in kJ/kg
Westfälische Steinkohle	79,2	4,5	1,0	7,0	2,5	6,0	31100
Saar-Steinkohle	74,0	4,5	1,0	10,0	3,5	7,0	29300
Bayerische Steinkohle	53,0	4,0	5,0	12,0	9,0	17,0	21800
Englische Steinkohle	75,0	4,5	1,0	8,0	5,5	6,0	29700
Westfälischer Anthrazit	85,42	3,82	1,23	4,68	0,95	3,9	33400
Koks	84,0	0,8	1,0	3,4	1,8	9,0	29300
Braunkohlen							
– Niederrhein	23,06	1,87	1,0	12,07	59,28	2,72	8100
– Mitteldeutschland	29,78	2,28	1,0	9,42	51,41	6,11	10250
Böhmische Braunkohle	52,0	4,2	1,0	13,0	24,0	6,0	20100
Rheinl. Braunkohlenbriketts	54,5	4,2	0,4	20,4	15,0	5,0	20100
Mitteld. Braunkohlenbriketts	52,0	4,2	1,8	16,0	17,0	9,0	20100
Torf	44,0	4,5	0,5	25,0	20,0	6,0	15900
Holz, lufttrocken	40,0	4,5	–	37,0	16,0	1,5	14650

Es ergibt sich folgende Berechnung

$$H_u = 338 \cdot C + 1210\left(H_2 - \frac{O_2}{8}\right) + 105 \cdot S - 25 \cdot H_2O$$

$$= 338 \cdot 79 + 1210\left(4{,}5 - \frac{7}{8}\right) + 105 \cdot 1 - 25 \cdot 2{,}5$$

$$= 26\,702 + 12\,10(4{,}5 - 0{,}875) + 105 - 62{,}5$$

$$= 26\,702 + 12\,10(3{,}625) + 105 - 62{,}5$$

$$= 26\,702 + 4386 + 105 - 62{,}5$$

$$= 31\,193 - 62{,}5 \text{ (rd. 63)}$$

$$H_u = \underline{\underline{31\,130 \text{ kJ/kg}}}$$

6.2. Chemische Grundbegriffe

Die bei der Verbrennung in Gasform umgewandelten Bestandteile fester Brennstoffe und Heizöle bzw. die Gaskomponenten von Brenngasen gehen mit dem Sauerstoff der Luft und untereinander verschiedene Verbindungen ein.
Ein kleiner Versuch soll die Verbrennungsbedingungen näher charakterisieren (Bild 6.2.). Stülpt man über eine brennende Kerze ein Glas, so wird die Flamme allmählich kleiner, bis sie ganz erlischt und zwar aus Luftmangel.
Wir zünden die Kerze wieder an, decken das Glas wider darüber, aber diesmal so, dass der untere Rand des Glases den Boden nicht berührt, wodurch Luft zuströmen kann; der im Glas gebildete Rauch (die Rauchgase) kann nicht abziehen, die Flamme erstickt abermals.
Nehmen wir nun eine offene Glasröhre und stülpen diese über die Kerze, dass der untere Rand den Boden berührt, verlischt die Flamme nochmals. Obwohl die Rauchgase jetzt abziehen konnten, brennt die Flamme nicht weiter, da wieder Luftmangel herrscht.
Erst wenn die offene Glasröhre angehoben wird über der brennenden Kerze, brennt die Flamme ruhig weiter. Daraus lässt sich ableiten, dass bei der Verbrennung zwei **Bedingungen** erfüllt sein müssen:

- Frischluftzufuhr
- Fortleitung der Rauchgase

Ist eine dieser Bedingungen nicht erfüllt, wie bei den ersten 3 Versuchen, so ist eine Verbrennung nicht möglich.
Ziehen wir für die Praxis dazu die Parallele, so kann bei sehr dicht schließenden Feuertüren einer Feuerstätte für feste Brennstoffe, aber auch beim zu frühen Schließen der Türen, kein Ausbrennen der Glut erfolgen. Der Nutzer der Feuerstätte findet am anderen Morgen beim Öffnen der Feuertür noch schwarze Rückstände statt Asche vor. Desgleichen wird bei einem verstopften Schornstein bzw. stark eingeschränkter Funktion, also gestörten Verbrennungsverhältnissen usw., keine Verbrennung möglich sein, da die Rauchgase nicht oder nur in ungenügendem Maße abströmen konnten.
Die Versuche zeigen, dass in der Luft ein Stoff vorhanden sein muss, ohne den es keine Verbrennung gibt. Dieser Stoff ist der gasförmige Sauerstoff. Er ist zu 21,0 Vol.-% in der Luft vorhanden. Sein chemisches Kurzzeichen ist O_2 (O = Oxygenium). Die Verbindung des Sauerstoffs mit einem anderen Stoff nennt man Oxydation. Das aus diesem Vorgang entstehende Produkt ist ein Oxid.
Zurück zum **Verbrennungsvorgang** in einer Feuerstätte:
Die im Brennstoff enthaltenen fünf Elemente verbinden sich im gasförmigen Zustand auf die verschiedenste Art miteinander.
Der **Luftsauerstoff** O_2 geht also mit den brennbaren Bestandteilen des Brennstoffs – dem Kohlenstoff C, dem Wasserstoff H_2 und dem Schwefel S – Verbindungen ein. Aber auch zwischen den brennbaren Stoffen sind Verbindungen möglich, z. B. CH_2 u. a. Vorherrschend sind energievolle Verbindungen zwischen Kohlenstoff und Wasserstoff und zwischen Kohlenstoff und Sauerstoff. Betrachten wir zunächst die Verbindung zwischen Kohlenstoff und Sauerstoff.
Dadurch dass C zwei Teile O_2 binden kann, bildet sich CO_2, **Kohlendioxid**, ein Produkt vollkommener

Bild 6.2. Verbrennungsversuche zum Nachweis der Verbrennungsbedingungen

Verbrennung.

$C + O_2 \rightarrow CO_2$ (33 800 kJ/kg = 33,8 MJ/kg)

CO_2 ist ein farbloses, geruchloses, nichtbrennbares Gas.
Es ist nicht giftig, wirkt aber erstickend. In Konzentrationen ab 12 bis 20 Prozent kann es in Minuten tödlich wirken.
Geringerer Gehalt in der Einatmungsluft führt zu Störungen im zentralen Nervensystem. Im trockenen Zustand bereitet es keine Probleme.
Verbindet sich das CO_2 aber mit Wasserdampf, entsteht Kohlensäure

$CO_2 + H_2O \rightarrow H_2CO_3$

Diese Säure ist für den Menschen eigentlich ungefährlich. Dagegen werden kohlensaure Kalke (Kalkmörtel) von ihr angegriffen, verlieren ihre Festigkeit und bröseln auseinander. In der Praxis ist diese Erscheinung beim Ausbrennen der Mörtelfugen im Schornstein zu erkennen. Folgeschäden an freiliegenden Ziegelkanten und -flächen mindern im Laufe der Jahre die Wangen- bzw. Zugendicke eines Schornsteins. Die Rauchgasdichtheit ist dann nicht mehr gewährleistet. Abdunstungen in bewohnte Räume und Geruchsbelästigungen stören dann das Wohlbefinden seiner Nutzer.
Herrscht bei einer Verbrennung Luftmangel, kann sich nur ein Teil Kohlenstoff mit einem Teil Sauerstoff verbinden, sodass sich dabei **Kohlenmonoxid** bildet:

$2\,C + O_2 \rightarrow 2\,CO$ bzw. $C + 1/2\,O_2 \rightarrow CO$
(10200 kJ/kg = 10,2 MJ/kg)

CO ist ein sehr giftiges, geruchloses, geschmackloses und farbloses Gas, das Produkt einer unvollkommenen Verbrennung. CO ist äußerst gefährlich, weil es für den Menschen nicht wahrnehmbar ist. Es verbindet sich mit dem Blutfarbstoff und hindert dadurch das Blut an der Ausübung seiner normalen Funktionen. Hierüber sollen folgende Untersuchungsergebnisse Aufschluss geben:
Bei einem sitzenden Menschen wirkt sich der CO-Gehalt der Luft bei sechsstündiger Einwirkung wie folgt aus

- 0,01 % CO mit leichten Anzeichen
- 0,025 % CO mit kräftigen Anzeichen
- 0,05 % CO mit schwerer Wirkung
- 0,1 % CO tödlich

unter steigender Belastung z. B. gehende Bewegung, verkürzt sich der Zeitraum bei gleicher Wirkung auf 3 Stunden, durch körperliche Arbeit sogar auf 2 Stunden. Geringe Konzentrationen genügen also bereits, dass Kohlenmonoxid tödlich wirkt.
Im Kohlenmonoxid-Merkblatt werden folgende Wirkungen genannt, wenn CO auf den ungeschützten menschlichen Organismus einwirken kann:

- Konzentrationen von 0,02 Vol.-% führen zu Kopfschmerzen und Kurzatmigkeit
- Konzentrationen von 0,04 Vol.-% rufen in etwa ein bis zwei Stunden Kopfschmerz, Atemnot, Schwindelgefühl und Benommenheit hervor. Nach $2^1/_2$ Stunden ist mit Bewusstlosigkeit zu rechnen
- Konzentrationen von 0,08 Vol-% verursachen in etwa einer halben bis einer Stunde Kopfschmerz, Atemnot, Schwindelgefühl und Benommenheit. Nach $1^1/_2$ Stunden tritt oft Bewusstlosigkeit und schon nach sechs Stunden der Tod ein
- Konzentrationen von 0,1 Vol.-% verursachen in einer halben Stunde Kopfschmerz, Atemnot u. dgl. Nach einer Stunde kann Bewusstlosigkeit und schon nach 4 Stunden der Tod eintreten.
- Konzentrationen von 0,4 bis 0,6 Vol.-% führen in wenigen Minuten zu Kopfschmerz, Bewusstlosigkeit und Tod.

Die Gefährlichkeit des CO kann nicht deutlich genug hervorgehoben werden.
Phenol z. B. hat eine MAK-Zahl 0,0005 (MAK = maximale Arbeitsplatzkonzentration), Kohlenmonoxid dagegen nur 0,01 Vol.-%/m^3 Luft. Phenol ist also weitaus giftiger.
Seine Gefährlichkeit ist jedoch nicht so groß, weil es wahrnehmbar ist (penetranter Geruch).
Kohlenmonoxid ist in den nachfolgend genannten Gasen bis zu einer Konzentration vorzufinden

- in Brandgasen etwa 1,0 Vol.-%
- im Auspuffgas von Kraftfahrzeugen etwa 8,0 Vol.-%
- im Stadtgas etwa 18,0 Vol.-%
- im Generatorgas etwa 28,0 Vol. -%.

Zum Aufspüren von Kohlenmonoxid gibt es verschiedene Geräte (darüber ist ausführliche Spezialliteratur erschienen).
Erwähnt werden soll hier nur das **Gasprüfröhrchen**, das im Aufwand gering, preisgünstig und für die Praxis des Ofen- und Luftheizungsbauers, wie auch des Schornsteinfegers besonders geeignet ist.
Vor dem Gebrauch des aus Glas bestehenden Röhrchens müssen beide Enden geöffnet werden. In einen eigens dazu bestehendenden Gummibalg gesteckt, durch den mit Handdruck die zu prüfende Luft angesaugt wird, kann die CO-Konzentration schnell und zuverlässig ermittelt werden. Nach dem Gebrauch des Röhrchens sind beide Enden zu schließen, z. B. in flüssiges Stearin getaucht und Datum und Uhrzeit auf den Mattglasstreifen zu schreiben. Diese Prüfröhrchen sind bei Gerichtsprozessen als Beweismaterial zugelassen.
Kehren wir zurück zum Verbrennungsprozess.
Außer mit Kohlenstoff geht Sauerstoff auch mit Wasserstoff Verbindungen ein. Hier ist der Vorgang umgekehrt wie beim Kohlenstoff. Ein Teil Sauerstoff bindet zwei Teile Wasserstoff, damit eine abgesättigte Verbindung – Wasser – entsteht

$2\,H_2 + O_2 \rightarrow 2\,H_2O$

Tabelle 6.8. Einflüsse von Verbrennungsverbindungen auf Bauwerk und Mensch

Reaktionsgleichungen	**Verbrennungsprodukt**	**schädlicher Einfluss auf den Menschen**	**auf das Bauwerk**
$C + O_2 \rightarrow CO_2$	Kohlendioxid	wirkt erstickend	–
$2\,C + O_2 \rightarrow 2\,CO$ ($C + {}^1/_2\,O_2 \rightarrow CO$)	Kohlenmonoxid	stark giftig bis tödlich (Blutumbildung)	–
$C_m + H_n \rightarrow C_mH_n$	Kohlenwasserstoffe	je nach Art unterschiedlich negative Wirkung	Schornsteinversottung
$C + 2\,H_2 \rightarrow CH_4$	Methan	wirkt erstickend	–
$2\,H_2 + O_2 \rightarrow 2\,H_2O$ ($H_2 + {}^1/_2\,O_2 \rightarrow H_2O$)	Wasser(dampf)	–	Durchfeuchtung, Versottung, Pilz- und Schwammbildung
$S + O_2 \rightarrow SO_2$	Schwefeldioxid	in Verbindung mit Wasser schädlich	in Verbindung mit Wasser schädlich
$CO_2 + H_2O \rightarrow H_2CO_3$	Kohlensäure	in kleinen Mengen ungefährlich	greift kohlensaure Kalke an (Mörtel), wirkt Feuchtigkeitsmindernd
$SO_2 + H_2O \rightarrow H_2SO_3$	schweflige Säure	wirkt ätzend, bewirkt Hautoberflächen- und Schleimhautschäden	korrodiert Metalle, greift schwefelsaure Kalke (Gips) und organische Stoffe an

Diese Verbindung ist bei der Verbrennung eigentlich unerwünscht. Zu ihrer Verdampfung wird Wärme benötigt, wodurch einerseits der Heizwert des Brennstoffs gemindert wird, andererseits der Anteil an Verdampfungswärme letzten Endes der Wärmeleistung der Feuerstätte verloren geht und durch höheren Brennstoffeinsatz ausgeglichen werden muss. Deshalb sollte aus energetischen und ökonomischen Gründen danach getrachtet werden, feste Brennstoffe möglichst trocken zu lagern und zu verbrennen.

Der im Rauchgas von festen und flüssigen Brennstoffen enthaltene Wasserdampf kann Gebäudeschäden auslösen, wenn der Taupunkt des Rauchgases innerhalb des Schornsteins unterschritten wird. Die im Rauchgas mitgeführte Feuchtigkeit in Dampfform soll in der freien Atmosphäre auskondensieren.

Kommt es aber zu Taupunktunterschreitungen im Schornstein, sind Versottungsschäden mit all ihren Nachteilen die Folge.

Der Taupunkt von Rauchgasen bei Braunkohlenverbrennung liegt bei 55 °C, bei Briketts zwischen 35° und 40 °C und bei Steinkohlen unter 30 °C. Er ist um so niedriger, je geringer der Anteil des Wasserdampfes im Abgas ist.

Gesundheitsschädigungen bei Personen sowie auch weitere bauliche Schäden können auch von Verbindungen des Schwefels ausgehen. Zunächst kann ein Teil Schwefel zwei Teile Sauerstoff binden. Es bildet sich Schwefeldioxid

$$S + O_2 \rightarrow SO_2 \qquad (10\,450\,\mathrm{kJ/kg} = 10{,}45\,\mathrm{MJ/kg})$$

Dieses Oxid löst im trockenen Zustand kaum Schäden aus, in Verbindung mit Feuchte entstehen jedoch zum Teil folgenschwere Zerstörungen. Schwefeldioxid und Wasser bilden schweflige Säure

$$SO_2 + H_2O \rightarrow H_2SO_3$$

Beim Menschen werden durch diese Schwachsäure Hautoberflächenschäden sowie Schleimhautschäden durch Ätzung hervorgerufen. Baumetalle beginnen zu korrodieren und werden entsprechend frühzeitig zerstört. Schwefelsaure Kalke, wie Gips und Anhydrit, verlieren durch schweflige Säure ihre Festigkeit und bröseln aus, wie es bei kohlensauren Kalken durch Einwirken von Kohlensäure der Fall ist. Deshalb ist z. B. auch jegliche Installation an Schornsteinwangen untersagt.

Das sind nur einige Verbindungen, die im Verbrennungsprozess entstehen und wegen ihrer Folgeschäden näher betrachtet wurden. Tabelle 6.8. gibt zusammenfassend einen Überblick über diese und weitere Verbindungen sowie über ihren schädlichen Einfluss auf Bauwerk und Mensch.

6.3. Verbrennungsprozess

Im Verbrennungsprozess oxidieren die Brennstoffe oder Brenngase mit dem Sauerstoff (meist Luftsauerstoff) unter Wärmeabgabe. Hierbei muss die Oxida-

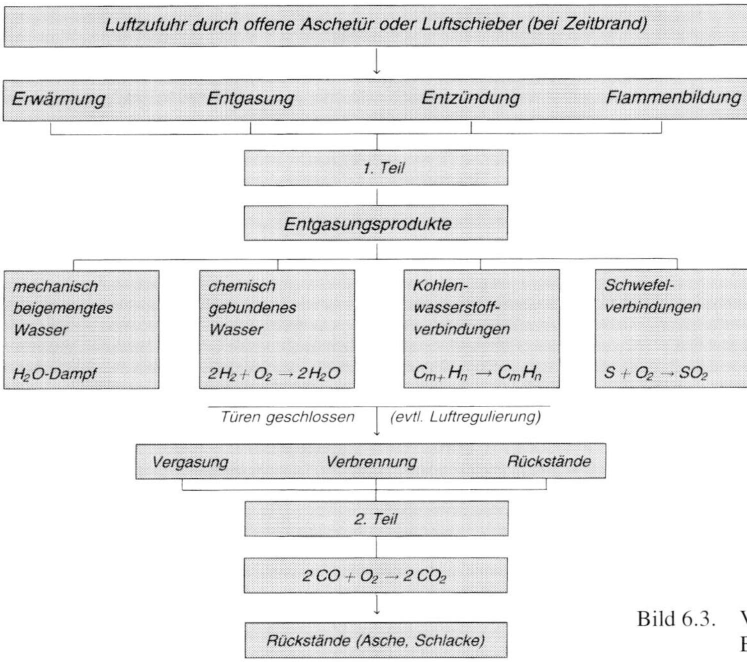

Bild 6.3. Verbrennungsvorgang bei festen Brennstoffen

tionsgeschwindigkeit so gesteigert werden, dass die Wärmeerzeugung größer ist als die Verluste durch Strahlung und Wärmeleitung. Dieser Verbrennungsvorgang wird in der Technik zur Wärmeerzeugung nutzbar gemacht. Je nach dem Aggregatzustand des Brennstoffs gehen dem eigentlichen Verbrennungsvorgang eine physikalische Aufbereitung und eine chemische Stoffumwandlung voraus.

So beginnt bei den meisten **festen Brennstoffen** der Verbrennungsprozess mit der Erwärmung und Trocknung, d. h. der Verdampfung des freien Wassers ab etwa 80 °C. Bei weiterer Temperatursteigerung erfolgt im Temperaturbereich zwischen 300 und 350 °C eine thermische Aufspaltung, bei der die flüchtigen Bestandteile des Brennstoffs ausgetrieben werden; der Brennstoff wird entgast. Diese Gase werden bei bestimmten Temperaturen entzündet und verbrennen dann unter Flammenbildung.

Diese so genannte Entgasungsstufe, auch 1. Teil der Verbrennung genannt, ist von der Art und dem Alter des Brennstoffs abhängig. So zünden jüngere Kohlen bei niedrigen Temperaturen und verbrennen mit langer Flamme (Braunkohlen), die älteren Kohlen dagegen zünden träger und verbrennen mit kurzer Flamme (Steinkohlen). Da bei diesem Prozess alle Wasserarten (mechanisch beigemengtes und chemisch gebundenes Wasser) durch Dampfbildung ausgetrieben werden, spricht man von der Nassphase der Verbrennung.

Nach einer Art von Vergasung bei Temperaturen oberhalb 500 °C verbrennen die festen und entgasten Bestandteile des Brennstoffs (Kohlenstoff) unter Gluterscheinung. Man spricht von der Verbrennung der festen Phase bzw. dem 2. Teil der Verbrennung (Bild 6.3.).

Wie in Bild 6.4. dargestellt, ist die **Verbrennung der flüssigen Brennstoffe**, der Heizöle, schon wesentlich einfacher. Hierbei ist nur eine Verdampfung zur Vorbereitung der Verbrennung in der Gasphase notwendig. Ein **Brenngas** ist dagegen ohne Vorbereitung brennbereit.

Zur Einleitung der Verbrennung müssen dem Brennstoff zunächst eine Aktivierungswärme und die Verbrennungsluft zugeführt werden. Dies geschieht durch Erwärmung auf die erforderliche Zündtemperatur, meist durch Anheizmittel.

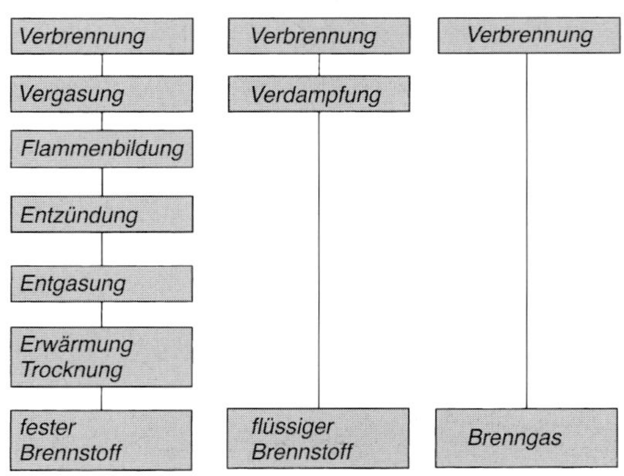

Bild 6.4. Phasen in der Vorbereitung der Verbrennung

Betrachten wir nun den Verbrennungsvorgang fester Brennstoffe in seinen einzelnen Stufen etwas näher.

6.3.1. Entgasung

Wenn wir das Anzünden einer Kerze genau beobachten, so fällt auf, dass wir das brennende Streichholz längere Zeit an den Docht halten müssen, ehe dieser brennt. Weiter können wir beobachten, dass nach kurzer Zeit die Flamme wieder klein wird und, sobald das Stearin flüssig geworden ist, wieder an Größe zunimmt. Daraus lassen sich die einzelnen Stufen des 1. Teils der Verbrennung ableiten:

- Umwandlung des festen Zustands in den flüssigen (1. Stufe = Erwärmung)
- Umwandlung des flüssigen Zustands in den gasförmigen (2. Stufe = Entgasung)
- Entzündung und Verbrennung der Gase (3. und 4. Stufe = Entzündung und Flammenbildung)

Gewöhnlich sagt man, dass das Papier, das Holz oder die Kohlen brennen. Diese und auch andere Stoffe können niemals selbst brennen, sondern die aus ihnen ausgetriebenen Gase entzünden sich und verbrennen. Ähnliche Vorgänge vollziehen sich bei der Verbrennung in einer Feuerstätte.
Die aus dem Brennstoff entgasten „flüchtigen" Bestandteile mischen sich mit dem Luftsauerstoff. Je inniger die Mischung, desto vollständiger ist die Verbrennung. Hier gilt der Grundsatz:

„Zur Verbrennung gehören Raum und Zeit!"
Zeit wird benötigt für eine innige Mischung der Gase, um gute Brenneigenschaften zu schaffen; und
Raum ist nötig, damit die Gase nach der Flammenbildung völlig ausbrennen können und nicht durch zu kleine bzw. niedrige Feuerräume in den nachfolgenden Zügen infolge O_2-Mangels erstickt werden.
Die zur Entgasung kommenden Bestandteile halten mit zunehmender Erwärmung etwa folgende Reihenfolge ein:

1. Mechanisch beigemengtes Wasser (H_2O)
2. Chemisch gebundenes Wasser ($2\,H_2 + O_2 \rightarrow 2\,H_2O$)
3. Verschiedene Kohlenwasserstoffverbindungen (C_mH_n)
4. Verschiedene Schwefelverbindungen (SO_2 ... Säuren).

Unter „mechanisch beigemengtem Wasser" versteht man das im Brennstoff durch äußeren Einfluss (damit sind Regen- oder Grundwasser usw. gemeint) enthaltene, tropfbar flüssige Wasser (H_2O) in DIN 51900 als vor dem Verbrennen im Brennstoff vorhandenes Wasser bezeichnet. Es ist also bereits als Verbindung im Brennstoff enthalten und wird bei der Verbrennung infolge hoher Temperaturen, ab etwa 80 °C, in Wasserdampf umgewandelt. „Chemisch gebundenes Wasser" dagegen ist im Brennstoff in seinen Grundelementen einzeln vorhanden, also als Wasserstoff und Sauerstoff und wird in DIN 51900 als das beim Verbrennen der wasserstoffhaltigen Verbindungen des Brennstoffs gebildete Wasser bezeichnet. Durch die bei der Verbrennung entstehende Entgasung treten Wasserstoff (H_2) und Sauerstoff (O_2) als Gase auf (vorwiegend unterstützt durch den Luftsauerstoff), verbinden sich bei niederen Temperaturen (unterhalb der Zündgrenze des H_2) miteinander zu Wasser (H_2O) und entweichen dann ebenfalls als Wasserdampf.
Die Entgasung des Brennstoffs beginnt bei etwa 80 °C (Trocknungsphase) und geht zunächst an seiner Oberfläche vor sich, durch die der Sauerstoff in das Innere eindringt und allmählich eine Aufspaltung des Brennstoffs hervorruft, deren Grad jedoch von der Temperatur abhängig ist. Solange diese niedrig ist, vollzieht sich der Vorgang nur langsam. Erst bei höheren Temperaturen nimmt der Sauerstoffangriff, begleitet von thermischen Zersetzungen zu, der das Austreiben der flüchtigen Bestandteile und deren Zerfall in einfache chemische Stoffe bewirkt.

6.3.2. Entzündung

Der Brennstoff muss also erst vorgewärmt werden, bevor er entgast. Diese Gase brauchen wiederum eine bestimmte Temperatur, damit sie sich entzünden und in Flammenbildung übergehen. Die Temperatur richtet sich nach der jeweiligen Art des zur Verbrennung kommenden Stoffs, den bestehenden örtlichen Verhältnissen, nach Druck, eigenem Sauerstoffgehalt, Feuchtigkeit und katalytischen Einwirkungen.
Die Zündtemperaturen der bei der Verbrennung aufgespaltenen Stoffe liegen verhältnismäßig hoch. Dabei zünden

- Wasserstoff H_2 um 845 °C
- Kohlenstoff C um 730 °C
- Kohlenmonoxid CO um 610 °C.

Da die Temperatursteigerung bei der Verbrennung allmählich zunimmt und jeweils noch unterschiedlich beeinflusst wird, käme es z. B. bei H_2 erst spät zu Zündung und Flammenbildung und damit zur Wirkung seines Wärmeinhalts, wenn nicht katalytische Einwirkungen den Verbrennungsprozess begünstigten. Ohne diese katalytische Wirkung würde die Nassphase der Verbrennung länger andauern und mehr Wasserdampf produziert.
Ein Katalysator vergrößert die Geschwindigkeit eines an sich auch ohne ihn möglichen chemischen Vorgangs. Er wirkt lediglich als Beschleuniger, wird aber selbst nicht verbraucht. Bei der Verbrennung im Grundkachelofen oder anderen Feuerstätten mit ausschamottierten Feuerräumen kann eine katalytische

Wirkung erreicht werden, weil Metalloxide vorhanden sind. Schamottematerial enthält Eisen- und Kupferoxid, das die Sauerstoffaufnahme des CO zum CO_2 beschleunigt, und zwar derart, dass die Zündtemperatur des CO sich von 610 °C auf etwa 270 °C senkt. H_2 zündet dann bereits bei etwa 530 °C.
Die Zündung eines Brennstoffs durch Verbindung mit Sauerstoff erfolgt um so früher, je leichter er aufgespalten werden kann. Dabei unterschiedet man drei Arten der Entzündung

- die Selbstzündung, die allmählich durch Wärmeentwicklung von innen heraus erfolgt (Feuchtigkeit und Druck)
- die Fremdzündung, hervorgerufen durch eine Wärmezufuhr von außen
- die Initialzündung.

Die Initialzündung ist auch für die Verbrennung fester Brennstoffe in unseren häuslichen Feuerstätten charakteristisch. Es wird zunächst nur ein Teil des Brennstoffs (die äußeren Schichten) thermisch aufgespalten und flüchtig. Durch die Verbrennung und Wärmeentwicklung wird die Aufspaltung, Verflüchtigung und Entzündung des restlichen Brennstoffs schichtenweise hervorgerufen.
Auf die **leichte oder schwere Entflammbarkeit** fester Brennstoffe sind von Einfluss

- die Dichte seines Gefüges
- die Größe der Oberfläche im Verhältnis zur Menge (Stückigkeit)
- der Gehalt an flüchtigen Bestandteilen.

Daraus lassen sich jeweils drei Merkmale der leichten und schweren Entzündbarkeit in Verbindung mit der Brennstoffart aufstellen

Tabelle 6.9. Zündtemperaturen fester Brennstoffe (in °C) bei Verbrennung in Luft unter Normaldruck

Brennstoffart	**Zündtemperatur** in °C
Holz, lufttrocken	200 bis 400
Holzkohle, weich	250 bis 280
Torf, lufttrocken	225 bis 280
Braunkohle, roh	230 bis 300
Braunkohlenbriketts	200 bis 250
Steinkohle, roh	300 bis 600
Schwelkoks (Braunkohle)	350 bis 380
Schwelkoks (Steinkohle)	350 bis 430
Anthrazit	460 bis 470
Gaskoks	450 bis 600
Zechen- oder Hüttenkoks	550 bis 650
Graphit	730

Tabelle 6.10. Zündtemperaturen verschiedener Heizölsorten

Heizölsorte	**Temperatur** in °C	
	in Sauerstoff	in Luft
Heizöl EL	240	360
Heizöl S	220	340
Braunkohlenteeröl	260	380
Steinkohlenteeröl	320	440

- lockere und poröse, kleinstückige und gasreiche Brennstoffe sind leicht zündbar (Braunkohlen, Briketts, Holz)
- dichte, großstückige und gasarme Brennstoffe sind schwer zündbar (Anthrazit, Steinkohlen, Koke).

Tabelle 6.9. enthält die Zündtemperaturen der wichtigsten und gebräuchlichsten festen Brennstoffe.
Bei der Verbrennung von Heizölen wird unter dem Zündpunkt die niedrigste Temperatur verstanden, bei der ein Öldampf-Luftgemisch sich von selbst entzündet und durch die dabei sich entwickelnde Wärmemenge die Verbrennung aufrecht erhält. Tabelle 6.10. können Zündtemperaturen verschiedener Heizölsorten entnommen werden.
Analog ist bei Brenngasen die Zündtemperatur die unterste Temperatur, bei der sich ein Gas-Luftgemisch entzündet.

6.3.3. Vergasung

Mit der Entgasung, Entzündung und Verbrennung der Gase ist der 1. Teil der Verbrennung abgeschlossen. Unmittelbar danach beginnt der 2. Teil, die Vergasung des Kokses, der Glut. Im praktischen Verbrennungsprozess in Feuerstätten lässt sich jedoch keine derartige scharfe Trennung feststellen.
Nur im Gaswerk bzw. der Kokerei sind beide Teile voneinander getrennt, indem die Kohle unter Luftabschluss bei etwa 1000 °C entgast wird (1. Teil der Verbrennung). Der glühende entgaste Brennstoff wird danach gelöscht. Dieses Produkt bezeichnen wir als Koks. Wird dieser danach in einer Feuerungsanlage verbrannt, vollzieht sich der Zweite Teil der Verbrennung.
Bei der Vergasung der Glut in häuslichen Feuerstätten kann nur noch von einem Restprozess der Verbrennung gesprochen werden, da bis zur Glutbildung bereits Entgasung und Vergasung ineinander übergegangen sind, d. h. ehe der Brennstoff restlos bis ins Innere entgast ist, sind die äußeren Schichten schon vergast worden.
Im zweiten Teil der Verbrennung bzw. am Ende des Verbrennungsvorgangs wird Kohlenstoff unmittelbar aus dem festen Zustand heraus zunächst zu Kohlenmonoxid (CO) vergast und verbrennt dann bei weiterem Zutritt von Sauerstoff zu Kohlendioxid (CO_2).

Als Rückstände verbleiben nur die unverbrannten Teile, die Asche, ein Mineralgemisch.

6.3.4. Verbrennungsluft

Die Einleitung eines Verbrennungsvorgangs erfordert das Vorhandensein von Sauerstoff. Dieser wird vor allem der atmosphärischen Luft entnommen, die als Verbrennungsluft von der Feuerstätte durch den sich einstellenden Schornsteinunterdruck angesaugt wird. Aber auch im Brennstoff ist Sauerstoff gebunden. Sein Anteil ist vom Alter des Brennstoffs abhängig. Jüngere Brennstoffarten enthalten mehr O_2 als ältere.

Zusammensetzung der Luft
Reine trockene Luft setzt sich zusammen aus

- Sauerstoff O_2 mit rd. 23,2 Masse-% = rd. 21,0 Vol.-%
- Stickstoff N_2 mit rd. 75,5 Masse-% = rd. 78,0 Vol.-%.

Das restliche 1 Vol.-% setzt sich zusammen aus

– Argon	Ar mit 0,93 Vol.-%	fünf Edelgase
– Neon	Ne mit 0,0018 Vol.-%	
– Helium	He mit 0,0005 Vol.-%	
– Krypton	Kr mit 0,0001 Vol.-%	
– Xenon	Xe mit 0,000009 Vol.-%	

- Kohlendioxid CO_2 mit 0,03 Vol.-%
- Wasserstoff H_2 mit 0,01 Vol.-%.

Neben diesen Gasen ist in der Luft Wasserdampf in wechselnden Mengen vorhanden. Bei tiefen Temperaturen kann dieser Anteil fast 0 Prozent und bei höheren Temperaturen maximal etwa 3 Vol.-% betragen (Tabelle 6.11.).
Für die Verbrennung ist vorrangig der O_2-Gehalt von Interesse. Der Stickstoff wirkt lediglich als Wärmeträger. Trotzdem sollen seine Wirkungen als Element hervorgehoben werden. Er ist farb-, geruch- und geschmacklos und nicht brennbar. Verdichtet ist Stickstoff ein verflüssigtes Gas. Beim Einatmen ruft er Kopfschmerz, starke Ermüdung, Übelkeit und Benommenheit hervor. Bei längerer Einatmung oder stärkerer Konzentration tritt Bewusstlosigkeit ein, und bei Sauerstoffmangel besteht sogar Erstickungsgefahr. Entspannt sich verflüssigter Stickstoff in der Atmosphäre, zeigen sich infolge starker Abkühlung Kondensations- und andere Kälteerscheinungen.

Tabelle 6.11. Wassergehalt bei gesättigter Luft

−20 °C	0,63 g/kg	0,88 g/m³
−10 °C	1,60 g/kg	2,15 g/m³
− 5 °C	2,47 g/kg	3,25 g/m³
± 0 °C	3,78 g/kg	4,89 g/m³
5 °C	5,40 g/kg	6,86 g/m³
10 °C	7,63 g/kg	9,52 g/m³
20 °C	14,70 g/kg	17,71 g/m³
25 °C	20,00 g/kg	23,70 g/m³
30 °C	27,20 g/kg	31,69 g/m³

6.3.4.1. Verbrennungsluftmenge

Der zur Verbrennung erforderliche Luftbedarf ist bei den einzelnen Brennstoffarten unterschiedlich; er lässt sich nach der jeweiligen Zusammensetzung (der Elementaranalyse) oder einfacher nach dem Heizwert theoretisch ermitteln.
Kohlenstoffreiche Brennstoffe (Koke, Steinkohlen und Anthrazit) benötigen sauerstoffreichen Brennstoffen (Holz, Torf, Braunkohlen) gegenüber größere Verbrennungsluftmengen, d. h. dass mit zunehmendem Heizwert, also mit wachsendem Gehalt an brennbaren Bestandteilen, mehr Luft erforderlich ist. Dieser Luftbedarf, theoretischer Luftbedarf genannt, reicht jedoch nur aus, wenn sich jedes brennbare Teilchen mit jedem Sauerstoffteilchen verbände, also kein Verlust einträte. Praktisch ist dies aber nicht möglich. Deshalb muss ein **Luftüberschuss** gegeben werden, damit eine vollständige Verbrennung erreicht wird.
Flüssige und gasförmige Brennstoffe, auch staubartiges Brennmaterial lassen sich bei geeigneten Vorrichtungen (Gebläse usw.) sehr innig mit der Verbrennungsluft mischen, sodass hier der Luftüberschuss nur gering zu sein braucht, damit eine wirtschaftliche Verbrennung erreicht wird. Es genügt in diesen Fällen ein 1,1- bis 1,3-facher Luftüberschuss. Feste Brennstoffe verhalten sich bei der Verbrennung träger. Sie benötigen das 1,3- bis 2,0-fache der theoretischen Verbrennungsluftmenge.
Zu viel Luftüberschuss wirkt sich auf die Verbrennung ungünstig aus, da ein Teil der erzeugten Wärme zur Erwärmung der überschüssigen Luft gebraucht wird. Eine Herabsetzung der Verbrennungstemperatur ist die Folge und damit ein Absinken des Wirkungsgrads.
Beim Verbrennungsprozess unterscheidet man

- vollkommene Verbrennung, wenn die theoretisch notwendige Luftmenge zur Verbrennung ausreicht (Idealfall). Dabei müssen alle brennbaren Teilchen mit genügend Sauerstoff in Berührung kommen und oxidieren
- vollständige Verbrennung, wenn ein Luftüberschuss vorhanden ist, der die Gewähr bietet, dass der Brennstoff oder das Brenngas restlos verbrennen kann. Die Verbrennungsprodukte (Rauchgas oder Abgas) enthalten neben CO_2, H_2O, SO_2 und N_2 noch freien Sauerstoff
- unvollkommene Verbrennung, wenn nicht genügend Verbrennungsluft vorhanden ist (Luftmangel). Die Verbrennung erfolgt dann zum Teil nur auf der niedrigsten Oxidationsstufe. In den Rauch- oder Abgasen befinden sich noch brennbare Gasbestandteile. Eine unvollkommene Verbrennung ist immer mit einem Wärmeverlust, so genannter gebundener Wärme verbunden.

- Schließlich spricht man von einer unvollständigen Verbrennung, wenn Brennbares in Form von Flugkoks, Ruß oder im festen oder teigigen Verbrennungsrückstand (Asche, Schlacke) ausgeschieden wird. Im Wesentlichen handelt es sich dann um Kohlenstoff.

Der Luftüberschuss der vollständigen Verbrennung wird durch die Luftzahl λ (lambda) ausgedrückt. Sie ist der Quotient aus praktischer Luftmenge V_L und Luftbedarf $V_{L\,min}$.

$$\lambda = \frac{V_L}{V_{L\,min}} \quad \text{in \%}$$

d. h. $\dfrac{\text{tatsächlich zugeführte Luftmenge } V_L}{\text{theoretische Luftmenge } V_{L\,min}}$

Die Luftzahl beträgt somit

- bei vollkommener Verbrennung $\lambda = 1$
- bei vollständiger Verbrennung $\lambda > 1$
- bei unvollkommener Verbrennung $\lambda < 1$

Die Luftüberschusszahl λ wird bei Feuerungsberechnungen auf Grund von Erfahrungen angenommen. Bei Untersuchungen in Betrieb einer Feuerstätte kann sie aus der Rauchgasanalyse errechnet werden.
In der Praxis gelten für die Verbrennung fester Brennstoffe in häuslichen Feuerstätten mit Planrosten die Luftzahlen

- für Braunkohlenbriketts $\lambda = 1{,}4$
- für Holz, Torf, Braunkohlen $\lambda = 1{,}5$
- für Koke, Steinkohlen, Anthrazit $\lambda = 2{,}0$

Die tatsächliche Verbrennungsluftmenge, auch praktische Luftmenge genannt, ergibt sich schließlich aus

$$V_L = V_{L\,min} \cdot \lambda$$

in m^3/kg (bei festen Brennstoffen und Heizöl) in m^3/m^3 (bei Brenngasen)

6.3.4.2. Berechnung des Verbrennungsluftbedarfs

Bei den einzelnen Brennstoffarten ist der zur Verbrennung erforderliche Luftbedarf verschieden groß, er lässt sich nach der jeweiligen Zusammensetzung (der Elementaranalyse) oder nach dem Heizwert theoretisch ermitteln.
Kohlenstoffreiche Brennstoffe (Koke, Steinkohlen, Anthrazit) benötigen sauerstoffreichen Brennstoffen (Holz, Braunkohlen, Briketts) gegenüber größere Verbrennungsluftmengen, d. h. dass mit zunehmendem Heizwert, also mit wachsendem Gehalt an brennbaren Bestandteilen, mehr Luft erforderlich ist.
Die brennbaren Bestandteile fester Brennstoffe benötigen zu ihrer vollständigen Verbrennung folgende Sauerstoffmenge:

- 1 kg reiner Kohlenstoff $= 2{,}667$ kg Sauerstoff $= 1{,}87\ m^3\ O_2$
- 1kg reiner Wasserstoff $= 8{,}0$ kg Sauerstoff $= 5{,}60\ m^3\ O_2$
- 1kg reiner Schwefel $= 1{,}0$ kg Sauerstoff $= 0{,}70\ m^3\ O_2$

Ist uns nun die Analyse eines Brennstoffs bekannt, lässt sich der **theoretische Luftbedarf** $V_{L\,min}$ rechnerisch ermitteln.
Der O_2-Bedarf der drei brennbaren Bestandteile wird addiert, der O_2-Gehalt des Brennstoffs selbst wird von diesem Wert subtrahiert.

$$V_{L\,min} = 2{,}667 \cdot C + 8{,}0 \cdot H_2 + 1{,}0 \cdot S - O_2 \quad \text{in kg/kg}$$

Da nun 1 kg Luft rd. 23 Masse-% Sauerstoff enthält, ist die Gleichung entsprechend zu ergänzen, um den Luftbedarf für 1 kg Brennstoff zu erhalten

$$V_{L\,min} = \frac{2{,}667 \cdot C + 8{,}0 \cdot H_2 + 1{,}0 \cdot S - O_2}{0{,}23} \quad \text{in kg/kg}$$

Zur Vereinfachung der Berechnung erweitern wir die Gleichung im Nenner und im Zähler mit 100. Dadurch können die Bestandteile des Brennstoffs (in Prozent angegeben) in ganzen Zahlen in die Gleichung eingesetzt werden, die nun lautet

$$V_{L\,min} = \frac{2{,}667 \cdot C + 8 \cdot H_2 + S - O_2}{23} \quad \text{in kg/kg}$$

Berechnungsbeispiel

Vom mitteldeutschen Braunkohlenbrikett liegt folgende Analyse vor:

C	H_2	S	O_2/N_2
52 %	4,2 %	1,8 %	16 %

Damit ist der theoretische Verbrennungsluftbedarf in kg/kg zu berechnen

$$V_{L\,min} = \frac{2{,}667 \cdot 52 + 8 \cdot 4{,}2 + 1{,}8 - 16}{23} \quad \text{in kg/kg}$$

$$= \frac{138{,}68 + 33{,}6 + 1{,}8 - 16}{23} = \frac{158{,}08}{23}$$

$$V_{L\,min} = \underline{\underline{6{,}87\ \text{kg/kg}}}$$

1 kg mitteldeutsche Braunkohlenbriketts benötigt demnach 6,87 kg Verbrennungsluft.
Üblicher ist jedoch, den Verbrennungsluftbedarf in m^3 anzugeben. Die Dichte der Luft beträgt bei $0\ °C = 1{,}293\ kg/m^3$, also rd. $1{,}3\ kg/m^3$. Damit ist der

Masseanteil des O_2-Gehalts (23 Masse-%) der Luft zu multiplizieren. Es ergibt sich dann die Gleichung

$$V_{\mathrm{L\,min}} = \frac{2{,}667 \cdot \mathrm{C} + 8 \cdot \mathrm{H_2} + \mathrm{S} - \mathrm{O_2}}{30} \quad \text{in m}^3/\text{kg}$$

Auf unser Beispiel angewendet ist dann ein Verbrennungsluftbedarf nötig von

$$V_{\mathrm{L\,min}} = \frac{158{,}08}{30} = \underline{\underline{5{,}27\ \mathrm{m^3/kg}}}$$

Der theoretische Verbrennungsluftbedarf für feste Brennstoffe kann also bei Anwendung der beiden oben genannten Gleichungen, wenn wir die Analyse des jeweiligen Brennstoffs kennen, berechnet werden. Ist diese nicht bekannt, sondern nur der Heizwert des Brennstoffs in kJ/kg, so lässt sich der theoretische Luftbedarf annähernd, für die Praxis jedoch völlig ausreichend, nach den folgenden Gleichungen berechnen:

$$V_{\mathrm{L\,min}} = \frac{H_\mathrm{u}}{1000} \cdot 0{,}342 \quad \text{in kg/kg}$$

$$V_{\mathrm{L\,min}} = \frac{H_\mathrm{u}}{1000} \cdot 0{,}262 \quad \text{in m}^3/\text{kg}$$

Für Braunkohlenbriketts, deren Heizwert H_u = 20 100 kJ/kg (4800 kcal/kg) beträgt, lauten diese Gleichungen:

$$V_{\mathrm{L\,min}} = \frac{20\,100}{1000} \cdot 0{,}342 = \underline{\underline{6{,}87\ \mathrm{kg/kg}}}$$

bzw.

$$V_{\mathrm{L\,min}} = \frac{20\,100}{1000} \cdot 0{,}262 = \underline{\underline{5{,}27\ \mathrm{m^3/kg}}}$$

Nachfolgende differenzierte Formeln gelten für weitere Brennstoffarten einschließlich eines Berechnungsbeispiels

- **Holz:**

$$V_{\mathrm{L\,min}} = 0{,}985 \cdot \frac{0{,}239 \cdot H_\mathrm{u}}{1000} + 0{,}57 \quad \text{in m}^3/\text{kg}$$

bei einem Heizwert H_u = 14 650 kJ/kg

$$V_{\mathrm{L\,min}} = 0{,}985 \cdot \frac{0{,}239 \cdot 14\,650}{1000} + 0{,}57$$

$$V_{\mathrm{L\,min}} = \underline{\underline{4{,}02\ \mathrm{m^3/kg}}}$$

- **Torf:**

$$V_{\mathrm{L\,min}} = 0{,}967 \cdot \frac{0{,}239 \cdot H_\mathrm{u}}{1000} + 0{,}525 \quad \text{in m}^3/\text{kg}$$

bei einem Heizwert H_u = 12 500 kJ/kg

$$V_{\mathrm{L\,min}} = 0{,}967 \cdot \frac{0{,}239 \cdot 12\,500}{1000} + 0{,}525$$

$$V_{\mathrm{L\,min}} = \underline{\underline{3{,}41\ \mathrm{m^3/kg}}}$$

- **Steinkohle**
(bis 7,5 % Asche)

$$V_{\mathrm{L\,min}} = \frac{0{,}239 \cdot H_\mathrm{u} + 550}{990} \quad \text{in m}^3/\text{kg}$$

bei einem H_u = 30 000 kJ/kg

$$V_{\mathrm{L\,min}} = \frac{0{,}239 \cdot 30\,000 + 550}{990}$$

$$V_{\mathrm{L\,min}} = \underline{\underline{7{,}80\ \mathrm{m^3/kg}}}$$

- **Koks**

$$V_{\mathrm{L\,min}} = 1{,}082 \cdot \frac{0{,}239 \cdot H_\mathrm{u}}{1000} + 0{,}18 \quad \text{in m}^3/\text{kg}$$

bei einem H_u = 28 550 kJ/kg

$$V_{\mathrm{L\,min}} = 1{,}082 \cdot \frac{0{,}239 \cdot 28\,550}{1000} + 0{,}18$$

$$V_{\mathrm{L\,min}} = \underline{\underline{7{,}56\ \mathrm{m^3/kg}}}$$

Mit nachfolgend genannten Formeln lässt sich der theoretische Luftbedarf bzw. Mindestluftbedarf berechnen:

- **Heizöle**

$$V_{\mathrm{L\,min}} = 2{,}2 + \frac{0{,}21 \cdot H_\mathrm{u}}{1000} \quad \text{in m}^3/\text{kg}$$

bei einem H_u = 42 700 kJ/kg für Heizöl EL (extra leicht)

$$V_{\mathrm{L\,min}} = 2{,}2 + \frac{0{,}21 \cdot 42\,700}{1000}$$

$$V_{\mathrm{L\,min}} = \underline{\underline{11{,}17\ \mathrm{m^3/kg}}}$$

Leichtes Heizöl L mit einem Heizwert H_u = 37 800 kJ/kg hat einen Mindestluftbedarf von $V_{\mathrm{L\,min}} = \underline{\underline{10{,}14\ \mathrm{m^3/kg}}}$

- **Stadt-, Ferngas und Kokereigas**

$$V_{\mathrm{L\,min}} = \frac{0{,}26 \cdot H_{\mathrm{u}}}{1000} - 0{,}25 \quad \text{in m}^3/\text{m}^3$$

bei einem $H_u = 16340$ kJ/m³ für Stadt- und Ferngas

$$V_{\mathrm{L\,min}} = \frac{0{,}26 \cdot 16340}{1000} - 0{,}25$$

$$V_{\mathrm{L\,min}} = \underline{\underline{4{,}0\ \mathrm{m}^3/\mathrm{m}^3}}$$

Kokereigas mit einem Heizwert $H_u = 17\,500$ kJ/m³ hat einen Mindestluftbedarf von $V_{\mathrm{L\,min}} = \underline{\underline{4{,}3\ \mathrm{m}^3/\mathrm{m}^3}}$

- **Erdgas**

$$V_{\mathrm{L\,min}} = \frac{0{,}26 \cdot H_{\mathrm{u}}}{1000} + 0{,}25 \quad \text{in m}^3/\text{m}^3$$

bei einem $H_u = 31\,750$ kJ/m³

$$V_{\mathrm{L\,min}} = \frac{0{,}26 \cdot 31\,750}{1000} + 0{,}25$$

$$V_{\mathrm{L\,min}} = \underline{\underline{8{,}51\ \mathrm{m}^3/\mathrm{m}^3}}$$

Diese ermittelten theoretischen Verbrennungsluftbedarfsgrößen setzen voraus, dass sich jedes Gasteilchen der brennbaren Bestandteile mit dem zugeführten Luftsauerstoff verbindet, damit eine vollkommene Verbrennung erreicht wird. Praktisch reicht die theoretische Verbrennungsluftmenge, besonders bei festen Brennstoffen, nicht aus. Es muss ein **Luftüberschuss** zugeführt werden (→ Abschn. 6.3.4.1.).
Die **praktische Verbrennungsluftmenge** ergibt sich schließlich aus

$$V_{\mathrm{L}} = V_{\mathrm{L\,min}} \cdot \lambda \quad \text{in kg/kg bzw. m}^3/\text{kg}$$

In Ergänzung vorangegangener Beispiele ist z. B. bei der Verbrennung von Braunkohlenbriketts eine praktische Luftmenge zuzuführen von

$$V_{\mathrm{L}} = 6{,}87 \cdot 1{,}4 \quad \text{bzw.} \quad V_{\mathrm{L}} = 5{,}27 \cdot 1{,}4$$

$$V_{\mathrm{L}} = \underline{\underline{9{,}62\ \mathrm{kg/kg}}} \qquad V_{\mathrm{L}} = \underline{\underline{7{,}38\ \mathrm{m}^3/\mathrm{kg}}}$$

6.3.4.3. Arten der Luftzufuhr

Die Zufuhr der Verbrennungsluft für feste Brennstoffe kann auf zwei Arten erfolgen:

- als Primärluft durch die Rostspalten
- als Sekundärluft
  - bei Grundkachelöfen oberhalb des Rosts durch eine Luftrosette in der Feuertür oder durch so genannte Oberluft- oder Zweitluftsteine (Bild 6.5.)
  - bei Heizeinsätzen für Kachelofen-Warmluftheizungen durch Luftdüsen in der Rückwand des Heizeinsatzes oder durch einen Zwischenboden im Heizeinsatz, aber auch durch „Düsensteine" beim Einströmen der Restverbrennungsgase in eine Nachbrennkammer.

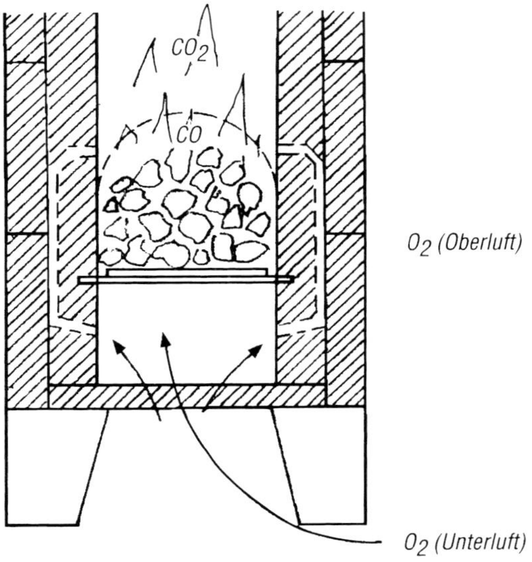

Bild 6.5 Verbrennungsluftzufuhr durch Unter- und Oberluft

Außer dem Wortpaar **Primär- und Sekundärluft** werden als Begriffe auch noch gebraucht **Unter- und Oberluft** bzw. **Erst- und Zweitluft.** Welche Begriffe angewendet werden ist gleich, nur müssen sie zueinander passen.
Das Verhältnis zwischen beiden Luftarten ist abhängig von der Ofen- bzw. Heizeinsatzkonstruktion und den zu verfeuernden Brennstoffen. Zur Vermeidung der CO-Emission und zur Nachverbrennung von Kohlenstoff- und Kohlenwasserstoffverbindungen ist die Zuführung von Sekundärluft erforderlich.
Der notwendige Förderdruck für die Verbrennungsluftmenge wird bei Feuerstätten im unteren Leistungsbereich (bis 15 kW) durch den Schornstein erreicht. Der innere Widerstand derartiger Feuerstätten ist, bedingt durch die Gestaltung des Feuerraums und der Heizgaszüge, gering.
Die **Unterluft** drückt begrifflich schon aus, dass die Verbrennungsluft durch den Ascheraum und Rost von unten zugeführt wird. Auf diese Art erreicht man eine Kühlung des Rostes und gleichzeitig die Vorwärmung der Verbrennungsluft, wodurch der Verbrennungsablauf günstig beeinflusst wird. Es ist grundsätzlich darauf zu achten, dass genügend Luft durch den Rost strömen kann (richtige Rostgröße und Sauberhalten des Rostes). Andernfalls würde die Verbrennung unvollständig sein und der Rost, dessen Erweichungs-

punkt etwa bei der Temperatur des glühenden Brennstoffs liegt, könnte durchbrennen.
Die zweite Art der Luftzufuhr – die **Oberluft** – wird bei gasreichen und rasch entgasenden Brennstoffen angewendet. Der Oberluftaustritt in den Feuerraum muss über dem Rost so angelegt werden, dass der Schwelgasstrom getroffen wird. Beim Einbau bzw. der Anordnung von Oberluftkanälen ist darauf zu achten, dass die Ausströmöffnungen nicht durch Asche oder durch Brennstoff verschüttet werden können und dass eine Vorwärmung der Luft ermöglicht wird. Bei Heizeinsätzen ist die Stelle der Anordnung des Oberluftaustritts, in Abhängigkeit von der Konstruktion, durch Versuche zu ermitteln und zum Nachverbrennen unverbrannter Gase entsprechender Raum zu schaffen.
Von einigen Herstellern von Heizeinsätzen, auch von Kaminheizeinsätzen und Kaminkassetten sowie Kaminöfen verschiedenster Art werden Verbrennungsluftregelungen zur Bestimmung der Regelgröße des Luftüberschusses angeboten. Auch gibt es Geräte, die mit Oxidations-Katalysatoren als Sekundärmaßnahme ausgerüstet sind, um die Emission von Abgasprodukten unvollständiger Verbrennungen zu reduzieren. Experimentiert wird auf diesem Gebiet vielfältig, nur sollte bei den Regelungssystemen der Primär- und Sekundärluftströme mit voneinander unabhängigen Einstelleinrichtungen bedacht werden, dass die Betreiber der Feuerstätten nicht überfordert werden, um Fehlbedienungen zu vermeiden.
Alle Arten der Ober-, Zweit- und Sekundärluftzuführungen müssen absperrbar und regelbar sein, denn zu viel Oberluft setzt die Verbrennungstemperatur und damit auch den Wirkungsgrad der Feuerstätte herab und vergrößert die Abgasverluste. Außerdem wird Oberluft immer nur im 1. Teil der Verbrennung, der Entgasung gebraucht.

6.3.5. Heizgas- bzw. Rauchgasmenge

Bei der Verbrennung fester und flüssiger Brennstoffe sowie bei der Verbrennung von Brenngasen bilden sich Rauch- bzw. Heizgase, die ihre Wärme weitestgehend an die Wandungen der Feuerstätte abgeben, diese durchdringen und danach die Umgebungsluft, die Möbel, Wände, also die gesamte Umgebung erwärmen.
Das Rauch- oder Heizgasvolumen ist abhängig von

- der Brennstoffart und -menge $\dot{m}_B$
- der Verbrennungsluftmenge V_L
- der Verbrennungstemperatur t

Mit dem Heizwert H_u eines Brennstoffs wird zunächst das theoretische, kalte Rauch- bzw. **Abgasvolumen** berechnet. Darunter versteht man die Summe der beim Verbrennungsprozess sich entwickelnden Verbrennungsprodukte. Bei Verbrennung von Festbrennstoffen und Heizölen spricht man von Rauchgas während es bei Brenngasen als Abgas bezeichnet wird. Der Einfachheit halber soll für beide der Begriff „Gasvolumen" verwendet werden. Dafür gelten die Näherungsgleichungen

- bei festen Brennstoffen
  für **Holz**

$$V_{A\,min} = 0{,}839 \cdot \frac{0{,}239 \cdot H_u}{1000} + 1{,}73$$

für **Braunkohlenbriketts**

$$V_{A\,min} = \frac{0{,}898 \cdot 0{,}239 \cdot H_u + 1634}{990}$$

für **Koks**

$$V_{A\,min} = 1{,}08 \cdot \frac{0{,}239 \cdot H_u}{1000} + 2{,}95$$

jeweils in m^3 Rauchgas pro kg Brennstoff.

- bei Heizölen

$$V_{A\,min} = 0{,}28 \cdot \frac{H_u}{1000}$$

in m^3 Rauchgas pro kg Heizöl

- bei Brenngasen
  für **Stadt-, Fern- und Kokereigas**

$$V_{A\,min} = 0{,}28 \cdot \frac{H_u}{1000}$$

für **Erd- und Raffineriegas**

$$V_{A\,min} = 0{,}28 \cdot \frac{H_u}{1000} + 0{,}6$$

für **Generatorgas**

$$V_{A\,min} = 0{,}18 \cdot \frac{H_u}{1000} + 1{,}0$$

jeweils in m^3 Abgas pro m^3 Brenngas

$V_{A\,min}$ ist erst das theoretische Gasvolumen. Berücksichtigt werden muss aber noch die Verbrennungsluftmenge V_L, die sich aus theoretischer Luftmenge $V_{L\,min}$ und der Luftzahl λ ergibt. Das wirkliche, aber noch **kalte Gasvolumen** ist dann zu ermitteln nach

$$V_A = V_{A\,min} + (\lambda - 1) \cdot V_{L\,min}$$

- bei Festbrennstoffen und Heizöl in m^3/kg.
- bei Brenngas in m^3/m^3.

Bei allen angegebenen Gleichungen beziehen sich die Werte der Gasvolumina auf den Normzustand.
Berücksichtigt man nun noch die Verbrennungstemperatur, deren Größe nach der Art der Feuerstätte, der

Brennstoffart und den vorhandenen Verbrennungsbedingungen verschieden sein kann, so ist die **Berechnung des wirklichen, warmen Gasvolumens** nach folgender Gleichung möglich:

$$V_{\mathrm{A\,t}} = V_{\mathrm{A}} + \frac{V_{\mathrm{A}} \cdot t}{273} \quad \text{in m}^3/\text{kg bzw. m}^3/\text{m}^3$$

Darin bedeuten

$V_{\mathrm{A\,t}}$ wirkliches, warmes Gasvolumen
V_{A} wirkliches, kaltes Gasvolumen
t jeweilige Rauch- oder Abgastemperatur in °C.

Statt der obigen Gleichung kann das wirkliche, warme Gasvolumen auch berechnet werden nach

$$V_{\mathrm{A\,T}} = V_{\mathrm{A}} \cdot \frac{T}{273} \quad \text{in m}^3/\text{kg bzw. m}^3/\text{m}^3$$

da $T = t + 273$ ist, könnte die Gleichung auch danach umgestellt werden auf

$$V_{\mathrm{A\,T}} = V_{\mathrm{A}} \cdot \frac{t + 273}{273}$$

Da ein Gasvolumen von seiner Dichte abhängig ist, soll hier der Hinweis auf die Berechnung der Rauchgasdichte gegeben werden:

$$\varrho_{\mathrm{R}} = \varrho_{\mathrm{R0}} \cdot \frac{273}{T_{\mathrm{R}}} \quad \text{in kg/m}^3$$

Darin bedeuten

ϱ_{R} Dichte des Gases bei t °C
ϱ_{R0} Dichte des Gases bei 0 °C und 760 Torr (1,315 kg/m³)
T_{R} Temperatur des Rauch- bzw. Abgases in °K ($t + 273$)

Das ermittelte wirkliche, warme Gasvolumen ist jedoch immer noch auf 1 kg Brenntoff oder Heizöl bzw. 1 m³ Brenngas bezogen. Für den praktischen Betrieb, bei dem größere Brennstoffmengen durchgesetzt werden, ist das Ergebnis entsprechend zu vervielfachen. Damit steht dann die Menge der sich bildenden Rauch- bzw. Abgase fest.

Berechnungsbeispiel

In einem Grundkachelofen werden 6 kg Braunkohlebriketts mit einem mittleren Heizwert von 18420 kJ/kg (4400 kcal/kg) verbrannt. Der theoretische Verbrennungsluftbedarf beträgt bei diesem Heizwert 4,83 m³/kg, die Luftzahl $\lambda = 1{,}4$.
Wie viel m³ warmes Rauchgas werden entwickelt, wenn die Verbrennungstemperatur im Feuerraum 900 °C beträgt?

1. Theoretisches, kaltes Rauchgasvolumen

$$V_{\mathrm{A\,min}} = \frac{0{,}898 \cdot 0{,}239 \cdot H_{\mathrm{u}} + 1634}{990} = \frac{0{,}898 \cdot 0{,}239 \cdot 18420 + 1634}{990}$$

$$V_{\mathrm{A\,min}} = 5{,}64 \text{ m}^3/\text{kg}$$

2. Praktisches, kaltes Rauchgasvolumen

$$V_{\mathrm{A}} = V_{\mathrm{A\,min}} + (\lambda - 1) \cdot V_{\mathrm{L\,min}} = 5{,}64 + (1{,}4 - 1) \cdot 4{,}83$$

$$V_{\mathrm{A}} = 7{,}57 \text{ m}^3/\text{kg}$$

3. Praktisches, warmes Rauchgasvolumen

$$V_{\mathrm{A\,t}} = V_{\mathrm{A}} + \frac{V_{\mathrm{A}} \cdot t}{273} = 7{,}57 + \frac{7{,}57 \cdot 900}{273}, \quad V_{\mathrm{A\,t}} = \underline{\underline{32{,}53 \text{ m}^3/\text{kg}}}$$

bzw.

$$V_{\mathrm{A\,T}} = V_{\mathrm{A}} \cdot \frac{T}{273} = 7{,}57 \cdot \frac{1173}{273}, \quad V_{\mathrm{A\,T}} = \underline{\underline{32{,}53 \text{ m}^3/\text{kg}}}$$

Da aber 6 kg Braunkohlebriketts zur Verbrennung gelangten, wurden an Rauchgas im Feuerraum entwickelt:

$$V_{\mathrm{A\,tB}} = 32{,}53 \cdot 6$$

$V_{\mathrm{A\,tB}} = \underline{\underline{195{,}18 \text{ m}^3}}$/Zeiteinheit des Verbrennungsablaufs

Diese errechnete Rauchgasmenge dient als Grundlage für die Querschnittsberechnung der Zugwege einer Feuerstätte. Dazu muss die Strömungsgeschwindigkeit der Rauchgase in m/s bekannt sein.
Die Zugquerschnittsfläche eines Zuges bzw. einer Brennbahn wird berechnet nach

$$A = \frac{V_{\mathrm{A\,tB}} \cdot 10000}{v \cdot 3600} \quad \text{in cm}^2$$

Darin bedeuten

A	Zugquerschnittsfläche	in cm²
$V_{\mathrm{A\,tB}}$	warmes Rauchgasvolumen	in m³/h
v	Strömungsgeschwindigkeit des Rauchgases	in m/s
10 000	Umrechnungsfaktor von m² in cm²	in cm²/m²
3600	Umrechnungsfaktor von m/s in m/h	in s/h

Da sich die errechnete warme Rauchgasmenge auf eine Temperatur von 900 °C bezieht, kann damit der erforderliche Mindestquerschnitt des Feuerraums berechnet werden, wenn die Strömungsgeschwindigkeit mit $v = 1{,}2$ m/s angenommen wird.

$$A = \frac{V_{\mathrm{A\,tB}} \cdot 10000}{v \cdot 3600}$$

oder gekürzt:

$$A = \frac{V_{\mathrm{AtB}} \cdot 2{,}78}{v}$$

$$= \frac{195{,}18 \cdot 2{,}78}{1{,}2}$$

$$A = \underline{\underline{452\ \mathrm{cm}^2}}\ \text{(gerundet)}\,,$$

das entspricht z. B. einer Fläche von 19 × 24 cm.
Die Einhaltung bestimmter Zugquerschnitte ist nötig, weil die Rauchgase ihre mitgeführte Wärmemenge weitestgehend an das Ausbaumaterial bzw. die Wandungen der Feuerstätte abgeben sollen. Ein Teil der Wärme muss jedoch in den Gasen verbleiben, um im Schornstein den Auftrieb der Rauchgase herzustellen und diese störungsfrei über Dach strömen zu lassen.
Die **Rauchgastemperatur** soll in der Nassphase der Verbrennung fester Brennstoffe (1. Teil = Entgasung) beim Eintritt in den Schornstein mindestens 180 °C betragen. Niedrigere Temperaturen können durch Unterschreitung der Taupunktgrenze eine Kondensation der Dämpfe der Rauchgase zur Folge haben, wodurch eine Schornsteinversottung eingeleitet wird. Der Schaden eines versotteten Schornsteins ist groß, zieht kostspielige bauliche Maßnahmen nach sich und bringt persönliche und wirtschaftliche Verluste.
Wird eine Feuerstätte konstruktiv richtig gebaut, bedeutet eine Rauchgastemperatur selbst von 300 °C keine Minderung der Wirtschaftlichkeit. Wesentlich ist eine vollständige Verbrennung. Die Rauchgase sollen beim Eintritt in den Schornstein jedoch nicht über 300 °C temperiert sein, da sonst Schäden am Schornstein durch Überhitzung auftreten können. Der gemauerte Schornstein aus Vollziegeln ist dabei nicht so gefährdet wie ein Schornstein aus Leichtbetonelementen, dessen Belastbarkeitsgrenze bei etwa 350 °C liegt.
Die **Farbe** der aus dem Schornstein ausströmenden Rauchgase ist sehr verschieden. An ihr kann man erkennen, ob die eben stattfindende Verbrennung vollkommen oder unvollkommen ist. Bei einer vollkommenen Verbrennung sind die Rauchgase unsichtbar (erkennbar am Flimmern über der Schornsteinmündung). Auch bei einer schwach grauen Farbe kann man noch von einer wirtschaftlichen Verbrennung sprechen. Zeigen sie jedoch eine dunkelgraue bis schwarze Färbung, ist die Verbrennung unvollkommen. Ein Grund dafür können feuchte Brennstoffe sein, die langsam bei niedriger Temperatur verbrennen. Dieser Zustand tritt aber auch auf, wenn auf ein Glutbett kalter Brennstoff nachgelegt wird. Konstruktiv falsch gebaute Feuerstätten, schadhafte Feuerstätten oder irgendwelche Schornsteinschäden können auch zur mangelhaften und damit unvollkommenen Verbrennung führen.
Bei der Verbrennung von wasserstoffarmen Brennstoffen, wie Koks, Anthrazit und Magerkohle, wird sich kaum eine Rauchbildung bemerkbar machen, da Rauch größtenteils durch Wasserstoffgehalt entsteht. Rauch kann jedoch verhütet werden, wenn die Kohlenwasserstoffverbindungen zur Entzündung kommen und ausbrennen können. Dazu sind hohe Temperaturen notwendig.
Jede Art der Abkühlung, sei es durch unsachgemäßes Heizen oder durch andere Fehler, behindert die vollständige Verbrennung. Dabei können sich die C_mH_n-Verbindungen einmal zersetzen, der Wasserstoff verbrennt und der Kohlenstoff bleibt als fester Stoff (Rußflocken) in den Zügen der Feuerstätte und im Schornstein zurück oder verteilt sich als schwarzer Rauch aus dem Schornstein quellend in der Luft. Erhöhte Umweltbelastungen sind die Folge.
Die andere Möglichkeit besteht darin, dass sich die C_mH_n-Verbindungen bei Abkühlung mit kondensiertem Wasserdampf zu Teer vereinigen. In diesem Fall setzt sich dieser Teer als Schmierruß in den Zügen, dem Rauchrohr und im Schornstein ab (Versottung). Teilweise kann er auch als dicker gelblichbrauner Rauch dem Schornstein entweichen.
Neben Abkühlung kann auch mangelhafte Luftzufuhr dazu beitragen, dass ein Teil der Ent- und Vergasungsprodukte (wieder die C_mH_n-Verbindungen wie auch die CO-Verbindungen) sich nur z. B. zu Kohlenmonoxid umsetzen kann und in diesem Zustand unverbrannt in den Schornstein entweicht, ohne eine höhere Verbindung (zu Kohlendioxid) mit dem Sauerstoff der Luft einzugehen.
In Räumen mit dichtschließenden Thermoscheibenfenstern ist es zu gestörten Verbrennungsabläufen bei Kohle-, Gas- und Ölfeuerstätten gekommen. Durch die Dichtheit der Fenster konnte nur unzureichend Verbrennungsluft nachströmen. Erst nach der Entfernung der Dichtung im oberen Teil der Fenster bzw. Anordnung eines schließbaren Luftdurchlasses vollzog sich der Verbrennungsvorgang normal ohne Rauch- und Abgasbelästigungen und andere nachteilige Folgen. Aus dieser Erkenntnis heraus ist es erforderlich, Fensterkonstruktionen zu wählen, bei denen durch Lüftungsflügel der nötige Verbrennungsluftbedarf der Feuerstätten gedeckt wird. Eine weitere Möglichkeit der Luftzufuhr besteht darin, neben den Fenstern in die Außenwandkonstruktion Lüftungselemente einzubauen.

6.3.6. Wärmeverluste

Bei technischen Verbrennungsprozessen entweichen die Verbrennungsgase mit Temperaturen, die höher als die Umgebungstemperaturen sein müssen. Mit Hilfe des Schornsteinunterdrucks werden die Gase ins Freie geleitet, ohne Kondenswasserniederschlag im Schornstein auftreten zu lassen. Damit wird auch die Bildung von Säuren (schweflige Säure H_2SO_3 oder Kohlensäure H_2CO_3) und deren schädliche Einwirkung auf Bauteile verhütet. Andererseits entstehen Verluste, die in ihrer Höhe von der Temperatur abhängig sind. Wärmeverluste können verschiedenster Natur sein. Im Wesentlichen unterscheidet man vier Arten

- Abwärmeverluste, fühlbare bzw. freie Wärme im Abgas

- Abgasverluste, gebundene Wärme im Abgas durch unvollkommene Verbrennung
- Rostverluste, Brennbares in den Rückständen
- Nachströmverluste durch Undichtheiten in der Feuerstätte.

Die **Abwärmeverluste** können als natürliche Verluste bezeichnet werden, denn ohne sie wäre keine Verbrennung möglich. Unter Abwärmeverlusten versteht man die mit den heißen Rauchgasen unausgenutzt durch den Schornstein ins Freie abströmende Wärmemenge. Sie wird benötigt, um aus der Massedifferenz $(\varrho_L - \varrho_R)$ zwischen der kalten, schweren Außenluft und den heißen, leichten Rauchgasen den Schornsteinunterdruck herzustellen.
Der Verlust durch freie Wärme kann bei Verbrennung von Heizöl und Brenngasen berechnet werden nach

$$q_{AF} = f \cdot \frac{t_A - t_L}{CO_2} \quad \text{in } \%$$

darin bedeuten

f	Brennstoffbeiwert (nach *Siegert*)	
t_A	Abgastemperatur	in °C
t_L	Verbrennungslufttemperaur	in °C

Der Index F steht für „freie Wärme" im Abgas.
Die Beiwerte betragen für

- Heizöl EL $f = 0{,}59$
- Stadtgas $f = 0{,}32$
- Erdgas $f = 0{,}42$
- Flüssiggas $f = 0{,}475$

Beispiel

Bei einem mit Erdgas betriebenen Heizkessel mit einer Nennwärmeleistung von 14 kW wurde ein CO_2-Anteil von 2,9% gemessen. Die Abgastemperatur betrug 88 °C, die Lufttemperatur 19 °C.
Wie groß war der Verlust an freier Wärme?

$$q_{AF} = 0{,}42 \cdot \frac{88 - 19}{2{,}9} \approx \underline{\underline{10\%}}$$

Die Beiwerte für die Brenngase gelten für Brenner ohne Gebläse.
Neben der eben gezeigten Berechnung des Verlustes an freier Wärme kann dieser auch nach der 1. BimSchV mit nachfolgender Formel ermittelt werden

$$q_A = (t_A - t_L) \cdot \left(\frac{A_1}{CO_2} + B\right) \quad \text{in } \%$$

Die Brennstoffbeiwerte betragen

	A_1	B
– bei Heizöl EL	0,50	0,007
– bei Erdgas	0,37	0,009
– bei Stadtgas	0,35	0,011

Die Temperatur der in den Schornstein abziehenden Gase fester Brennstoffe soll zwischen 150 °C und maximal 300 °C liegen. Diese Grenztemperaturen genügen vollkommen, um den nötigen Schornsteinunterdruck zu erreichen und beeinträchtigen bei dieser Höhe die Wirtschaftlichkeit einer Feuerstätte keinesfalls. Mit steigender Temperatur über 300 °C würde dann aber der Wirkungsgrad jeder Anlage sinken, da sich die verloren gehende Wärmemenge entsprechend der Temperatur vergrößern und dem zu beheizenden Raum fehlen würde.
Abgasverluste treten nur dann auf, wenn die Verbrennung unvollkommen war. Man spricht von der gebundenen Wärme in den Abgasen. Die Berechnung des Verlusts bei Verbrennung von Heizöl kann erfolgen nach

$$q_{AG} = \frac{48 \cdot CO}{CO_2 + CO} \quad \text{in } \%$$

bei Verbrennung von Erdgas nach

$$q_{AG} = \frac{32 \cdot CO}{CO_2 + CO} \quad \text{in } \%$$

Der Index G steht für „gebundene Wärme" im Abgas.
Wenn bei einem mit Heizöl betriebenen Kessel die Verbrennung unvollkommen verläuft, treten Verluste durch Ruß- und Koksbildung auf, deren Ablagerung an den Heizflächen einen Anstieg der Abgastemperatur bewirken.
Bei Öl- und Gasfeuerungsanlagen mit einer Leistung ab 11 kW wird eine Kontrollmessung jährlich einmal gefordert. Bei Gasfeuerstätten ist die Kontrollöffnung hinter der Strömungssicherung anzubringen.
Für Nennwärmeleistungen zwischen 4 und 25 kW darf der Grenzwert des Abgasverlusts bei Öl- und Gasfeuerstätten nach der 1. BimSchV (Bundesimmissionsschutzverordnung) von 1988 nicht über 12% betragen. Dieser Wert gilt für Kessel, die nach dem 1. 10. 1988 in Betrieb gegangen sind. Bei älteren Kesseln liegen die Werte höher.
Bei vollkommener Verbrennung (Luftzahl $\lambda = 1$) fester und flüssiger Brennstoffe enthalten die Rauchgase

- Kohlendioxid, Schwefeldioxid, Wasserdampf und Stickstoff.

Unter den Bedingungen eines praktischen Feuerungsbetriebs bei vollständiger Verbrennung (Luftzahl $\lambda \geq 1$) tritt noch Sauerstoff aus der überschüssigen Verbrennungsluft in den Rauchgasen auf. Bei einer nicht erwünschten unvollkommenen Verbrennung (Luftzahl $\lambda < 1$) kommen die brennbaren Bestandteile

- Kohlenmonoxid und Wasserstoff

in den Rauchgasen hinzu. Diese unverbrannten Gase sind an der dunklen aus dem Schornstein quellenden

Rauchfahne zu erkennen. Durch Luftmangel bei der Verbrennung verbleiben Kohlenstoffteilchen als CO statt CO_2 und unverbrannte C_mH_n-Verbindungen in den Rauchgasen.
Durch die Abkühlung der Gase setzen sich die Kohlenstoffteilchen als lockerer, feinverteilter Flockenruß teilweise schon in der Feuerstätte und teilweise im Schornstein ab. Die nicht niedergeschlagenen Rußteilchen strömen mit den Gasen als dunkler Rauch aus dem Schornstein.
Die Rußablagerung in der Feuerstätte und im Schornstein wirkt nachteilig. Bei Reinigung in größeren Abständen, entstehen durch die Ablagerung in den Zügen der Feuerstätte, im Ofenrohr wie auch im Schornstein Querschnittsverengungen. Da Ruß ein schlechter Wärmeleiter ist, wirkt er zusätzlich als Widerstand auf die Wärmeabgabe der Rauchgase.

- Faustformel: 1 mm Rußschicht ergibt rd. 10 % Mehrbedarf im Brennstoffverbrauch.

Entstehen bei einer unvollkommenen Verbrennung Teerdämpfe, die auskondensieren, bildet sich Schmierruß. Dieser setzt sich an den Innenwänden der Schornsteinwangen ab, durchdringt diese und die Putzschichten. Allmählich bilden sich gelbliche bis braune Flecken, die außerdem unangenehme Geruchsbelästigungen hervorrufen. Während der Schornstein im Sommer nicht benutzt wird, trocknet der Schmierruß und bildet eine harte, glänzende Kruste, den so genannten Hart- oder Glanzruß. Bei starker thermischer Belastung des Schornsteins kann es zu unkontrollierten Schornsteinbränden kommen. Um das zu verhindern ist es besser, derartige Schornsteine vom Schornsteinfeger ausbrennen zu lassen.
Unterschiedlich groß in ihrer Bedeutung sind **Rostverluste.** Darunter versteht man unverbrannte Brennstoffteilchen, die sich vorwiegend in der Asche, aber auch in Schlacke befinden. Sie entstehen einerseits durch klarstückige Brennstoffe. Deshalb ist es besser, bei derartigen Brennstoffen erst ein Glutbett aus einigen Briketts zu schaffen und darauf den klein- bzw. klarstückigen Brennstoff aufzulegen – aber so, dass niemals das ganze Glutbett verdeckt wird, sonst sind Verpuffungen nicht auszuschließen. Andererseits entstehen Rostverluste infolge durchgebrannter, schadhafter Roste und zu weiter Rostspalten, aber auch durch unnötiges Schüren in der Glut.
Schließlich wurden **Nachströmverluste** genannt. Undichtheiten bei Öfen und Herden – sei es am Feuergeschränk durch schlecht schließende Türen oder durch nicht dicht genug eingebaute bzw. gelockerte Feuergeschränke sowie durch Undichtheiten im Bodenblech oder im Kachelmantel – lassen die im Ofen gespeicherte Wärme in der Schamotte und im Kachelmantel auf die nachströmende Luft nach dem Abbrand übergehen und durch den Schornstein ins Freie abströmen. Das trifft vorwiegend zu bei Speicherfeuerstätten. Diese Wärmemengen gehen dem zu erwärmenden Raum verloren. Diese so genannten Falsch- oder Nebenluftquellen können durch eine saubere und gewissenhafte Arbeit des Ofen- und Luftheizungsbauers wie auch der Gießereien bei der Herstellung und dem Aufschliff der Feuergeschränke wesentlich herabgesetzt werden.
Aber auch ein vernünftiger Heizbetrieb verhindert das Treiben des keramischen Materials, wodurch Treibfugen – insbesondere im Bereich des Feuerraums – vermieden werden.
Treten durch Überlastung Treiberscheinungen auf, löst sich der Ausbau von der Kachelwand oder das Feuergeschränk wird im Kachelmantel locker. Durch das Lösen des Vorschubs von der Kachelwand wird der Wärmedurchgang unterbrochen. Jeder Nachströmverlust und auch die Treiberscheinung mindern die Speicherfähigkeit und damit die Leistung einer Feuerstätte. Der Wirkungsgrad sinkt. Die Folge ist erhöhter Energieverbrauch.

6.3.7. Wirkungsgrad

Der Wirkungsgrad η einer Feuerstätte drückt die Differenz zwischen dem Energieeinsatz in Art eines festen Brennstoffs, Heizöls oder eines Brenngases und dem Energiegewinn durch Nutzwärme aus. Er ist eine Größe, die immer <1 bzw. weniger als 100 % beträgt. Es wird niemals möglich sein, bei einer Wärmeerzeugungsanlage die gesamte durch den Verbrennungsvorgang frei werdende Wärme nutzbar zu machen.
Das Verhältnis zwischen eingebrachter und genutzter Energie kann ermittelt werden nach

$$\eta = \frac{\text{Nutzwärme} \cdot 100}{\text{Brennstoffwärme}} \quad \text{in } \%$$

Aus dem Verhältnis der gebundenen Wärme im Brennstoff gleich welchen Aggregatzustands, ausgedrückt durch den Heizwert H_u, zur Summe aller Verbrennungsverluste Σq_V, lässt sich der feuerungstechnische Wirkungsgrad berechnen

$$\eta_F = \frac{H_u - \Sigma q_V}{H_u} \quad \text{in } \%$$

In Bezug auf die vorangegangenen Wärmeverlustberechnungen kann auch die Formel angewendet werden

$$\eta_F = 100 - (q_{AF} + q_{AG}) \quad \text{in } \%$$

Bei der Ermittlung des Kesselwirkungsgrads η_K eines Wärmeerzeugers muss noch der Strahlungsverlust des Kessels q_S einbezogen werden. Dann ist

$$\eta_K = 100 - (q_{AF} + q_{AG} + q_S) \quad \text{in } \%$$

Will man den Wirkungsgrad eines Wärmeerzeugers erhöhen, müssen die Verluste eingeschränkt werden. Das Ergebnis ist eine Brennstoffeinsparung und damit verbindet sich auch eine Kostensenkung.

Die **geforderten Mindestwirkungsgrade** bei Verbrennung fester Brennstoffe betragen

- bei Grundkachelöfen $\eta = 75\%$
  bei Kachelofen-Warmluftheizungen $\eta = 80\%$
  bei transportablen Raumheizern $\eta = 70\%$
- bei Feuerstätten, die mit Heizölen betrieben werden soll der Kesselwirkungsgrad um 83% betragen
- und bei Gasheizkesseln um 88%.

6.3.8. Brennstoffbedarf

Der Wärmebedarf nach DIN 4701 eines Raums oder eines Gebäudes bildet die Grundlage für die Größe einer Wärmeerzeugungsanlage sowie den Einsatz an Brennstoffen, Heizölen oder Brenngasen. Dabei spielen die Heizwerte der einzelnen Energieträger eine Rolle.
Der Bedarf an festen Brennstoffen und Heizölen soll grundsätzlich für die gesamte Heizperiode ermittelt werden. Selbst wenn man den Brennstoff in mehreren kleinen Anlieferungen bezieht – eine Kostenfrage – will man einen Überblick über die Gesamtmenge haben.
Teillieferungen sind entsprechend teuer, da die Transportkosten jedes Mal mit zu Buche schlagen. Außerdem soll bedacht werden, dass ein Brennstoffbezug in den Sommermonaten preiswerter ist und die festen Brennstoffe dann wohl auch trockener sind!
Wie in den vorangegangenen Abschnitten erwähnt, kann die beim Verbrennungsprozess frei werdende Wärmemenge für die Raumerwärmung nicht restlos genutzt werden, da bei der Verbrennung, aber auch zur Ableitung der Rauch- oder Abgase in die freie Atmosphäre Verluste in vielfältiger Art entstehen. Die Ausnutzung wird im Wirkungsgrad einer Feuerstätte angegeben. Damit sind drei Größen genannt, mit denen – wenn wir zunächst bei festen Brennstoffen bleiben – der **Brennstoffbedarf** berechnet werden kann

- der Wärmebedarf $\dot{Q}_N$ in W
- der Brennstoffheizwert H_u in kJ/kg
- der Wirkungsgrad der Feuerstätte η in %

Daraus ergibt sich

$$\text{Brennstoffbedarf} = \frac{\text{Wärmebedarf des Raums}}{\text{Brennstoffheizwert} \cdot \text{Wirkungsgrad}}$$

als Formel mit Formelzeichen

$$\dot{m}_B = \frac{\dot{Q}_N}{H_u \cdot \eta} \quad \text{in} \quad \frac{W \cdot kg}{kJ}$$

Schaut man sich die Einheiten vom Wärmebedarf und vom Heizwert an, erkennt man, dass hier eine Umstellung nötig ist, um beide Größen miteinander verrechnen zu können. Dabei kann der Wärmebedarf von W in kJ umgerechnet werden:

$$\frac{4,187\,\text{kJ}}{1,163\,\text{kWh}} = 3,6$$

daraus ergibt sich die Formel

$$\dot{m}_B = \frac{\dot{Q}_N \cdot 3,6}{H_u \cdot \eta}$$

(wenn $\dot{Q}_N$ in kcal eingesetzt wird, ist anstelle von 3,6 der Faktor 4,187 anzuwenden).
Für den jährlichen Brennstoffbedarf ist es nötig, die tägliche Heizdauer τ_d zu wissen sowie die Dauer der Heizperiode zu kennen, die von den klimatischen Verhältnissen der jeweiligen Gegend abhängt und als „Anzahl der Heiztage“ mit Z bezeichnet wird. Sie kann Tabelle 6.12. entnommen werden.
Setzt man in die Berechnung die Anzahl der Heiztage im Jahr in voller Höhe ein, errechnet man eine Brennstoffmenge, die ausreichen würde, wenn in der gesamten Heizperiode eine Außentemperaur z. B. von $-15\,°C$ herrschen würde. Das entspricht jedoch nicht dem realen Brennstoffbedarf. Hier ist es nötig, die mittlere Wintertemperatur der Gegend zu kennen. Diese liegt in unserer geographischen Lage im Mittel bei $+3\,°C$. Beträgt die tiefste Außentemperatur $-15\,°C$ und die Raumtemperatur $+20\,°C$, so liegt die mittlere Wintertemperatur von $+3\,°C$ etwa in der Mitte, das bedeutet, dass der reale Brennstoffbedarf etwa 50% des errechneten ausmachen würde, also $0,5 \cdot Z$. Nun kann die Gleichung zur Berechnung des jährlichen Brennstoffbedarfs aufgestellt werden (für feste Brennstoffe)

$$\dot{m}_B = \frac{\dot{Q}_N \cdot 3,6 \cdot \tau_d \cdot Z}{H_u \cdot \eta \cdot 2} \quad \text{in kg/ a}$$

darin bedeuten

– $\dot{m}_B$	jährlicher Brennstoffbedarf	in kg/a
– $\dot{Q}_N$	Wärmebedarf des Raums	in W
– H_u	Heizwert des Brennstoffs	in kJ/kg
– η	Wirkungsgrad der Feuerstätte	in %
– τ_d	tägliche Heizdauer	in h/d
– Z	Anzahl der Heiztage im Jahr	in d/a

Beispiel

- $\dot{Q}_N = 5\,000$ W
- $H_u = 20\,100$ kJ/kg
- $\eta = 70\%$ (Gebrauchswirkungsgrad)
- $\tau_d = 10$ h/d
- $Z = 222$ d/a (Leipzig)

$$\dot{m}_{B\,kg} = \frac{5000 \cdot 3,6 \cdot 10 \cdot 222}{20\,100 \cdot 0,7 \cdot 2} = \underline{\underline{1420\,\text{kg/a}}}$$

Tabelle 6.12. Anzahl der Heiztage je Heizperiode Z

Ort	Anzahl der Heiztage Z
Berlin	226
Bitterfeld	228
Bremen	233
Brocken	365
Chemnitz	237
Cottbus	226
Crimmitschau	236
Dessau	229
Dresden	216
Erfurt	233
Essen	222
Frankfurt a. M.	214
Frankfurt a. O.	229
Greifswald	241
Halle (Saale)	226
Hamburg	230
Hannover	227
Harzgerode	262
Jena	230
Karlsruhe	212
Kiel	227
Köln	213
Leipzig	222
Leverkusen	213
Magdeburg	220
Meiningen	241
Minden	238
Neubrandenburg	244
Nordhausen	231
Plauen	244
Potsdam	228
Riesa	228
Rostock	240
Schwerin	233
Zittau	233
Zwickau	228

umgerechnet in Zentner

$$\dot{m}_B = \frac{\dot{m}_{B\,kg}}{50} = \frac{1420}{50} = \underline{\underline{28{,}4\ \text{Ztr./a}}}$$

Bei Ölfeuerungsanlagen kann der Brennstoffmassenstrom $\dot{m}_B$ in Abhängigkeit von der Nennwärmeleistung des Kessels $\dot{Q}_N$ nach folgenden Formeln berechnet werden

- bei Angabe des Heizwerts H_u in kWh/kg

$$\dot{m}_B = \frac{\dot{Q}_N}{H_u \cdot \eta_K} \quad \text{in kg/h}$$

Beispiel

- $\dot{Q}_N = 11{,}0$ kW
- $H_u = 11{,}86$ kWh/kg
- $\eta_K = 88\,\%$

$$\dot{m}_B = \frac{11{,}0}{11{,}86 \cdot 0{,}88} = \underline{\underline{1{,}05\ \text{kg/h}}}$$

- bei Angabe des Heizwerts H_u in kJ/kg

$$\dot{m}_B = \frac{\dot{Q}_N \cdot 3600}{H_u \cdot \eta_K} \quad \text{in kg/h}$$

mit $H_u = 42\,700$ kJ/kg

$$\dot{m}_B = \frac{11{,}0 \cdot 3600}{42\,700 \cdot 0{,}88} = \underline{\underline{1{,}05\ \text{kg/h}}}$$

Die Berechnung des Brennstoffvolumenstroms $\dot{V}_B$ bei Gasfeuerungsanlagen:

- bei Angabe des Heizwerts H_u in kWh/m³

$$\dot{V}_B = \frac{\dot{Q}_N}{H_u \cdot \eta_K} \quad \text{in m}^3\text{/h}$$

Stadtgas mit $H_u = 4{,}54$ kWh/m³

$$\dot{V}_B = \frac{11{,}0}{4{,}54 \cdot 0{,}88} = \underline{\underline{2{,}75\ \text{m}^3\text{/h}}}$$

- bei Angabe des Heizwerts H_u in kJ/m³

$$\dot{V}_B = \frac{\dot{Q}_N \cdot 3600}{H_u \cdot \eta_K} \quad \text{in m}^3\text{/h}$$

Beim Berechnungsbeispiel müsste dann der Heizwert H_u mit dem Wert 16340 kJ/m³ eingesetzt werden.

Bei der Berechnung des Brennstoffbedarfs eines Gebäudes in Abhängigkeit vom spezifischen Wärmebedarf $\dot{Q}$ spielt die **Gradtagzahl *Gt*** eine wichtige Rolle. Darunter versteht man das Produkt aus der Zahl der Heiztage Z und dem Temperaturunterschied zwischen mittlerer Außentemperatur einer Heizperiode t_{am} und der Raumtemperatur t_i

$$Gt = (t_i - t_{am}) \cdot Z$$

Für Deutschland wird die mittlere Wintertemperatur (vom 1. Oktober bis 15. Mai) mit 3° bis 5 °C angegeben, speziell für

- Berlin 3,7 °C
- Bremen 4,1 °C
- Chemnitz 3,4 °C
- Halle 4,5 °C
- Hamburg 4,2 °C
- München 2,7 °C

Die mittlere Raumtemperatur ist auf 19 °C festgesetzt worden. Für Hamburg gilt dann die Gradtagzahl

$$Gt = (19 - 4{,}2) \cdot 230$$

$$Gt = \underline{\underline{3404}}$$

6.3.9. Behandlung und Lagerung von Brennstoffen

Die richtige, fachgerechte Behandlung und Lagerung der Brennstoffe ist von ausschlaggebender Bedeutung. Dabei sind bestimmte Vorschriften zu beachten und einzuhalten.

6.3.9.1. Feste Brennstoffe

Seit Mitte 1988 gelten verschärfte Umwelt-Vorschriften zur Senkung von Schadstoffemissionen.
Im Bundesimmissionsschutzgesetz vom 15. Juli 1988, speziell der Verordnung über Kleinfeuerungsanlagen 1. BimSchV, sowie im Bundesgesetzblatt Teil 1 vom 26. Juli 1988 (eingeschlossen die Änderung der 1. BimSchV) wird das Braunkohlenbrikett für Kleinfeuerungsanlagen bis zu einer Nennwärmeleistung von 15 kW zugelassen und darf in Dauerbrandöfen, Herden, Grundkachelöfen, Kaminöfen, Heizeinsätzen von Kachelofen-Warmluftheizungen und Heizkesseln eingesetzt werden. Als hochwertiger Brennstoff gelten besonders für eine z. T. längerfristige Lagerung nachfolgende Hinweise und Empfehlungen. Feste Brennstoffe richtig auf Lager oder an die Verbraucher zu bringen, um Verluste zu vermeiden, ist eine Notwendigkeit. Das heißt z. B., dass die Brennstoffe nicht durch zu große Fallhöhen beim Abladen in ihrer Stückung verändert oder beschädigt werden. Tritt beim Abladen **Grusbildung** auf, bringt das in vielfacher Hinsicht Verluste, insbesondere wird die normale Verfeuerung erschwert.
Auch durch Verwitterung bildet sich Grus. Der Zerfall kann im Freien durch die Einwirkung von Temperaturschwankungen sowie durch Regen und durch Sonneneinwirkung beschleunigt werden, abgesehen von Frosteinflüssen mit besonders starker Zerfallwirkung. Braunkohlenbriketts verwittern je nach Art der Lagerung, den Wetterbedingungen und den Eigenschaften der Briketts. Die Verwitterung bringt nicht allein den Nachteil, dass sich Feinkorn bildet; es tritt auch eine Oxidation der der Verwitterung ausgesetzten Kohlen ein, die die Brenneigenschaften und den Heizwert mindern.
Die meisten Kohlenarten nehmen beim Lagern an der Luft Sauerstoff auf. Steinkohlenkoks und Steinkohlenbriketts dagegen erfahren an der Luft keine chemische Veränderung. Kohlen mit hohem eigenen Sauerstoffgehalt neigen eher zur Oxidation. Die Sauerstoffaufnahme beginnt über die Oberfläche der Kohlen, deshalb nehmen klein- und klarstückige Brennstoffe mehr Sauerstoff auf als grobstückige. Außerdem leidet durch die O_2-Aufnahme die Zündfähigkeit der festen Brennstoffe, und es wird durch die Oxidation gewissermaßen eine Verbrennung von Teilen vorweggenommen. Die Oxidation vollzieht sich dabei ohne Flammenbildung und sehr langsam, im Allgemeinen mit nur wenig wahrnehmbarer Temperaturerhöhung.
Kann aber die entstandene Wärme bei der Oxidation nicht ohne weiteres an die Umgebungsluft abgegeben werden, oder wird die Oxidation durch irgendwelche Einflüsse beschleunigt, kann der Brennstoff zur **Selbstentzündung** gelangen. Gefahr der Selbstentzündung besteht bereits, wenn die Temperatur bei Braunkohlenbriketts 50 °C erreicht hat.
In Kellerräumen eines Wohnhauses ist die Gefahr einer Selbstenzündung gering, weil die oben angeführten Bedingungen nicht oder nur selten zutreffen. Allerdings findet auch hier eine Zersetzung statt, die jährlich eine Wertminderung von etwa 3 % zur Folge hat.
Umstände, die die **Selbstentzündung** der Brennstoffe begünstigen, sind

- Einlagern bei zu hohen Temperaturen
- Berührung mit wärmeabgebenden Stellen (heiße Rauchgas-, Dampf- und Warmwasserleitungen, Kondenswasser, Abgaskanäle u. a.)
- Beimengungen von Fremdkörpern (Holz, Putzwolle, Lumpen u. a.)
- Mischen von Kohlen verschiedener Art und Körnung
- Luftzutritt in das Innere des Kohlenhaufens bei zu hoher Schüttung
- äußere Umstände, Funkenflug, Temperaturschwankungen und Niederschläge
- Lagerung in Bodenräumen direkt unter dem Dach (aus Gründen des vorbeugenden Brandschutzes verboten!)

Um im Gefahrenfall einen Schaden schnell lokalisieren zu können, ist eine Begrenzung der Schütthöhe bzw. Anpassung an die örtlichen Bedingungen wichtig. Weiterhin ist es ratsam, die erforderlichen Maßnahmen (Art und Methode) für die Beseitigung eines etwaigen Brandnestes, die Zugänglichkeit, die Abtransport- und Ablöschfrage vorzuüberlegen und für deren Möglichkeit Sorge zu tragen.
Einlagern von Brennstoffen im Sommer bringt Vorteile, weil die Brennstoffe dann preisgünstig abgegeben werden und trocken sind.
Nach der Muster-Feuerungsverordnung (FeuVO) vom 24. Febr. 1995 dürfen gemäß § 12 Abs. 1 feste Brennstoffe in einer Menge von mehr als 15000 kg nur in besonderen Räumen (Brennstofflagerräume) gelagert werden, die nicht zu anderen Zwecken genutzt werden dürfen.

Wichtig für die Kellerlagerung ist zu wissen, dass Ganzsteine pro Tonne 1 m^3 Raum benötigen, wenn sie gestapelt werden, geschüttet nehmen nur 0,7 Tonnen 1 m^3 Raum ein. Bei geschütteten Halbsteinen erhöht sich die Masse auf 0,8 t/m^3.

6.3.9.2. Holz

Die Bedeutung von Holz als Festbrennstoff wächst zunehmend, stellt es doch eine echte Alternative gegenüber fossilen Energieträgern dar. Nun ist aber Holz nicht gleich Holz, wenn seine Verwendung als Brennstoff betrachtet wird.

Im frisch geschlagenen Zustand beträgt der Wassergehalt des Holzes etwa 50 Gew.-%. Es muss also heruntergetrocknet werden, wobei eine Lufttrocknung jedenfalls notwendig ist. Nass eingelagertes Holz in geschlossenen Räumen trocknet nur langsam und meist auch ungenügend. Dabei ist vielfach mit Fäulnisprozessen zu rechnen. Auch Pilzbildung, die auf das Bauwerk übergehen kann, verursacht Bauschäden mit oft nachhaltigen Folgen.

Seit 1983 stellt die Holzindustrie aus natubelassenem, aufgeschlossenen Restholz unter hohem Druck ohne Zusatz von Bindemitteln Holzbriketts her. Die Restfeuchte wird mit 20 % und der Heizwert um 4,4 kWh/kg (18,4 MJ/kg) angegeben. Sie sind in Scheiben teilbar, zünden leicht, haben eine Flammdauer von ca. einer Stunde und halten etwa 5 Stunden die Glut. Der Aschegehalt liegt bei nur 3 Gew.-%.

Holzbriketts können z. B. die Form eines Lochzylinders haben, die in 10-kg-Packungen geliefert werden und dann bei Stapelung etwa 1,2 m^3 Raum pro Tonne benötigen.

Neben der eben erwähnten Holzbrikettart gibt es im Handel noch einige andere, z. B. Pellets. Das sind kleine Holzpresslinge, hergestellt aus naturbelassenem Restholz unter hohem Druck ohne Zusätze, nur durch holzeigenes Lignin. Zu ihren Vorteilen gehören geringe Restfeuchte, konstante Größe und ideale Voraussetzung für eine vollautomatische gesteuerte Verbrennung.

6.3.9.3. Heizöl

Heizöle, zur Gruppe der flüssigen Brennstoffe gehörend, sind Erdölprodukte oder werden aus Steinkohlen- oder Braunkohlenteeren hergestellt. In Heizungsanlagen kleiner bis mittlerer Leistungsbereiche kommt nur Heizöl EL (extra leicht) zum Einsatz. Die Feuerungsverordnung vom 24. 2. 1995 erhebt zur Lagerung von Heizöl und Dieselkraftstoffen folgende Forderungen:

- Heizöl und Dieselkraftstoff in Behältern mit mehr als insgesamt 5000 Liter dürfen je Gebäude oder Brandabschnitt nur in besonderen Räumen gelagert werden, die nicht zu anderen Zwecken genutzt werden. Das Fassungsvermögen der Behälter darf insgesamt 100 000 Liter Heizöl oder Dieselkraftstoff je Gebäude oder Brandabschnitt nicht überschreiten.
- Wände und Stützen von Brennstofflagerräumen sowie Decken über oder unter ihnen müssen feuerbeständig sein. Durch Decken und Wände von Brennstofflagerräumen dürfen keine Leitungen geführt werden, ausgenommen Leitungen, die zum Betrieb dieser Räume erforderlich sind sowie Heizrohrleitungen, Wasserleitungen und Abwasserleitungen. Türen von Brennstofflagerräumen müssen mindestens feuerhemmend und selbstschließend sein. Brennstofflagerräume müssen von anderen Räumen feuerbeständig abgetrennt sein.

Brennstofflagerräume für flüssige Brennstoffe

- müssen gelüftet und von der Feuerwehr vom Freien aus beschäumt werden können,
- dürfen nur Bodenabläufe mit Heizölsperren oder Leichtflüssigkeitsabscheidern haben,
- müssen an den Zugängen mit der Aufschrift „Heizöllagerung“ oder „Dieselkraftstofflagerung“ gekennzeichnet sein.

Wände und Fußböden eines Lagerraumes dürfen auch Teile eines Auffangraumes sein. Das Fassungsvermögen von Auffangräumen ist so zu bemessen, dass es mindestens den Rauminhalt des größten in ihm aufgestellten Behälters hat. Im Gefahrenfall darf sich das Lagergut nicht über den Auffangraum hinaus ausbreiten können. Auffangräume müssen aus ausreichend festen, nichtbrennbaren Baustoffen bestehen und dicht sein.

Ein Auffangraum ist nicht erforderlich für doppelwandige Behälter aus Stahl mit einem Rauminhalt bis 100 000 Liter. Der Behälter muss aber mit einem der Bauart zugelassenen Leckanzeigegerät ausgestattet sein.

Ein Auffangraum ist ebenfalls nicht erforderlich für Behälter bis 100 000 Liter Rauminhalt, wenn sie gegen Flammeneinwirkung ausreichend widerstandsfähig und gegen Korrosion beständig geschützt sind sowie unterhalb des zulässigen Flüssigkeitsstands keine lösbaren An- oder Verschlüsse besitzen.

Dies gilt auch für

- zugelassene Behälter aus glasfaserverstärkten Kunststoffen, sofern das die Bauartzulassung vorsieht,
- einmalige Behälter aus metallischen Werkstoffen mit Lackschutzauskleidung,
- einwandige Behälter aus metallischen Werkstoffen mit zugelassener Kunststoffinnenbeschichtung.

Eine Brennstofflagerung in Wohnungen ist zulässig für Heizöl und Dieselkraftstoff in einem ortsfesten Behälter bis zu 100 Liter oder in Kanistern bis zu insgesamt 40 Liter. Ortsfeste Behälter sind solche, die der Lagerung von Heizöl dienen und ihren Standort nicht wechseln).

Heizöle (Mineral- und Teeröle sowie deren Produkte) sind wassergefährdende Stoffe. Bei ihrer Lagerung in Wasserschutzgebieten sind die Anordnungen des Ge-

setzes zur Ordnung des Wasserhaushalts (Wasserhaushaltsgesetz – WGH) – Ausgabe 30. Sept. 1986 – zu beachten. Spezifische Aussagen treffen § 19 Wasserschutzgebiete, § 19 Anlagen zum Umgang mit wassergefährdenden Stoffen, § 19i Pflichten des Betreibers und § 19k Besondere Pflichten beim Einfüllen und Entleeren.
Heizöle können verschiedenartig gelagert werden in

- unterirdischer Lagerung in liegenden Behältern nach DIN 6608 Blatt 1, 2, 3
- oberirdischer Lagerung in liegenden Behältern nach DIN 6616 und 6617
- oberirdischer Lagerung in Batteriebehältern nach DIN 6620 Teil 1
- oberirdischer Lagerung in standortgefertigten Behältern aus Stahl nach DIN 6625 Teil 1
- Behältern aus Kunststoff

Für die unterirdische Lagerung verwendet man zylindrische ein- und doppelwandige Stahlbehälter der Werkstoffgüte St. 37-2, deren Außenwand mit einem Grundanstrich und einem Isoliermantel versehen ist. Eine Dichtheitsdruckprobe bei 2 bar ist im rohen Zustand mit Wasser vorzunehmen.
Die oberirdische Lagerung, gleichfalls in zylindrischen Stahlbehältern, jedoch ohne Isolierung geliefert, auf Stahl-Sattelfüßen oder Betonsockel, zwischen denen eine elastische, nicht hygroskopische und ölfeste Zwischenlage gefordert wird.
Die oberirdische Lagerung in Einzel- oder Batteriebehältern, deren Fassungsvermögen 1000, 1500 oder 2000 Liter betragen kann (Tabelle 6.13), ist für eine drucklose Lagerung von Heizöl in Gebäuden bestimmt. Als Batterie dürfen höchstens 5 Stück zusammengeschlossen werden. Die durchzuführende Dichtheitsprüfung ist mit einem Prüfdruck von 0,3 bar vorzunehmen. Die Befüllung ist nur mit losem Anschluss erlaubt.
Standortgefertigte Stahlbehälter mit einem Fassungsvermögen von mehr als 2000 Liter werden in allseits geschlossenen Räumen zusammengebaut und aufgefüllt. Ein sicherer Stand muss gewährleistet sein. DIN 6625 Teil 1 enthält dazu konkrete Forderungen und regelt die Abstände der Behälter und Einsteigöffnungen. Heizölbehälter aus Kunststoff müssen geprüft werden und erhalten dann eine Bauartzulassung. Gegen Heizöl, Wasser und Salzlösung müssen sie eine Beständigkeit aufweisen. Sie sind innen und außen korrosionsfest. Die Aufstellung darf nur in nichtbeheizten Räumen auf Podesten mit einer feuchtigkeitsabweisenden Unterlage erfolgen. Das Fassungsvermögen von Kunststoff-Lagerbehältern liegt zwischen 800 und 2500 Liter.

Tabelle 6.13. Batteriebehälter für oberirdische Heizöllagerung nach DIN 6620

Volumen min. Liter	**max. Behälterlänge** l mm	**Gewicht eines Behälters** ohne Füße und ohne Zubehör kg
1000	1100	140
1500	1650	190
2000	2150	235

Wenn zu einer Batterie bis zu 5 Batteriebehälter zusammengebaut werden, müssen die Verbindungsstücke ebenfalls aus Kunststoff bestehen. Das Fassungsvermögen eines Behälters beträgt bis 5000 Liter, der Gesamtinhalt darf 25 000 Liter nicht überschreiten.
In TRbF 210, (Technische Regeln für brennbare Flüssigkeiten) ist die Lagerung der Heizöle geregelt. Heizöle als brennbare Flüssigkeiten der Gefahrenklasse A III (EL) dürfen in eigens dafür bestimmten Lagerräumen von insgesamt mehr als 5000 Litern gelagert werden. Räume, in denen geringere Mengen lagern, zählen im Sinne der TRbF nicht als Lagerräume.
Unzulässig ist die Lagerung in

- Durchgängen und Durchfahrten
- Treppenhäusern
- allgemein zugänglichen Fluren
- Dachräumen oder auf Dächern
- Arbeitsräumen
- Gast- und Schankräumen.

Anzeigepflicht oder Einholen einer Erlaubnis für die Lagerung brennbarer Flüssigkeiten der Gefahrenklasse A III (EL) werden nicht gefordert.
Feuerstätten in Lagerräumen für Heizöle sind dann erlaubt, wenn die Lagerung geringer als 5000 Liter beträgt und die Feuerstätte so aufgestellt ist, dass sie außerhalb des Auffangraums für auslaufenden Brennstoff steht und einen Abstand von mindestens 1 m zum Lagerbehälter für Heizöl und Dieselkraftstoff hat. Lagerräume mit mehr als 5000 Liter Heizöl dürfen nicht anderweitig genutzt werden.

6.3.9.4. Flüssiggas

Flüssiggase sind Kohlenwasserstoffe, vorrangig Propan (C_3H_8) und Butan (C_4H_{10}), die unter normalen Bedingungen (Temperatur und Druck) gasförmig vorkommen und bei verhältnismäßig geringem Druck zwischen 0,5 und 0,7 MPa (5 ... 7 at) verflüssigt werden können.. Eine Speicherung in flüssigem Zustand erfolgt in Stahlflaschen, deren Größe vom Großbehälter bis zum kleinsten tragbaren Behälter reicht. Flüssiggasbehälter sind Druckgefäße und sind durch einen roten oder grauen Anstrich mit einem 30 mm breiten roten Ring markiert. Jede Flasche ist mit einem Absperrventil versehen. Sie sind nicht für die unmittelbare Entnahme des Flascheninhalts bestimmt.
Für Niederdruckanlagen erfolgt die Gasentnahme über ein Reduzierventil bei einem Druck von 3 kPa.
Aus Sicherheitsgründen dürfen die Behälter auf Grund der relativ hohen thermischen Ausdehnung des Flüssiggases bei der höchstzulässigen Temperatur des Füll-

mediums nur bis maximal 95 % ihres Rauminhalts mit Flüssiggas gefüllt sein. Bei Überfüllung des Behälters, auch bei Überschreiten der höchstzulässigen Temperatur kommt es zu Druckerhöhungen – Vorsicht!
Der Behälterdruck der Stahlflaschen beträgt unter normalen Bedingungen 0,6 bis 0,8 MPa (6 ... 8 at).
Bei Undichtheiten an unter Druck stehenden Lagerbehältern strömt Gas aus. So vergast z. B. ausfließendes Propan sofort bis zur 260-fachen Menge seines Volumens. Bei Vermischung mit Luft bzw. Sauerstoff kann es bei einer Zündung zu einer Verpuffung oder auch Explosion kommen. Deshalb ist der Umgang mit offener Flamme unzulässig. Undichte Stellen sind durch Abpinseln mit Seifenwasser zu ermitteln. Wird der Geruch von unverbranntem Propangas wahrgenommen, ist das Flaschenventil sofort zu schließen. Flammen, Zigaretten oder sonstige Zündquellen sind unverzüglich zu löschen und alle ins Freie führenden Türen und Fenster zu öffnen. Da sich das Gas am Fußboden sammelt, sind Türen zu anderen Räumen, vor allem zu tiefer liegenden Räumen geschlossen zu halten. Undichte Flaschen sind sofort ins Freie zu bringen. Bei Undichtheiten niemals Geräte oder Flaschen mit offener Flamme ableuchten. Reparaturen oder Veränderungen an Propangeräten dürfen nicht eigenmächtig, sondern nur von zugelassenen Installateuren vorgenommen werden. Gefüllte und auch leere Propangasflaschen dürfen nur mit aufgeschraubter Linksgewindemutter und Schutzkappe transportiert werden. Ihre Beförderung in öffentlichen Verkehrsmitteln ist unzulässig.
Hinsichtlich der Gefahr des Eindringens von Propangas in Kellerräume, Kanäle, Schächte u. a. fordert die FeuVO 2/95:
Brennstofflagerräume für Flüssiggas

- müssen über eine ständig wirksame Lüftung verfügen
- dürfen keine Öffnungen zu anderen Räumen, ausgenommen Öffnungen für Türen, und keine offenen Schächte und Kanäle haben
- dürfen mit ihren Fußböden nicht allseitig unterhalb der Geländeoberfläche liegen
- dürfen in ihren Fußböden außer Abläufen mit Flüssigkeitsverschluss keine Öffnungen haben und
- müssen an ihren Zugängen mit der Aufschrift „Flüssiggaslagerung" gekennzeichnet sein.

Zur Lagerung von Flüssiggas fordert die FeuVO 2/95 weiterhin, dass je Gebäude oder Brandabschnitt Flüssiggas in Behältern mit einem Füllgewicht von mehr als insgesamt 14 kg nur in besonderen Räumen gelagert werden darf, die nicht zu anderen Zwecken genutzt werden.
Das Fassungsvermögen der Behälter darf insgesamt 6500 Liter Flüssiggas je Brennstofflagerraum und 3000 Liter Flüssiggas je Gebäude oder Brandabschnitt nicht überschreiten.
In Wohnungen darf Flüssiggas in einem Behälter gelagert werden mit einem Füllgewicht von nicht mehr als 14 kg, wenn die Fußböden allseitig oberhalb der Geländeoberfläche liegen und außer Abläufen mit Flüssigkeitsverschluss keine Öffnungen haben. Für Druckbehälter mit Flüssiggas gilt die Druckbehälterverordnung (DruckbehV) in der Fassung vom 21. April 1989 (BGBl.I S. 843), zuletzt geändert durch Artikel 6 des Gesetzes vom 27 Dezember 1993 (BGBl.I S. 2378).
Flüssiggasbehälter dürfen außerhalb von Räumen oberirdisch oder erdgedeckt aufgestellt oder eingelagert werden. Als Erddeckung werden mindestens 50 cm gefordert. Oberirdisch aufgestellte Behälter im Freien müssen standsicher und gegen mechanische Einwirkungen von außen sowie unzulässige Erwärmung, z. B. durch Sonneneinstrahlung geschützt sein. Wenn diese Forderungen beachtet werden, können Flüssiggas-Tanks überall, auch im Garten aufgestellt werden. Aufwendige Maßnahmen für den Gewässerschutz sind nicht notwendig.

Abschließend sollen einige **Abkürzungen** erläutert werden:

VLwF	Verordnung über das Lagern wassergefährdender Flüssigkeiten (Lagerbehälter-Verordnung)
VAwS	Verordnung über Anlagen zum Lagern, Abfüllen und Umschlagen wassergefährdender Stoffe
HRB	Heizölbehälter-Richtlinie
VbF	Verordnung für brennbare Flüssigkeiten
TRbF	Technische Regeln für brennbare Flüssigkeiten
TRbF 100	Technische Regeln für brennbare Flüssigkeiten der Gefahrenklasse A I, A II, B, also solche mit einem Flammpunkt bis 55 °C
TRbF 200	..... der Gefahrenklasse A III (Heizöl EL) mit einem Flammpunkt über 55° bis 100 °C
GFK	Gefahrenklasse
DAbF	Deutscher Ausschuss brennbarer Flüssigkeiten
TRgA	Technische Regeln für gefährliche Arbeitsstoffe
TRF	Technische Regeln Flüssiggas.

7. Wärme

Die Lehre von der Wärme (auch Kalorik genannt) behandelt die physikalischen Veränderungen der Stoffe bei Temperaturänderungen, die theoretischen Grundlagen der Temperaturmessung und der Wärmeausbreitung sowie die Umwandlung von Wärme in Arbeit und umgekehrt.
Befindet sich ein System von Körpern auf derselben Temperatur, kann aus der Wärmeenergie innerhalb dieses Systems keine mechanische Arbeit gewonnen werden. Die Natur strebt jedoch in einem abgeschlossenen System von verschieden warmen Körpern danach, die Wärmeenergie so zu verteilen, dass alle Körper die gleiche Temperatur annehmen.
Der Ursprung von Wärmebildung kann ein chemischer Prozess, z. B. Verbrennung oder ein physikalischer Prozess, z. B. Reibung sein.

7.1. Begriff der Wärme – Wärmegrößen

Wärme ist eine Bewegungsenergie. Die ungeordneten Bewegungen der Moleküle werden sowohl durch kinetische Energie (geradlinige Geschwindigkeit der Moleküle) als auch durch Rotations- und Schwingungsenergie hervorgerufen.
Unter dem Einfluss der Energiezufuhr nimmt die Geschwindigkeit der Molekularbewegung zu, die Temperatur des Körpers steigt, er dehnt sich aus. Im umgekehrten Fall werden bei Energieabnahme die Bewegungen der Moleküle geringer, die Temperatur des Körpers nimmt ab, er zieht sich zusammen.
Bei festen Körpern interessiert allgemein die Längenänderung, die proportional mit der Temperatur zu- oder abnimmt. Das arteigene Verhalten eines Stoffs wird durch den **Ausdehnungskoeffizienten** α ausgedrückt (Tabelle 7.1.). Er bezeichnet das Verhältnis von Längenzunahme zur Ursprungslänge bei Erwärmung um 1 °C.
Die Ursprungslänge l_0 bei einer Anfangstemperatur t_0 verändert sich bei Erwärmung auf die Temperatur t um die Längenzunahme Δl.

$$\Delta l = l_0 \cdot \alpha \cdot (t - t_0)$$

Die Temperaturdifferenz $(t - t_0)$ kann der Kürze halber mit Δt bezeichnet werden.

Tabelle 7.1. Linearer Längenausdehnungskoeffizient (in 10^{-5}) einiger fester Körper (zwischen 0 °C und 100 °C)

Körper	α
Aluminium	2,38
Beton, Schüttbeton	1,10 bis 1,20
Hochofenschlackenbeton	0,62
Blei	2,90
Bronze	1,75
Chrom	0,70
Eisen, Fluß	1,20
Glas	0,35 bis 0,81
Granit	0,80 bis 1,20
Grauguß	1,04
Holz, Eiche II	0,76
Eiche I	5,44
Tanne II	0,30
Tanne I	5,80
Kalksandstein	0,78
Klinker	0,30 bis 0,50
Kupfer	1,65
Messing	1,84
Mörtel, Kalk	0,73 bis 0,89
Zement	0,85 bis 1,35
Porzellan (Berlin)	0,30
Quarzglas	0,05
Sandstein	1,20
Stahl	1,10
Steinholz	1,70
Zement (Portland)	1,40
Ziegelstein	0,36 bis 0,58
Zink	3,60

Die Werte gelten nur im angegebenen Temperaturintervall

Will man die Gesamtlänge l eines Körpers berechnen gilt:

$$l = l_0 \cdot (1 + \alpha \cdot \Delta t) \quad \text{in mm}$$

Eine negative Längenänderung (Verkürzung) ist dann gegeben, wenn $t < t_0$ ist.

Beispiel

Um wie viel verlängert sich ein 10 m langes Stahlrohr mit einer Anfangstemperatur von 20 °C bei einer Erwärmung auf 80 °C?

Längenzunahme

$$\Delta l = l_0 \cdot \alpha \cdot (t - t_0)$$
$$= 10 \cdot 0{,}000\,011\,(80 - 20)$$
$$\Delta l = 0{,}0066 \text{ m bzw. } \underline{\underline{6{,}6 \text{ mm}}}$$

Gesamtlänge

$$l = l_0 \cdot (1 + \alpha \cdot \Delta t)$$
$$= 10\,(1 + 0{,}000\,011 \cdot 60)$$
$$l = \underline{\underline{10{,}0066 \text{ m}}}$$

Bei Flüssigkeiten und Gasen ist für die räumliche Ausdehnung der **kubische Ausdehnungskoeffizient γ** anzuwenden. Er beträgt näherungsweise das dreifache eines linearen Ausdehnungskoeffizienten.

Kubischer Ausdehnungskoeffizient $\gamma = 3\alpha$

Gesamtvolumen $V = V_0 \cdot (1 + \gamma \cdot \Delta t)$

Wärme gibt als physikalische Größe den Energiezustand eines Stoffs an. Die Wärmemenge wird mit Q bezeichnet und hat die Maßeinheit das Joule mit dem Kurzzeichen J.
Handelt es sich um in der Zeiteinheit aufgenommene oder abgegebene Wärme als Wärmestrom oder Wärmeleistung, wird sie mit $\dot{Q}$ bezeichnet und hat als Maßeinheit das Watt mit dem Kurzzeichen W.

Umrechnungshilfe in jetzt gültige Einheiten und Werte

1 J = 1 Ws
1 W = 1 Js
1 Wh = 3600 J bzw. 3,6 kJ
1 W = 3600 J/h bzw. 3,6 kJ/h
1000 W = 3600 kJ/h
1 kWh = 3,6 MJ
1 kW = 3,6 MJ/h

J = Joule
W = Watt
k = Kilo = 1 000
M = Mega = 1 000 000

7.2. Spezifische Wärmekapazität

Die in der Natur vorkommenden Stoffe aller drei Aggregatzustände sind bei gleicher Masse für die Wärme in unterschiedlichem Maße aufnahmefähig.
Diejenige Wärmemenge, die zur Temperatursteigerung der Masseeinheit (Gramm oder Kilogramm) eines beliebigen Stoffes um 1 K nötig ist, wird spezifische Wärmekapazität c_p genannt. Sie ist im Allgemeinen von der Temperatur des Stoffes abhängig und deshalb keine Konstante. Z. B. beträgt sie bei

- Schamotte von 20 °C $c_p = 0{,}837$ kJ/kg · K
- Schamotte von 100 °C $c_p = 0{,}921$ kJ/kg · K
- Schamotte von 500 °C $c_p = 1{,}130$ kJ/kg · K

Man spricht von der wahren spezifischen Wärmekapazität c bei einer bestimmten Temperatur und von der mittleren spezifischen Wärmekapazität c_m zwischen zwei Temperaturen t_1 und t_2.
Welche Wärmemenge ein Stoff bzw. Körper aufnehmen kann, hängt also von seiner Masse, seiner spezifischen Wärmekapazität und seiner Temperaturzunahme ab. Daraus lässt sich eine Gleichung zur Berechnung der Wärmeaufnahmefähigkeit eines Körpers aufstellen

$$Q = m \cdot c \cdot (t_2 - t_1) \quad \text{in kJ}$$

darin bedeuten

Q	aufgenommene Wärmemenge	in kJ
m	Masse des Körpers	in kg
c	spezifische Wärmekapazität	in kJ/kg · K
t_1	Anfangstemperatur	in °C
t_2	Endtemperatur	in °C

Für die theoretischen Grundlagen der Konstruktion von Kachelofen-Warmluftheizungen im Schwerkraft- sowie im Druckluftsystem ist die Kenntnis der Werte der spezifischen Wärmekapazität der Luft nötig. Bei Schwerkraft-Luftheizungen geht man von einer Lufttemperatur von 0 °C und bei Druckluftheizungen (mit Ventilator) von 20 °C (Raumtemperatur) aus. Daraus ergeben sich folgende Zahlenwerte

bei 0 °C Lufttemperatur
- 0,28 Ws/kg · K bzw. 1,01 kJ/kg · K
- 0,36 Ws/m³ · K bzw. 1,30 kJ/m³ · K

bei 20 °C Lufttemperatur
- 0,34 Ws/m³ · K bzw. 1,22 kJ/m³ · K

Anwendung
Zur Berechnung der Warmluftmenge von Kachelofen-Warmluftheizungen muss man wissen, welche Wärmemenge in 1 m³ Luft bei einer Aufheizung von t °C aufgenommen und den Räumen zugeführt werden kann.
Beträgt die Raumtemperatur $t_1 = 20$ °C, die Warmlufttemperatur $t_2 = 70$ °C, die spezifische Wärmekapazität der Luft $c = 1{,}01$ kJ/kg · K und die Masse der Luft bei Normaldruck 1,293 kg/m³, so erhält man unter Anwendung obiger Gleichung die aufgenommene Wärmemenge von 1 m³ Luft

$$Q = m \cdot c \cdot (t_2 - t_1) \quad \text{in kJ/m}^3$$
$$= 1{,}293 \cdot 1{,}01 \cdot (70 - 20) \quad \left[\frac{\cancel{\text{kg}} \cdot \text{kJ} \cdot \cancel{\text{K}}}{\text{m}^3 \cdot \cancel{\text{kg}} \cdot \cancel{\text{K}}}\right]$$
$$Q = \underline{\underline{65{,}30 \text{ kJ/m}^3}}$$

Will man die spezifische Wärmekapazität c berechnen, ist nur eine Umstellung der Ausgangsgleichung

$Q = m \cdot c \cdot \Delta t$ nötig

$$c = \frac{Q}{m \cdot \Delta t} \quad \text{in kJ/kg} \cdot \text{K}$$

Als Einheit der spezifischen Wärmekapazität wurde das Wasser mit $c = 1$ kcal/kg · grd angenommen. In SI-Maßeinheiten ist dann $c = 4{,}187$ kJ/kg · K.

Tabelle 7.2. Spezifische Wärmekapazität c fester und flüssiger Stoffe in kJ/kg · K

Stoff	α
Alkohol	2,428
Aluminium	0,921
Asche	0,837
Baumwolle (Watte)	1,514
Beton	0,879
Blei	0,130
Eis	2,094
Gips	0,837
Glas (Mittelwert)	0,837
Graphit (Mittelwert)	0,837
Holz, Birne	2,094
Eiche	2,387
Fichte	2,722
Tanne	1,756
Holzkohle	0,837
Kieselgur	0,837
Kohlenstoff bei 980 °C	1,926
Koks	0,850
Kork, trocken	2,032
Kupfer	0,394
Leichtbauplatten	0,147 bis 1,884
Marmor	0,875
Messing	0,389
Mineralöl, rd.	1,675
Porzellan bei 1000 °C	1,298
Quecksilber, flüssig	0,138
Schamotte bei 20 °C	0,837
bei 100 °C	0,921
bei 500 °C	1,130
Silber	0,239
Stahl, hart	0,492
weich	0,484
Steinholz	0,879
Ton	0,879
Torf	1,675 bis 2,094
Wasser	4,187
Zement (Portland)	0,754
Ziegelstein	0,791 bis 1,009
Zink	0,395
Zinn	0,234

Tabelle 7.2. enthält die Werte der spezifischen Wärmekapazität fester Körper und flüssiger Stoffe. Wie schon erwähnt ist die spezifische Wärmekapazität nicht nur vom Stoff selbst abhängig, sondern auch von der Temperatur. Bei Berechnung von Speicherwärmen, z. B. bei keramischen Massen von Feuerstätten, ist diese Tatsache zu beachten.
Bei Gasen und Dämpfen haben Druck und Temperatur auf die Werte der spezifischen Wärmekapazität entscheidenden Einfluss. Dabei wird unterschieden

– spezifische Wärmekapazität *bei konstantem Druck* c_p in kJ/kg · K, C_p in kJ/m_n^3 · K
– spezifische Wärmekapazität *bei konstantem Volumen* c_v in kJ/kg · K, C_v in kJ/m_n^3 · K

Bei der Berechnung von Feuerungsanlagen wird mit den Werten der spezifischen Wärmekapazität bei konstantem Druck gerechnet, da hierbei keine wesentlichen Druckveränderungen auftreten, die das Rauchgasvolumen beeinträchtigen.

7.3. Messung kalorischer Grundgrößen

Druck
Der Quotient aus der Kraft zu einer Flächeneinheit wird als Druck bezeichnet. Die Basiseinheit ist das Pascal (Pa) bzw. das Newton pro Quadratmeter (N/m²), die der alten Einheit kp/m² entsprechen.

$$1\ \text{Pa} = 1\ \text{N/m}^2 = \frac{1}{9{,}81} \quad \text{in kp/m}^2$$

1 Pa ist ein sehr geringer Druck, der etwa dem Druck entspricht, den 1 Quadratmeter eines Papiers von 100 g ausgebreitet auf seine Unterlage ausübt.
Man unterscheidet zwischen dem absoluten und dem relativen Druck. Absolute Drücke beziehen sich auf den Bezugsdruck Null, relative Drücke auf den atmosphärischen Luftdruck.
Nachfolgende Übersicht gibt einen Vergleich der verschiedenen Druckeinheiten miteinander:

$$\begin{aligned}
1\ \text{kp/m}^2 &= 9{,}81\ \text{N/m}^2 = 1\ \text{mm WS}\\
1\ \text{N/m}^2 &= \frac{1}{9{,}81} = 0{,}102\ \text{kp/m}^2\\
&= 0.102\ \text{mm WS} = 1\ \text{Pa}\\
100000\ \text{N/m}^2 &= 10\ \text{N/cm}^2 = 1{,}02\ \text{kp/cm}^2\\
&= 10200\ \text{mm WS}\\
1\ \text{N/cm}^2 &= 0{,}102\ \text{kp/cm}^2 = 1020\ \text{mm WS}\\
100000\ \text{N/m}^2 &= 1\ \text{bar}\\
1\ \text{bar} &= 1000\ \text{mbar} = 1\ \text{kp/cm}^2 \cong 1\ \text{at}
\end{aligned}$$

Temperatur
Unter der Temperatur versteht man den Wärmezustand eines festen Körpers, einer Flüssigkeit oder eines Gases, wobei sich durch die Beschleunigung bzw. Verzö-

gerung der Molekularbewegung die Temperatur eines Körpers ändert. Die begriffliche und einheitenmäßige Festlegung als physikalische Größe erfolgt aus der Erkenntnis, dass jeder Körper bei einer bestimmten Temperatur seinen Aggregatzustand ändert.
Der Tiefstpunkt der Molekularbewegung liegt bei –273,15 °C, das sind 0 °K (Null Kelvin). Er wird als absoluter Nullpunkt der Temperatur bezeichnet.

Thermometer
Zur Messung von Temperaturen werden für gewöhnlich Thermometer verwendet. Die Ergebnisse physikalischer Temperaturmessungen werden vorwiegend in Kelvin (K) ausgedrückt; in der Technik und im allgemeinen Umgang mit Wärme sind Celsiusgrade (°C) gebräuchlich.
Temperaturdifferenzen können sowohl in Kelvin (ΔT) als auch in Grad Celsius (Δt) angegeben werden. Die Gradabstände beider Thermometerskalen sind gleich. Die Fixpunkte der Celsiusskale sind der Eispunkt (±0 °C) des Wassers und der Siedepunkt (100 °C).
Die Umrechnung von °C in K erfolgt nach folgender Gleichung

$T = t + 273$ in K

denn ±0 °C entsprechen 273 K (Bild 7.1.).
Zur Füllung der Thermometer dient gewöhnlich Quecksilber, da es eine fast gleichmäßige Ausdehnung und keine Adhäsion (Anhangskraft) besitzt. Quecksilber gefriert bei –39 °C und siedet bei +357 °C.
Deshalb werden zur Messung tieferer Temperaturen als –30 °C Weingeistfüllungen und für höhere Temperaturen als +330 °C so genannte gasgefüllte Thermometer verwendet.

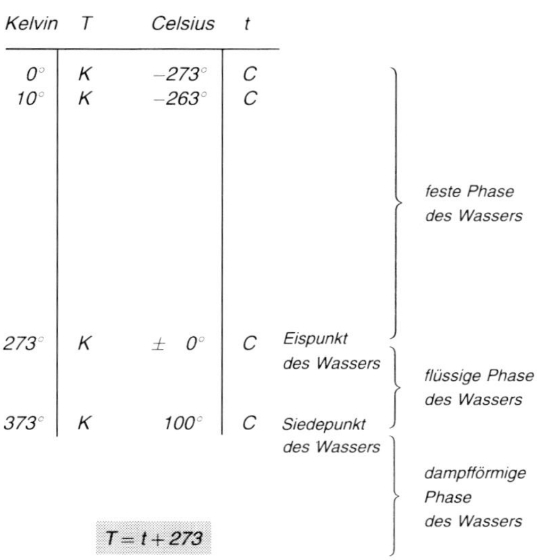

Bild 7.1. Beziehung der Kelvin- zur Celsiusskala

Weitere in der Technik verwendete Temperaturmessgeräte sind das elektrische Widerstandsthermometer und das Thermoelement. Bei den Widerstandsthermometern haben sich die Metalle Platin, Wolfram und Nickel als die geeignetsten erwiesen, wobei die Messbereiche, je nach dem Metall unterschiedlich, bis etwa 1000 °C möglich sind. Sie beruhen auf der Tatsache, dass die Metalle ihren elektrischen Widerstand in Abhängigkeit von der Temperatur ändern.
Gegenüber den mechanischen Thermometern weisen die Widerstandsthermometer eine größere Messgenauigkeit auf. Hinzu kommt der Vorteil, dass das Anzeige- bzw. Schreibgerät nicht unmittelbar an der Messstelle angeordnet werden muss. Damit ist eine Erleichterung des Ablesens verbunden.
Thermoelemente arbeiten im Gegensatz zu den elektrischen Widerstandsthermometern ohne Stromquelle. Zwei verschiedene Metalldrähte werden zusammengelötet und der zu messenden Temperatur ausgesetzt, während die beiden anderen Enden auf unveränderlicher Temperatur gehalten werden. Das auftretende elektrische Potential kann an einem Millivoltmeter abgelesen werden.
Durch Verwendung verschiedener Metallkombinationen ergeben sich unterschiedliche Messbereiche. Die gebräuchlichsten sind

– Kupfer-Konstantan bis 600 °C anwendbar
– Eisen-Konstantan bis 700 °C anwendbar
– Nickel-Nickelchrom bis 1300 °C anwendbar
– Platin-Platinrhodium bis 1600 °C anwendbar

Zum bequemen Abschätzen von Oberflächentemperaturen verwendet man besondere Farbanstriche mit Farbstiften (Thermocolore), d. h. Stoffe, die bei einer bestimmten Temperatur in eine andere Farbe umschlagen. Es gibt Farben, die bei Abkühlung wieder ihren ursprünglichen Farbton annehmen, aber auch bleibend sind. Damit kann man eine flächenmäßige Temperaturverteilung sichtbar machen.
Raumlufttemperaturen werden mit einfachen Laborthermometern innerhalb eines Raums im Schnittpunkt der Diagonalen, 1500 mm über OFF (Oberfläche Fußboden) gemessen. Diese Höhe entspricht der Augenhöhe einer Person in Normalgröße. Thermometer, gleich welcher Ausführung, sollen nicht mit Wänden, Möbeln oder anderen Einrichtungsgegenständen in Berührung kommen, da sie von deren Temperatur beeinflusst werden.

7.4. Wärmeübertragung

Die Wärmeenergie hat das Bestreben sich zu verteilen, von einem Stoff auf den anderen überzugehen. Das ist jedoch nur möglich, solange eine Temperaturdifferenz herrscht. Dabei wird die Wärmeübertragung immer

vom Ort höherer Temperatur zum Ort niederer Temperatur erfolgen.
Wenn es sich also um die Verteilung einer Wärmemenge bis zum Temperaturausgleich handelt, dann verflacht das Temperaturgefälle mit der Zeit. Der Sonderfall einer stationären Wärmeübertragung liegt nur dann vor, wenn die Wärme in gleicher Menge unablässig nachfließt, z. B. bei Erreichung des Beharrungszustands einer Feuerstätte oder eines Wärmegeräts.
Daraus lassen sich folgende Gesetzmäßigkeiten ableiten:

1. Die Wärme hat das Bestreben, sich zu verteilen
2. Die Richtung der Verteilung erfolgt immer vom Ort höherer Temperatur zum Ort niederer Temperatur
3. Die Dauer der Verteilung endet mit dem Erreichen des Temperaturausgleichs zwischen allen Körpern und Stoffen eines Systems ($\Delta t = 0$).

Die Art und Weise, wie sich die Wärmeenergie fortzupflanzen und zu verteilen vermag, ist physikalisch ganz verschieden. Man unterscheidet drei Arten

- die Wärmeleitung
- die Wärmestrahlung
- die Wärmemitführung (Konvektion)

Niemals tritt eine dieser Arten allein auf. Sie wirken grundsätzlich zusammen, nur ist ihr Anteil am Gesamtwärmeprozess unterschiedlich groß.
Geht die Wärme von einem zum anderen Stoff über, so spricht man von Wärmeübergang. Dabei ist der Wärmeübergang zwischen Körpern gleichen, aber auch unterschiedlichen Aggregatzustands möglich. Zum Beispiel geht die Wärme von den strömenden Heizgasen auf die Oberfläche des festen Körpers der Kachelwand über, wird durch diese geleitet, um dann von ihrer äußeren Oberfläche wieder an die Raumluft überzugehen.
Betrachten wir die Kachelwand genauer, so erkennen wir, dass sie aus verschiedenen Schichten unterschiedlicher Baustoffe besteht. Hier wird also die Wärme, die vom Schamottevorschub aufgenommen wurde, in ihm weitergeleitet, geht auf die Lehmfuge über, wird in ihr weitergeleitet, um zum Ausfutter überzugehen usw. (Bild 7.2.).
Der Wärmeübergang zwischen einem festen Körper und flüssigen oder gasförmigen Stoffen geschieht durch Leitung, Konvektion und Strahlung. Der geringe Anteil der Leitung und die Konvektion werden in einem Wert α_k zusammengefasst. Der Wärmeübergangswert α setzt sich zusammen aus

$\alpha = \alpha_k + \alpha_s$ in $W/(m^2 \cdot K)$

darin bedeuten

α_k Wärmeübergangswert durch Leitung und Konvektion
α_s Wärmeübergangswert durch Strahlung

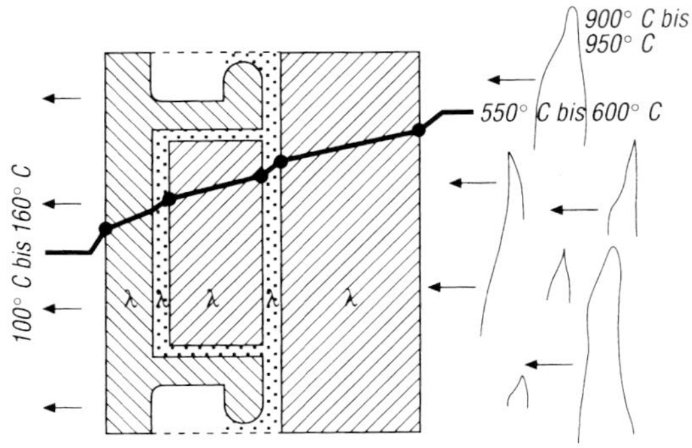

Bild 7.2. Wärmedurchgang bei einer Kachelwand mit Vorschub
$t_m = 80$ °C (über 8 h);
$\dot{q}_k = 930$ W/m² (800 kcal/h m²)
← Strahlung; Wechsel von Warmübergang (α) zu Wärmeleitung (λ) der einzelnen Stoffschichten

Wasser, heiße Verbrennungsgase, Luft usw., die mit einer festen Wand in Berührung kommen, geben Wärme an deren Oberfläche ab oder empfangen Wärme von ihr. In der Zeit von t Stunden beträgt die an eine oder von einer Wand, Rohrleitung o. a. übergehende Wärme

$\dot{Q} = \alpha \cdot A \cdot t \cdot (T_1 - T_2)$ in W

7.4.1. Wärmeleitung

Betrachtet man den Wärmeausgleich innerhalb eines festen Körpers näher und erwärmt mehrere verschiedene feste Körper, so kann man feststellen, dass die Wärmefortpflanzung völlig ungleich ist. In einem Stück Stahl wird die Wärmeleitung schneller und besser sein als in einem Schamottestein. Wiederum wird die Leitfähigkeit dieses Schamottesteins größer sein als die irgendeiner Flüssigkeit (außer Quecksilber) oder gar innerhalb eines Gases. Die Wärmeleitfähigkeit der festen Körper ist abhängig von

- der Dichte des Gefüges
- der Porengröße
- dem Feuchtigkeitsgehalt
- dem Aufbau des Stoffgerüsts

Körper mit lockerem und porösem Gefüge schließen in ihren Hohlräumen (Poren) Luft ein, die der Wärmeleitung dämmend entgegenwirkt und dadurch die Wärmeleitfähigkeit des betreffenden Körpers herabsetzt (Hohlsteine, Hohlräume in Mauern, Doppel- oder Verbundfenster usw.). Außer dem Anteil an Poren ist aber auch deren Größe und Gleichmäßigkeit bedeutsam. Ein Körper ist gering wärmeleitfähig, wenn er kleine, geschlossene und gleichmäßig verteilte Poren hat.

Tabelle 7.3. Rechenwerte der Wärmeleitfähigkeit λ_R in Abhängigkeit von der Rohdichte ϱ (gemäß DIN 4108) – Auszug

Stoff	**Rohdichte ϱ** in kg/m^3	**Rechenwerte der Wärmeleitfähigkeit λ_R** in $W/(m \cdot K)$
Putze, Estriche, andere Mörtelarten		
Kalkmörtel, Kalkzementmörtel, Mörtel aus hydraulischem Kalk	(1800)	0,87
Zementmörtel	(2000)	1,40
Kalkgipsmörtel, Gipsmörtel, Anhydritmörtel, Kalkanhydritmörtel	(1400)	0,70
Gipsputz ohne Zuschlag	(1200)	0,35
Anhydritestrich	(2100)	1,20
Zementestrich	(2000)	1,40
Großformatige Bauteile		
Normalbeton nach DIN 1045 (Kies- oder Splittbeton mit geschlossenem Gefüge; auch bewehrt)	(2400)	2,10
Leichtbeton und Stahlleichtbeton mit geschlossenem Gefüge nach DIN 4219 Teil 1 und Teil 2, hergestellt unter Verwendung von Zuschlägen mit porigem Gefüge nach DIN 4226 Teil 2 ohne Quarzsandzusatz	800	0,39
	900	0,44
	1000	0,49
	1100	0,55
	1200	0,62
	1300	0,70
	1400	0,79
	1500	0,89
	1600	1,00
	1800	1,30
	2000	1,60
Dampfgehärteter Gasbeton nach DIN 4223	400	0,14
	500	0,16
	600	0,19
	700	0,21
	800	0,23
Leichtbeton mit nichtporigen Zuschlägen nach DIN 4226 Teil 1, z. B. Kies	1600	0,81
	1800	1,10
	2000	1,40
Leichtbeton mit porigen Zuschlägen nach DIN 4226 Teil 2 ohne Quarzsandzusatz	600	0,22
	700	0,26
	800	0,28
	1000	0,36
	1200	0,46
	1400	0,57
	1600	0,75
	1800	0,92
	2000	1,20
Bauplatten		
Wandbauplatten aus Leichtbeton nach DIN 18162	800	0,29
	900	0,32
	1000	0,37
	1200	0,47
	1400	0,58
Wandbauplatten aus Gips nach DIN 18163 auch mit Poren, Hohlräumen, Füllstoffen oder Zuschlägen	600	0,29
	750	0,35
	900	0,41
	1000	0,47
	1200	0,58
Gipskartonplatten nach DIN 18180	(900)	0,21

Tabelle 7.3. (Fortsetzung)

Stoff	**Rohdichte ϱ** in kg/m³	**Rechenwerte der Wärmeleitfähigkeit λ_R** in W/(m · K)
Mauerwerk einschließlich Mörtelfugen		
Mauerwerk aus Mauerziegeln nach DIN 105 Teil 1 bis Teil 4	1800	0,81
Vollklinker, Hochlochklinker, Keramikklinker	2000	0,96
	2200	1,20
Vollziegel, Hochlochziegel	1200	0,50
	1400	0,58
	1600	0,68
	1800	0,81
	2000	0,96
Mauerwerk aus Kalksandstein nach DIN 106 Teil 1 und Teil 2	1000	0,50
	1200	0,56
	1400	0,70
	1600	0,79
	1800	0,99
	2000	1,10
	2200	1,30
Wärmedämmstoffe		
Holzwolle-Leichtbauplatten nach DIN 1101		
Plattendicke = 25 mm	(360 bis 480)	0,093
= 15 mm	(570)	0,15
Schaumkunststoffe		
Polyurethan (PUR) nach DIN 18159 Teil 1	($\geqq$ 37)	0,030
Polystyrol (PS)-Hartschaum nach DIN 18164 Teil 1		
Wärmeleitfähigkeitsgruppe 025		0,025
030		0,030
035		0,035
040		0,040
Korkdämmstoffe		
Korkplatten nach DIN 18161 Teil 1		
Wärmeleitfähigkeitsgruppe 045	(80 bis 500)	0,045
050		0,050
055		0,055
Mineralische und pflanzliche Faserdämmstoffe nach DIN 18165 Teil 1		
Wärmeleitfähigkeitsgruppe 035	(8 bis 500)	0,035
040		0,040
045		0,045
050		0,050
Schaumglas nach DIN 18174		
Wärmeleitfähigkeitsgruppe 045	(100 bis 150)	0,045
050		0,050
055		0,055
060		0,060
Holz und Holzwerkstoffe		
Fichte, Kiefer, Tanne	(600)	0,13
Buche, Eiche	(800)	0,20
Sperrholz nach DIN 68705 Teil 2 bis Teil 4	(800)	0,15
Beläge, Abdichtstoffe, Abdichtungsbahnen		
Linoleum nach DIN 18171	(1000)	0,17
Kunststoffbeläge, z. B. auch PVC	(1500)	0,23
Bitumen	(1100)	0,17
Bitumendachbahnen nach DIN 52128	(1200)	0,17

Tabelle 7.3. (Fortsetzung)

Stoff	**Rohdichte ϱ** in kg/m³	**Rechenwerte der Wärmeleitfähigkeit λ_R** in W/(m · K)
Sonstige Stoffe		
Lose Schüttungen, abgedeckt		
Blähperlit	(≤ 100)	0,060
Blähglimmer	(≤ 100)	0,070
Korkschrot	(≤ 200)	0,050
Hüttenbims	(≤ 600)	0,13
Blähton, Blähschiefer	(≤ 400)	0,16
Bimskies	(≤1000)	0,19
Polystyrolschaumstoff-Partikeln	(15)	0,045
Sand, Kies, Splitt (trocken)	(1800)	0,70
Fliesen	(2000)	1,00
Glas	(2500)	0,80
Natursteine		
Kristalline metamorphe Gesteine (Granit, Basalt, Marmor)	(2800)	3,50
Sedimentsteine (Sandstein, Muschelkalk, Nagelfluh)	(2600)	2,30
Böden (naturfeucht)		
Sand, Kiessand		1,40
Bindige Böden		2,10
Keramik und Glasmosaik	(2000)	1,20
Metalle		
Stahl		60
Kupfer		380
Aluminium		200
Gummi	(1000)	0,20

Die in Klammern angegebenen Rohdichten dienen nur zur Ermittlung der flächenbezogenen Masse, z. B. für den Nachweis des sommerlichen Wärmeschutzes

Wärme wird von Wasser etwa 25-mal besser geleitet als von ruhender Luft. Ist ein Bauteil durchfeuchtet, z. B. in einem Neubau, insbesondere in Ziegelbauweise, so leitet es die Wärme schneller als ein trockenes Bauteil der gleichen Stoffzusammensetzung, und der Wärmeverlust des Gebäudes ist hoch.
Es kann durchaus möglich sein, dass eine Feuerstätte in einem neu gebauten Haus den Raum zunächst nur ungenügend ausheizt, nach Ablauf von einer bis längstens zwei Heizperioden aber die an sie gestellten Erwartungen erfüllt. Hierbei muss man noch die Dauerfeuchtigkeit eines Gebäudes betrachten. Darunter versteht man die Feuchtigkeit, die der Baustoff, das Bauteil oder das Bauwerk im nicht mehr baufeuchten Zustand aufweist.
Das Stoffgerüst eines Körpers hat auf die Wärmeleitfähigkeit ebenfalls großen Einfluss. Amorphe Stoffe (amorph = gestaltlos, ohne nachweisbare Struktur, z. B. Graphit, Schwefel u. a.) leiten die Wärme schlechter als kristalline (Stoffaufbau in regelmäßig angeordneten Molekülen).
Die Wärmeleitfähigkeit eines Stoffs wird durch den Wärmeleitwert λ (lambda) ausgedrückt und hat die Maßeinheit W/(m · K), (Tabelle 7.3.).

Die Wärmeleitung durch eine ebene Wand ist in Bild 7.3. dargestellt. Da im Beharrungszustand das Temperaturgefälle durch die Wand konstant ist, errechnet man die Leitungswärme nach

$$\dot{Q} = \frac{\lambda}{d} \cdot (\vartheta_1 - \vartheta_2) \cdot A \quad \text{in W}$$

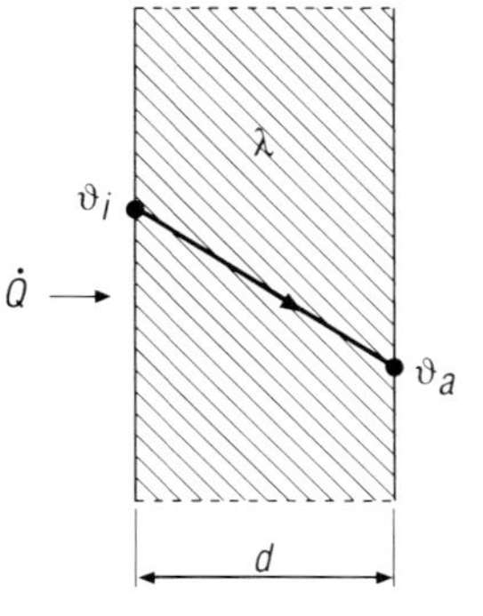

Bild 7.3. Wärmeleitung durch eine einschichtige ebene Wand (Baukonstruktion)

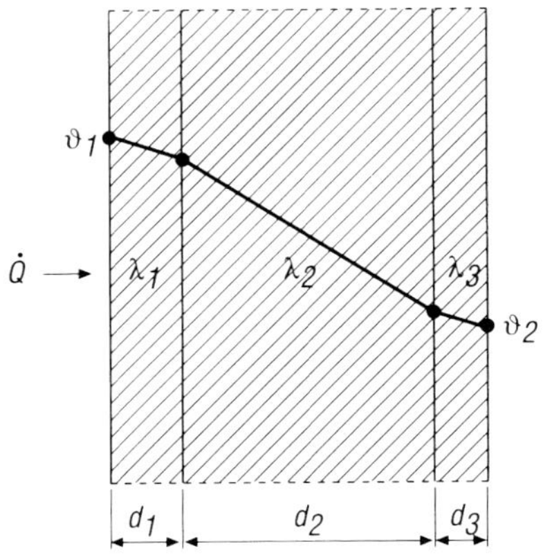

Bild 7.4. Wärmeleitung durch eine mehrschichtige Wand

darin bedeuten

$\dot{Q}$	Wärmestrom	in W
A	Fläche	in m^2
λ	Wärmeleitwert	in $W/(m \cdot K)$
ϑ_1	Oberflächentemperatur der Wand innen	in °C
ϑ_2	Oberflächentemperatur der Wand außen	in °C
d	Wanddicke	in m

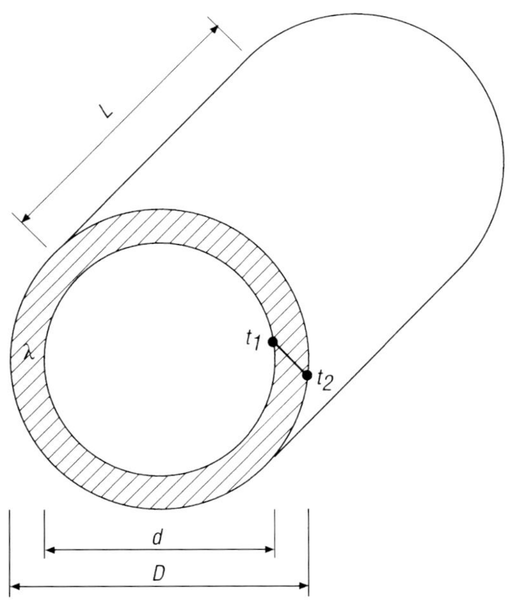

Bild 7.5. Wärmeleitung durch eine Rohrwand

Der Wert $\frac{\lambda}{d} = \Lambda_d$ wird als Wärmedurchlässigkeitswert und der reziproke Wert $\frac{d}{\lambda} = R$ als Wärmedämmwert (Wärmedurchlasswiderstand in $m^2 \cdot K/W$ bezeichnet).
Für die Wärmeleitung durch eine mehrschichtige Wand (Bild 7.4., d = Wanddicke in m) ist die Formel anzuwenden

$$\dot{Q} = \frac{\vartheta_1 - \vartheta_2}{\frac{d_1}{\lambda_1} + \frac{d_2}{\lambda_2} + \ldots + \frac{d_n}{\lambda_n}} \cdot A \quad \text{in W}$$

Will man die Wärmeleitung durch eine Rohrwand (Bild 7.5.) berechnen, gilt

$$\dot{Q} = 2 \cdot \pi \cdot \lambda \cdot L \cdot \frac{t_1 - t_2}{l_n \cdot \left(\frac{D}{d}\right)} \quad \text{in W}$$

7.4.2. Wärmestrahlung

Bei der Wärmestrahlung handelt es sich um elektromagnetische Schwingungen. Die Wärmestrahlung ist der Lichtstrahlung ähnlich, sie unterscheidet sich von dieser nur in der Wellenlänge. Sie ist nicht an Stoff gebunden und geht völlig ungehindert durch den leeren, stofflosen Raum.
Sind zwei Körper unterschiedlich temperiert und befindet sich zwischen ihnen ein für die Strahlung durchlässiger Stoff (Luft), so werden vom Körper höherer Temperatur Wärmestrahlen ausgesandt. Treffen diese Wärmestrahlen auf Körper, die für sie aufnahmefähig sind, findet eine Rückwandlung in Wärmeenergie statt.
Die Strahlung nimmt mit der Größe des Temperaturunterschieds zwischen den Körpern wesentlich an Umfang zu. Treffen die Wärmestrahlen rechtwinklig auf eine Fläche, erzielen sie den größten Effekt.
Die Wärmestrahlen haben mit den Lichtstrahlen noch etwas gemeinsam: Sie können absorbiert, reflektiert oder gebrochen werden.
Unter Absorptionsvermögen eines Körpers versteht man die Fähigkeit, Wärmestrahlen aufzunehmen, wohingegen unter Reflexionsvermögen das Zurückwerfen dieser Strahlen verstanden wird. Hat ein Körper die Fähigkeit, Strahlen auszusenden, so nennt man das Emissionsvermögen.

Begrifffserläuterung

- Emission (E)
  emittieren = aussenden
- Absorption (A)
  absorbieren = aufnehmen
- Reflexion (R)
  reflektieren = Zurückwerfen

Nach dem Kirchhoffschen Gesetz ist das Emissionsvermögen gleich dem Absorptionsvermögen

$E = A$

Das gilt jedoch nur für absolut schwarze Körper.
In der Praxis gelten alle Körper als grau und haben deshalb je nach Grauton ein unterschiedliches Absorptionsvermögen. Wenn ein grauer Körper die ermittierten Wärmestrahlen nicht vollkommen aufnehmen kann, wird der Restanteil reflektiert. Damit erweitert sich die Beziehung auf

$$E = A + R$$

Schließlich gibt es Körper, die für Wärmestrahlen durchlässig sind. Man bezeichnet sie als diatherman, z. B. im wesentlichen Glas. Nun kann die Gleichung abermals erweitert werden

$E = A + R + D$

Die Fähigkeit des Aussendens von Wärmestrahlen hängt von der Beschaffenheit eines Körpers ab. Dabei besitzen Körper mit dunkler, rauer und matter Oberfläche ein gutes Emissionsvermögen. Die Größe des Wärmestrahlvermögens wird in der Strahlungszahl C ausgedrückt. Der absolut schwarze Körper hat das größte Emissionsvermögen. Seine Strahlungszahl beträgt $C = 5{,}77\ \mathrm{W/m^2 \cdot K^4}$.
Die von einer Körperoberfläche abgestrahlte Wärmemenge hängt ab von seiner Temperatur, der Umgebungstemperatur, der Strahlungszahl und der Größe der strahlenden Fläche.
Die durch Strahlung übertragene Wärmemenge beträgt dann

$$\dot{Q}_s = \alpha_s \cdot A \cdot (\vartheta - t) \quad \text{in W}$$

darin bedeuten

$\dot{Q}_s$	abgestrahlte Wärmemenge	in W
α_s	Wärmeübergangswert durch Strahlung	in $\mathrm{W/(m^2 \cdot K)}$
A	Größe der strahlenden Fläche	in $\mathrm{m^2}$
ϑ	Oberflächentemperatur der strahlenden Fläche	in °C
t	Temperatur der umgebenden Luft	in °C

Die Berechnung des Wärmeübergangswerts durch Strahlung ist kompliziert und kann berechnet werden nach

$$\alpha_s = \frac{\left(\frac{T_1}{100}\right)^4 - \left(\frac{T_2}{100}\right)^4}{\Delta T} \cdot C \quad \text{in } \mathrm{W/(m^2 \cdot K)}$$

Durch die Einführung eines Temperaturfaktors b ist die Berechnung vereinfacht worden.

$$\alpha_s = b \cdot C$$

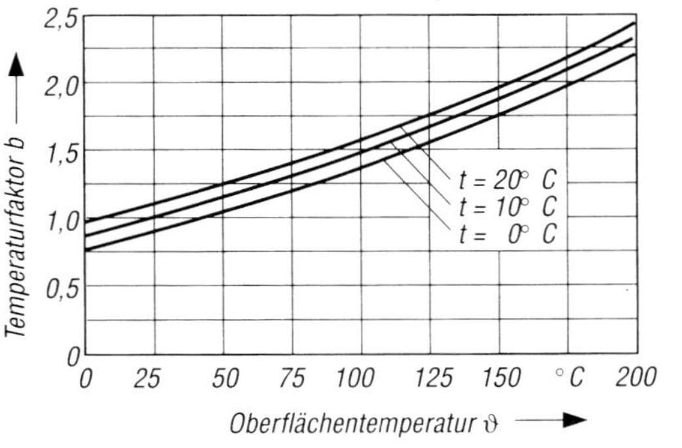

Bild 7.6. Diagramm zur Bestimmung des Temperaturfaktors b

Die Zahlenwerte des Temperaturfaktors b in $\mathrm{K^3}$ sind Bild 7.6. zu entnehmen. Tabelle 7.4. enthält die Strahlungszahlen C in $\mathrm{W/m^2 \cdot K^4}$.
Solange die Wärmestrahlung in mäßigem Umfang auftritt, wird sie vom menschlichen Körper als angenehm empfunden. Von einem stark beheizten eisernen Ofen wird man sich jedoch recht bald zurückziehen, da die intensive Wärmestrahlung lästig wirkt. Das wird bei einem Kachelofen kaum der Fall sein.
Betrachten wir die Oberfläche beider Öfen, so stellen wir fest, dass die des eisernen Ofens rau und dunkel und die Oberfläche des Kachelofens heller und glatt ist. Die Beschaffenheit der Oberfläche sowie das Gefüge der Körper sind auf die Wirkung der Wärmestrahlung von Einfluss. Beim absolut schwarzen Kör-

Tabelle 7.4. Strahlungszahlen C verschiedener Stoffarten (± 0 bis 200 °C)

Stoffart	**Strahlungszahl C** in $\mathrm{W/m^2 \cdot K^4}$
Aluminium, gewalzt	0,35 bis 0,52
Aluminium, poliert	0,22
Aluminiumlackfarbenanstrich	2,33
Aluminiumguss	1,16 bis 1,74
Emaille	5,23
Glas, glatt	5,47
Grauguss mit Gusshaut	4,54
Grauguss, überdreht	3,72
Kachel, weiß glasiert	5,00
Kohle	4,65
Lackfarbenanstrich, weiß	5,23
Messing, poliert	0,29
Messing, roh	0,395
Porzellan, glasiert	5,35
Ruß	5,54
Schamotte 500 °C bis 1000 °C	4,65 bis 5,47
Stahl, blank	0,23 bis 0,41
Stahlblech, verzinkt	1,40
Ziegelstein, rot, rauh	5,41

per ist $E = 1$. Da ein absolut weißer Körper keine Wärme ausstrahlt, ist bei ihm $E = 0$!

- ► **Feste Körper mit lockerem und porösen Gefüge mit dunkler, rauer und matter Oberfläche vermögen viel Wärme auszustrahlen und zu absorbieren, reflektieren aber weniger. Dagegen reflektieren feste Körper mit dichtem Gefüge mit glatter, heller, glänzender und polierter Oberfläche sehr stark, strahlen (emittieren) und absorbieren aber dafür weniger.**

Hier finden wir auch die Erklärung dafür, dass hart gebrannte Kachelware ein geringeres Strahlungsvermögen hat als solche Materialien, die mit niedrigeren Temperaturen gebrannt wurden und einen weicheren Scherben haben.
Die Wärmeabgabe im Feuerraum des Kachelofens erfolgt größtenteils durch Flammenstrahlung, besonders in den Öfen, die einen hohen und breiten Feuerraum haben. Da die Wärmestrahlung mit der Temperatur der Flamme zunimmt, ist es nötig, den Ofen fachgerecht zu bauen, möglichst stark heruntergetrocknete Brennstoffe zu verwenden und ihn sachgemäß zu bedienen, um eine optimale Verbrennung und Wärmeleistung zu erreichen.

7.4.3. Wärmemitführung (Konvektion)

Diese Art der Wärmeübertragung findet nur bei flüssigen und gasförmigen Stoffen statt. Sie setzt voraus; dass bewegte Teile Wärme mitführen, wobei man zwischen freier und erzwungener Konvektion unterscheiden muss.
Freie Konvektion herrscht dann, wenn die Strömungsvorgänge natürlicher Herkunft sind und auf der Dichtedifferenz zwischen warmen, leichten und kalten, schweren Stoffteilchen beruhen.
Erzwungene Konvektion dagegen liegt dann vor, wenn die Bewegung der mit Wärme geladenen Stoffteilchen künstlich hervorgerufen wird, etwa beim Durchpumpen heißen Wassers durch eine Rohrleitung oder bei einer Luftheizung mit Ventilatorbetrieb.
Die Übertragung der Wärme erfolgt quer zur Strömungsrichtung. Bei laminarer (ruhiger, gleichmäßiger) Strömung bildet sich an der Rohr- oder Kanalwandung eine Grenzschicht, die der Wärmeübertragung entgegenwirkt. Die Wärme wird hier von Schicht zu Schicht geleitet.
Anders ist es jedoch bei turbulenter Strömung. Die Stoffteilchen werden durch die Wirbelung näher an die Wände herangetragen und tauschen dort Wärme aus. Die Wärmeübertragung nimmt mit größer werdender Turbulenz zu, wodurch aber auch die Widerstände der Strömung wachsen.
Nehmen wir einige Beispiele aus der Praxis. Beim Badeofen fühlen wir stets am oberen Ende des Boilermantels, ob das Wasser warm ist, obwohl sich der Feuerraum am unteren Ende des Mantels befindet. Bei

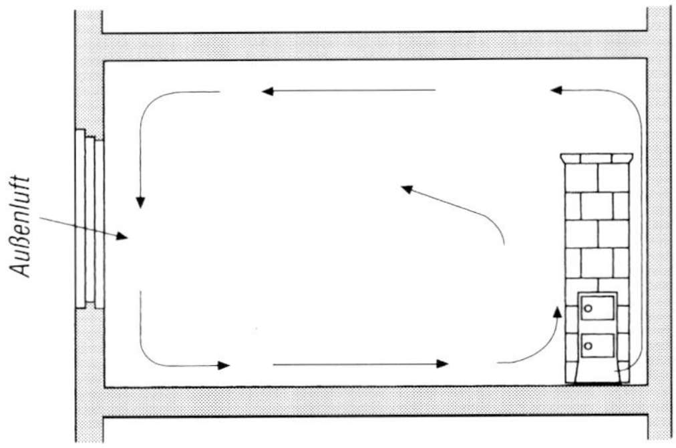

Bild 7.7. Luftkreislauf im Raum (ohne Einfluss des Winddrucks)

der Warmwasserheizung entsteht der Kreislauf des Wassers innerhalb des Rohrleitungsnetzes, ohne durch eine motorische Kraft angetrieben zu werden. Diese und ähnliche Fragen finden folgende Erklärung: Wird eine Flüssigkeit oder ein Gas erwärmt, so pflanzt sich hier nicht wie bei festen Körpern auf Grund ihres starren Gefüges die Wärme durch Leitung fort, sondern die erwärmten Teilchen, die der Wärmequelle am nächsten waren nehmen Wärme auf, werden spezifisch leichter und steigen. Die spezifisch schwereren Teilchen sinken, um sich dann ebenfalls zu erwärmen und zu steigen. Dadurch wird ein Kreislauf hervorgerufen.
Das im Heizungskessel erwärmte Wasser steigt in der Rohrleitung, durchströmt die Heizkörper, die ihm die Wärme zu einem bestimmten Teil entziehen und an den Raum weiterleiten, kühlt sich also ab und fließt in der Rücklaufleitung wieder zum Kessel zurück. Auch die Erwärmung eines Raums erfolgt zu einem bestimmten Teil durch den sich bildenden Luftkreislauf. Die durch die Fugen eines Fensters einströmende Kaltluft sinkt zu Boden, durchströmt den Raum, wird an der Heizfläche der Wärmequelle erwärmt und steigt. Durch Wärmeabgabe an die kälteren Raumumfassungen, Möbel usw. und auch an die kalten Fensterflächen sinkt sie wieder zu Boden, um sich von neuem zu erwärmen und den Kreislauf fortzusetzen (Bild 7.7.).
Die Kenngröße für die Wärmeübertragung durch Konvektion ist der Wärmeübergangswert α_k. Sein Wert nimmt mit der Dichte und mit der Geschwindigkeit des strömenden Stoffs zu (Tabelle 7.5. bis 7.8.).
Der Wärmeübergangswert ist kein Stoffwert, sondern wird beeinflusst von

- den physikalischen Eigenschaften des strömenden Stoffs, wie Dichte, spezifische Wärmekapazität, Temperatur, Zähigkeit u. a.
- der Art der Strömung bezüglich der Schacht- oder Kanalform, z. B. in einem Rohr
- der mittleren Geschwindigkeit des strömenden Stoffs

Tabelle 7.5. Wärmeübergangswerte α_k in W/($m^2 \cdot K$) Waagerechte Rohrleitung in Luft (interpoliert zwischen den Versuchen von K. Jodlbauer, W. Koch und R. H. Heilmann)

Übertemperatur des Rohrs über Lufttemperatur in °C	**Wärmeübergangswert** α_k bei ruhiger Luft bei einem äußeren Durchmesser von mm					
	20	50	100	200	300	500
20	6,5	5,7	5,1	4,8	4,65	4,5
40	8,0	6,5	5,7	5,3	5,2	5,1
60	8,6	7,0	6,0	5,6	5,5	5,3
80	9,2	7,3	6,3	5,8	5,7	5,6
100	9,8	7,8	6,5	6,0	5,9	5,8
150	10,8	8,6	7,4	6,7	6,6	6,5
200	11,6	9,3	8,3	7,6	7,4	7,3
250	13,1	10,2	9,3	8,6	8,4	8,3
300	14,5	11,3	10,4	9,7	9,4	9,2
350	15,5	12,3	11,4	10,7	10,4	10,1
400	16,3	13,3	12,3	11,7	11,4	11,2

Tabelle 7.6. Wärmeübergangswerte α_k in W/($m^2 \cdot K$) Senkrechte Rohrleitung, senkrechte und waagerechte Wand in Luft (nach Nusselt)

Übertemperatur über Lufttemperatur in °C	**Wärmeübergangswert** α_k bei ruhiger Luft	
	senkrechte Rohrleitung senkrechte Wand	waagerechte Wand
5	3,95	4,90
10	4,50	5,80
20	5,50	6,86
40	6,40	8,14
60	7,10	9,07
80	7,56	9,77
100	8,14	10,35
150	8,96	11,40
200	9,65	12,20
250	10,23	12,90
300	10,70	13,61
350	11,05	14,07
400	11,40	14,54
450	11,75	15,00
500	12,10	15,35

– der Form und Beschaffenheit der begrenzenden Flächen.

Beim Wärmeübergang von Heizflächen an ruhende Luft (Raumluft) besteht der Fall der freien Strömung. Dafür sollen die zur Berechnung der Wärmeübergangszahl α_k in Frage kommenden Formeln genannt sein.

Wärmeübergang bei freier Strömung von waagerechten Rohren an die ruhende Luft der Umgebung (nach *Jodlbauer*)

$$\alpha_k = 1{,}02 \cdot \sqrt[3]{\frac{t_1 - t_2}{d}} \quad \text{in kcal/m}^2 \cdot \text{h} \cdot \text{K}$$

(Ergebnisumrechnung in W/($m^2 \cdot$ K) erforderlich)

darin bedeuten

t_1	Temperatur des Rohrs	in °C
t_2	Temperatur der Luft	in °C
d	Rohrdurchmesser	in m

Wärmeübergang bei freier Strömung senkrechter Wände oder Platten in Luft (nach *Schmidt-Beckmann* und *Schack*)

$$\alpha_k = 6 \cdot \sqrt[4]{\frac{\Delta t}{T_0 \cdot h}} \quad \text{in kcal/m}^2 \cdot \text{h} \cdot \text{K}$$

darin bedeuten

Δt	Temperaturdifferenz zwischen Platte und Luft	in K
T_0	Temperatur der Luft	in °C
h	Höhe der Wand oder Platte	in m

Wärmeübergang bei freier Strömung waagerechter Wände oder Platten in Luft (nach *Jodlbauer*)
Wärmeabgabe nach oben

$$\alpha_k = 2{,}8 \cdot \sqrt[4]{\Delta t} \quad \text{in kcal/m}^2 \cdot \text{h} \cdot \text{K}$$

Wärmeabgabe nach unten

$$\alpha_k = 1{,}0 \cdot \sqrt[4]{\Delta t} \quad \text{in kcal/m}^2 \cdot \text{h} \cdot \text{K}$$

Wie bereits oben angedeutet ist eine Umrechnung der Ergebnisse in W/($m^2 \cdot$ K) mit 1,163 erforderlich.

Tabelle 7.7. Gesamtwärmeübergangswert α bei senkrechten und waagerechten Baukonstruktionen in ruhiger Luft, geschlossene Räume (Durchschnittswerte)

Innere Wandflächen und Innenfenster	$\alpha_i = 8{,}14\ W/(m^2 \cdot K)$
Fußboden und Decke, wärmere Seite innen bzw. unten	$\alpha_i = 8{,}14\ W/(m^2 \cdot K)$
Fußboden und Decke, wärmere Seite oben	$\alpha_i = 5{,}82\ W/(m^2 \cdot K)$
Wärmeübergang in Winkeln und Ecken	$\alpha_i = 4{,}65\ W/(m^2 \cdot K)$
Außenfenster	$\alpha_a = 11{,}63\ W/(m^2 \cdot K)$
Wandflächen, außen bei mittlerer Windgeschwindigkeit von 2,0 m/s	$\alpha_a = 23{,}26\ W/(m^2 \cdot K)$

Will man die durch **Konvektion** übertragene Wärmemenge bestimmen, ist nachfolgende Formel anzuwenden

$$\dot{Q}_k = \alpha_k \cdot A \cdot (\vartheta - t) \quad \text{in W}$$

darin bedeuten

$\dot{Q}_k$	durch Konvektion übertragene Wärmemenge	in W
α_k	Wärmeübergangszahl durch Konvektion	in $W/(m^2 \cdot K)$
A	wirksame Fläche	in m^2
ϑ	Oberflächentemperatur des festen Körpers	in °C
t	Temperatur der umgebenden Luft	in °C

Tabelle 7.8. Wärmeübergangswerte α_i bei senkrechten Wänden in Wohnräumen (genauere Werte – nach J. S. Cammerer und W. Dürhammer)

Temperaturunterschied zwischen Luft und innerer Wandoberfläche in °C	**Wärmeübergangswert** in $W/(m^2 \cdot K)$
1	4,54
2	4,65
4	5,00
6	5,35
8	5,58
10	5,93
15	6,40
20	6,86
im Freien α_a	
Völlige Windstille	15,12
Innenbezirke von Städten	23,26
Außenbezirke von Städten	29,08
Sturm	116,30

7.5. Wärmedurchgang

Zwischen einer Feuerstätte oder einem Wärmegerät im Betriebszustand und der Umgebung – den Wänden, dem Fußboden und der Decke, der Raumausstattung an Möbeln u. a., aber auch der Raumluft – erfolgt ein Wärmeaustausch. Die Richtung der Verteilung geht immer von der Feuerstätte bzw. dem Wärmegerät aus. Die auf die Raumumfassung übertragene Wärme, sei es durch Strahlung von den Heizflächen oder durch Wärmeübertragung von der Raumluft, wird in ihr bis zur äußeren Oberfläche weitergeleitet und geht dann an die Raumluft des benachbarten Raums oder an die Außenluft über. Aus diesem Verhältnis lässt sich der Wärmedurchgang einer Baukonstruktion formulieren:

► **Der Wärmeübergang von einem strömenden Medium (Luft) auf einen Stoff (ein- oder mehrschichtige Baukonstruktion), die Wärmeleitung durch denselben und der Wärmeübergang von ihm auf ein anderes strömendes Medium, der zufolge des Temperaturunterschieds vom Ort höherer Temperatur nach dem Ort niederer Temperatur stattfindet, wird als Wärmedurchgang bezeichnet.**

Bei Berechnungen wird im Allgemeinen der Beharrungszustand zugrunde gelegt. Darunter versteht man einen stationären Wärmeleitvorgang mit zeitlich konstantem Temperaturgefälle.

Der Wärmedurchgang durch eine **einschichtige Wand** ist in Bild 7.8. dargestellt. Er setzt sich zusammen aus dem Wärmeübergang von der Raumluft auf die Wand – ausgedrückt durch den Wärmeübergangswiderstand $R_i = \frac{1}{\alpha_i}$ – der Wärmeleitung durch die Wand – ausgedrückt durch den Wärmeleitrechenwert λ_R – und dem Wärmeübergang von der Wand auf die Außenluft – enthalten im Wärmeübergangswiderstand $R_a = \frac{1}{\alpha_a}$.

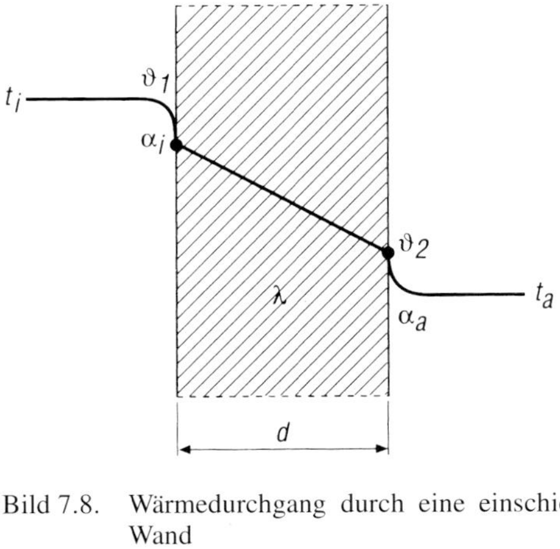

Bild 7.8. Wärmedurchgang durch eine einschichtige Wand

Bei Außenwänden und bei Decken mit einem Wärmestrom von unten nach oben kann vereinfachend in allen Fällen mit $\frac{1}{\alpha_i} = 0{,}13\ \mathrm{m^2 \cdot K/W}$ gerechnet werden. Bei Decken mit einem Wärmestrom von oben nach unten gilt der Wert für $\frac{1}{\alpha_i} = 0{,}17\ \mathrm{m^2 \cdot K/W}$. Für den Wärmeübergangswiderstand $\frac{1}{\alpha_a}$ gilt vereinfacht $0{,}04\ \mathrm{m^2 \cdot K/W}$.

Bei innenliegenden Bauteilen werden für $\frac{1}{\alpha_i}$ sowie für $\frac{1}{\alpha_a}$ die Werte 0,13 bzw. 0,17 $\mathrm{m^2 \cdot K/W}$ eingesetzt. (DIN 4108 Teil 4 – Wärmeschutz im Hochbau, wärme- und feuchteschutztechnische Kennwerte).

Das Temperaturgefälle zwischen Luft (t_i) und der Wandoberfläche (ϑ_i) nimmt mit der Strömungsgeschwindigkeit der Luft ab. Die rechnerische Größe für den Wärmedurchgang ist der Wärmedurchgangskoeffizient k in $\mathrm{W/(m^2 \cdot K)}$.

Sein reziproker Wert, der Wärmedurchgangswiderstand $\frac{1}{k} = R_k$, wird nach folgender Beziehung berechnet

$$R_k = R_i + \sum R\lambda_i + R_a$$

$$= \frac{1}{\alpha_i} + \sum \frac{d_i}{\lambda_i} + \frac{1}{\alpha_a} \quad \text{in } \mathrm{m^2 \cdot K/W}$$

Will man den Wärmedurchgang von Baukonstruktionen, Wänden, Decken, Fenstern usw. erfassen, ist die Anwendung der Grundgleichung des Wärmedurchgangs erforderlich

$$\dot{Q} = A \cdot k \cdot \Delta t \quad \text{in W}$$

darin bedeuten

$\dot{Q}$	Wärmeverlust einer Baukonstruktion	in W
A	Fläche der Baukonstruktion	in $\mathrm{m^2}$
k	Wärmedurchgangskoeffizient	in $\mathrm{W/(m^2 \cdot K)}$
Δt	Temperaturdifferenz beiderseits der Baukonstruktion	in K

Die k-Werte ergeben sich aus $\frac{1}{R_k}$

Für das Berechnungsverfahren gilt DIN 4701 Teil 1 und Teil 2 – Regeln für die Berechnung des Wärmebedarfs von Gebäuden. (s. Abschn. 1.2. S. 15).

7.6. Gesundheitliche Bedeutung der Wärme

Im menschlichen Körper wird Wärme erzeugt, indem der Kohlenstoff der Nahrungsmittel mit dem Sauerstoff der eingeatmeten Luft eine Verbrennung hervorruft. Ein Teil dieser Wärme wird zur Muskelarbeit, zur Erhaltung der Körpertemperatur und dem damit verbundenen Wohlbefinden des Menschen und zur Erwärmung der Kost und der Atemluft verbraucht. Der Rest wird vom Körper durch die Hautoberfläche an die umgebende Luft, durch Strahlung an die Körper und Stoffe im Raum und durch Ausatmung abgegeben.

Setzt man den vom Menschen abgegebenen Teil der Wärmeenergie mit 100 an, der in thermisch behaglicher Umgebung bei einer Masse des Menschen von 70 kg etwa 80 W/h beträgt, so sind die Anteile etwa:

– Strahlung	46%
– Konvektion und Leitung	33%
– Verdunstung	19%
– Atmung	2%

Die Wärmeabgabe ist umso größer, je niedriger die den Körper umgebende Lufttemperatur ist. Um eine allzu große Wärmeabgabe des Körpers in der kalten Jahreszeit zu verhindern, bedient man sich der Heizung. Sind die Lufttemperaturen jedoch zu hoch, z. B. im Sommer oder in überheizten Räumen, wird die Wärmeabgabe des Körpers der jeweiligen Temperatur entsprechend vermindert. Da sie jedoch mit der Geschwindigkeit der an unserer Haut vorbeistreichenden Luft wächst, kann durch Fächerbewegung eine wohl tuende Kühlung erreicht werden. In diesem Zusammenhang ist zu erwähnen, dass ruhige und bewegte Luft, auch in ihrem Wärmegrad, das Behaglichkeitsempfinden unterschiedlich beeinträchtigt. Kühle bewegte Luft wird als unangenehme Zugerscheinung empfunden, dagegen wird schon um wenige Grade wärmere Luft bei gleicher Strömungsgeschwindigkeit durchaus angenehm und auch erfrischend wirken.

Befinden wir uns in einem Raum, der nur selten oder zu Beginn der Heizperiode das erste Mal geheizt wurde, empfinden wir Kälte, obwohl die Raumtemperatur 20 °C beträgt. Dieses Kältegefühl ist darauf zurückzuführen, dass die den Raum begrenzenden Flächen, hauptsächlich das Mauerwerk, sowie die im Raum befindlichen Möbel noch kalt sind. Der Körper strahlt in diesem Fall zu viel Wärme aus, wodurch das Wohlbefinden des Menschen leidet. Ebenso würde in einem Raum, dessen Wandtemperaturen annähernd der Lufttemperatur entsprechen, ein Unbehagen zur Folge haben, da der Körper zu wenig Wärme abstrahlen kann. Dieser Fall tritt hauptsächlich bei einer Dauerheizung ein.

Auch an zentrale Wärmeversorger angeschlossene Wohnungen, in denen alle Räume beheizt sind (zudem noch nahezu gleich), können Unbehagen bei den Nutzern auslösen. Erkältungskrankheiten können bei dieser Personengruppe eher auftreten, weil sie nicht oder nur unzureichend an Temperaturwechsel gewöhnt sind.

Der Idealfall, der einen angenehmen Aufenthalt in Räumen ermöglicht, ist die unterbrochene (Tages-) Heizung. Hier geben die Mauern und Möbel einen

Teil ihrer am Tage gespeicherten Wärme in der Nacht an die Raumluft ab, die durch Be- und Entlüftung mit abströmt, wodurch dem menschlichen Körper am Tage eine angemessene Wärmeabgabe ermöglicht wird.
Die Entwärmung des Körpers durch Wasserverdunstung ist von großem Einfluss und hängt vom Feuchtigkeitsgehalt der Luft, vom Alter, von der Kost sowie der körperlichen Beschäftigung des Menschen ab. Im Mittel kann man die stündliche Wasserabgabe eines Erwachsenen nach Versuchen von Pettenkofer und Voit bei Ruhe und mittlerer Kost zu etwa 0.04 kg, bei körperlicher Arbeitsleistung zu 0,08 kg annehmen; für ein Kind rechnet man etwa die Hälfte.
Der für die Gesundheit des Menschen günstigste Feuchtigkeitsgehalt der ihn umgebenden Luft liegt nach *Rubner* bei 30 bis 40% und nach *Nussbaum* bei 40 bis 35% relativer Feuchte bei 20 °C Raumtemperatur. Der Grenzwert der Luftfeuchte zur Erhaltung des menschlichen Wohlbefindens liegt bei etwa 70%.
Die relative Feuchtigkeit φ (Phi) ist das Verhältnis des in der Luft vorhandenen Wasserdampfs zu der bei der jeweiligen Temperatur aufnehmbaren Wasserdampfmenge.
Der Wasserdampfgehalt der gesättigten Luft wird als Sättigungsgrenze bezeichnet.

$$\varphi = \frac{\text{vorhandene Wasserdampfmenge} \cdot 100}{\text{aufnehmbare Wasserdampfmenge}}$$

Bild 7.9. veranschaulicht das Wechselverhältnis zwischen Raumlufttemperatur und Wandoberflächentemperatur bzw. die Grenzwerte der relativen Luftfeuchte im Raum. Im Diagramm ist zu erkennen, dass die untere Kurve der grauen Fläche das Wechselverhältnis zwischen Oberflächentemperatur der den Raum umgrenzenden Flächen (t_W) und der Raumlufttemperatur (t_L) kennzeichnet.
Ist ein Gebäude im Herbst zu Heizbeginn heruntergekühlt (untere Strich-Punkt-Linie), sind entsprechend hohe Lufttemperaturen im Raum erforderlich, um die zu große Entwärmung des menschlichen Körpers zu verhindern. Wird der Raum tagtäglich geheizt, erwärmt sich die Raumumfassung, die Oberflächentemperaturen der Wände und der Möbel nehmen zu, wodurch eine geringere Lufttemperatur ausreicht, um Behaglichkeit zu schaffen (Strichlinie). Hier ist auf die Wärmedämmung eines Gebäudes hinzuweisen, deren Werte in DIN 4108 Teil 4 – Wärmeschutz im Hochbau, wärme- und feuchteschutztechnische Kennwerte – festgelegt sind.
Wendet man diese Erkenntnis auf die Heizungsart an, so ist die Heizung mit Strahlungseffekt die günstigste. Dabei soll die Oberflächentemperatur der Heizquelle nicht zu hoch liegen, denn von einem hochgeheizten eisernen Ofen wird man bald wegrücken, weil die intensive Wärmestrahlung lästig wirkt. Die milde Strahlung einer geringer temperierten keramischen Fläche wird man dagegen als angenehm empfinden.
Die graue Fläche im Diagramm begrenzt das Behaglichkeitsfeld hinsichtlich der Luftfeuchte, die zwischen 40 und 70% liegt. Diese recht große Spanne kann der menschliche Körper physiologisch ausgleichen, da durch die Wasserabgabe – infolge der frei werdenden Verdunstungswärme – die Körpertemperatur reguliert wird.
Sinkt die relative Luftfeuchte unter 40%, wird die Luft zu trocken. Man hat dann den Drang, etwas zu trinken. Überschreitet sie 70%, kann die Luft die vom Körper ausgeschiedene Feuchte durch seine Haut als auch durch die Atemluft nicht mehr in ausreichendem Maße aufnahmen, man fängt an zu schwitzen. In beiden Fällen wird das Wohlbefinden des Menschen negativ beeinflusst. Darüberhinaus findet zwischen dem Feuchtigkeitsgehalt der Raumluft und den umgebenden Wänden, Möbeln, Textilien und sonstigen Gegenständen stetig ein Feuchtigkeitsausgleich statt.
Übrigens ist die Wasserdampfmenge, die vom Menschen abgegeben wird, so gering, dass sie nur in seltenen Fällen auf das Raumklima im Wohnbereich einwirkt. Anders jedoch kann es sich verhalten bei einer großen Menschenansammlung in geschlossenen Räumen, wenn unzureichende Lüftung erfolgt.
Die Luftströmung im Raum ist insbesondere bei Luftheizungen zu beachten. Dabei wird ein kalter Luftstrom unangenehmer als Warmluft empfunden, wobei ständig spürbare Warmluft auch störend wirkt. Die obere Grenze der Luftgeschwindigkeit ist durch die „Zugerscheinung" gegeben, indem die den Nacken eines Menschen treffenden Luftströmungen besonders leicht als unangenehm empfunden werden.
Bei Kachelofen-Warmluftheizungen im Schwerkraftsystem, bei denen der sich einstellende Luftkreislauf in seiner Strömungsgeschwindigkeit von der Dichtedifferenz zwischen warmer, leichter und kalter, schwerer Luft abhängt, wird kaum eine Störung empfunden werden, wenn man sich nicht länger in unmittelbarer Nähe einer Warmluftaustrittsöffnung aufhält. Bei Nennbelastung einer Kachelofen-Warmluftheizung (4640 W/m^2 Einsatzheizfläche) wird die Strömungsgeschwindigkeit der Luft 1,2 m/s kaum überschreiten. Baut man Luftheizungen im Druckluftsystem (mit

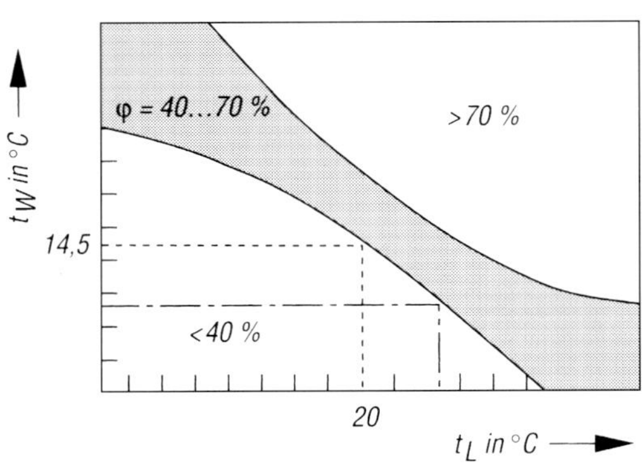

Bild 7.9. Raumhygienische Werte zum Wohlbefinden des Menschen

Ventilator), soll in bewohnten Räumen die Strömungsgeschwindigkeit 2,0 m/s möglichst nicht überschreiten. Der Grenzwert liegt jedenfalls bei 2,5 m/s, wobei in Richtung des Luftstroms bereits Luftzug empfunden wird. Deshalb sollen Warmluftaustritte so angeordnet werden, dass sie nicht auf Sitzplätze oder Sitzgruppen im Raum gerichtet sind.

Staub besteht aus organischen und anorganischen Teilchen. Die Staubpartikel werden mit der strömenden Luft befördert und es kommt zu einer Ablagerung vorwiegend auf waagerechten Flächen, aber auch an rauen senkrechten Flächen, wenn die Luftbewegung nachlässt. Staub ist ein ernst zu nehmender Faktor in der Raumhygiene, besonders bei Luftheizungen. Für den Menschen sind besonders Staubpartikelchen gesundheitsschädlich, deren Durchmesser kleiner als $1 \cdot 10^{-2}$ mm sind, da diese durch den natürlichen Selbstreinigungsmechanismus des menschlichen Körpers nicht zurückgehalten werden. Kehlkopf, Luftröhre und Röhrenzweige sind mit feinsten Geißeln und Wimpern ausgerüstet, wodurch die Staubpartikel zurückbefördert werden können.

Normale Raumluft enthält bis zu 10 mg Staub pro m^3, eine Menge, die weder als lästig empfunden noch als irgendwie gesundheitsschädlich angesehen werden kann. Ein Staubgehalt von über 20 mg/m^3 wird schon recht unangenehm empfunden und kann bei dauernder Einwirkung Schädigungen der Atemorgane hervorrufen.

Neben der Reizwirkung kann der Staub insbesondere industrieller Einrichtungen in der Lunge zu starken Bindegewebeverdichtungen und damit zu Erstarrungen des Bindegewebes Anlass geben. Während in die Lunge eingedrungener Kohlenstaub in der Regel keine ernsthaften Folgen nach sich zieht, ist die so genannte Kiesellunge zu einer verbreiteten durchaus nicht ungefährlichen Berufskrankheit geworden. Einige Staubarten, wie z. B. der Asbeststaub, rufen Lungenkrebs hervor. Die Losung „Kampf dem Staub“ hat nicht nur in der Arbeitswelt Gültigkeit, auch im Wohnbereich ist die Staubbekämpfung eine hygienische Grundforderung.

8. Strömung

8.1. Allgemeine Grundlagen

Bewegungen von Flüssigkeiten und Gasen werden als Strömungen bezeichnet. Ein Unterscheidungsmerkmal ist, dass Flüssigkeiten praktisch inkompressibel sind, dagegen hängt das Volumen von Gasen stark vom Druck ab.
Bis zur Schallgeschwindigkeit (340 m/s) spielen Volumenänderungen bei Gasströmungen nur eine geringe Rolle. Deshalb können Flüssigkeiten und Gase, bis zur Grenze der Schallgeschwindigkeit bei Gasen, als volumenbeständig behandelt werden. Für beide gelten soweit die gleichen mechanischen und thermischen Gesetze.
Die hier angestellten Betrachtungen von der Strömungsmechanik sollen zum besseren Verständnis der Erscheinungen bei der Wärmeübertragung dienen. Deshalb genügt es, wenn man sich dabei im Wesentlichen auf die Strömung in geschlossenen, dichten Leitungen beschränkt.
Wenn Flüssigkeiten, Dämpfe oder Gase in einer solchen Leitung gleichmäßig fortbewegt werden, so ist festzustellen:

- dass durch jeden Leitungsquerschnitt pro Zeiteinheit dieselbe Stoffmasse gefördert werden muss (Kontinuitätsbedingung)
- dass die Geschwindigkeit in der Mitte der Leitung am größten ist, während sie infolge von Reibung nach dem Rand, unmittelbar an der Leitungswandung, bis auf Null abfällt
- dass es sich um einen nichtumkehrbaren Vorgang handelt, der in Richtung des Druckgefälles verläuft

8.2. Druck und Strömung

Geschwindigkeit und Druckverteilung stehen bei Strömungen in einem engen Zusammenhang. Die Druckkraft, als Gesamtdruck bezeichnet, kann unterteilt werden in

- dynamischer Druck, auch Staudruck oder Geschwindigkeitsdruck genannt,
- statischer Druck oder Ruhedruck.

Unter dem dynamischen Druck (p_{dyn}) versteht man die Kraft, die erforderlich ist, um das im scheinbaren Zustand der Ruhe befindliche Medium (Flüssigkeit oder Gas) in Bewegung zu versetzen = Herstellung der Zirkulation. Ist das Medium in Bewegung, d. h. findet eine Strömung statt, so sind zur Überwindung von Widerständen, die auf die Strömung einwirken, wie Reibung, Richtungs- und Querschnittsänderungen, noch Kräfte aufzuwenden. Diesen Druckanteil bezeichnet man als statischen Druck (p_{stat}). Daraus folgt

Gesamtdruck = dynamischer Druck + statischer Druck

$$p_{ges} = p_{dyn} + p_{stat}$$

Die Geschwindigkeit einer Strömung, die z. B. in einem Rohr verläuft, wächst mit dem Abstand von der Rohrwandung (Bild 8.1.). Man kann sich vorstellen, dass das strömende Medium in eine Anzahl von Schichten zerlegt ist, die sich gegenseitig überholen. Die von der Wandung entfernteste Schicht, also in der Mitte, hat dabei die größte Geschwindigkeit. Diese Modellvorstellung von Schichten, auch als Lamellen bezeichnet (lat. lamina = Schicht), hat dieser Strömungsart die Bezeichnung „laminar" eingebracht.

► **Die laminare Strömung ist eine wirbelfreie Strömung, bei der man sich das strömende Medium in dünne, gegeneinander gleitende Schichten aufgeteilt vorstellt.**

Wird die Strömungsgeschwindigkeit langsam gesteigert, geht die laminare Strömung in eine wirbelnde, turbulente Strömung über (turbo = Wirbel). Die Grenze wird durch die Reynoldssche Zahl (*Re*) ausgedrückt und hängt von der Art des strömenden Mediums ab. Unter der Reynoldsschen Zahl versteht man das Verhältnis der Trägheitskräfte zu den Reibungskräften.

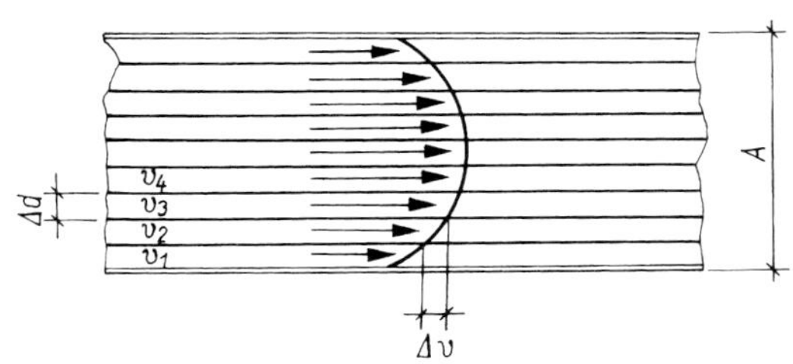

Bild 8.1. Geschwindigkeitsverteilung bei laminarer Strömung

Die kritische Reynoldssche Zahl beträgt 2320. Darüber hinaus ist die Laminarströmung instabil.

Die **laminare Strömung** kann wie folgt erklärt werden:

Steigert man die Geschwindigkeit eines strömenden Mediums, nimmt auch die Geschwindigkeit der einzelnen Schichten gegeneinander zu. Das Verhältnis $\Delta v : \Delta d$ wird größer, wodurch die Reibung zwischen den Schichten wächst. Durch die zunehmende Reibung wird eine solche gedachte Schicht immer stärker auf einer Seite gebremst und auf der anderen mitgerissen. Schließlich führen diese Kraftwirkungen zu einer Änderung der Strömungsrichtung der Schicht, wobei sich die einzelnen Schichten ineinander verschlingen, umeinander wirbeln. Bei diesem Prozess wird ein beträchtlicher Anteil der Energie der Bewegung in Wärme umgesetzt. Demzufolge verringert sich die Strömungsgeschwindigkeit.

Bei einer gleichförmigen Bewegung v von Flüssigkeiten oder Gasen in einer Rohrleitung mit konstantem Querschnitt A strömt in der Zeiteinheit t ein bestimmtes Volumen V.

$$V = A \cdot v \cdot t \quad \text{in m}^3$$

Die Strömungsgleichung gilt auch, wenn der Rohr-, Kanal- oder Schachtquerschnitt nicht an allen Stellen gleich ist.

In der gleichen Zeiteinheit t strömt das gleiche Volumen V mit kleiner Geschwindigkeit v_1 durch einen größeren Querschnitt A_1 und mit größerer Geschwindigkeit v_2 durch einen kleineren Querschnitt A_2.
Daraus folgt:

► **Wenn eine Rohrleitung an verschiedenen Stellen unterschiedlich weit ist, so verhalten sich die Strömungsgeschwindigkeiten v umgekehrt wie die Querschnitte A.**

$$\frac{v_1}{v_2} = \frac{A_2}{A_1}$$

Diese Gleichung heißt **Kontinuitätsgleichung** und sagt aus, dass unabhängig vom Rohrquerschnitt die gleiche Menge je Zeiteinheit hindurchströmt.

Macht man die Stromlinien sichtbar, ist zu erkennen, dass an allen Stellen höherer Geschwindigkeit die Stromlinien dichter zusammengedrängt sind als an Stellen geringerer Geschwindigkeit. Bei einer widerstandslosen Strömung ist dann der Gesamtdruck an allen Stellen der Rohrleitung gleich groß.

An den engen Stellen des Rohrs, wo die Geschwindigkeit und damit der dynamische Druck groß ist, muss der statische Druck entsprechend klein sein und umgekehrt, d. h. es findet ein dauernder Umsatz von Geschwindigkeitshöhe in Druckhöhe und umgekehrt statt.

8.3. Strömungswiderstände

Bei einer wirklichen, nicht widerstandslosen Strömung findet dauernd ein Energieverlust statt, der durch die Widerstände im Leitungsnetz hervorgerufen wird.
Man unterscheidet

- Widerstände durch Reibung
- Widerstände durch Richtungsänderung
- Widerstände durch Querschnittsänderung.

An verschiedenen Stellen einer Leitung sind die Druckverluste unterschiedlich. In geraden Strecken eines Rohrs sind sie im Allgemeinen gering – in Abhängigkeit der Rauigkeit einer Rohrwandung. Auch bleiben sie gering beim allmählichen Übergang von einem weiten auf einen engen Querschnitt. Die Strömungsverluste nehmen aber beträchtlich an Größe zu bei scharfen Richtungsänderungen und plötzlichen Änderungen der Querschnittsform, wobei bei letzterem fast die ganze dynamische Druckhöhe verloren geht.
Bei den Richtungsänderungen treten die Druckverluste durch Stoß auf. Je eckiger bzw. scharfkantiger eine Richtungsänderung ist, desto größer ist der Druckverlust. Durch Rundungen, bei Kanälen auch in Dreisegmentform, können die Verluste gemindert werden.

Querschnittsänderungen teilt man ein in

- Querschnittserweiterungen
- Querschnittsverengungen

Beide Arten können nochmals unterteilt werden in

- plötzliche Querschnittsänderungen
- allmähliche Querschnittsänderungen

Bezogen auf den Luftheizungsbau sollen beim Entwurf wie in der Ausführung von Luftschächten und -kanälen alle scharfen Richtungs- und Querschnittsänderungen vermieden werden.
Während bei Kachelofen-Warmluftheizungen und Warmluft-Zentralheizungen im Schwerkraftsystem die Luftzirkulation auf der Dichtedifferenz zwischen warmer, leichter und kalter, schwerer Luft beruht, wird sie bei Anlagen im Druckluftsystem durch die statische Pressung des Ventilators erzeugt.
Für Druckluftheizungen gilt deshalb der Grundsatz:

► **Die Strömungsgeschwindigkeit steigt solange an, bis die gesamten Strömungswiderstände, nämlich die Summe aller Einzelwiderstände (Richtungs- und Querschnittsänderungen) plus der Summe aller Widerstände in Luftkanälen (durch Reibung an den Kanalwandungen), gleich dem wirksamen Druckunterschied sind.**

Schließlich ist in die Betrachtungen zu Strömungswiderständen noch die Wirkung fester Körper einzubeziehen. Der Widerstand eines Körpers in Strömungen

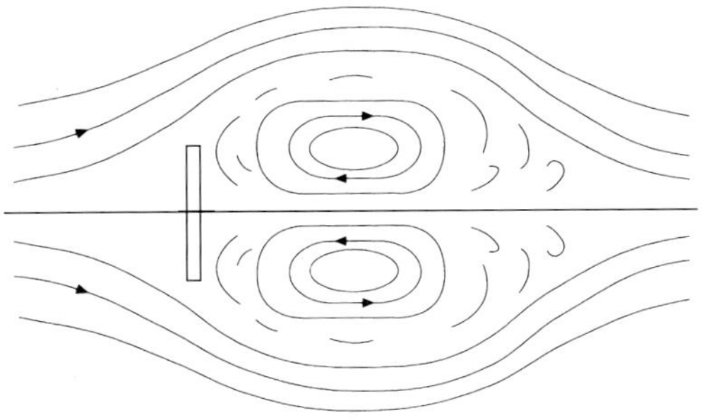

Bild 8.2. Wirbel hinter einer Stauplatte

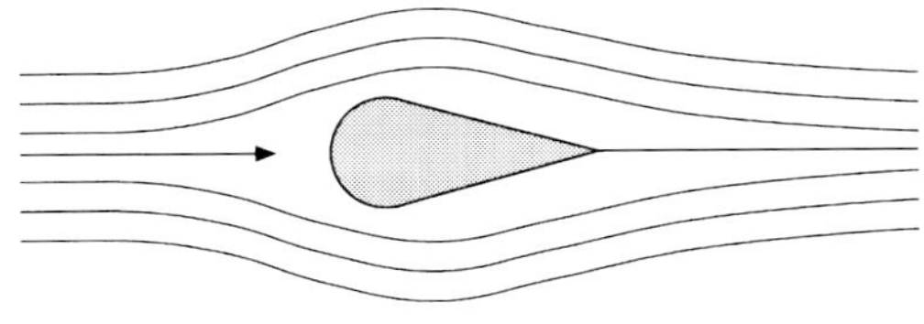

Bild 8.3. Wirbelfreie Strömung um einen Stromlinienkörper

Körperform	Anblaserichtung	Luftwiderstand (bezogen auf den Luftwiderstand der Kreisscheibe)
Kreisscheibe	→ |	1,0
Kugel	→ ○	0,4
Halbkugel, vorn offen	→)	1,2
Halbkugel, hinten offen	→ (	0,3
Stromlinienkörper	→ ⊂>	0,04

Bild 8.4. Luftwiderstand in Bezug zur Körperform

z. B. von Reduzier- oder Drosselklappen, setzt sich im Wesentlichen aus dem Staudruck auf die der Strömung zugekehrten Seite und der Sogwirkung der Wirbel an der der Strömung abgewandten Seite des Körpers zusammen (Bild 8.2.).

Die Wirkung des Staudrucks kann durch Abrunden oder Abschrägen der Vorderseite des Körpers verringert werden, z. B. beim Einbau eines Bocks in einen zu weiten Zugquerschnitt. Die Wirbelbildung kann man weitgehend durch Ausfüllen des Wirbelraums verhindern (Ausziehen der Rückseite des Körpers zu einer Spitze – Bild 8.3.). Diese Formgebung führt zu den Stromlinienkörpern. Die Stromlinienform ist im Vergleich zu allen Formen, die der Strömung eine gleichgroße Stirnfläche entgegenstellen, die Form mit dem geringsten Strömungswiderstand.

In der Praxis des Luftheizungsbaues betrifft diese Erkenntnis die Einbauten in den freien Gitterquerschnitt bei Luftgittern. Statt gestanzter Flach- oder Hohlprofile zum Luftstrom hin sollten Rundprofile Verwendung finden (Bild 8.4.). Aber auch andere Einbauten, wie z. B. Drossel- oder Reduzierklappen in Kanälen und Schächten, stellen Widerstände für den Luftstrom dar.

9. Verzeichnisse

9.1. Literaturnachweise

Grundrisse für Kachelöfen und offene Kamine, **Uwe Lamke** – HAGOS e. G. Literatur-Versand

Handbuch Feuerungstechnik 1998 – Verlag G. Kopf, Stuttgart

Heizungstechnik, **Günter Kraft** – Verlag Technik, Berlin 1976

Leitfaden der Technischen Wärmelehre, **Hugo Richter** – Verlag J. Springer, Berlin 1950

Örtliche Raumheizung, 3. Aufl., **Karl Heinz Pfestorf** – Verlag für Bauwesen, Berlin 1987

Ruhrkohlen-Handbuch, 7. Auflage – Verlag Glückauf, Essen 1987

Taschenbuch für Heizung und Lüftung, **Recknagel-Sprenger** – Verlag R. Oldenbourg, München

DIN 4108, Teil 4 – Wärmeschutz im Hochbau...; Wärme- und feuchteschutztechnische Kennwerte – Dezember 1985

DIN 4701, Teil 1 und 2 – Regeln für die Berechnung des Wärmebedarfs von Gebäuden – März 1983

DIN 4705, Teil 1 bis 3 – Berechnung von Schornsteinabmessungen – Juli 1984

DIN 18150, Teil 1 – Baustoffe und Bauteile für Hausschornsteine – September 1979

DIN 18160, Teil 1, 2 und 5 – Hausschornsteine – Teil 1 – Februar 1987...; Teil 2 – Mai 1989...; Teil 5 – April 1981

DIN 18890, Teil 1 und 2 – Dauerbrandöfen für feste Brennstoffe – September 1990

DIN 18892 – Heizeinsätze für feste Brennstoffe, Teil 1 – Verfeuerung von Kohle – April 1985...; Teil 2 – Verfeuerung von Holz – Oktober 1989

DIN 18892 – Entwurf – April 1996

DIN 18893 – Raumheizvermögen von Einzelfeuerstätten – August 1987

DIN 18895 – Teil 1 – Feuerstätten für feste Brennstoffe zum Betrieb mit offenem Feuerraum (offene Kamine) – August 1990

DIN 18895 – Teil 2 – Prüfung u. Registrierung – August 1990

9.2. Bildquellen

Wir danken den Firmen für die Bereitstellung der Fotos.

Kachelofen-Handels GmbH H. B. Backhaus, Wulfsen 262, 263

BARBAS, Siegen 30, 256

Max Blank, Westheim 79

Buderus Heiztechnik, Hirzenhain 69, 70

CERA-Design by Britta v. Tasch GmbH, Düren-Echtz 253, 254, 255

Heinrich Frühauf, Weida/Thür.

Hørning, Dänemark 260

Jasba GmbH, Ransbach-Baumbach 20, 264, 267, 269

Kammerer Luft- und Wärmetechnik Haslach i. K. GmbH 270, 274

Kanderner Tonwarenfabrik Ernst Kammüller GmbH, Kandern 147

Steffen Klinger, Rauschwitz

LEDA Werk GmbH & Co KG Boeckhoff & Co, Leer 27

Olsberg – Hermann Everken GmbH, Olsberg 28, 55, 56, 69, 75, 258, 260

Aug. Rath. jun. AG, Wien 125

Rembserhof-Keramik, Ransbach-Baumbach 87, 272, 273, 275

Rösler-Kamine GmbH, Dreieich-Offenthal 22, 24, 26, 54, 256, 257

Schmid, Goldkronach 67

H. J. Schnelle, Crimmitschau 19, 22, 52, 256, 258

SCHRAG, Heizungs- und Lüftungs-Klima-Technik GmbH, Ebersbach 71

Seyffarth-Keramik GmbH, Creußen 266, 271, 274

Sommerhuber Keramik GmbH, Steyr 158, 276

Weber GbR, Taucha b. Leipzig 258, 259

Wodtke GmbH, Tübingen 29, 69, 256, 265, 268, 271

9.3. Sachwörterverzeichnis

Anhang

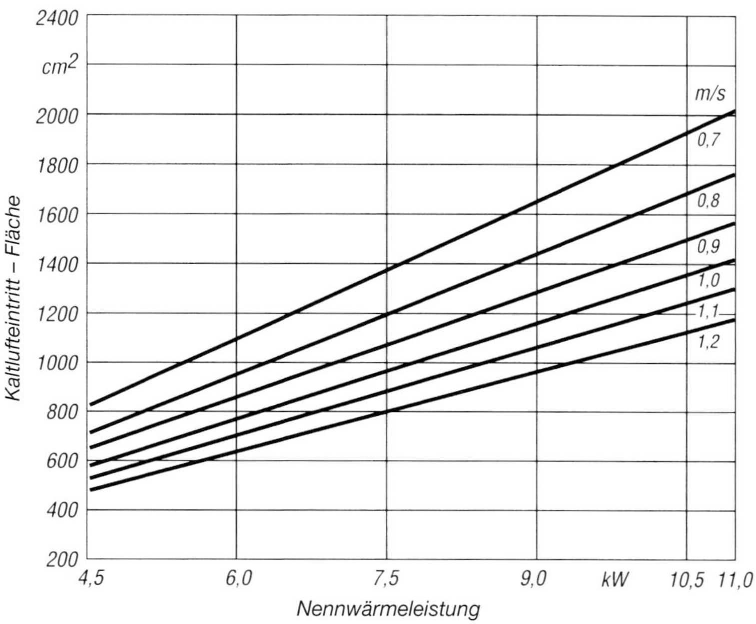

Diagramm 1
Kaltlufteintritte in cm^2 in Abhängigkeit von der Nennwärmeleistung des Heizeinsatzes und der Strömungsgeschwindigkeit

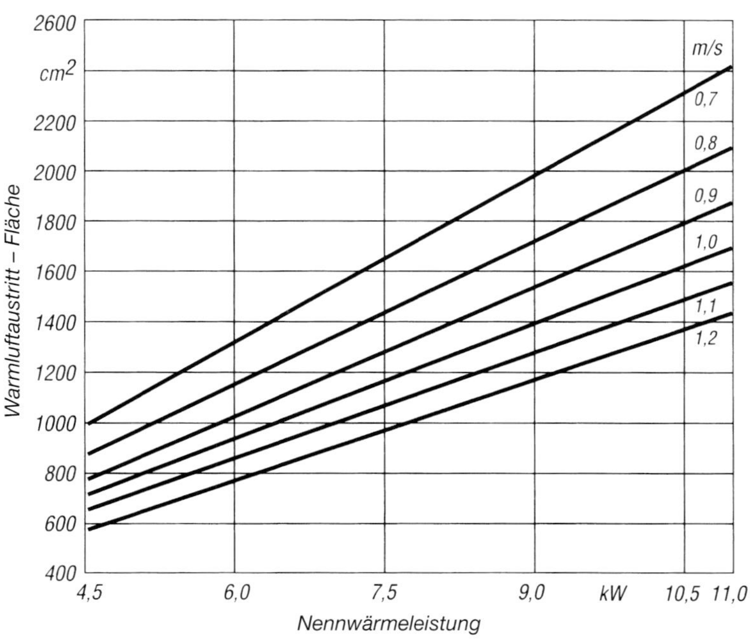

Diagramm 2
Warmluftaustritte in cm^2 in Abhängigkeit von der Nennwärmeleistung des Heizeinsatzes und der Strömungsgeschwindigkeit

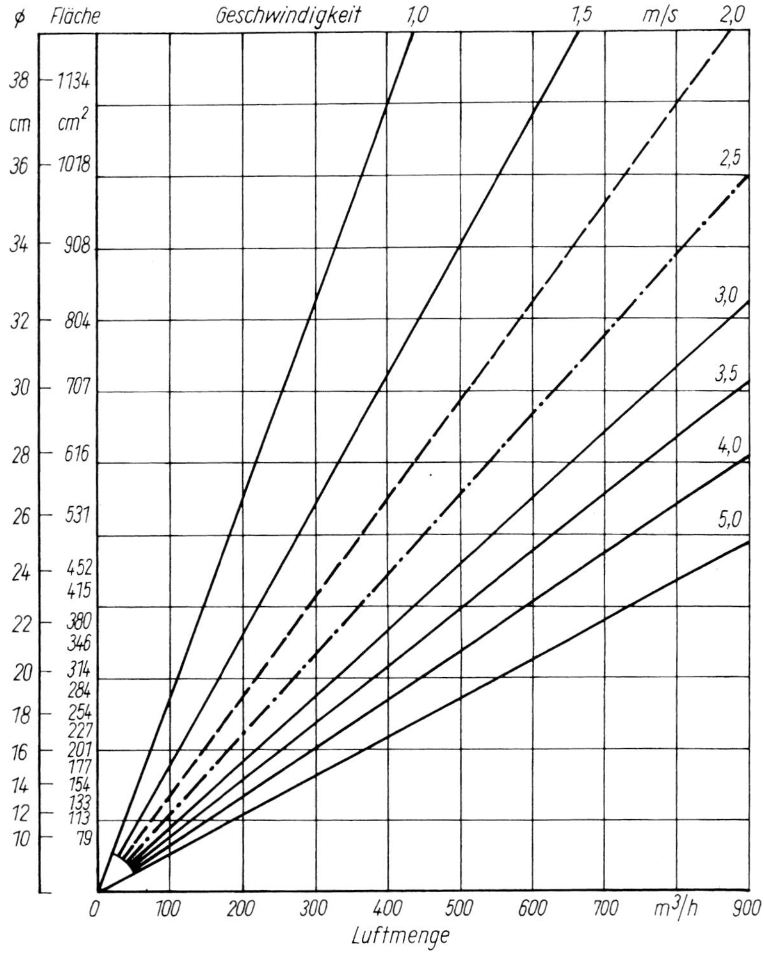

Diagramm 3
Durchmesser und Querschnitt für runde Kanäle bei Luftmengen bis zu 900 m^3/h und bei Strömungsgeschwindigkeiten von 1,0 bis 5,0 m/s

Tabelle 1. Umrechnung spezifischer Nennwärmeleistungen (technische Maßeinheit in Si-Maßeinheit)

Begriff	**Spezifische Nennwärmeleistung**	
	in kcal/h · m^2	in W/m^2
Kachelgrundöfen		
Mittelschwere Bauart	800	930
Leichte Bauart	1000	1160
(Schwere Bauart)	600	700
Kachelofen-Warmluftheizungen		
Heizeinsatz	4000	4650
Abwärmeofen, keramisch	600	700
Abwärmeofen, Radiator	1200	1400
Frontplatte	2000	2300
Doppelbogen	2000	2300

Tabelle 2. Wirkungen von Glasuren

Kacheloberfläche	**Wirkungen**
transparent	durchscheinend, durchsichtig
opak	deckend, undurchsichtig
matt	diffus, nicht spiegelnd, zurückhaltend
Seidenglanz	dezent zurückhaltend
Vollglanz	spiegelnd, blendend, vorherrschend
rauh	belebend, warm
strukturiert	hervortretend, auf sich lenkend, blickfesselnd

Tabelle 3. Wirkungen verschiedener Werkstoffe

Werkstoff	**Wirkungen**
Stein	eigentlich kalt, kann aber je nach Struktur und Farbton kühl bis warm wirken, schwergewichtig, mit strukturlosen Flächen gut kombinierbar
Metall	kalt, dicht, schwer, beherrschend, matt dezent, glänzend blickfangend
Holz	warm, lebendig, bewegt, ausdrucksvollster aller Werkstoffe, gut zu kombinieren mit strukturlosen Flächen, auch mit Textil und Metall
Glas	kühl, sauber, hygienisch, klar, durchsichtig, raumvergrößernd
Plast (Kunststoff)	je nach Farbton kalt bis warm, praktisch, universell kombinierbar, hygienisch
Textil	Behaglichkeit und Atmosphäre schaffend, je nach Werkstoff bzw. Webart einfarbig oder gemustert, kühl bis warm, leicht bis schwer (Leinen – Samt), universell kombinierbar

Heizkamin mit Kamineinsatz LINEA EXKLUSIV, Schiebetür vergoldet, Glasur weiß mit Goldeinlage, linke Säule komplett vergoldet

CERA-Design by Britta v. Tasch GmbH, Düren-Echtz

Heizkamin mit Kamineinsatz LINEA EXKLUSIV,
Schiebetür vergoldet, Glasur weiß glänzend, Goldraute und Pfeifen mit Bicolor-Effekt

CERA-Design by Britta v. Tasch GmbH, Düren-Echtz

Heizkamin, LINEA FLK 400, chrommatt, Kachel der Linie I, Glasur lavendel und naturweiß

CERA-Design by Britta v. Tasch GmbH, Düren-Echtz

Kamin mit CERA-Design, Keramik weiß mit goldenen Streifen – Kamineinsatz Olsberg „Rundo“ 650/572
Kaminstudio Heinrich Frühauf, Weida/Thür.

Kamin mit Wodtke-Kamineinsatz
Ausführung Kachelofen- und Kaminstudio H. J. Schnelle, Crimmitschau

Innenkamin mit Kassette „Arolux“ von BARBAS

Heizkamin mit „Vulkan“ 3 D Openfire
Rösler-Kamine GmbH, Dreieich-Offenthal

Kaminmodell „Dortmund“ – Stahl + Glas – Openfire
Rösler-Kamine GmbH, Dreieich-Offenthal

Kachelkamin Kachelmaterial Jasba „Romana“, Kamineinsatz Olsberg HK9
Fliesen und Ofenarbeiten, Ausführung Weber GbR, Taucha b. Leipzig

Kamineinsatz Olsberg „Prisma“ 550/572 mit Klinker eingefasst
Kaminstudio Heinrich Frühauf, Weida/Thür.

Heizkamin mit Kaminkassette – Verarbeitung von Kachelmaterial eines alten Ofens
Architekturkeramik Steffen Klinger, Rauschwitz

Kaminofen „Cambio“
CERA-Design by Britta v. Tasch GmbH, Düren-Echtz

Primärofen „Smart“ mit Stahlverkleidung in bordeaurot
Wodtke GmbH, Tübingen

Kaminherd ABC PEJSE INDUSTRI A/S
Hørning, Dänemark

Künstlerisch gestalteter Kachelofen als Unikat
Kachelofen-Handels-GmbH H. B. Backhaus, Wulfsen

Künstlerisch gestalteter Kachelofen als Unikat
Kachelofen-Handels-GmbH H. B. Backhaus, Wulfsen

Kachelherd, Kachelmaterial „Glatte Kachel ravennaweiß“ G2-061-305 KE-SL
Jasba GmbH, Ransbach-Baumbach

Wohnküchenherd Kachelmaterial „Stil creme“ St1-063-385 KE
Jasba GmbH, Ransbach-Baumbach

Wohnküchenofen mit Herd Wodtke GmbH, Tübingen

Kachelofen, Kachelmaterial „Nischenkachel blau-braun“ NI-032-255 KE
Jasba GmbH, Ransbach-Baumbach

◀ Kachelofen „Jugendstil“, Glasur moosgrün
Seyffarth-Keramik GmbH, Creußen

Kachelofen für Holzfeuerung Wodtke GmbH, Tübingen

Kachelofen „Bayern“, Glasur Kupfer Seyffarth-Keramik GmbH, Creußen

Kachelofen, Kachelmaterial „Kassette ravennaweiß“ Ka 21-061-405 KE-SL ▶
Jasba GmbH, Ransbach-Baumbach

Kachelofen, Kachelmaterial „Provence laguna“, P 10-079-365 KE-SL ▶
Jasba GmbH, Ransbach-Baumbach

Kachelofen mit heizbarer Sitzbank
Ausführung Kammerer Luft- und Wärmetechnik GmbH, Haslach i. K.

Kamin mit handgeformter „Ganz Keramik“, graublau, Kamineinsatz Spartherm „Speedy“ K 650/570
Kaminstudio Heinrich Frühauf, Weida/Thür.

Kachelofen-Unikat nach Kundenwunsch

Rembserhof-Keramik, Ransbach-Baumbach

◀ Geschlemmter Kachelofen mit keramischen Simsen, keramischen Dekoren „Vier Jahreszeiten“ und Sitzbank
Rembserhof-Keramik, Ransbach-Baumbach

Kachelofen-Warmluftheizung „Schlüsselkachel“, Glasur kornblumenblau
Seyffarth-Keramik GmbH, Creußen

Schwarzwald-Kachelofen, Glasur kobalt
Ausführung Kammerer Luft- und Wärmetechnik GmbH, Haslach i. K.

Kachelofen-Warmluftheizung
Kachelmaterial Rembserhof-Keramik, Ransbach-Baumbach

Putzofen, Dekor „Eiche, Glasur“ Fa. Sommerhuber, Steyr

Olsberg gibt Ihren feurigen Träumen ein Zuhause.
Wir kleiden Feuer in modernes Design und neueste Technik. In unseren Kaminöfen, unseren Kamineinsätzen der Serie Ambiente sowie unseren Kachelofen-Heizeinsätzen. Und als erfahrener Heizspezialist entwickeln wir Produkte für Mensch, Umwelt und Zukunft.

Olsberg

Olsberg Hermann Everken GmbH
Hüttenstraße 38 • 59939 Olsberg
Telefon 0 29 62/8 05-0

Fax-Service 0800/08 05 148

Rembserhof-
Kachelöfen

Achim Gelhard
Forsthaus Rembserhof
56235 Ransbach-Baumbach
Telefon 02623/2648
Telefax 02623/4712

Träume werden Wirklichkeit

Nichts ist unmöglich für Achim Gelhard, wenn es darum geht, die geschmacklichen Wünsche des Bauherrn in die Tat, das heißt in einen Kachelofen umzusetzen. So exklusiv diese Öfen auch sind, so sind sie doch erschwinglich. Die Preise für Kachelöfen und Kachelkamine aus dem Rembserhof bewegen sich ab 18.000 DM. **Wer gern Näheres erfahren möchte, erhält kostenlos Prospektmaterial. Einen Video-Film über die Herstellung der Kachelöfen erhalten Sie vier Wochen kostenlos zur Ansicht.**

GALERIE DER ZUKUNFT
HEIZEINSATZ SD-HB-8-F
HEIZEINSATZ SD 9-F
HEIZEINSATZ SD 11-F
HEIZEINSATZ SD 6-F
HEIZEINSATZ SD 6-F
WAAGERECHTER ABGANG
HEIZEINSATZ SD-HB-9-F
HEIZEINSATZ HB 10-M 12/HB 20-M 12-F
TWO IN ONE-F
Zwei DIN Prüfungen
1. 18892
2. 18895 A1
HEIZEINSATZ HT-HB-20-F
HEIZEINSATZ
MIT WARMHALTEFACH
DEVIL 60/57-F
Panorama
HEIZEINSATZ HT-HB-10-F
HEIZEINSATZ SD-HB-11-F
MIT WATERTHERM
GENERATION F
• Kachelofen- und Kamineinsatz in Einem = TWO IN ONE.
• Katalysator für saubere Verbrennung und sparsames Heizen Zertifikat für schadstoffarme Verbrennung = Co (Kohlenmonoxyd) im Abgas ist kleiner als 0,12 Vol.%
• Außenanschluß für Verbrennungsluft
• Große Sichtscheiben
• Compound-Verglasung (ges. geschützt) – 2-fach oder 3-fach Verglasung bringt höhere Sicherheit und gewährleistet immer eine saubere Einsicht.
• Aushängbare Türen ermöglichen leichteren Transport und besseres Handling
• Türgriff im kalten Bereich – daher keine Verletzungsgefahr für die Hände.
• Keine Schamotterückwand – daher weniger Bruchgefahr.
• Vorgewärmte Verbrennungsluft.
• Schneller, unbürokratischer Service durch Kundendienstmeister
• 10-Jahres-Garantie auf alle Gußteile.
Wir machen richtig Feuer
SCHMID®
Kachelofen- & Kamineinsätze
Markgrafenstr. 9
95497 Goldkronach
Tel. 0 92 73/9 89 - 0
Fax 0 92 73/9 89 - 69
http:/www.schmid-gesmbh.de
e-mail: wir_machen_richtig_Feuer@schmid-gesmbh.de